碳排放、空气污染物减排和协同治理研究

董 锋 乔 均 等 著

国家社会科学基金重大项目（21ZDA086）
国家自然科学基金面上项目（71974188） 资助出版
中国矿业大学"基础与新兴交叉学科建设项目"

科 学 出 版 社

北 京

内 容 简 介

　　中国作为全球最大的发展中国家，不仅面临空气污染控制的国内压力，而且面临碳减排的国际压力。基于对现实问题的思考和所承担的国家社会科学基金重大项目、国家自然科学基金面上项目等课题，本书围绕温室气体减排、空气污染物减排以及二者协同治理展开一系列研究。在写作上，本书主要采用科学的实证研究方法，首先分析碳强度敏感性和时空异质性，研究雾霾的驱动因素和治理绩效；其次在此基础上探讨碳排放和雾霾的治理策略，探究碳排放、雾霾与经济增长的脱钩关系；最后研究温室气体和雾霾协同减排以及协同脱钩效应。

　　本书可供能源经济管理、环境经济管理、可持续发展、区域经济等领域的学者研究参考，也可为参与碳市场交易的企业和相关政府部门的领导提供决策参考，还可作为能源环境经济学研究方法的教学参考书。

图书在版编目（CIP）数据

　　碳排放、空气污染物减排和协同治理研究 / 董锋等著. —北京：科学出版社，2023.6

　　ISBN 978-7-03-070005-6

　　Ⅰ. ①碳… Ⅱ. ①董… Ⅲ. ①二氧化碳-排气-研究-中国 Ⅳ. ①G252.17

　　中国版本图书馆 CIP 数据核字（2021）第 206970 号

责任编辑：王丹妮 / 责任校对：杜子昂
责任印制：张　伟 / 封面设计：有道设计

科 学 出 版 社 出版

北京东黄城根北街 16 号
邮政编码：100717
http://www.sciencep.com

北京中科印刷有限公司 印刷

科学出版社发行　各地新华书店经销

*

2023 年 6 月第 一 版　开本：720×1000　1/16
2023 年 6 月第一次印刷　印张：18 1/2　插页：1
字数：373 000

定价：238.00 元
（如有印装质量问题，我社负责调换）

作 者 简 介

　　董锋，男，1978 年生，中国矿业大学经济管理学院教授、博士生导师，国家社会科学基金重大项目首席专家，中国矿业大学杰出学者，江苏省高校"青蓝工程"中青年学术带头人，江苏省 333 高层次人才，爱思唯尔中国高被引学者，斯坦福大学全球前 2%顶尖科学家，主持国家社会科学基金重大项目等国家级课题 7 项。以第一作者/通信作者公开发表学术论文 120 余篇，其中 SCI/SSCI 检索论文 90 余篇（ESI 热点论文 6 篇，高被引论文 19 篇），国家自然科学基金委员会管理科学部重要期刊 10 余篇，FMS 管理科学高质量期刊 40 余篇，中国科学院一区 Top 期刊近 40 篇。研究成果获江苏省哲学社会科学优秀成果奖一等奖、三等奖等多项奖励。20 余项决策咨询报告获上级部门采纳，其中 4 项获省部级领导批示。

　　乔均，男，1962 年生，南京财经大学原副校长，扬子江国际数字贸易创新发展研究院院长，教授、博士生导师，主持国家社会科学基金重点项目等多项国家级、省部级课题。在《管理世界》、《中国工业经济》、《经济学动态》、《经济学家》、《南京社会科学》和 Omega 等刊物发表学术论文 100 多篇；科研成果荣获江苏省哲学社会科学优秀成果奖一等奖、二等奖、三等奖等。

序

悉董锋、乔均等同志的《碳排放、空气污染物减排和协同治理研究》即将出版，我倍感高兴，愿意为该书作序。

2014年11月的APEC峰会，在中美两国共同发表的《中美气候变化联合声明》中，中国首次提出在2030年碳排放达到峰值。2020年9月习近平主席在第七十五届联合国大会上重申二氧化碳排放力争于2030年前达到峰值，首次提出努力争取2060年前实现碳中和的减排目标[①]。"双碳"目标的提出既体现出我国积极履行国际减排责任的大国担当，也是我国主动进行产业转型、能源结构调整，实施低碳发展、实现生态文明和美丽中国建设目标的重要国家战略。以雾霾为主的空气污染物与二氧化碳同根同源，从2013年发布的"大气十条"到2018年实施的"蓝天保卫战"，我国的空气污染物治理取得了很大成绩，蓝天白云又回到了很多城市，但是还没有到最后胜利的阶段，因此研究空气污染物减排，以及如何实施碳排放、空气污染物的协同治理有重要的现实意义和决策参考价值。

该书紧紧围绕碳排放和空气污染物两个研究对象，沿着碳排放减排、空气污染物减排、碳排放和空气污染物协同治理的研究思路展开。作者的研究视角既有全国角度，也有区域角度，所用的研究方法包括指数分解、生产前沿分解等分解方法，时空地理加权回归、空间计量经济学模型等多种计量方法。作者的研究结论和政策建议有较强的实践性，对于推动我国"双碳"目标的实现和空气污染物治理目标具有重要的参考价值。该书的创新性主要体现在以下几个方面。

（1）运用不平等指数研究碳排放和空气污染物区域差异。该书综合采用基尼系数、泰尔指数、对数离差均值等方法对不平等因素进行分解，对造成碳排放、空气污染物排放不平等的因素进行定量分析，从而为制定更有效的环境污染物减排政策提供决策参考。

（2）将时空地理加权方法应用到环境污染物影响因素的研究中。时空地理加权回归模型同时考虑时间和空间的影响，能够更为准确地考察碳排放和空气污染物驱动因素的时空变化规律，从而更有针对性地制定不同区域的减排政策。

---

① 习近平在第七十五届联合国大会一般性辩论上发表重要讲话. [2020-09-22]. http://www.xinhuanet.com/politics/2020-09/22/c_1126527647.htm.

（3）运用构造的新脱钩指数研究环境污染物与经济发展的脱钩问题。该书基于原有脱钩指数变化幅度过大及变化趋势不明显、很难得到拟合度较高的模型的问题，构造了一个新的脱钩指数，新脱钩指数相比旧脱钩指数在上述方面有了很大的改进。运用新的脱钩指数研究了碳排放、空气污染物与经济发展的脱钩关系，研究结论更令人信服。

（4）从协同减排和协同脱钩角度研究碳排放和空气污染物的协同治理问题。

将碳排放协同效应纳入空气污染物排放的 Kaya 恒等式中，运用指数分解方法将空气污染物变化分解为碳排放协同效应、经济发展效应等因素。通过构造的协同脱钩模型研究空气污染物和碳排放脱钩之间的协同关系，通过计量模型研究碳排放脱钩对空气污染物脱钩的影响。碳排放和空气污染物协同关系的研究将为同根同源的两者协同治理提供坚实的理论基础。

该书综合运用管理科学与工程、环境经济学、系统工程、区域经济学、产业经济学多种学科理论和方法，研究碳排放减排、空气污染物减排和两者协同治理问题。该书的结论和相关政策建议对于实现碳减排目标和空气污染物治理目标具有重要的参考价值和现实意义。希望作者在此基础上，针对 2030 年前碳达峰和 2060 年前碳中和的国家战略新要求，继续开展后续相关研究，为在实现我国 2035 年远景目标和第二个百年奋斗目标基础上，高质量实现"双碳"目标献计献策。

发展中国家科学院院士
国际系统与控制科学院院士
中国科学院大学特聘教授
汪寿阳
2023 年 2 月

前　　言

2020 年 9 月 22 日，国家主席习近平在第七十五届联合国大会一般性辩论上发表重要讲话时宣布，中国将提高国家自主贡献力度，采取更加有力的政策和措施，二氧化碳排放力争于 2030 年前达到峰值，努力争取 2060 年前实现碳中和[①]。彰显了中国积极应对气候变化、走绿色低碳发展道路的坚定决心，体现了中国主动承担应对气候变化、推动构建人类命运共同体的责任担当，受到国际社会高度评价。

空气污染和气候变化是当今大气环境领域面临的两大挑战。中国作为全球最大的发展中国家，目前仍处于工业化时期。由于长期粗放式的经济发展，中国不仅面临碳减排的国际压力，而且面临空气污染控制的国内压力，实现温室气体与大气污染减排和协同治理是一个重要的研究课题。《"十三五"控制温室气体排放工作方案》和《"十三五"生态环境保护规划》中明确将加强碳排放和大气污染物排放协同控制作为低碳转型的重要途径，对于处在经济转型关键期的中国，CO_2排放与空气污染的协同治理是一条重要的政策出路。

基于对现实问题的思考和所承担的国家社会科学基金重大项目、国家自然科学基金面上项目等课题，我和我的研究团队与南京财经大学的乔均教授合作，围绕碳减排、空气污染物减排以及碳排放与空气污染物协同治理展开了一系列研究，取得了一些可喜的、被国内外同行所认可的研究成果。在写作上，本书主要采用实证研究方法，关于碳减排的研究主要包括碳强度敏感性分析和时空异质性、中国行业碳排放生产理论分解、我国碳排放峰值模拟、碳减排策略、碳排放与经济增长脱钩关系；关于空气污染物减排的研究主要包括雾霾驱动因素和治理绩效分析、空间效应视角下的产业转移与雾霾污染、雾霾治理策略、雾霾与经济增长脱钩关系；碳排放与空气污染物协同治理主要包括碳排放和雾霾污染协同减排，脱钩的敏感度分析和技术效应与非技术效应，雾霾、碳排放协同脱钩效应研究。

本书共 15 章。董锋、乔均负责本书整体内容体系和篇章结构的设计。董锋、余博林、李靖云负责第 1 章、第 2 章的撰写；董锋、李靖云负责第 3 章、第 10 章、第 11 章、第 13 章、第 14 章的撰写；董锋、高新起负责第 4 章、第 5 章的撰写；

---

① 中华人民共和国商务部. 习近平在第七十五届联合国大会一般辩论上的讲话. [2020-12-08]. http://www.mofcom. gov.cn/article/i/jyjl/l/202012/20201203020929.shtml.

董锋、张胜男负责第 6 章的撰写；董锋、刘亚婕负责第 7 章的撰写；董锋、余博林负责第 8 章、第 9 章、第 12 章的撰写；乔均负责第 15 章的撰写；秦畅负责全书校对；董锋负责全书审阅、统稿。

本书在写作过程中吸收了国内外学者的最新成果，本书出版得到了全国哲学社会科学工作办公室、国家自然科学基金委员会和中国矿业大学的经费资助以及科学出版社的大力支持，在此一并表示感谢。

限于作者水平和主客观条件，本书存在一定的局限性，若能将"双碳"目标纳入研究范围则更有时效性和针对性，这也是作者目前正在进行的工作。希望本书能够抛砖引玉，为后续学者进行"双碳"研究提供参考，为我国未来"双碳"目标的实现提供决策参考。

董　锋

2023 年 2 月

目　　录

第1章 碳排放、大气污染物治理背景

1.1 研究背景

1.1.1 温室效应与中国的碳减排责任

近年来，气候变化引起了全世界的广泛关注。发达国家过去排放了大量的二氧化碳，当前人均碳排放水平也较高，而发展中国家的经济增长将成为未来全球碳排放增长的主要原因。为了应对气候变化，世界各国做出了积极的努力。2015年12月，在《联合国气候变化框架公约》下，近200个国家在巴黎气候变化大会上达成一致协议，通过了《巴黎协定》，其主要目标是将全球平均气温较工业化时期水平上升控制在2℃以内，并争取将上升幅度控制在1.5℃以内。该协议是继《联合国气候变化框架公约》《京都议定书》后第三个全球应对气候变化的国际协议。2016年中国加入《巴黎协定》，成为第23个缔约方。然而，在应对气候变化的行动中也存在一些阻力，如2017年美国宣布退出《巴黎协定》，对缓解温室效应的国际努力产生消极影响。作为负责任的大国，中国的碳减排努力对缓解全球气候变暖意义重大。特别地，中国在2015年第一次实现碳排放量下降，成为全球碳排放减缓的主要原因（Jackson et al.，2016）。

经济的增长不可避免地促进了能耗的增长（Li et al.，2013a），2010年中国已成为世界上最大的能源消费国（Zhang et al.，2017），2017年一次能源消费占世界的23.2%，总量达到313 220万吨油当量（British Petroleum，2018）。作为化石燃料燃烧的直接产物，温室气体的大量排放导致全球变暖日益严重。我国在2007年二氧化碳排放量超过美国，成为世界第一大碳排放国（Dong et al.，2013a）。2006~2016年中国能源消费相关碳排放总量年均增长率为3.2%，并且2017年中国碳排放占世界碳排放总量的27.6%，总量达到9.2326×10^9t（British Petroleum，2018）。为此，中国做出了一系列碳减排承诺，提出到2030年实现碳排放总量达峰并提高非化石能源消费比例到20%，到2030年碳强度相对2005年下降60%~65%，如进入"十四五"时期，到2025年，中国的能源强度将比2020年降低13.5%，碳强度则要比2020年降低18%，森林覆盖率提高至24.1%。这些目标旨在节约能源资源，减少二氧化碳排放，倒逼我国经济发展绿色转型。随着中国经济进入"新常态"，顺利实现这些碳减排目标对经济的可持续发展具有重要意义。作为世界第二大经济体和最大的发展中国家，随着城镇化和工业化进程的加快，为了维持经济的稳定增长，中国面临亟待解决的资源环境困境。

据预测，到 2033 年，中国人均碳排放将超过经济合作与发展组织（Organization for Economic Co-operation and Development，OECD）国家的人均水平（British Petroleum，2018）。与总量指标相比，相对指标可以增加指标的可比性，人均碳排放考虑了不同省份人口规模的差异，并且反映了居民的低碳生活水平。中国区域碳排放的一个显著特点是各个省的人均碳排放水平存在显著差异，如 2016 年内蒙古的人均碳排放最高，达到 29.3t，宁夏紧随其后；人均碳排放最低的省区是广西，仅为 3.4t，可以看出内蒙古的人均碳排放水平是广西的约 9 倍。

当前的碳减排政策主要分为两种：命令控制机制和碳排放权交易（Dong et al.，2019a）。在现有碳排放的实际情形下，人均碳排放低的省份不太可能承担减排义务，做出减排努力；当地区人均碳排放有趋同的趋势时，相对于历史排放原则，基于人口公平原则的人均碳排放配额方案更可能获得人均碳排放高的省份支持。考虑到公平原则，人均碳排放可能会影响省际碳排放配额分配的多边谈判，人均碳排放低的省份会要求人均碳排放高的省份做出更多的碳减排努力，在碳排放总量确定的情形下，可以根据每个省的人口分配碳排放配额。在人均碳排放呈现巨大差异的情况下，人均碳排放的分配方案将引发省际大量的排放交易和排放密集型产业的变革。每个人享有同等的来自消费需求的二氧化碳排放权，而同等的碳排放权是每个公民生存和发展的需要。本书的研究目的之一就是研究人均碳排放的影响因素在不同地区是否存在差异，并找出造成人均碳排放区域差异的原因，从而制定差异化的碳减排政策从而缩小区域碳排放不平等。

1.1.2　雾霾污染问题仍然存在

自改革开放以来，中国经济飞速发展，2001～2007 年年均国内生产总值（gross domestic product，GDP）增长率在 8%以上，2010 年中国超越日本成为世界第二大经济体。2014 年后中国经济进入了一个新时期，在"新常态"下，中国追求高质量经济增长，不再以牺牲环境为代价。各地采取积极措施治理大气污染，使大气环境有所改善。但大气污染仍然存在。雾霾的主要成分是细微颗粒物，这些颗粒物会在空气中长期留存，而且易在区域间转移，雾霾污染颗粒物以 $PM_{2.5}$ 为主（直径小于 2.5μm），$PM_{2.5}$ 会进入肺部和血液系统，进而会严重危害人体健康，导致呼吸道疾病和心血管疾病（Zhang and Lahr，2014），甚至是肺癌（Fan et al.，2016）。2010 年 $PM_{2.5}$ 污染导致 125 万人口死亡，约占全球过早死亡人数的 40%（Wang

et al.，2012a）。受雾霾困扰的城市主要集中在经济发达、工业化水平高、人口密
集的中东部地区（Du et al.，2018），雾霾污染是我国经济可持续发展和生态文明
建设过程中亟待解决的重大挑战。

2013 年由国务院颁布的《大气污染防治行动计划》是首个明确提出雾霾治理
措施的官方文件。根据 2013 年生效的新环境空气质量标准，$PM_{2.5}$ 年均浓度应该
控制在 35μg/m³ 以下（Hao and Liu，2016）。2013 年我国首次开展 $PM_{2.5}$ 浓度监测。
在冬季采暖季节期间增多的煤燃烧以及交通和工业排放被认为是造成严重雾霾的主
要原因（Huang et al.，2014a），而 Wang 和 Chen（2016）研究发现 2000～2012 年中
国华北地区和东南部地区冬季雾霾增长较多的主要原因是能耗总量增加、北极海
冰范围缩小、降水和地面风的减少。

雾霾污染的来源较为复杂，不仅来源于人类活动污染物，还来自原始地壳污
染物，因此，治理起来较为困难。除了受社会经济因素的影响，雾霾污染还受自
然地理因素的影响，如气候、植被、地形。相对较低的风速和较高的相对湿度都
会促进大气中污染物的积累和 $PM_{2.5}$ 的形成（Gao et al.，2015）。雾霾污染虽然是
自然现象，但更多地是由人类社会经济活动造成的，学者利用定量实证工具研究
雾霾污染与社会经济变量关系的文献较少（Hao and Liu，2016）。对于中国来说，
目前雾霾治理已经取得了显著成效，但面对仍然存在的雾霾污染，制定科学合理
的雾霾治理政策是打赢蓝天保卫战的当务之急。因此研究雾霾污染的社会经济驱
动因素对缓解中国雾霾污染、改善空气环境质量具有重要意义，研究结果可以为
决策者制定雾霾治理政策提供科学的指导。

1.1.3　温室气体与空气污染的协同治理引起关注

空气污染和气候变化是当今大气环境领域面临的两大挑战。发达国家在 20 世
纪末已基本完成了空气污染治理，而气候变化问题在 21 世纪初才开始引发全
球关注，目前发达国家主要承担温室气体减排的国际责任。中国作为发展中国
家，由于长期粗放式的经济发展，不仅面临空气污染控制的国内压力，而且面
临碳减排的国际压力；中国在 2007 年成为世界第一大碳排放国，在碳减排方
面，中国也做出了诸多努力，并做出了诸多碳减排承诺。温室气体和大气污染
物的排放有同源性，二者主要由化石燃料的燃烧造成，减少 CO_2 和 $PM_{2.5}$ 排放
在行动上是一致的，实现温室气体和大气污染物协同控制具有现实基础。在减
少温室气体排放的过程中，空气质量可以得到有效改善，由此带来的环境收益
会降低减排成本和提高减排技术的成本效率（Yang et al.，2013）。如果能够完
成温室气体减排目标，雾霾的污染将有一定程度的降低。2015 年 8 月中国新修

订的《中华人民共和国大气污染防治法》，被称为"史上最严"大气污染防治法，首次提出了对大气污染物与温室气体协同控制。《"十三五"控制温室气体排放工作方案》和《"十三五"生态环境保护规划》中已明确将加强碳排放和大气污染物排放协同控制作为低碳转型的重要途径。随着中国经济进入"新常态"，生态环境质量已成为地方政府官员重要的考核指标，对于处在经济转型关键期的中国，CO_2 排放与空气污染的协同治理是一条重要的政策出路。大气污染和气候变化都需要引起我们足够的关注，如何实现协同控制还面临很多挑战，值得我们深入研究。

针对碳排放问题，中国政府不仅做出了一系列减排承诺，而且制定了诸多具体举措，包括命令和管制手段、碳排放权交易，并且取得了一些显著的成效。2012 年我国生态环境部通过了《环境空气质量标准》（GB 3095—2012），并开始在各地开展对雾霾污染的监测，2013 年 9 月国务院颁发的《大气污染防治行动计划》中明确提出了 35 项具体的雾霾治理措施，并对各地区设置了明确的大气污染控制目标，如京津冀、长三角、珠三角的 $PM_{2.5}$ 浓度分别下降25%、20%、15%。

1.2　研　究　意　义

1.2.1　理论意义

（1）本书扩展了现有研究思路，将收入不平等研究中的基于回归方程的 Shapley 值分解框架引入能源环境研究中，丰富了不平等研究方法的应用。

（2）中国面临 CO_2 减排和 $PM_{2.5}$ 减排的双重压力，亟须寻求以雾霾污染治理、碳减排等为约束的最优多目标应对策略，推动大气污染物和温室气体协同控制，实现我国在建设生态文明过程中进行的制度创新，其实施可以产生"1＋1＞2"的协同效应，是落实创新发展、绿色发展理念的客观需要；本书丰富了协同效应的相关研究，检验了协同减排的科学性和可行性，从而为政策制定者提供了重要的理论参考。

（3）根据新定义的脱钩指数，本书证明了该指数与环境库兹涅茨曲线（environment Kuznets curve，EKC）之间的关系，并从理论上推导了脱钩指数的影响因素。

（4）本书丰富了关于经济增长与污染物或温室气体脱钩的研究。目前关于脱钩的研究大都停留在分解分析上，对其进行计量分析的研究不多。少有文献对碳排放脱钩与雾霾脱钩协同关系进行研究。

（5）在构建减排因素对雾霾脱钩与碳排放脱钩之间协同关系的影响模型中，

本书利用了减排因素对碳排放脱钩的贡献量作为解释变量，意图探究减排因素对雾霾脱钩以及减排因素对碳排放脱钩之间的协同关系。

（6）在进行敏感度分析时，本书对其模型进行了推导，得出了脱钩指数敏感度分析模型。

（7）本书除了计算国家和各地区碳排放脱钩指数和雾霾脱钩指数，还计算了脱钩指数中的技术效应和非技术效应，对现有的脱钩理论进行补充。

（8）由于各地区之间存在着差异，所以变量之间也应该存在时空异质性。鉴于此，本书分析各影响因素的时空异质性，对现有研究进行完善与补充。

1.2.2　实践意义

全球气候变暖已经成为世界人民共同关注的环境问题。大量的温室气体排放已经或正在改变全球的气候模式，并给人类社会的生活、消费与生产带来了严峻的挑战，气候变化的加剧和自然环境的不断恶化引起人们深深的反思。面对这样的现状，发展低碳经济既应对全球气候变化，控制温室气体的排放，同时也贯彻落实科学发展观，进行生态文明的建设，促进人类的生产消费活动与生态环境保护的协调可持续发展。能源节约、环境保护与经济的可持续发展，要求我们转变现行的经济发展方式，进行产业结构的调整与升级，加大力度发展第三产业，鼓励高科技产业的继续发展，坚持经济发展中的低碳标准，这些是建设环境友好型、资源节约社会的必要条件和发展趋势。

从现实层面来看，本书的意义体现在以下几个方面。

（1）从经济发展、人口分布、资源禀赋、城镇化、工业化等方面来看，中国各省之间存在显著差异，因此，各省份间的碳排放水平也存在明显差异，有必要研究各因素对碳排放影响的异质性以及造成碳排放区域差异的原因，本书利用分位数回归分析各因素对碳排放的影响在不同碳排放水平上的差异，基于回归方程结果，利用 Shapley 值分解研究各因素对碳排放区域差异的贡献，从而制定差异化的碳减排政策。

（2）基于同样的研究思路，本书利用分位数回归考察了各经济社会变量对雾霾污染的影响在不同分位点上的变化，并运用基于回归方程的 Shapley 分解框架研究了造成雾霾污染区域差异的成因，从而因地制宜地制定雾霾治理政策。

（3）协同减排包括两个层面的含义：污染物减排导致碳减排的协同、碳减排导致污染物减排的协同。后者是本书要重点研究的问题。温室气体和大气污染物的排放有同源性，减少 CO_2 和 $PM_{2.5}$ 排放在行动上是一致的，实现温室气体和大气污染物协同减排具有现实基础。随着中国碳排放规制趋严和碳排放权交易机制的成熟，企业在控制碳排放的同时面临减排成本增加的巨大压力，这种压力可以通过碳减排带来的污染物减少的激励机制进行缓解。定量分析碳减排活动对 $PM_{2.5}$ 减排影响的研究对于政策制定者具有重要的参考价值，不仅可以激励企业实现碳减排目标，更有助于减少 $PM_{2.5}$ 排放，最终实现经济增长和环境治理的双赢发展。鲜有文献针对碳排放和雾霾污染的协同效应进行定量分析，基于中国国情，探究协同效应对 $PM_{2.5}$ 减排的影响意义重大。

（4）探究碳排放脱钩和雾霾脱钩的影响因素及其贡献量的大小，同时，通过敏感度分析准确地把握促进脱钩的发力点，提高节能减排的成效。

（5）本书对雾霾脱钩与碳排放脱钩之间的协同关系进行了研究，以便政府能够制定更具针对性、更高效的政策建议。

（6）本书引入了时空地理加权回归模型，分析了各影响因素的时空异质性。各地区之间存在着资源禀赋、地理位置和经济基础等差异，这就导致了各因素对脱钩的影响存在时空异质性，鉴于此，国家在制定政策时，应该充分考虑各地区的实际情况，制定适宜的政策措施，以便提高节能减排效率。

1.3　研　究　设　计

1.3.1　研究内容

第 1 章：碳排放、大气污染物治理背景。介绍本书的研究背景、意义，并确定研究内容和技术路线。

第 2 章：国内外研究综述。对国内外学者已有的研究进行综述，主要从碳排放相关研究、雾霾污染相关研究、协同减排相关研究、雾霾和二氧化碳成因及特点等相关研究、经济增长与环境污染相关关系的研究、脱钩的相关研究等六个方面对现有成果进行梳理，最终明确相关研究进展，指出进一步拓展研究的方向。

第 3 章：碳强度敏感性分析和时空异质性。该章从 7 个部门探究碳强度的影响因素，将其分解成 11 个影响因素，并用对数平均 Divisia 指数（logarithmic mean Divisia index，LMDI）分解各部分的贡献量。然后，探究碳强度变化对各因素的敏感程度。在地区层面，该章将之前分解出的影响因素，用时空地理加权回归（geographically and temporally weighted regression，GTWR）模型探究各地区影响因素的时空异质性。

第 4 章：中国行业碳排放生产理论分解分析（production-theoretical decomposition analysis，PDA）。通过数据包络分析（data envelopment analysis，DEA），该章将

Shephard 距离函数引入 LMDI 分解中，构建了 2003～2015 年中国 23 个行业的碳排放分解模型，考察了碳排放的 10 个驱动因素的影响。

第 5 章：我国碳排放峰值模拟。该章从系统的角度构建联立方程组模型，考察经济规模、产业结构、能源结构和能源效率变量自身或其内在扰动因素对碳排放的动态作用机理。基于构建的联立方程组模型，通过对系统内外生变量的合理预测，分析未来我国碳排放的发展趋势和达峰峰值。

第 6 章：雾霾驱动因素和治理绩效分析。该章首先选用 1999～2011 年哥伦比亚大学社会经济数据和应用中心监测的全球 $PM_{2.5}$ 浓度的卫星影像栅格数据，利用时空地理加权模型测度了中国 29 个省区市雾霾污染变化的时空局域特征。其次构建了中国治理雾霾污染的环境规制效率评价体系，利用超效率 DEA（super efficiency-slacks-based measure，SE-SBM）模型计算 2003～2015 年中国 30 个省区市的环境规制效率值，测度我国雾霾治理的环境规制效率的影响因素及驱动机制。

第 7 章：空间效应视角下的产业转移与雾霾污染。该章基于偏离-份额法测算中国各省域 20 个工业制造业的转移规模，采用熵权法分别测算污染与非污染产业的转移状况，以省会城市 $PM_{2.5}$ 浓度衡量各省份雾霾污染程度，并在控制经济与气象条件下考虑雾霾污染的空间滞后效应，运用一系列空间面板模型测算产业转移对雾霾污染的影响。

第 8 章：碳减排策略研究。该章基于可拓展的随机性的环境影响评估（stochastic impacts by regression on population affluence and technology，STIRPAT）模型，首先利用面板分位数回归研究 2000～2016 年中国 30 个省区市人均碳排放的影响因素，进一步地，计算研究期间各变量变化对人均碳排放增长的贡献，接下来，利用基于回归方程的 Shapley 值分解方法研究各影响因素对人均碳排放区域差异的贡献。

第 9 章：雾霾治理策略研究。该章基于 2000～2016 年中国 30 个省区市的面板数据，运用分位数回归和基于回归方程的 Shapley 值分解方法进行研究。

第 10 章：碳排放与经济增长脱钩关系。该章基于两个层面研究碳排放与 GDP 脱钩指数的变化及成因。在国家层面，将碳排放与 GDP 的脱钩分解成三部分：碳排放与化石能源的脱钩、化石能源与总能源消耗的脱钩和总能源消耗与 GDP 的脱钩。在地区层面，将脱钩指数分解成 8 个影响因素，并用 GTWR 模型探究各地区影响因素的时空异质性。

第 11 章：雾霾与经济增长脱钩关系。该章将 $PM_{2.5}$ 总量分解成排放系数、能源强度、人均 GDP 和人口因素，通过构造 $PM_{2.5}$ 脱钩努力程度这一指标，探究各地区的努力程度及各因素的努力程度。最后，运用 GTWR 模型，探讨影响 $PM_{2.5}$ 脱钩努力的内部和外部因素的时空异质性。

第 12 章：碳排放和雾霾污染协同减排研究。该章以 $PM_{2.5}$ 排放量替代浓度指标作为研究对象，首先利用 LMDI 分解分别从经济总体、地区和省际角度对中国 $PM_{2.5}$ 排放量变化进行分解分析，然后运用计量分析方法量化协同减排效应对 $PM_{2.5}$ 减排量的影响。

第 13 章：脱钩的敏感度分析和技术效应与非技术效应。该章首先利用 LMDI 分解方法探究碳排放脱钩和雾霾脱钩的影响因素；其次，利用 GTWR 模型探究了反应的协同性和偏离程度；再次，引入脱钩的弹性系数分析各影响因素的敏感度；最后探究两种脱钩中的技术效应和非技术效应。

第 14 章：雾霾、碳排放协同脱钩效应探究。该章探究了雾霾脱钩与碳排放脱钩之间的协同关系。先基于分解模型推导出协同脱钩效应，然后利用 PDA 继续探究其影响因素。最后，利用面板数据，基于 GTWR 模型，分析碳排放脱钩与雾霾脱钩之间协同关系变化的时空变异程度。

第 15 章：结论与展望。总结本书的主要研究结论，根据研究结论提出本书关于碳减排、大气污染物减排和二者协同减排的相关政策建议。在提炼本书可能的贡献基础上，指出了本书的研究不足，并对未来可能的深入研究方向进行了展望。

1.3.2　研究方法和技术路线

1. 研究方法

（1）文献分析法。整理国内外碳排放、雾霾污染、协同减排相关文献，梳理出前人的研究脉络，对现有研究进行总结归纳，找出不足之处，为本书开展的研究提供理论基础，如研究思路、研究方法、模型构建、变量选取等方面。

（2）面板分位数回归。现有研究中的计量经济方法主要基于条件均值函数思想，很难获得因变量尾部分布（非中心位置）的信息，而且，它假设在因变量条件分布上自变量的影响是同质并且无差异的，这与现实并不相符；分位数回归可以揭示各解释变量对因变量的影响在因变量条件分布上的变化，即随着因变量（分位点）的变化，解释变量的回归系数如何变化。基于扩展的 STIRPAT 模型，本书分别构建碳排放和雾霾污染的面板分位数回归模型，并提供面板校正标准误估计作为参照，实证结果有利于决策者因地制宜地制定差异化环境政策。

（3）基于回归方程的 Shapley 值分解。前面的计量回归模型可以考察各驱动因素对碳排放和雾霾污染的影响，基于回归方程的不平等分解框架将回归方程和

Shapley 值分解结合在一起。通过对不平等指标的分解，把因变量的不平等分解为其驱动因素的贡献。并且，该方法对回归方程的形式和不平等衡量方法没有任何限制。中国的碳排放和雾霾污染均呈现出显著的区域差异，本书运用基于回归方程的 Shapley 值分解量化各驱动因素对省际碳排放不平等和省际雾霾污染不平等的贡献。

（4）LMDI 分解。将碳排放协同效应纳入 $PM_{2.5}$ 排放的 Kaya 恒等式中，利用 LMDI 方法将 $PM_{2.5}$ 排放量变化分解为碳排放协同效应、能源排放强度效应、能源强度效应、经济发展效应和人口效应；然后分别从经济总体、地区和省际角度对中国 $PM_{2.5}$ 排放量变化进行指数分解分析。

（5）多元线性回归模型。在 LMDI 分解的基础上，建立多元线性回归模型分析 CO_2 减排量、能源结构、技术进步、人均 GDP 及其二次项、人口密度等变量对 $PM_{2.5}$ 减排量的影响，首先进行单位根检验、协整检验，然后运用固定效应（fixed effect，FE）估计、一般可行广义最小二乘（feasible generalized least squares，FGLS）估计、全面 FGLS 等方法对模型进行估计，并通过广义矩估计（generalized method of moments，GMM）进行稳健性检验。

（6）统计分析方法。选取中国 30 个省区市 2000～2014 年碳排放和雾霾的数据，并对其进行处理与分析，比较分析碳排放脱钩与雾霾脱钩之间潜藏的关系。

（7）因素分解模型。在雾霾脱钩和碳排放脱钩中，本书基于指标分解分析（index decomposition analysis，IDA）法分解探究影响因素。在协同脱钩关系中，为了探究一些潜在的影响因素，本书利用 PDA 模型，该模型基于生产理论视角，并构造前沿面。这个模型涉及规划问题，也涉及 Shepherd 距离函数。

（8）敏感度分析。基于以往的研究，本书结合弹性的概念继续探究脱钩指数对影响因素的敏感性，即影响因素变动 1% 所引起脱钩指数变动的百分比，该研究可以准确把握促进脱钩的发力点，提高节能减排的成效。脱钩指数的敏感度模型在现有研究中并不常见，所以本书借鉴以前的文献对其进行了理论推导，并将其运用到实践中。

（9）GTWR 模型。在空间异质性的研究中，地理加权回归是比较常用的模型。然而，针对面板数据的研究，大部分采用同一指标多年数据的平均值来建立地理加权回归模型，虽然能考虑到空间效应和空间异质性，但是由于截面样本有限，对于存在较多的解释变量的模型，可能会导致参数无法估计。同时，数据的平均化处理也有可能损失面板数据的一些重要信息，所以本书选取 GTWR 模型探究影响因素的时空异质性，该模型既考虑了时间影响又考虑了空间影响。

（10）新陈代谢灰色模型（grey model，GM）和马尔可夫预测方法的组合模型。联立方程预测模型中需要预测外生变量的未来值，为了更好地预测未来碳排放的变化趋势，借助灰色马尔可夫预测模型对模型中的人力资本、能源价格、进出口总额占比三个外生变量进行合理的预测。

（11）联立方程预测模型。在发展低碳经济的前提下，基于系统的角度定量分析影响因素自身或其内在扰动因素对碳排放的动态作用机理，让实证分析的结论更加全面且可靠，而联立方程模型是指用若干个相互关联的单一方程，同时表示一个系统中变量间相互依存关系的模型，比较符合本书的研究需求，本书构建碳排放的联立方程模型，在定量分析的基础上模拟预测未来碳排放的变化趋势，该方法在碳排放预测领域中运用相对较少。

2. 技术路线

本书的研究内容主要分为五个部分，第一部分是碳排放相关研究，包括碳强度敏感性分析和时空异质性、中国行业碳排放生产理论分解分析、我国碳排放峰值模拟；第二部分是大气污染物相关研究，包括雾霾驱动因素和治理绩效分析、空间效应视角下的产业转移与雾霾污染；第三部分是碳排放和空气污染物治理策略研究，包括碳减排策略研究、雾霾治理策略研究；第四部分是碳排放、空气污染物与经济增长脱钩关系研究，包括碳排放与经济增长脱钩关系、雾霾与经济增长脱钩关系；第五部分是碳排放、空气污染物协同治理研究，包括碳排放和雾霾污染协同减排研究，脱钩的敏感度分析和技术效应与非技术效应，雾霾、碳排放协同脱钩效应研究。本书技术路线图如图 1-1 所示。

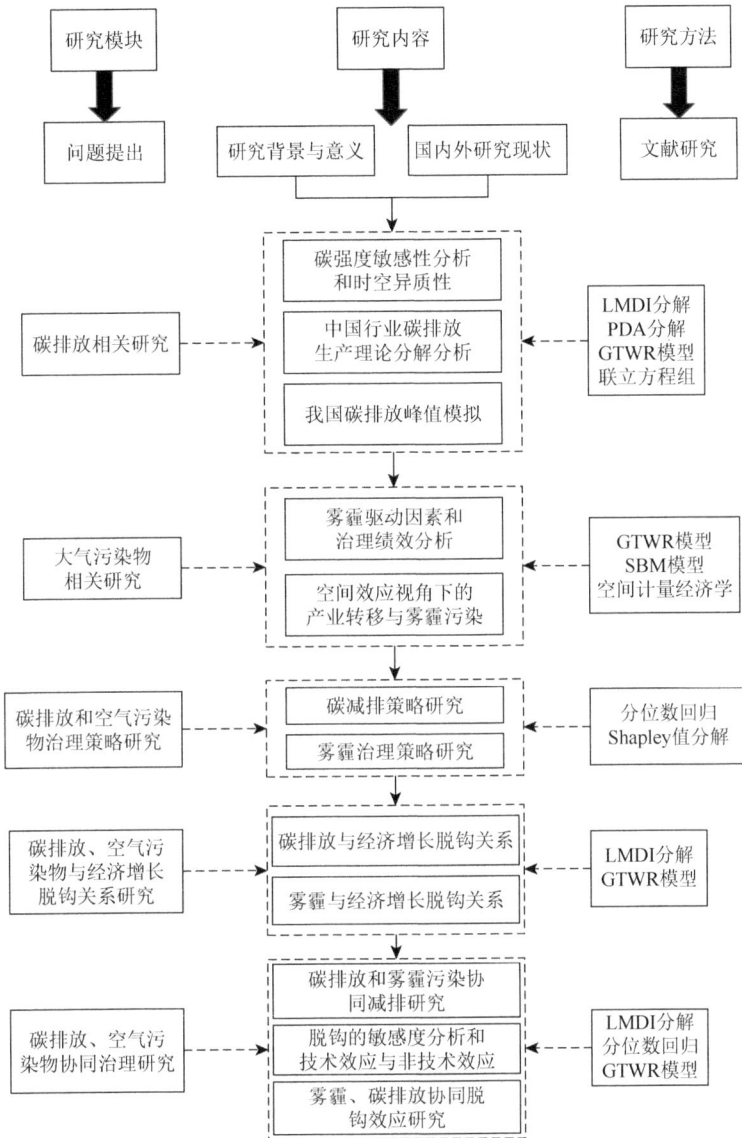

图 1-1　本书技术路线图

第2章 国内外研究综述

2.1 碳排放相关研究

2.1.1 碳排放的影响因素

鉴于碳排放问题的重要性，世界各国学者针对碳排放展开了广泛的研究。在碳排放相关研究中，计量经济方法得到了广泛的应用，包括线性模型和非线性模型，如动态面板数据模型（Sharma，2011）、动态面板门槛模型（Li and Lin，2015）、非参数可加模型（Xu and Lin，2015）、半参数回归（Zhu et al.，2012）、偏最小二乘回归（Li et al.，2012）、自回归分布滞后（autoregressive distributed lag，ARDL）模型（Shahbaz et al.，2014）、空间计量模型（Liu et al.，2014；Chuai et al.，2012）。另外，分解分析也是常用的方法，指数分解方法在碳排放相关研究中得到了广泛应用（Wu et al.，2005；Xu and Ang，2013；Zhang et al.，2009），其中 LMDI 最为常见（Wang et al.，2005；Liu et al.，2007；Xu et al.，2014；Zhao et al.，2010），另外，结构分解分析（structural decomposition analysis，SDA）方法也得到了一些应用（Feng et al.，2012；Peng and Shi，2011）。学者针对碳排放影响因素展开了大量研究，总体来看，碳排放主要受到人均 GDP（Li and Lin，2015；Poumanyvong and Kaneko，2010）、城镇化（Li and Lin，2015；Zhu et al.，2012；Poumanyvong and Kaneko，2010；Shafiei and Salim，2014）、产业结构（Li and Lin，2015；Poumanyvong and Kaneko，2010）、能源强度（Li and Lin，2015；Poumanyvong and Kaneko，2010）、对外开放（Sharma，2011）等因素的影响。还有许多研究是基于 STIRPAT 模型的（Li and Lin，2015；Li et al.，2012；Poumanyvong and Kaneko，2010；Shafiei and Salim，2014；York et al.，2003；Zhang and Nian，2013）。

2.1.2 碳排放的区域差异

从经济发展、人口分布、资源禀赋、城镇化、工业化来看，中国各个省都存在显著差异，无论从总量水平还是人均水平来看，碳排放均受地区特征的影响（Xu and Lin，2015）。近年来，碳排放的区域异质性引起了广泛关注。一部分学者通过分样本回归比较在不同地区各驱动因素对碳排放影响的差异，如 Poumanyvong 和

Kaneko（2010）把 1975~2005 年 99 个国家的样本分为高、中、低收入组，识别城镇化对碳排放的影响在不同收入水平国家的影响差异，结果表明城镇化对碳排放的影响在不同的收入水平上存在显著的差异。Sharma（2011）针对全球 69 个国家的样本数据做了类似的研究。利用中国省际样本数据，Li 等（2012）按照 1990~2010 年人均碳排放的年均值将中国 30 个省区市划分为 5 个排放样本，结果表明在不同地区人均地区生产总值、城镇化、人口、产业结构和技术水平对碳排放的影响有显著差异。在大部分地区，城镇化和人均地区生产总值对碳排放的影响相对其他因素要大，技术水平仍然是降低碳排放的主要手段。也有部分学者将省级面板数据按照传统的东、中、西行政区域划分，研究碳排放影响因素的区域差异（Zhang and Lin，2012），如 Xu 和 Lin（2016）将中国划分为东、中、西三个区域，利用非参数可加回归模型研究工业化和城镇化对碳排放的非线性影响，结果表明城镇化对碳排放的非线性影响在三个地区呈现显著差异，工业化和碳排放在三个地区呈现倒 U 形关系，他们认为在制定碳减排政策时应该考虑区域差异。同样地，为了考虑中国的区域差异，Zhang 和 Nian（2013）将省级面板数据划分为东、中、西三个子样本，研究不同地区交通部门碳排放影响因素的差异。然而，尽管中国碳排放的区域差异得到了广泛关注，但鲜有文献在以下三个方面进行深入研究：一是研究中国省际碳排放的空间分布差异；二是探究碳排放区域差异的成因；三是定量计算各因素对区域差异的贡献。

有很多学者研究了二氧化碳排放的空间分布，如基于国家层面数据的碳排放收敛分析得到了大量关注（Strazicich and List，2003；Westerlund and Basher，2008），收敛的含义是各省人均碳排放量达到均衡，这些研究所使用的国家组样本有所差异。为了设计应对气候变化的国际合作对策，Aldy（2006）研究不同国家间人均碳排放的分布，发现了 23 个 OECD 成员国人均碳排放收敛的证据，然而全球 88 个国家的碳排放样本呈现出发散的情形，基于马尔可夫链转换矩阵的预测几乎没有提供未来排放收敛的证据，并表明排放可能在近期内出现发散。Romero-Avila（2008）利用单位根检验证实了 1960~2002 年 23 个国家二氧化碳排放的随机性和确定性收敛的存在。也有一些研究不支持人均二氧化碳排放收敛（Aldy，2007）。收敛的概念最早出现在收入不平等研究中，理论上讲，人均收入或生产率的趋同基本上可能是由于最初贫穷国家通过专门研究污染密集型产品而实现相对较高的增长率（Ezcurra，2007a）。现有碳排放收敛研究大多利用国家层面的数据，较少研究分析中国省级层面的碳排放收敛情况。

有学者尝试用经济社会变量对碳排放区域差异进行解释，Ezcurra（2007b）检验了 1960~1999 年 87 个国家的人均碳排放的空间分布，发现观测期内各个国家间的人均碳排放差异缩小，他还通过对比原始分布和三种条件分布的密度函数来研究经济地理变量对碳排放差异的影响，结果表明碳排放的空间差异主要受到年均气温和人均收入的影响，而贸易开放度的影响不大。然而，这样的研究不能将各因素的贡献进行量化。因此，利用省级面板数据的经验研究为探究中国碳排放的影响因素及碳排放不平等提供了有效的视角。

2.2 雾霾污染相关研究

2.2.1 雾霾污染的影响因素

随着雾霾污染受到越来越多的关注，国内外学者为此展开了大量研究，很多学者关注了 $PM_{2.5}$ 的化学特征（He et al.，2001；Hueglin et al.，2005）、形成机制（Huang et al.，2014b）、来源（Querol et al.，2004；Wang et al.，2012b；Huang et al.，2011）和对健康的危害（Song et al.，2016）。关于雾霾污染影响因素分析的相关研究，总结起来，雾霾污染的影响因素包括但不限于收入（Hao and Liu，2016）、交通（Zhou et al.，2019）、能源强度（Xu and Lin，2017）、人口密度（Wang et al.，2017a）、汽车拥有量（Wu et al.，2016a）、产业结构（Karimu et al.，2017）、对外贸易（Du et al.，2018）、环境规制（张明和李曼，2017），以及其他气象因素（Tai et al.，2010）。Xu 和 Lin（2017）利用面板数据模型研究了雾霾污染的驱动因素，包括经济增长、城镇化、私人汽车、煤炭消费、能源效率，并考虑了区域差异。Wang 等（2017a）研究发现城市面积、城市人口、第二产业占比和人口密度对 $PM_{2.5}$ 浓度产生正向影响，人均 GDP 与 $PM_{2.5}$ 浓度呈倒 U 形关系。基于 2001～2015 年 27 个省会城市的面板数据，Du 等（2018）利用参数估计模型研究了经济增长、产业结构、对外贸易和能源强度对雾霾污染的影响，并且发现雾霾污染与经济增长之间存在环境库兹涅茨曲线关系。Hao 和 Liu（2016）利用 2013 年中国 73 个城市的 $PM_{2.5}$ 浓度数据，调查了影响雾霾污染的社会经济因素，包括人均 GDP、产业结构和交通因素。除了社会经济变量，气象因素可能也是雾霾污染的重要影响因素，Tai 等（2010）利用多元线性回归研究了 1998～2008 年气象变量对美国 $PM_{2.5}$ 的影响，结果表明气象的变化可以解释高达 50%的 $PM_{2.5}$ 变化，其中温度、相对湿度、降水和大气循环都是重要的影响因素，降水与所有 $PM_{2.5}$ 组分强烈负相关。此外，有证据表明全球气候变化（北极海冰减少）也会对雾霾污染产生影响（Wang and Chen，2016；Wang et al.，2015）。

雾霾天气频发虽然在一定程度上受到气候因素的影响，但归根结底还是源于能源效率低下、产业结构失衡、粗放式经济发展和环境治理低效等原因（邵帅等，2016），因此，雾霾污染的社会经济影响因素引发了更多的关注。在雾霾污染影响因素的研究中，计量分析方法得到了广泛应用（Ji et al.，2018；Lin et al.，2013）。目前关于雾霾污染的研究主要采用浓度指标，由于缺乏 PM$_{2.5}$ 排放量数据，采用排放量指标的文献较为少见，因此，鲜少见到采用分解分析方法进行研究的文献，Guan 等（2014）采用结构分解分析研究中国 1997~2010 年 PM$_{2.5}$ 排放变化的社会经济驱动因素，研究发现效率提升可以抵消经济增长和其他因素导致的排放增长，资本形成是最终需求端 PM$_{2.5}$ 排放的最主要因素，但其导致的排放水平在下降，出口是最终需求端唯一的正向驱动因素。在大气污染治理研究中，可计算一般均衡（computable general equilibrium，CGE）模型得到了广泛应用，较常用的政策工具包括资源税（Sancho，2010）、硫税（Xu and Masui，2009）、碳税（Allan et al.，2014）。魏巍贤和马喜立（2015）将雾霾治理政策（包括硫税和碳税）与能源结构调整、技术进步进行政策组合，利用 CGE 模型进行情景分析，研究表明优化能源结构和技术进步是缓解雾霾污染的根本手段。

2.2.2　雾霾污染的区域差异

在进行雾霾污染相关研究的过程中，一个不可忽视的现实是中国雾霾污染存在显著的区域差异（Wang et al.，2017b；Zhou et al.，2019）。雾霾和 PM$_{2.5}$ 浓度主要分布在京津冀、山东省、西北北部、四川东南部和重庆，各个地区的经济结构和人口密度都存在明显差异（Zhou et al.，2019）。因此，有证据表明不同的因素在不同的地区会对雾霾污染产生不同的影响（Du et al.，2018；Zhou et al.，2019；Xu and Lin，2017），在制定雾霾治理政策时要考虑特定因素在不同区域影响的异质性。Xu 和 Lin（2017）认为在降低 PM$_{2.5}$ 浓度的过程中应该考虑区域异质性。有的学者采用分地区子样本分别进行回归，以考虑区域差异，如 Du 等（2018）将全国样本划分为东、中、西三部分，研究雾霾污染与经济发展关系在不同区域间是否存在差异，这种做法存在缺点：一是不同子样本回归所得的变量估计系数不具有可比性；二是如果子样本不是随机选取的，分析结果就会存在很大的偏差，即样本选择性偏误。传统的计量方法，包括面板数据模型和空间计量模型均假定驱动因素对雾霾污染的影响（或者说估计系数）在不同地区是相同的，因此，不能揭示变量对雾霾污染的影响在不同地区的异质性。为了解决这个问题，本书利用分位数回归研究在不同雾霾污染水平下，各变量对雾霾污染影响的动态变化。

关于雾霾污染的相关研究，学者使用的研究方法有结构分解分析（Guan et al.，2014）、动态因子分析（魏巍贤和马喜立，2015）、灰色关联分析（Karimu et al.，2017）、层序聚类分析（Gao et al.，2014）；采用的计量经济方法包括随机效应模型（Wu et al.，2016a）、固定效应模型（Xu and Lin，2017）、地理加权回归模型（Zhou et al.，2019）、土地利用回归模型（Eeftens et al.，2012）、空间计量模型（Hao and Liu，2016），许多研究是基于 STIRPAT 模型的（Zhou et al.，2019；Xu and Lin，2017）。相对于地理加权回归模型，分位数回归可以揭示各变量对雾霾污染影响的系数在整个雾霾污染条件分布上的变化。另外，地理加权回归受样本量的影响较大，易损失自由度，导致估计结果产生偏误（Zhou et al.，2019）。

中国不同区域间呈现显著的经济发展、技术水平、人口总量、能耗总量、资源禀赋差异（Xu and Lin，2017；Dong et al.，2018a），因此，雾霾污染受这些区域特征的影响也呈现出显著的区域差异。分析雾霾污染区域不平等及其形成机理有重要的现实意义。事实上，根据现有文献，可以发现很多能源相关的收敛性研究（收敛的含义是某个环境指标在区域间的差距缩小），如很多学者关注了不同区域间能源强度（Burnett and Madariaga，2016；Liddle，2010；Mielnik and Goldemberg，2000）、人均生态足迹（White，2007）、人均能耗（Duro et al.，2010）、人均碳排放（Duro and Padilla，2006）的收敛情况。然而，鲜有学者探究雾霾污染区域差异的成因并且定量计算各因素对区域差异的贡献。大多数不平等研究不是基于回归模型展开的，而是基于洛伦兹曲线（Yang et al.，2012）、基尼系数（Chen et al.，2017a）、泰尔指数（Duro and Padilla，2006）或者分布函数工具（Padilla and Serrano，2006）。Fields 和 Yoo（2000）及 Morduch 和 Sicular（2002）将回归模型与不平等分解结合在一起，他们提出了以回归方程为基础的不平等分解，但该方法对回归方程的模型形式和不平等指标的选取有限制，另外，常数项和随机项的贡献未被正确处理。Shorrocks（1999）构建了基于 Shapley 分解的不平等指标分解框架。Wan（2002）构建了一种全新的基于回归方程的不平等分解框架，Wan（2002）将回归方程和 Shapley 值分解结合在一起。通过对不平等指标的分解，把因变量的不平等分解为其决定因素的贡献。Wan（2002）的方法可以有效弥补传统方法的不足。近年来，基于回归方程的分解方法在环境研究领域的应用越来越多，如 Han 等（2015a）、Xu 等（2016a）、Teixidó-Figueras 和 Duro（2015），他们都是基于普通最小二乘（ordinary least squares，OLS）法回归结果对方差进行分解获得各因素的贡献，但是，方差很少作为不平等的衡量指标，因为它以绝对量变化作为不平等衡量标准，而不是比例变化（Shorrocks，1982），它受度量单位选取的影响较大。另外，他们都将模型限制为半对数形式，实际上是对因变量对数的不平等（而不是实际意义上的因变量不平等）进行分解，因此会扭曲分解结果（Wan，2002）。由于对回归方程的形式和不平等衡量方法没有任何限制，Shorrocks（1999）的 Shapley 值分解方法总是能够有效获得各个因素对总体不平等的贡献。

2.3 协同减排相关研究

2.3.1 协同效应的定义

协同效应最早于 2001 年由政府间气候变化专门委员会（Intergovernmental Panel on Climate Change，IPCC）提出，IPCC 将协同效应定义为实现温室气体减缓的政策行动带来的其他社会经济效益（除气候改善外）。随后，OECD、美国国家环境保护局（U.S. Environmental Protection Agency，USEPA）、欧洲环境局（European Environment Agency，EEA）均对协同效应做出了不同的定义，事实上，协同效应的来源不限于节能政策、温室气体减排政策或大气污染控制政策。协同效应引起了环境研究领域学者越来越多的关注，Xue 等（2015）利用生命周期分析法对风力发电带来的协同效应进行了定量评价，研究发现，与燃煤发电厂相比，风力发电排放的二氧化碳会减少 97.48%，大气污染物 SO_2、NO_x、PM_{10} 排放分别减少 80.38%、57.31%、30.91%。Ma 等（2013）针对新疆地区风力发电的案例研究也有类似的发现。Hasanbeigi 等（2013）研究了山东省水泥部门节能政策带来的协同效应，包括 PM_{10} 和 SO_2 排放减少，由此带来的健康收益降低了节能成本。

2.3.2 温室气体减排和空气污染协同减排

温室气体减排和空气污染缓解的协同效应得到了大量研究的证实。Wagner 和 Amann（2009）运用大气污染物相互作用和协同效益模型评估了《京都议定书》附件一中温室气体减排措施的实施效果，结果表明完成 CO_2 减排目标可引起 5% 的 SO_2、NO_x、PM 减排量。Vennemo 等（2009）研究了强度控制、总量控制、部门强度控制三种碳减排策略带来的收益和成本，结果表明强度控制对中国总体的环境协同效应最大，但是会对农村居民产生负面影响。Shrestha 和 Pradhan（2010）利用自下而上的最小成本优化能源系统模型研究泰国碳减排政策的协同效应，结果表明在 30% 的碳减排目标下，SO_2 会降低 43%，碳减排目标约束有利于促进能源结构优化升级。许多研究表明温室气体减排策略会带来空气污染的改善，从而带来公共健康收益（Groosman et al.，2011；Haines et al.，2009；Nemet et al.，2010），并且这种协同效应在发展中国家最大（Nemet et al.，2010）。He 等（2010）模拟了不同能源政策（分别针对温室气体和空气污染物）组合情景下的协同效应，包括温室气体减缓、空气污染物减少和健康效益的提高。目前我们所看到的关于温室气体和空气污染协同治理的文献，大多利用单一政策或多项减排措施的组合，利用复杂模型进行模拟分析，其假设条件过多，量化结果仅为预测值或理论值，缺少对历史数据的回溯分析。本书基于 CO_2 和 $PM_{2.5}$ 历史排放数据，利用指数分解分析和计量分析方法研究 $PM_{2.5}$ 排放变化的内在机制，并且定量研究 CO_2 排放活动对 $PM_{2.5}$ 减排产生的影响。

2.4　雾霾和二氧化碳成因、特点等相关研究

雾霾作为空气污染之一，现今已严重影响人们的生活，它的形成是由多方面因素共同导致的。雾霾主要是由硫酸盐、二氧化硫、氮氧化物和可吸入颗粒物组成的。Cheng 等（2016a）从世界特大城市视角，依据雾霾的化学成分追溯其污染源，研究世界特大城市的雾霾污染现状。党的二十大报告指出要持续深入打好蓝天、碧水、净土保卫战，所以，怎样从根源上减少雾霾排放成为众多学者的研究方向。邵帅等（2016）基于巴特尔研究所提供的 $PM_{2.5}$ 数据，采用动态面板模型和 GMM 方法，解释了我国雾霾污染频发的根源：生产方式粗放、以煤炭为主的能源结构等因素未得到有效控制，清洁生产等措施也未得到落实。粗放型的发展模式在促使经济快速发展的同时，也带来了副作用——环境恶化。然而仅仅用能源结构和生产方式来概括雾霾的影响因素是远远不够的。所以，学者既探究 $PM_{2.5}$ 的特征，又研究更多的驱动因素，如经济发展（Hao and Liu，2016）、区域交通（Chen et al.，2017b；Yin et al.，2017）、城市化（Wang and Fang，2016）、人口（Han et al.，2015b）。Xu 和 Lin（2017）以及 Xu 等（2016b）利用 2001~2012 年中国 29 个省区市的面板数据，探究了收入、能源强度、城市化、私家车和煤炭消费对 $PM_{2.5}$ 的影响（Xu and Lin，2017）。郭俊华和刘奕玮（2014）、冷艳丽和杜思正（2015）、李鹏（2015）在论证中国产业结构与雾霾污染之间的关系时，均得出一致的结论，即中国雾霾污染与产业结构具有很强的相关关系（Zhang and Lahr，2014；Fan et al.，2016；Wang et al.，2012b）。经济增长是雾霾产生的直接原因，在经济快速发展的同时，人们的消费需求会随着增加，从而引发更多的生产活动。Dong 等（2019b）利用时空地理加权回归模型，探究了中国 $PM_{2.5}$ 的主要驱动因素，发现经济增长对雾霾产生了非常大的影响（Du et al.，2018）。作为经济增长的三大马车之一，进出口对雾霾的影响也非常重要。Wang 等（2014a）探究了 $PM_{2.5}$ 增长的驱动因素，他们发现经济增长和出口增加了 $PM_{2.5}$，而研究与发展（research and development，R&D）投资有利于减少 $PM_{2.5}$ 的增加（Hao and Liu，2016）。在众多因素中，人口密度、产业结构和交通密度对 $PM_{2.5}$ 有显著的正向影响（Wang et al.，2017b；He et al.，2001）。根据 EKC 曲线理论，当达到经济拐点后，经济的增长会促使污染物减少，那么雾霾和经济增长是否存在这种关系？通过研究 2001~2012 年中国 285 个城市的情况，Cheng 等（2017）证实了经济增长与 $PM_{2.5}$ 之间存在倒 U 形关系，并且发现大多数城市随着经济的增长，污染物也在增加（Wang et al.，2017b）。

王家庭和王璇（2010）、刘伯龙等（2015）探究了中国城市化与环境污染之间的倒 U 形和正相关关系。随着区域间贸易次数的增多，雾霾排放的空间效应逐渐显现出来。一个地区的雾霾排放不仅受本地区的影响，还会受到其他地区的影响。研究其中的作用机制对于我国治理雾霾具有重要的意义。因此，国内外学者开始关注空间因素对雾霾污染作用的研究，对雾霾污染的空间外溢效应进行验证。东童童等（2015）推导了工业集聚与雾霾的关系，并证实了空间计量模型在中国是适用的。杨冕和王银（2017）运用空间自相关、空间滞后模型，选取人均 GDP、第二产业比重等变量，研究社会经济发展状况对空气质量的影响。李根生和韩民春（2015）探究了 PM_{10} 空间溢出效应，认为中央放权是激励地方政府治理雾霾的动力。马丽梅和张晓（2014）指出能源结构和产业结构对雾霾污染的空间溢出效应显著。

对碳排放进行研究时，学者对影响因素的探究主要分为两部分：一部分对 STIRPAT 进行扩展，将各种影响因素引入模型进行研究（Shahbaz et.al.，2017；Yang et al. 2018a；Yang et al.，2018b；Fei and Wang，2017）；还有一部分通过扩展的 Kaya 恒等式来分析影响因素（Tavakoli，2018；Ziemele et al.，2015；Lima et al.，2016；Mahony，2013）。大多数学者认为影响碳排放的主要因素为能源结构、能源强度、经济产出和人口规模（Mahony，2013；González et al.，2014；Jiang et al.，2017；Dong et al.，2013a）。经济产出是主要的正向驱动因素（Könea and Bükeb，2019；Ma et al.，2019），而能源强度是主要的负向驱动因素（Chang et al.，2019；Shi et al.，2017）。由于城镇化的推进，城镇化率对碳排放的影响也越来越大，因此，在研究中加入城镇因素对理解城镇化对二氧化碳排放的驱动作用、评价减排任务以及为低碳城镇化提供科学依据具有重要意义（Li et al.，2018a）。Wang 等（2019a）利用投入产出分析法和结构分解探究了家庭的碳排放，结果表明城镇化和消费模式的变化增加了碳排放（Wang et al.，2019b）。城镇化对碳排放影响的研究中一般都用人口城镇化（Zhang and Xu，2017；Liu et al.，2017a；Wu et al.，2016b；Wang et al.，2016）或土地城镇化（Zhang and Xu，2017；Xu et al.，2018；Xu and Zhang，2016；Xu et al.，2016a）指标。城镇化是人口和土地协调发展的过程，所以该指标也应该在研究时考虑进模型。碳排放是否也存在空间效应？由于地区之间的影响，碳排放也具有空间效应。程叶青等（2014）和揣小伟等（2012）分别采用空间计量方法分析中国能源消耗碳强度的时空动态、主导因素以及能源环境碳排放区域空间格局变化趋势。由于地区之间资源禀赋、地理位置及经济状况的差异，其影响因素也具有空间异质性，肖宏伟和易丹辉（2014）利用时空地理加权回归模型探究了碳排放的时空异质性。

在研究碳排放和雾霾成因或者影响因素时，分解分析方法被大量学者应用。然而，分解分析方法主要有三种：第一种是 IDA；第二种是 SDA；第三种是非参数距离函数和环境生产技术结合的 PDA 方法。在这些分解分析方法中，相比于 SDA 和 PDA，IDA 方法有如下优势：①起源于能源分析，它是从能源的视角出发，基于总体数据探索碳排放的影响因素，这意味着 IDA 与能源体系有更强的联系（Hoekstra et al.，2003）；②IDA 能够在宏观上更为细致、深入地研究个别驱动因素，能够帮助决策者在宏观上掌握主要的驱动因素，并制定针对性的政策；③它对数据没有太高的要求，可以很容易分析并比较不同时间和区域的碳排放差异（Ang and Liu，2007）。不仅如此，IDA 比 SDA 灵活，使用比较简单，易于理解，形式也多种多样。LMDI 在 IDA 中应用广泛，而且相比于其他指数分解分析，LMDI 能够很容易地处理分解中的零值问题（高静等，2012）和部分数据残缺问题，而且 LMDI 分解的结果是最优的（Ang，2004；Ang，2005）。

2.5　经济增长与环境污染相关关系的研究

Grossman 和 Krueger（1991）探究了多种污染物与经济增长之间的关系，发现 SO_2、烟尘等一些污染物与经济增长之间呈现出倒 U 形关系，与库兹涅茨曲线相似。EKC 曲线的命名也来源于此关系。谢申祥等（2012）在研究中国的经济增长、二氧化硫排放与外商直接投资（foreign direct investment，FDI）三者之间的关系时，发现 EKC 曲线在我国确实存在。温室气体和污染物虽然都呈现倒 U 形，但是拐点的位置却有明显的差异。高静（2012）在研究碳排放和二氧化硫时，发现二氧化硫的拐点比二氧化碳的拐点更早到达，这是因为二氧化硫的规模因素系数与碳排放存在明显的差异。赵立祥和赵蓉（2019）在研究中国 30 个省区市的大气污染时，发现部分东南部省份已经越过 EKC 曲线的拐点，但大气质量改善压力仍然巨大。多数中部和西部省份处于峰值阶段，经济增长所带来的大气污染问题比较严峻。在研究北京制造业增加值和碳排放的关系时，林玲（2013）发现其关系是负向的。根据 EKC 曲线理论，她认为制造业的产出已经超过了拐点，致使碳排放减少。刘华军和裴延峰（2017）通过 Tobit 证实了雾霾污染满足 EKC 假说，研究发现，在控制经济规模等因素后，雾霾与经济增长之间的 EKC 曲线不存在。这个结论说明了雾霾治理是一个长期过程，不能因为目前取得一些成效就有所放松。不同污染物与经济增长的关系存在着差异，王星（2015）利用空气检测数据进行实证研究，发现 PM_{10} 浓度、SO_2 浓度、NO_2 浓度与经济增长之间分别呈现倒 N 形、倒 U 形和 U 形曲线关系，这说明不同的污染物与经济增长的关系存在明显的差异。空间计量的引入为研究污染物与经济增长的关系开拓了新视野，刘华军和裴延峰（2018）利用中国城市的雾霾实时监测数据，发现在不同的空间关联网络情形下，城市雾霾污染的 EKC 曲线呈现不同的状态。该研究提倡在经济合作的框架下继续探索和完善区域联防联控机制。不同地区之间污染物与经济增长的关系也存在着差异，孙攀等（2019）基于空间视角，利用探索性空间数据分析方法与动态空间杜宾面板数据模型探究了中国经济增长与雾霾之间的关系。结论证实东、中和西部地区的雾霾污染的 EKC 曲线呈现明显差异。何枫等（2016）在探究经济增长与雾霾污染之间的关系时，发现区域发展不平衡，雾霾污染的 EKC 曲线差异显著，东部、中部和西部地区分别呈现倒 N 形、N 形和 U 形，拐点也各有不同。这说明了不同地区由于资源禀赋、地理位置等差异，变量之间的关系也存在着较大的差异，不能一概而论。

2.6　脱钩的相关研究

环境恶化和经济增长之间的因果关系可以通过多种方法来探索，如简单回归、多元协整等线性回归方法（Climent and Paedo，2007）。但是，在现存的所有方法中，脱钩方法是研究经济对能源的依赖或研究温室气体（大气污染物）之间关系的最好技术（Dong et al.，2016a）。早在 1989 年，脱钩的概念被提出（Von，1989）。2002 年，OECD（2002）将这一概念发展成一个指标，用于探究经济增长与环境变化之间的关系。2005 年，Tapio（2005）利用弹性的概念发展了一个新的脱钩指标，并将脱钩状态分成 8 种类型，分别是强脱钩、弱脱钩、扩张连接、扩张负脱钩、强负脱钩、弱负脱钩、衰退连接和衰退脱钩。由于该脱钩指数有效地避免了因基期选择不同而造成结果不同的情况，所以该指标被学者广泛地应用于经济增长与环境恶化关系的研究中（Wang et al.，2019b；Wang and Jiang，2019；Cohen et al.，2019；Chen et al.，2018；Yang et al.，2018c；Wang et al.，2018a；Wu et al.，2018a）。基于脱钩指数，一些学者将分解分析融入进去，以便探究其影响因素（Meng et al.，2018；Zhao et al.，2016；Wang et al.，2017a）。在对脱钩指数的分解分析中，Wang 等（2019b）探究了影响脱钩状态的因素，发现人均 GDP 和人口抑制了脱钩，而能源强度加速了脱钩过程的实现。与上述分解分析不同，Wang 等（2017a）和 Dong 等（2019b）研究了影响脱钩状态变化的因素，深入探索了其内在机制。Wang 和 Feng（2019）将 Shephard 距离函数嵌入 Kaya 恒等式中，深层次探究了影响脱钩指数的潜在因素和技术效率。因为脱钩指数的弹性性质，一些学者证明了 EKC 曲线的拐点就是绝对脱钩和相对脱钩的分界点（夏勇和钟茂初，2016；Song et al.，2019）。利用这个性质，他们将一维脱钩扩展到二维脱钩，以便更好地理解脱钩状态。

Tapio 发展的这个指标虽然能够很好地反映经济增长与环境恶化之间的关系，但是也存在着一些不足。Tapio 脱钩指数在探究长期关系中存在缺陷，它对短期政策的敏感性极强。而脱钩强调的是脱钩过程的趋势性，即不是短期意义上的随机波动和偏离，而是能在一定期间内稳定和持续地保持与经济增长的脱钩。脱钩行为不是一个短期过程，而是需要一定周期和成本的调整过程（Dong et al.，2019b；孙睿，2014）。短期中脱钩的变动取决于短期外部冲击和商业周期。相比于短期，有关气候政策倾向于在长期中发挥作用（Andersson and Karpestam，2013）。总体而言，脱钩概念的趋势性和过程性决定了应使用相对较长考察期间内的当期和基期的数据测算脱钩指数。利用上述概念，Dong 等（2019b）探究了碳排放与经济增长脱钩的影响因素，发现各因素贡献具有明显的趋势性，对短期冲击的影响敏感性较弱（Dong et al.，2019b）。但是，他们的研究并没有深入探究这种脱钩指数与 EKC 曲线之间的关系，也没有对这种脱钩指数和 Tapio 定义的脱钩指数进行对比。

2.7　文　献　述　评

通过对国内外研究现状进行综述，经济增长与污染物关系的研究大都集中于脱钩分析和 EKC 曲线的探讨。在雾霾和二氧化碳与经济增长之间的关系探究中，也有不少研究证明了 EKC 曲线的存在。在对脱钩的分解分析中，能源强度、经济发展和产业结构等因素是重要的影响因素。在温室气体与大气污染物之间的协同关系探究中，不少学者已经证实了协同关系的存在。虽然现有的研究对节能减排具有重要的意义，但是，还存在着一些不足，主要集中于以下几点。

（1）在对碳排放与经济增长的脱钩（或污染物与经济增长的脱钩）进行分解时，大多数研究仅停留在探究其贡献量或贡献率方面，得出的结论基本都是以贡献大的因素为减排重点，很少有文献对其进行进一步的探究，即脱钩指数变动对各因素的敏感度分析。

（2）在探讨各因素对脱钩指数（碳排放与 GDP 脱钩和雾霾与 GDP 脱钩）的影响分析中，大都默认了影响因素不存在时空异质性，这是不正确的。各地区资源禀赋、地理位置和经济基础等的不同，必然会导致变量的作用效果存在差异。

（3）大多数文献在协同关系研究中，仅侧重于温室气体与大气污染物之间，少有文献研究温室气体脱钩与大气污染物脱钩之间的协同关系。

（4）大量文献已经证实温室气体与大气污染物之间存在协同关系，但是，少有文献继续探究减排因素对雾霾脱钩与碳排放脱钩之间协同关系的影响。通过研究减排因素对协同关系影响的大小，可以制定更加高效的减排政策。

第3章 碳强度敏感性分析和时空异质性

改革开放以来，中国经济迅猛发展，由此带来的环境问题也越来越严重。其中，温室气体的排放逐渐引起人们的注意，因为它是导致全球变暖的关键因素。在 6 种温室气体中，二氧化碳占有最大的比重，约 56%（IPCC，2014），因此，控制碳排放的增加已成为全球共同的目标。根据 2007 年碳排放的统计数据，中国的碳排放量已经超过美国，成为世界上最大的碳排放国家（Dong et al.，2013a），占全球碳排放总量的 21%。2014 年中国源自化石能源燃烧的二氧化碳排放占全球的 28.2%，超过美国 12.2 个百分点，中国面临严峻的减排压力（董梅等，2018）。面对国际减排和国内环境保护的巨大压力，中国必须担起大国的责任，控制快速增长的煤炭消费，并进行节能减排和低碳发展。相比于碳排放总量和人均碳排放，碳强度（单位 GDP 的二氧化碳排放量）是衡量一个国家、地区或产业二氧化碳排放的重要指标，它能够很好地反映能源与 GDP 之间的关系（Dong et al.，2018b）。因此，降低碳强度具有重要的意义。在 2009 年的哥本哈根会议期间，中国政府承诺到 2020 年，碳强度比 2005 年下降 40%～45%（Wang and Chen，2014）。同时，各政府通过制定更具体的碳减排目标，并将其重新分配给各地区（Dhakal，2009；Wang et al.，2012c）。在"十一五"期间（2006～2010 年），中国政府制定了能源强度减少 20% 的目标，但是这个效果并不明显，如在 2010 年，随着能源强度目标期限的临近，个别地区采取了拉闸限电、关停工厂等极端措施来突击完成任务，造成这一现象的原因是"十一五"能源强度目标的分解方案没有充分考虑各地的发展情况。在"十二五"期间（2011～2015 年），中国政府再次制定了新的目标：相比于 2010 年，碳强度降低 17%。在 2014 年，中国提出到 2030 年碳强度比 2005 年下降 60%～65% 等目标（Wu et al.，2018b；Dong et al.，2018b；Zhang et al.，2017；Ding et al.，2018）。并且，在"十三五"期间（2016～2020 年），中国政府积极落实减排承诺，主动控制碳排放总量，降低碳强度，同时，运用政策手段来加快低碳经济的步伐。总体来说，中国已经基本形成了以碳强度约束为主、以试点范围总量控制机制为辅的温室气体减排思路。但是，与发达国家相比，中国仍然处在工业化和城镇化进程中，所以短期内能源的消耗量不会减少。当前，中国的平均碳强度非常高，甚至高于一些发达国家，如美国、英国和德国（Zhang et al.，2016）。因此，碳强度目标的实现不仅是对中国经济的挑战，也是对中华民族伟大复兴的中国梦的挑战。

研究分析碳强度的影响因素，对实现我国政府减排承诺、优化产业结构、转变经济发展方式、实现低碳发展有着重要的理论和现实意义。在探究影响因素的同时，到底碳强度的变化对哪些因素的敏感程度较大？是否贡献量大的因素，其弹性系数也一定会很大？怎样才能最有效、最精准地控制碳强度？所以，为了解决这些问题，分析碳强度对各因素的敏感程度是非常重要的。而且，在制定控制碳强度的目标时，各影响因素是否存在着时空异质性？即制定政策时，需不需要考虑各地区的异质性？为此，本章也通过具体模型对其进行了研究。

本章从两个层面（国家和地区）研究碳强度的影响因素。在国家层面，本章先将碳强度分解成 11 个影响因素，并用 LMDI 求解各部分的贡献量，在整体上考虑降低碳强度的措施。然后，利用弹性的概念，探究碳强度变化对各因素的敏感程度，得出哪些因素的影响更加重要。但是，碳强度下降的实现不仅需要国家层面的产业转型升级和能源结构的优化，更依赖于省域层面具体的节能减排行动。由于中国地域辽阔，省域之间资源禀赋、经济发展、产业结构及能源结构既存在显著的差异性，又存在空间关联性，因此，在全国目标减排框架下，需要查清中国省域间能源消费碳强度的空间依赖性、差异性及影响因素的空间异质性，以便有针对性地制定产业和能源政策。因此，在地区层面，本章先利用简化后的碳强度分解的因素，然后利用时空地理加权回归模型探究各地区碳强度影响因素的时空异质性，并根据结果，提出各地区相应的政策。由此，从国家和地区两个层面探究，可以全面、细致地研究问题，并且可以制定更具针对性的政策。

3.1 模型与数据

3.1.1 分解模型

本章基于 Kaya 恒等式，用"两层完全分解法"将全国的碳强度分解成 7 个部门、11 个影响因素，模型如下所示：

$$\frac{C}{\text{GDP}} = \sum_i \sum_j \frac{C_{ij}}{E_{ij}} \cdot \frac{E_{ij}}{E_i} \cdot \frac{E_i}{\text{GDP}_i} \cdot \frac{\text{GDP}_i}{\text{GDP}} + \sum_i \sum_j \frac{C_{ij}}{E_{ij}} \cdot \frac{E_{ij}}{E_i} \cdot \frac{\text{DI}}{\text{GDP}} \cdot \sum_i \sum_j \frac{C_{ij}}{E_{ij}} \cdot \frac{E_{ij}}{E_i} \cdot \frac{E_{i\text{城镇}}}{\text{DI}_{\text{城镇}}} \cdot \frac{\text{DI}_{\text{城镇}}}{\text{DI}}$$

$$+ \frac{\text{DI}}{\text{GDP}} \cdot \sum_i \sum_j \frac{C_{ij}}{E_{ij}} \cdot \frac{E_{ij}}{E_i} \cdot \frac{E_{i\text{农村}}}{\text{DI}_{\text{农村}}} \cdot \frac{\text{DI}_{\text{农村}}}{\text{DI}}$$

$$(3\text{-}1)$$

式中，i 表示部门；j 表示能源种类；C_{ij} 为第 i 个部门消耗第 j 种能源所产生的二氧化碳量；E_{ij} 为第 i 个部门消耗的第 j 种能源；E_i 为第 i 个部门消耗的能源；GDP_i 为第 i 个部门的产出值；GDP 为总产出值；C 代表碳排放总量；DI 表示居民可支配收入；$DI_{城镇}$ 和 $DI_{农村}$ 分别代表城镇和农村的居民可支配收入。

式（3-1）可进一步表示成

$$\frac{C}{GDP} = CI = \sum_i \sum_j CEC_{ij} \cdot EM_{ij} \cdot EIP_i \cdot ES_i + \sum_i \sum_j CEC_{ij} \cdot EM_{ij} \cdot EIT \cdot UGT$$
$$+ \sum_i \sum_j CEC_{ij} \cdot EM_{ij} \cdot EIU \cdot PDFU \cdot PDF + \sum_i \sum_j CEC_{ij} \cdot EM_{ij} \cdot EIR \cdot PDFR \cdot PDF$$

$$（3-2）$$

式中，CEC 代表碳排放系数；EM 代表能源结构；EIP 代表生产部门能源强度；ES 代表经济结构；EIT 代表运输部门能源强度；UGT 代表单位 GDP 交通周转量；EIU 代表城镇生活能源强度；PDFU 代表城镇居民可支配收入占比；PDF 代表居民可支配收入占比；EIR 代表农村生活能源强度；PDFR 代表农村居民可支配收入占比。

式（3-2）可进一步表示成

$$\Delta\frac{C}{GDP} = \Delta CI = CI^t - CI^0 = \Delta CI(CEC) + \Delta CI(EM) + \Delta CI(EIP) + \Delta CI(ES)$$
$$+ \Delta CI(EIU) + \Delta CI(PDFU) + \Delta CI(PDF) + \Delta CI(EIR) + \Delta CI(PDFR)$$

$$（3-3）$$

式中，$\Delta CI(\cdot)$ 表示驱动因素在 $[0, T]$ 时期对碳强度的贡献量。

令 $\frac{C_{ij}}{E_{ij}} = x_1, \frac{E_{ij}}{E_i} = x_2, \frac{E_i}{GDP_i} = x_3, \frac{GDP_i}{GDP} = x_4, \frac{E_i}{TS_i} = x_5, \frac{TS}{GDP} = x_6, \frac{DI}{GDP} = x_7, \frac{E_{i城镇}}{DI_{城镇}} = x_8,$

$\frac{DI_{城镇}}{DI} = x_9, \frac{E_{i城镇}}{DI_{农村}} = x_{10}, \frac{DI_{农村}}{DI} = x_{11}$。

$$\int_0^T \frac{dCI}{dt} dt = \int_0^T \sum_i \sum_j \left(\frac{dx_1}{dt} x_2 x_3 x_4 + x_1 \frac{dx_2}{dt} x_3 x_4 + x_1 x_2 \frac{dx_3}{dt} x_4 + x_1 x_2 x_3 \frac{dx_4}{dt} \right) dt$$
$$+ \int_0^T \sum_i \sum_j \left(\frac{dx_1}{dt} x_2 x_5 x_6 + x_1 \frac{dx_2}{dt} x_5 x_6 + x_1 x_2 \frac{dx_5}{dt} x_6 + x_1 x_2 x_5 \frac{dx_6}{dt} \right) dt$$
$$+ \int_0^T \sum_i \sum_j \left(\frac{dx_1}{dt} x_2 x_7 x_8 x_9 + x_1 \frac{dx_2}{dt} x_7 x_8 x_9 + x_1 x_2 \frac{dx_7}{dt} x_8 x_9 + x_1 x_2 x_7 \frac{dx_8}{dt} x_9 \right.$$
$$\left. + x_1 x_2 x_7 x_8 \frac{dx_9}{dt} \right) dt + \int_0^T \sum_i \sum_j \left(\frac{dx_1}{dt} x_2 x_7 x_{10} x_{11} + x_1 \frac{dx_2}{dt} x_7 x_{10} x_{11} \right.$$
$$\left. + x_1 x_2 \frac{dx_7}{dt} x_{10} x_{11} + x_1 x_2 x_7 \frac{dx_{10}}{dt} x_{11} + x_1 x_2 x_7 x_{10} \frac{dx_{11}}{dt} \right) dt$$

$$（3-4）$$

式中，$x_1 x_2 x_3 x_4 = S_1$；$x_1 x_2 x_5 x_6 = S_2$；$x_1 x_2 x_7 x_8 x_9 = S_3$；$x_1 x_2 x_7 x_{10} x_{11} = S_4$。

$$\int_0^T \frac{\mathrm{d}\mathrm{CI}}{\mathrm{d}t} \mathrm{d}t = \int_0^T \sum_i \sum_j \left(\frac{\mathrm{d}\ln x_1}{\mathrm{d}t} S_1 + \frac{\mathrm{d}\ln x_2}{\mathrm{d}t} S_1 + \frac{\mathrm{d}\ln x_3}{\mathrm{d}t} S_1 + \frac{\mathrm{d}\ln x_4}{\mathrm{d}t} S_1 \right) \mathrm{d}t$$

$$+ \int_0^T \sum_i \sum_j \left(\frac{\mathrm{d}\ln x_1}{\mathrm{d}t} S_2 + \frac{\mathrm{d}\ln x_2}{\mathrm{d}t} S_2 + \frac{\mathrm{d}\ln x_5}{\mathrm{d}t} S_2 + \frac{\mathrm{d}\ln x_6}{\mathrm{d}t} S_2 \right) \mathrm{d}t$$

$$+ \int_0^T \sum_i \sum_j \left(\frac{\mathrm{d}\ln x_1}{\mathrm{d}t} S_3 + \frac{\mathrm{d}\ln x_2}{\mathrm{d}t} S_3 + \frac{\mathrm{d}\ln x_7}{\mathrm{d}t} S_3 + \frac{\mathrm{d}\ln x_8}{\mathrm{d}t} S_3 + \frac{\mathrm{d}\ln x_9}{\mathrm{d}t} S_3 \right) \mathrm{d}t$$

$$+ \int_0^T \sum_i \sum_j \left(\frac{\mathrm{d}\ln x_1}{\mathrm{d}t} S_4 + \frac{\mathrm{d}\ln x_2}{\mathrm{d}t} S_4 + \frac{\mathrm{d}\ln x_7}{\mathrm{d}t} S_4 + \frac{\mathrm{d}\ln x_{10}}{\mathrm{d}t} S_4 + \frac{\mathrm{d}\ln x_{11}}{\mathrm{d}t} S_4 \right) \mathrm{d}t \quad （3\text{-}5）$$

令 $S_k = \dfrac{C_{ijk}}{\mathrm{GDP}}$ ， $k = 1, \cdots, 4$ ，则可得

$$\omega(t^*) = \begin{cases} \dfrac{C_{ij}^T / \mathrm{GDP}^T - C_{ij}^0 / \mathrm{GDP}^0}{\ln(C_{ij}^T / \mathrm{GDP}^T) - \ln(C_{ij}^0 / \mathrm{GDP}^0)}, & C_{ij}^T \neq C_{ij}^0 \\ C_{ij} / \mathrm{GDP}, & C_{ij}^T = C_{ij}^0 \end{cases} \quad （3\text{-}6）$$

则各部分的贡献量的计算公式如下：

$$\Delta \mathrm{CI}(X_k) = \sum_i \sum_j \omega_{ij}(t^*) \ln \frac{X_{ijk}^T}{X_{ijk}^0} \quad （3\text{-}7）$$

3.1.2 碳强度分解模型的逆向思考

前面得出的结果可以探究因素变动对碳强度的贡献量和贡献率，进而可以分析各因素变动对碳强度的影响程度。但是通过逆向思维可以发现，碳强度对各因素变动的敏感程度无从反映，哪些政策的实施更能够降低碳强度值得学者深究。

为了对碳强度贡献值和贡献率分析进行有益的补充，使碳强度分解研究更加全面，同时，为了把握降低碳强度的着力点、提高节能减排的成效，本章引入弹性系数概念。碳强度弹性系数是指一定时期内碳强度变动对各影响因素的敏感程度，或者一定时期内单一因素变动 1%所引起的碳强度变动的程度。假设 X 为自变量，Y 为因变量，则碳强度弹性系数（EL）计算公式如下：

$$\mathrm{EL} = \pm \frac{(Y_t - Y_0) / Y_0}{(X_t - X_0) / X_0} = \pm \frac{\Delta Y / Y_0}{\Delta X / X_0} = \pm \frac{\Delta Y}{\Delta X} \cdot \frac{X_0}{Y_0} \quad （3\text{-}8）$$

式中，"±"表示因素变动对碳强度变动的作用方向，"＋"表明因素变动对碳强度具有正向驱动作用，"－"表明因素变动对碳强度具有抑制作用，为了便于分析比较，本章对弹性系数进行了绝对值化处理。

3.1.3　空间分析方法

1. 全局空间相关性分析

分析全局空间相关性的两个指标包括 Moran's I 指数和 Geary'c 指数，通常采用 Moran's I 指数（张松林和张昆，2007），所以，本章也采用 Moran's I 指数，其公式为

$$I = \frac{n\sum\limits_{i=1}^{n}\sum\limits_{j=1}^{n}\omega_{ij}(x_i - \overline{x})(x_j - \overline{x})}{\sum\limits_{i=1}^{n}\sum\limits_{j=1}^{n}\omega_{ij}(x_i - \overline{x})^2} \tag{3-9}$$

式中，x_i 和 x_j 分别表示 i 省和 j 省的碳排放和 GDP 的脱钩指数；$\overline{x}$ 表示脱钩指数的均值，即 $\overline{x} = \sum\limits_{i=1}^{n} x_i \Big/ n$；$\omega_{ij}$ 表示空间权重矩阵。

空间权重矩阵中，各元素的定义如下：

$$\omega_{ij} = \begin{cases} 1, & i\text{省与}j\text{省相邻} \\ 0, & i\text{省与}j\text{省不相邻} \end{cases} \tag{3-10}$$

2. 局部空间相关性分析

全局的空间相关性虽然可以得出整个地区的空间相关程度，但在实际情况中，区域之间往往存在一定程度的空间依赖或者差异性，地区不同导致了空间的关联性不一样，因此，本章需要进行局部空间相关性分析来测算脱钩指数的空间相关性，其公式如下（Anselin，1995）：

$$I_i = \frac{x_i - \overline{x}}{S^2} \cdot \sum_{j \neq i} \omega_{ij}(x_j - \overline{x}) \tag{3-11}$$

式中，各变量含义同式（3-9）；$S^2 = \dfrac{\sum\limits_{i=1}^{n}(x_i - \overline{x})^2}{n}$。

3.1.4　时空地理加权回归模型

在空间异质性的研究中，地理加权回归是比较常用的模型，具体形式如下：

$$y_i = \beta_0(\mu_i, v_i) + \sum_{k=1}^{p} \beta_k(\mu_i, v_i)x_{ik} + \varepsilon_i, \quad i = 1, 2, \cdots, n \tag{3-12}$$

式中，(μ_i, v_i) 为第 i 个样本点的坐标（即经、纬度）；$\beta_k(\mu_i, v_i)$ 为第 i 个样本点上

的第 k 个回归参数，是地理位置的函数；x_{ik} 为因变量；$\varepsilon_i \sim N(0, \sigma^2)$，$\text{Cov}(\varepsilon_i, \varepsilon_j) = 0 (i \neq j)$。为了表述方便，本节将式（3-12）简写为

$$y_i = \beta_{i0} + \sum_{k=1}^{p} \beta_{ik} x_{ik} + \varepsilon_i, \quad i = 1, 2, \cdots, n \qquad (3\text{-}13)$$

在估算样本点 i 的回归参数时，不同观测点处的观测值的重要性有所不同，距离 i 点越近的观测值重要性越大，越远的观测值重要性越小，根据加权最小二乘方法，i 点的回归参数可通过使得

$$\sum_{j=1}^{n} \omega_{ij} \left(y_i - \beta_{i0} - \sum_{k=1}^{p} \beta_{ik} x_{ik} \right)^2 \qquad (3\text{-}14)$$

达到最小来测算系数，其中，ω_{ij} 为空间权重矩阵。

令 $\beta = [\beta_{i0}, \beta_{i1}, \cdots, \beta_{ip}]^T$，$W_i = \text{diag}(\omega_{i1}, \omega_{i2}, \cdots, \omega_{in})$，则 i 点上的回归参数估计 $\hat{\beta}_i$ 为

$$\hat{\beta}_i = (X^T W_i X)^{-1} X^T W_i y \qquad (3\text{-}15)$$

式中，$X = (X_0, X_1, \cdots, X_p)$，$X_j = (x_{1j}, x_{2j}, \cdots, x_{nj})^T$；$y = (y_1, y_2, \cdots, y_n)^T$。

但是地理加权回归模型所用的数据为截面数据。针对面板数据的研究，大部分采用同一指标多年数据的平均值来建立地理加权回归模型，虽然能考虑到空间效应和空间异质性，但如果解释变量过多，而截面数据样本有限，就有可能由于参数过多，导致模型参数不能估计。同时，对于数据取平均值的处理，有可能损失面板数据原来的一些信息。

时空地理加权回归模型通过将时间维度引入地理加权回归模型中来分析面板数据，其模型具体形式如下：

$$y_i = \beta_0(\mu_i, \nu_i, t_i) + \sum_{k=1}^{p} \beta_k(\mu_i, \nu_i, t_i) x_{ik} + \varepsilon_i, \quad i = 1, 2, \cdots, n \qquad (3\text{-}16)$$

式中，(μ_i, ν_i, t_i) 为第 i 个样本点的时空坐标（即经纬度和时间维度）；$\beta_k(\mu_i, \nu_i, t_i)$ 是第 i 个样本点上的第 k 个回归参数，是时空地理位置的函数；$\varepsilon_i \sim N(0, \sigma^2)$，$\text{Cov}(\varepsilon_i, \varepsilon_j) = 0 (i \neq j)$。本章运用 Huang 等（2009）建立时空地理加权回归模型的时空距离和高斯函数法的时空权函数，将时间信息与空间信息结合。

时空距离 d_{ij}^{ST} 为

$$d_{ij}^{ST} = \sqrt{\alpha \left[(\mu_i - \mu_j)^2 + (\nu_i - \nu_j)^2 \right] + \beta (t_i - t_j)^2} \qquad (3\text{-}17)$$

时空权函数形式如下：

$$\omega_{ij}^{ST} = \exp \left\{ -\frac{\alpha[(\mu_i - \mu_j)^2 + (\nu_i - \nu_j)^2] + \beta(t_i - t_j)^2}{b_{ST}^2} \right\} \qquad (3\text{-}18)$$

式中，(μ_i, ν_i) 为不同地区之间的经度、纬度；b_{ST} 为时空权函数的带宽，通过赤池信息量准则（Akaike information criterion，AIC）确定最优带宽度。

为了简化之前的分解，本节做了如下的改进：

$$\frac{C}{\text{GDP}} = \sum_i \sum_j \frac{C_{ij}}{E_{ij}} \cdot \frac{E_{ij}}{E_i} \cdot \frac{E_i}{\text{GDP}_i} \cdot \frac{\text{GDP}_i}{\text{GDP}} + \sum_i \sum_j \frac{C_{ij}}{E_{ij}} \cdot \frac{E_{ij}}{E_i} \cdot \frac{E_i}{V} \cdot \frac{V}{\text{GDP}}$$

$$+ \frac{\text{DI}}{\text{GDP}} \cdot \sum_i \sum_j \frac{C_{ij}}{E_{ij}} \cdot \frac{E_{ij}}{E_i} \cdot \left[\frac{E_{i城镇}}{\text{DI}_{城镇}} \cdot U + \frac{E_{i农村}}{\text{DI}_{农村}} \cdot (1-U) \right] \qquad (3\text{-}19)$$

式中，U 表示城镇经济占比，即城镇化率。

根据以上的分解所得，建立如下的碳强度模型：

$$\text{CI} = \alpha + \beta_1 \cdot \text{EM} + \beta_2 \cdot \text{EII} + \beta_3 \cdot \text{ES} + \beta_4 \cdot \text{EIT} + \beta_5 \cdot \text{UGT} + \beta_6 \cdot \text{EIU}$$

$$+ \beta_7 \cdot \text{EIR} + \beta_8 \cdot \text{PDF} + \beta_9 \cdot U + \beta_{10} \cdot \ln \text{IE} + \beta_{11} \cdot \ln P \qquad (3\text{-}20)$$

式（3-20）中的变量含义如表 3-1 所示。

表 3-1　模型中变量的含义

变量	含义	变量	含义
EM	能源结构，即煤炭消费量占能源消费总量的比重	EIR	农村生活能源强度，即农村生活能耗与 GDP 的比值
EII	工业部门能源强度，即单位 GDP 工业能耗	PDF	居民可支配资金占比，即居民收入与 GDP 的比值
ES	经济结构，即第二产业生产总值占总产值的比重	U	经济城镇化率，即城镇居民可支配收入占居民收入的比重
EIT	运输部门能源强度，即单位货运周转量能耗	IE	对外贸易程度，即进出口总额
UGT	单位 GDP 交通周转量，即交通周转量与 GDP 的比值	P	能源价格，即燃料动力类购进价格指数
EIU	城镇生活能源强度，即城镇生活能耗与 GDP 的比值		

3.1.5　数据来源与处理

除碳排放以外，其余数据均来源于《中国统计年鉴》和《中国能源统计年鉴》，其中，各省生产总值、各省各部门产值、居民可支配收入和进出口总额以 2000 年为不变价格进行折算。《中国能源平衡表》中的终端能源消费包括一次能源消费和二次能源消费（电力和热力），电力和热力消费虽然不直接产生碳排放，但其加工转换过程中消耗的化石能源产生了大量的碳排放，应将其计入碳排放总量。各部门一次能源消费产生的碳排放可直接按照以下方法计算得到。而在测算各部门电力、热力消耗的碳排放时，首先测算加工转换过程中火力发电、供热投入的一次能源的碳排放总量，然后按照各部门消费的电力、热力的比例将碳排放分摊到各个部门。本章选取《中国能源统计年鉴》中的煤合计、油合计和天然气来测算能源消耗所产生的碳排放量。公式如下：

$$C = \sum_i \alpha_i \cdot F_i \qquad (3\text{-}21)$$

式中，α_i 为第 i 种能源的碳排放系数；F_i 为第 i 种能源消耗量。其中，各类能源的碳排放系数参考了 Hu 和 Huang（2008）以及 IPCC（2006）的相关研究。

3.2　结果和讨论

3.2.1　全国层面

本章假定在研究期间，碳排放系数保持不变，故煤炭、石油和天然气碳排放系数贡献量为零。但是，由于电力和热力的碳排放是通过上述方法算出来的，所以碳排放系数是变化的，即反映了电力和热力中能源结构的变化。

如图 3-1 所示，能源结构、城镇可支配收入占比和农村能源强度对碳强度的驱动作用基本为正，其中，能源结构的正向贡献量最大，这主要是因为我国以煤炭为主的能源消耗模式在长期内难以改变，煤炭在能源中的比重较大。大部分年份，城镇可支配收入占比的正向作用大于农村能源强度，所以，城镇是碳强度降低的主要场所，这是因为收入水平、消费习惯和商品的可获得性等，使城镇居民成为消费的主力，而农村是潜在的消费群体。作为主要的消费群体，其消费倾向直接或间接地影响直接碳排放和间接碳排放。碳排放系数、生产部门能源强度、单位 GDP 交通周转量、城镇能源强度、居民可支配资金占比和农村可支配收入占比对碳强度的驱动作用基本为负，其中，在前期，生产部门能源强度是主要的负向驱动力，后期主要依靠碳排放系数和经济结构的联合作用，说明在生产部门能源强度的抑制效果减弱的前提下，降低第二产业占比和电力中煤炭占比是降低碳强度的重要举措之一。单位 GDP 交通周转量和经济结构对碳强度的驱动作用既有正向影响又有负向影响，在后期，经济结构对碳强度的负向影响作用逐渐增大，在 2014 年，其成为第二大负向驱动因素。综上所述，减少碳强度的关键在于减少电力中煤炭等高碳排放能源的消耗，增加绿色能源的使用，如核电、水电等，以及合理优化产业结构，发挥第三产业的优势和潜力。2012 年以后，生产部门能源强度对碳强度的负向驱动作用非常小，原因主要在于工业部门的能源强度基本没有改变，即能源利用效率基本不变。

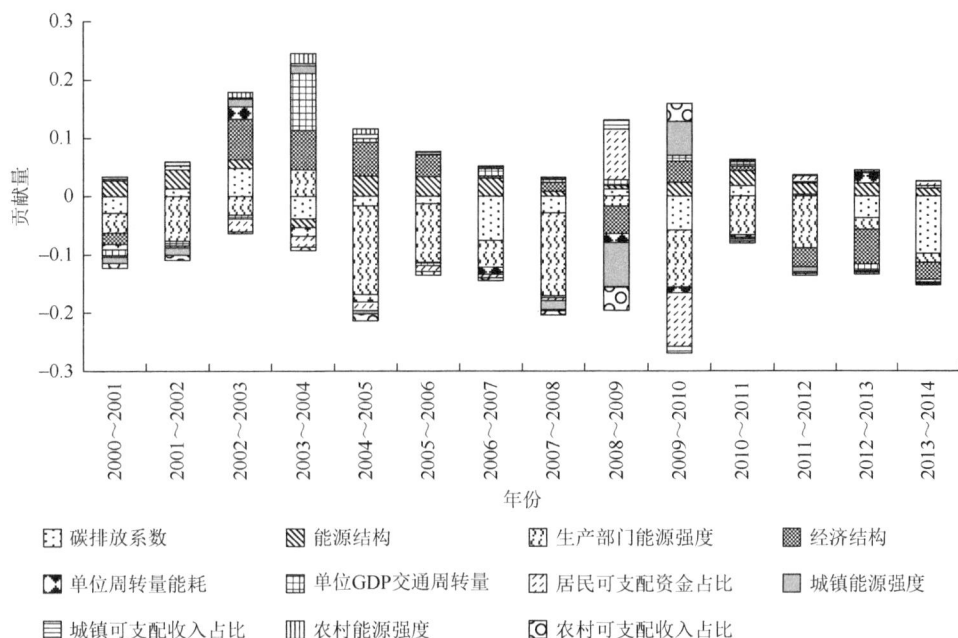

图例：
- ⊞ 碳排放系数
- ⊠ 能源结构
- 生产部门能源强度
- ▦ 经济结构
- ▶ 单位周转量能耗
- ▦ 单位GDP交通周转量
- 居民可支配资金占比
- 城镇能源强度
- ☰ 城镇可支配收入占比
- 农村能源强度
- 农村可支配收入占比

图 3-1　各驱动因素对碳强度的逐年贡献量

3.2.2 碳强度变化对各因素的敏感程度分析

根据上述公式可得出碳强度随各因素变动的弹性系数，弹性系数越大，碳强度随其影响因素变化而变化的敏感程度越大。如图 3-2 所示，工业部门的电力碳排放系数的弹性系数最大，表明碳强度受其影响程度远远高于其他几个部门，并且，其变化呈缓慢上升趋势，这主要是由于工业部门是能源消耗的主要部门，其

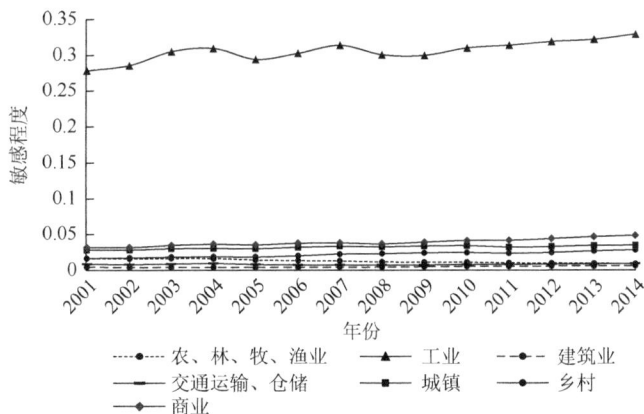

图例：
- 农、林、牧、渔业
- 工业
- 建筑业
- 交通运输、仓储
- 城镇
- 乡村
- 商业

图 3-2　碳强度变化对各部门电力碳排放系数的敏感程度

电力消耗占总电力的比例一直稳定在 70%以上，并且电力中大部分都是火力发电。所以，减少工业部门电力中的煤炭消耗是降低碳强度的关键因素之一。

如图 3-3 所示，碳强度变化对工业部门的煤炭占比和电力占比的敏感程度最大，这主要是由于工业部门是化石能源消耗的主要部门，同时，也是碳排放的主要部门，因为煤炭的碳排放因子＞石油的碳排放因子＞天然气的碳排放因子（王锋等，2010），所以，煤炭占比的增加必然会引发更多的二氧化碳的产生。如图 3-4 所示，工业部门中煤炭占比的弹性系数在 2010 年达到最高值后，呈现下降趋势，而电力则呈现缓慢上升趋势。总体来说，电力占比的弹性系数大于煤炭占比的弹性系数，

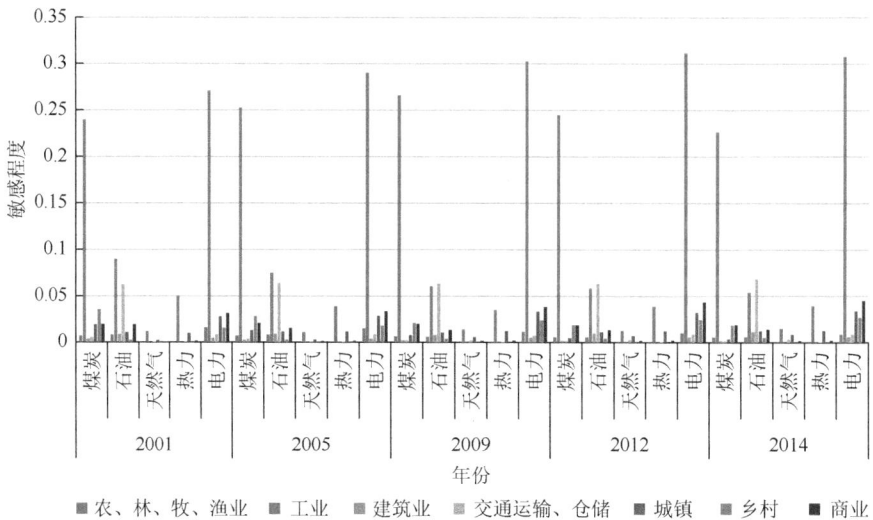

图 3-3　碳强度变化对各部门各能源占比的敏感程度（见彩图）

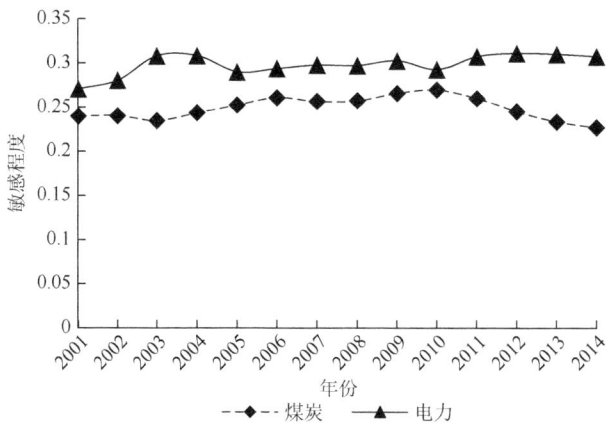

图 3-4　碳强度变化对工业中煤炭和电力占比的敏感程度

并且，在后期，有差距加大的趋势。2010 年以后，工业中煤炭占比呈下降趋势，然而，电力占比一直在增加，这说明国家在控制煤炭占比方面起到了一定的作用。但是在电力能源中，煤炭占比一直居高不下，这样所造成的结果是直接用煤的减少量被间接用煤的增加量所填补。因此，国家应该增加清洁电力占比，发展电力部门发电技术。

如图 3-5 所示，工业部门的能源强度的弹性系数远远高于其他三个部门，并且，变化幅度较小，2011 年以后，呈现微小的下降趋势。工业是主要的能源消耗部门，其能源强度和变化量远远高于其他三个部门，所以，要降低生产部门的能源强度应首先从工业部门考虑。碳强度变化对商业部门能源强度的敏感程度排在第二位，这主要是因为商业的能源消耗远远低于工业的能源消耗。如图 3-6 所示，工业产值占比的弹性系数最大，说明碳强度变化对工业产值占比的敏感程度最大，商业产值占比的弹性系数排在第二，但数值非常小（<0.1）。所以，国家在兼顾经济发展的同时，也应该优化产业结构，降低第二产业占比，发挥第三产业的优势和潜力。

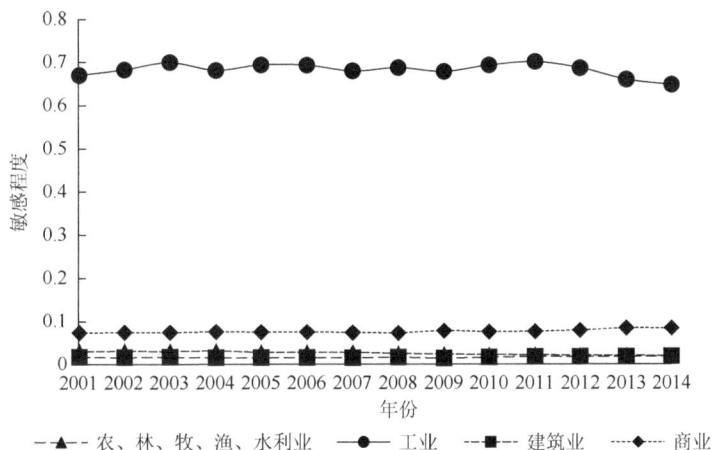

图 3-5　碳强度变化对生产部门能源强度的敏感程度

如图 3-7 所示，工业能源强度和工业产值占比的弹性系数最大，即碳强度对这两个因素的敏感程度最大，其值均在 0.6 以上。工业电力碳排放系数、工业煤炭能源占比和工业电力能源占比的弹性系数较大，其值均在 0.2 以上。其余的影响因素的弹性系数相对较小，其值均在 0.15 以下。在影响较大的几个因素中（数值>0.2），碳强度对其的敏感程度存在动态变化，其敏感程度由最初的"工业能源强度>工业产值占比>工业电力碳排放系数>工业电力能源占比>工业煤炭能源占比"到后期的"工业产值占比>工业能源强度>工业电力碳排放系数>工业电力能

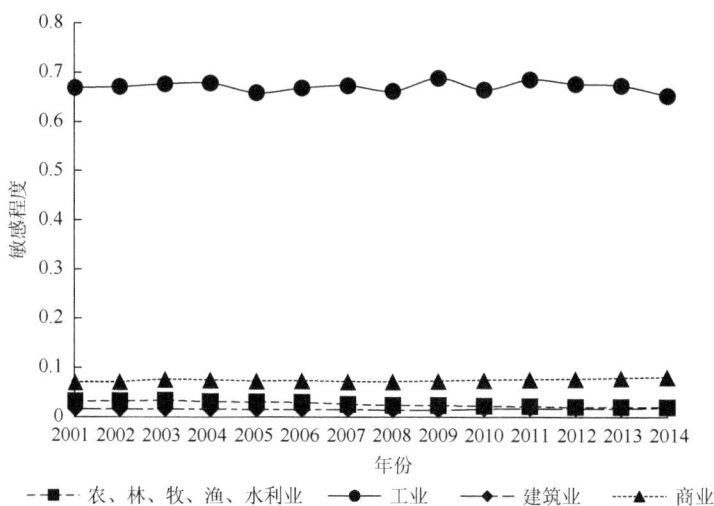

图 3-6　碳强度变化对经济结构的敏感程度

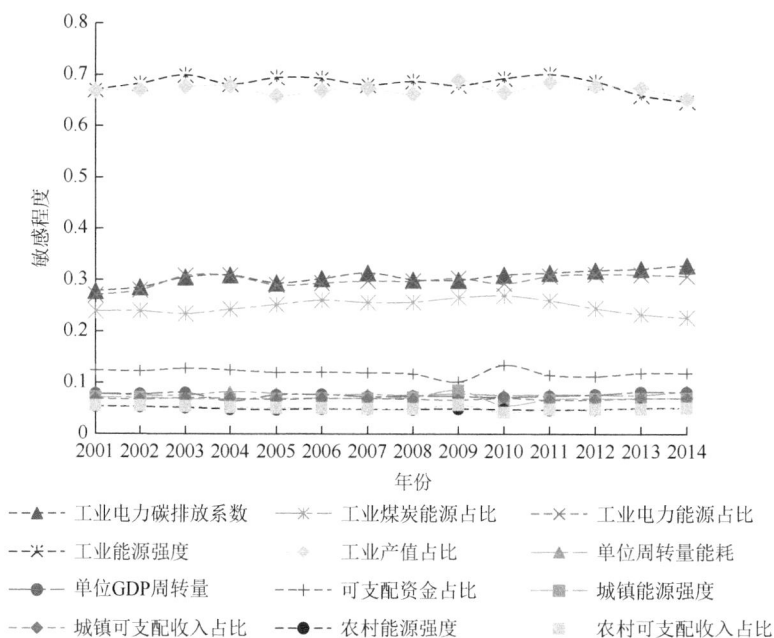

图 3-7　碳强度变化对各因素的敏感程度

源占比＞工业煤炭能源占比"。总体来看,工业是影响碳强度最主要的产业,因此,政府在制定碳减排政策时,不仅要大力发展第三产业,也应该合理优化第二产业内部结构,努力实现高能耗、高碳排放产业的合理转型。

3.2.3 地区层面

1）空间相关性分析

下面对 2000～2014 年全国各地区碳强度进行空间相关性分析，运用 ArcGIS 10.2 计算每年碳强度的 Moran's I 指数，如图 3-8 所示。全国的碳强度在每年都呈现出显著的空间正相关性。随着时间的推移，虽然 2001～2006 年 Moran's I 指数处于下降状态，但整体来看，相关程度处于上升趋势，这说明碳强度的空间依赖性在时间维度上呈现加强的趋势。因此，在计量模型中加入空间影响因素是必要的。2000 年，内蒙古被周围碳强度高的省份包围，形成了高-高聚集地，宁夏被周围碳强度低的省份包围，福建被周围碳强度低的省份包围，形成了低-低聚集地；2006 年，内蒙古依然处于高-高聚集区；2014 年，内蒙古依然表现出很强的高-高集聚性。综合来看，碳强度高-高聚集区域基本没变，一直停留在内蒙古一带。

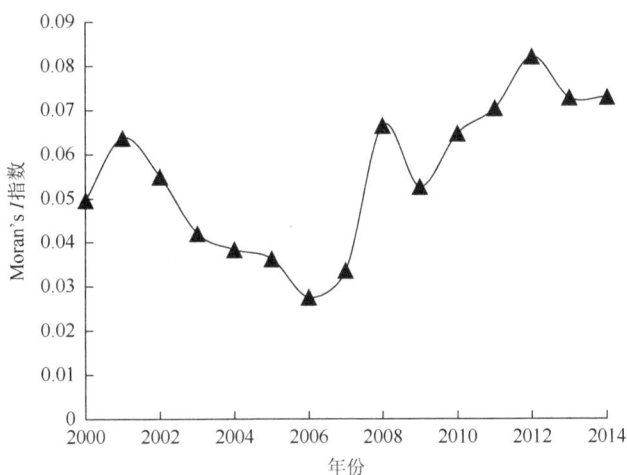

图 3-8　2000～2014 年 Moran's I 指数

2）回归结果讨论

在进行时空地理加权回归之前，本章先对各变量进行多重共线性检验，结果如表 3-2 所示。

表 3-2　多重共线性检验结果

变量	CI	EM	EIP	ES	EIT	UGT
VIF	2.80	2.45	1.88	2.18	2.08	1.69

续表

变量	PDF	EIU	EIR	U	IE	P
VIF	2.25	3.39	3.14	2.45	4.00	1.50

由表 3-2 可知，所有变量的方差膨胀因子（variance inflation factor，VIF）<10，因此，所有变量之间不存在多重共线性。

为了说明 GTWR 模型相对于 OLS 回归模型有很大的改进，本章对 2000～2014 年省级面板数据做了 OLS 回归，结果如表 3-3 所示。

表 3-3　OLS 回归结果

变量	系数	标准误	t	$p > \lvert t \rvert$
常数项	4.3154	1.1944	3.61	0.000
EM	2.5587	0.7175	3.57	0.000
EIP	0.1962	0.0470	4.18	0.000
ES	3.9787	1.1981	3.32	0.001
EIT	0.6883	0.5289	1.30	0.194
UGT	0.2214	0.1571	1.41	0.160
PDF	1.3102	0.4386	2.99	0.003
EIU	−0.1607	0.1576	−1.02	0.308
EIR	−0.0902	0.1117	−0.81	0.420
U	−1.8640	0.9202	−2.03	0.043
IE	−0.0837	0.1391	−0.60	0.548
P	−0.6231	0.2626	−2.37	0.018
R^2		0.3164		

对 GTWR 模型回归结果的残差进行空间自相关检验，检验统计量 z 如表 3-4 所示，几乎所有年份的残差均为随机分布状态，说明模型回归效果较好，可信度较高。

表 3-4　残差的空间相关性的检验结果

年份	z 值	年份	z 值	年份	z 值
2000	−0.0950*	2005	−0.0644*	2010	−0.0325*
2001	−0.0391*	2006	−0.0935*	2011	−0.0753*
2002	−0.0579*	2007	−0.0837*	2012	0.0419*
2003	−0.0283*	2008	−0.0520*	2013	−0.0506*
2004	−0.1047*	2009	0.1503	2014	−0.0260*

* 表示未通过 0.1 的显著性水平，临界值为 1.65

基于 2000～2014 年的省级面板数据，运用 GTWR 模型对不同时间各区域碳强度的影响因素进行参数估计，以碳强度 CI 作为被解释变量，其影响因素参数估计如表 3-5 所示。通过对比，GTWR 模型的结果明显优于 OLS 回归结果。

表 3-5　以 CI 为被解释变量的 GTWR 参数估计描述统计（最优带宽 = 0.1150）

变量	最小值	25%	50%	75%	最大值	四分位距
常数项	−37.6258	−11.6888	−7.2532	−3.7321	7.9419	7.9567
EM	−0.7220	1.5079	2.9801	6.1163	31.7991	4.6084
EIP	0.0851	1.0321	1.4813	2.0016	4.3030	0.9695
ES	−8.2534	3.6715	6.2734	10.4315	43.0761	6.7600
EIT	−5.3522	0.6296	1.4030	2.9469	10.0707	2.3173
UGT	−6.6655	0.0943	0.5695	0.9719	7.2464	0.8775
EIU	−10.7786	−0.9742	0.0231	2.0096	5.0417	2.9838
EIR	−2.2801	0.5572	1.6901	2.8285	5.4585	2.2712
PDF	−6.0688	−0.3879	1.1604	2.7550	15.1346	3.1429
U	−6.9779	−2.5036	0.0309	3.3616	31.7590	5.8652
IE	−4.0012	−0.7383	−0.1280	0.0521	0.4301	0.7903
P	−8.1043	−0.2466	0.2317	1.0358	3.8966	1.2823
调整后的 R^2			0.9686			

3）碳排放和脱钩指数的关键因素

（1）能源结构对碳强度影响的时空变异。能源结构对碳强度的影响基本为正向的，即煤炭占比增加，导致大量二氧化碳的产生，致使碳强度增大。其中，山西、河南、陕西、甘肃、青海和宁夏等地区的估计系数较大（2014 年，陕甘一带系数最大），说明优化能源结构是降低碳强度的关键因素之一，尤其是中西部地区随着东部地区高能耗、高污染企业的迁入，碳排放规模明显偏高，其能源结构亟待优化。东部地区中，京津冀地区普遍高于东部其他省份。

（2）生产部门能源强度对碳强度影响的时空变异。生产部门能源强度对碳强度的影响为正，即能源利用效率提高，碳强度会减小。总体来看，京津冀地区的系数普遍偏高，2014 年，其值均大于 3。在研究期间，山东的能源强度系数最大，这主要是因为山东省是能源消耗大省，并且长期依赖以煤炭为主的化石能源消耗，近年来，碳排放量在全国排名第一，能源利用效率的提升能够极大地促进碳排放的减少，继而降低碳强度。总体来说，对于这些地区，技术进步是影响碳强度较为关键的因素，尤其是东部一些省份随着工业化和城镇化进程的加快，碳排放规模明显偏大，其能源利用效率亟待提高。

（3）产业结构对碳强度影响的时空变异。工业是主要的能源消耗部门，第二产业占比增加会引致大量的能源需求，从而引起大量的二氧化碳排放。产业结构对碳强度的影响为正向的，但不同地区，系数存在显著的差异。2000 年，山西的系数最大，其次是宁夏，京津冀地区排在第三。随着时间的推移，大部分地区产业结构系数呈下降趋势，2014 年，虽然京津冀地区系数排名靠前，但相比于 2000 年下降了许多，这和政府实施减排政策、发展低碳经济的举措是分不开的。然而，新疆系数由原来的负向变为正向，且数值较大，这主要是因为其前期发展落后于东部地区，在城镇化率提高和工业化推进的背景下，大部分就业劳动力转移到工业产业中。第二产业的占比增加虽然会导致碳排放的增加，但是也为该地区提供了大量的就业机会，促进了经济的快速发展，后期，由于大量高能耗、高碳排放企业的引入，碳排放急剧增加，远远超过了经济的增长速度。整体上来说，对于产业结构系数较高的地区，产业结构优化是降低碳强度的关键因素之一，尤其是山西、甘肃、宁夏等地区，其产业结构亟待优化、升级。

（4）运输部门能源强度对碳强度影响的时空变异。运输部门单位货运周转量能耗反映了运输部门的能源利用效率。近年来，运输部门的能源消耗逐渐增加，一方面是人们收入的提高使消费观念发生了变化，导致汽车商品需求的迅速增加，进而导致大量能源消耗；另一方面是消费需求的增加使物流行业迅速发展，致使运输部门的能源消耗增加。运输部门能源强度对碳强度的影响基本为正，其中，2000 年，京津冀地区的系数明显偏高，随着时间的推移，其值变化幅度不大，2014 年，陕西、宁夏和新疆等西部地区的系数明显高于其他地区，说明这些地区亟须提高运输部门能源利用效率。

（5）单位 GDP 交通周转量对碳强度影响的时空变异。单位 GDP 交通周转量反映了一个地区的运输强度，一般而言，粗放型经济增长方式单位 GDP 交通周转量较高，集约型经济增长方式单位 GDP 交通周转量较低（李忠奎，2014），单位 GDP 交通周转量指标反映了一个地区交通运输是否适应经济的增长，基础设施建设完善、运输结构合理不仅能带动运输部门的发展，还能促进整个地区的经济发展。大部分地区单位 GDP 交通周转量系数为正，即运输强度增加会导致碳强度的增加。交通运输能源消耗量由能耗强度、运输结构和运输周转量三个因素共同决定，其中运输周转量是决定交通运输能源消耗的主要因素（李忠奎，2014）。黑龙江的系数明显高于其他省份，说明该地区亟须调整产业结构、优化产业区域布局、加强运输组织管理和降低货物运输强度。

（6）城镇能源强度对碳强度影响的时空变异。城镇能源强度反映了城镇居民能源消耗和居民可支配收入之间的关系，可支配收入的增加意味着购买能力的提高，人们对汽车、家用电器等耐用产品的需求，进而引起直接的生活能耗和间接的生产能耗的增加，从而引起碳排放量的增加。2014 年，全国能源消耗中，城镇生活部门中油类、天然气、热力和电力的总能耗占城镇总能耗的 90% 以上，说明煤炭使用在城镇部门中占比较小。大部分地区的城镇能源强度对碳强度的影响为正，即能源利用效率提高会使碳强度降低。但是，中部大部分地区的系数为负值，这主要是因为中部地区处于工业化快速发展阶段，能源消费需求增大，并且此时以碳基能源消费为主。能源强度的减小虽然有利于提高能源利用效率，但同时会产生反弹效应，导致消费更多的能耗来促进经济的发展。徐国泉等（2006）认为能源效率对碳排放的贡献率呈倒 U 形，所以，在能源效率提高到一定阶段前，效率的提高反而会增加能源的消费量，从而抵消了由于能源效率提高而减少的能耗，并起到一定的促进作用，致使能源强度对碳排放的抑制作用在减弱。其中，山东省的负向影响最大，因为该省为能源消耗大省，并且其能源消耗以煤炭为主（Wang et al.，2014b）。京津冀地区前期系数为负，近年来，转变成正值，说明该地区的城镇能源强度可能达到了拐点。

（7）农村能源强度对碳强度影响的时空变异。农村的能源消耗虽然没有城镇多，但也是不可忽视的一部分，2014 年，农村地区生活能源消耗量占总能源消耗量的 4.80%，2014 年农村地区生活能源消耗量与 2000 年相比增加了 140.80%，这说明随着农村居民生活水平的提高和生活条件的改善，农村能源消耗量显著增多。与城镇的能源消耗种类占比不同，煤炭在农村居民生活用能消耗中占据着主导地位（田宜水，2016），其中大部分为原煤，约占农村能源消费总量的 37.11%，占农村煤炭消耗量的 90.11%。原煤的品质差、污染控制措施弱，是造成大气污染严重的重要原因之一（罗国亮和王明明，2015）。农村能源强度对碳强度的影响基本为正，其中，海南、广西和广东等地区的系数较大，说明以技术创新为核心，重点构建新的农村能源体系，并推进农村能源的供应和消费的革命是降低碳强度的重要举措。一些中西部地区呈现负向影响，主要是因为农村能源利用效率的提高（农村能源强度的下降）产生了反弹效应，导致消费了更多能源，进而使碳排放增加。

（8）居民收入占比对碳强度影响的时空变异。居民收入占比增加会使购买力增强，从而引发直接和间接能源的大量消耗。大部分地区居民收入占比对碳强度的影响为正，其中，山西最高，京津冀地区也位于前列。相比之下，浙江、上海和海南等地区的系数较小。甘肃、宁夏和青海等地区的系数一直都为负，这是由于一方面这些地区的居民收入占比呈下降趋势，另一方面由于地处西部、发展落后等，整体经济水平较为落后，导致购买力停滞不前，即人们购买时，由于消费惯性，他们更倾向于以前高能耗、高排放、廉价的商品，而且，更加不会去考虑更换或使用新的节能减排的耐用产品，导致居民收入占比下降、碳强度升高的趋势。

（9）城镇化率对碳强度影响的时空变异。城镇是消费的主要场所，城镇居民收入的增加，会引致能源消费的增加，最后导致产生大量的碳排放。京津冀地区的系数普遍较高，这表明这些地区城镇居民可支配收入增加，即居民购买能力和富裕程度提升，购买能力的提高导致人们对汽车、家用电器等耐用产品的需求，但同时也带来了大量能源的消耗，引致大量的碳排放，最后，导致碳排放的增长速度快于经济的增长速度。2014 年，山西的系数最大，说明改善居民消费结构是降低碳强度的关键因素之一。一些中西部地区的系数为负，说明这些地区的城镇居民收入占比不高，即城镇化率不高，导致居民存在惯性消费，即以前消费高排放、高能耗的物品，现在依旧在延续以前的消费习惯。城镇居民收入的提高，会改善其消费结构，使居民消费一些更环保、更高效的商品。广东等地区的系数为负，说明这些地区处于成熟的城镇化社会。这些地区城镇化率已经很高，并且这些地区的经济发展以第三产业服务业为主，所以，在经济发展方式快速转型的背景下，其碳排放规模不会随着城镇化水平的提高而增加，相反，城镇化水平的提高会使能源结构得到优化和能源利用效率得到提高，进而导致碳排放的减少。

（10）对外开放对碳强度影响的时空变异。改革开放以来，对外贸易也逐渐成为拉动我国经济发展的"三驾马车"之一，为我国经济的快速发展贡献了极其重要的作用。然而，随着对外贸易的扩张，能源消耗不断增加，由此也引致了碳排放量的剧增，为此，进出口贸易也被称为国内相关污染排放的"三大引擎"之一。浙江、安徽、江西、湖北、湖南和贵州等地区系数一直为正，其中，湖南和江西系数较大，说明"污染避难所"现象在这些地区是存在的。主要是因为这些地区对外贸易是粗放型的，所生产的产品具有典型的高能耗和高碳排放的特征，因此，出口贸易中的产品具有明显的能源消费效应和"碳增排"效应。基于比较优势理论，这些地区由于技术和资本的限制，更倾向于选择是劳动力密集型和能源密集型产品的进行出口交易，显然这种出口贸易增长方式不仅不利于我国经济的长期发展，而且势必会导致我国出口贸易所带来的能源消费和碳排放的进一步增加，这样，进出口贸易就可能陷入"污染恶性循环"中。但是，大部分西部地区省份的系数为负，如甘肃、青海等，说明进出口额增加会降低碳强度，这主要是因为大部分西部地区，由于基础设施、地理位置和人才引进等原因，发展落后于东部地区，所以，进出口贸易的增加能加快经济的发展，使经济的增长速度快于碳排放的增长速度，从而造成了碳强度降低的假象。北京、天津等地区系数为负，说明一方面这些地区经济较为发达，科技资源较为集中，所以，进出口贸易多以高新技术产品为主，另一方面，政府加大了审查力度，实现了经济与环境的双赢。

（11）能源价格对碳强度影响的时空变异。能源价格可以通过三个方面作用于碳强度：经济发展、经济结构和能源效率（郭平和陈权宝，2014）。具体驱动机制如下：能源价格通过影响要素市场价格传导到生产和消费，最终影响均衡价格和产量来影响经济；能源价格变动影响经济结构的调整优化，不同的产业能源消耗不同，进而对碳排放产生影响；当其他要素价格稳定时，能源价格上升促使能耗下降，从而提高能源效率。青海、海南、江苏、浙江、吉林和山西等地区系数为负，说明与实际相符，适当地控制能源价格对这些地区碳强度降低有促进作用。京津冀等地区系数基本为正，这主要是因为能源价格通过影响经济总量和能源效率对碳排放量分别产生了较大的正向和负向调节效应（何凌云和林祥燕，2011），即能源价格的上升在促进经济总量上升的同时必然导致碳排放量的增加，同时又会通过能源效率的提升对碳排放量产生一定程度的控制，当前者的强度大于后者的强度时，能源价格的上升会导致碳排放的增加，继而引起碳强度的上升。对于这些地区，一方面通过技术进步来提高能源效率对碳排放的控制效应，另一方面，还应不断优化产业结构来降低碳排放量。

3.3 本章小结

（1）2000～2014年，全国碳强度呈现下降趋势，其正向驱动因素为：能源结构、城镇可支配收入占比和农村能源强度，能源结构的正向贡献量最大。主要的负向驱动因素为：碳排放系数、生产部门能源强度、城镇能源强度、居民可支配资金占比和农村可支配收入占比，其中，生产部门能源强度是前期主要的负向驱动因素，后期主要是依靠碳排放系数和经济结构的联合作用。

（2）2000～2014年，碳强度变化对各因素的敏感程度分析中，工业方面的因素的弹性系数较大。在较大的几个因素中（数值＞0.2），碳强度对其的敏感程度存在动态变化，敏感程度由最初的"工业能源强度＞工业产值占比＞工业电力碳排放系数＞工业电力能源占比＞工业煤炭能源占比"到后期的"工业产值占比＞工业能源强度＞工业电力碳排放系数＞工业电力能源占比＞工业煤炭能源占比"。

（3）2000～2014年，全国大部分省份朝着低碳经济方向发展。能源结构对碳强度的影响基本为正，其中陕甘一带系数最大。生产部门能源强度对碳强度的影响为正，即降低生产部门能源强度会降低碳强度，这一结论和全国层面一致，其中，作为能耗大省的山东，其系数最大。产业结构对碳强度的影响为正，山西一带的系数较大。单位交通运输周转量能耗对碳强度的影响基本为正，大部分地区单位 GDP 交通周转量系数为正，其中黑龙江的影响力明显高于其他省份。大部分地区的城镇能源强度对碳强度的影响为正，其中，中部大部分地区的系数为负值。农村地区的能源强度的影响系数基本为正。大部分地区的居民可支配收入占比对碳强度的影响为正，其中，山西和京津冀地区的系数较大。中部和东部一些省份的对外开放对碳强度的影响为正，但是，大部分西部省份的系数为负。浙江、山西等地区能源价格的影响系数为负，而京津冀地区的系数基本为正。

在全国层面分析中，能源结构是主要的正向影响因素，而且在地区层面，能源结构对碳强度的影响系数基本为正，这说明政府应该优化能源结构，降低煤炭占比，实施各种政策来鼓励使用天然气、油品类等低碳燃料。对于陕甘一带地区，政府应该加大管制力度。降低电力中的火力发电占比也是降低碳强度的关键因素之一，政府应该利用各省的地形优势大力发展清洁电力，如太阳能发电、水力发电等。

碳强度变化对工业能源强度的敏感程度较大，所以，提高能源利用效率，尤其是工业部门，是降低碳强度的一大重要举措，这主要依赖于技术方面的进步。山东省的影响系数最大，该省应加快发展节能减排技术，提高工业的能源利用效率。

在后期，碳强度变化对工业产值占比的敏感程度最大，第二产业比重增加，会导致大量的能源消耗，进而引起大量的碳排放。产业结构对碳强度的影响为正，说明政府应该优化产业结构，提高第三产业占比，通过政策扶持和引导，促进第三产业协调发展。对于一些工业化进程慢的中西部地区，由于工业是经济增长和人口就业的支柱型产业，政府应加快其工业化进程，转变其劳动人口就业方向，利用自身产业优势，促进传统产业合理转向高新技术型产业。

政府应该综合考虑进出口贸易对我国经济增长和碳排放的影响，协调好经济与环境的关系。顺应经济"新常态"发展模式，提升进出口贸易质量，实现"优进优出"的战略目标，进而实现经济、贸易和碳排放的可持续发展。调整出口商品结构，增加出口知识密集型或技术密集型产品，控制部分污染密集型产品出口，提高低污染、低能耗的高新技术产品在出口中的比重，促使出口商品结构向清洁方向转型，避免成为发达国家转移污染的"污染避难所"。

完善能源价格形成机制，适当运用价格的杠杆作用控制碳排放。在完善能源价格机制时，政府应该让市场来决定发电和售电价格，形成输配电价由政府制定的电价机制。建立反映资源稀缺程度和市场供给关系的天然气价格形成机制。

第4章 中国行业碳排放生产理论分解分析

自20世纪80年代后期,全球变暖越来越引起人类的注意。过量的化石能源消耗所导致的环境恶化越来越明显。一方面,经济虽然得到了迅速增长,但另一方面,却引起了全球气候变化。2007年,根据碳排放的统计数据,中国超过美国成为全球碳排放量最多的国家(Dong et al., 2013a)。

面对巨大的减排压力,中国必须肩负起大国的责任,为全球的节能减排和低碳发展贡献力量。"十二五"期间,中国主动提出碳强度比2005年下降60%~65%(Wu et al., 2018a;Dong et al., 2018b;Chen et al., 2017c)、非化石能源占一次消费能源比重20%左右(Elzen et al., 2016)、单位GDP二氧化碳排放降低17%和在2030年碳排放达峰等目标(Guo et al., 2017;Dong et al., 2017)。并且,在"十三五"规划中,中国政府继续提出主动减排,运用政策措施加快中国低碳经济发展(NDRC, 2016)。然而,处于工业化、城镇化加速推进阶段,中国在大力发展经济的同时,势必会消耗大量的化石能源,进而产生大量的碳排放。面对这样严峻的形势,怎样实现经济发展与减排的双赢,是中国政府面临的重要任务之一。

目前,分解分析被广泛应用于能源与环境方面。分解分析通过将综合或相对指标分解成若干个驱动因素的分析方法,可以定量地测算出每个因素的贡献度。国内外对碳排放的分解技术可以分为三类:IDA、SDA、非参数距离函数和环境生产技术结合的PDA方法(Wang et al., 2017a)。IDA方法因结构简单、易于理解和对数据要求较低等原因,被国内外学者广泛地应用到国家、省份和产业之间等多维度、多行业能源消耗或CO_2排放变化驱动因素的分析中(Wang et al., 2017a;Hoekstra et al., 2003),如朱勤等(2009)利用LMDI因素分解方法并应用扩展的Kaya恒等式建立因素分解模型,综合考量人口规模、经济产出规模、产业结构、能源结构及能源效率等因素对1980~2007年碳排放量的贡献率;李艳梅等(2010)以1980~2007年为样本期,构建因素分解分析模型,研究发现,造成碳排放增加的因素是经济增长和产业结构变化,碳强度是抑制碳排放的重要因素;董锋等(2015)应用LMDI模型,将碳排放增量变化分解为经济规模、产业结构等四个效应。但是,在利用IDA方法对碳排放进行分解时,大部分学者将其时序变化分解为能源结构、能源强度、人口规模和经济产出(González et al., 2014;Mahony, 2013;Jiang et al., 2017;Dong et al., 2013b),这种方法无法探究生产技术变化对碳排放的变化的贡献量或贡献率，因而一些潜在的影响因素被忽略。SDA 基于投入产出表来探究碳排放的影响因素（Zhou et al.，2017）。因为投入产出表更新时间较长、对数据要求较高，所以时间间隔太长、更新不及时等因素都不利于深入研究。相比 IDA 和 SDA，PDA 在 Kaya 恒等式中嵌入了 Shepherd 距离函数，将潜在因素和技术效率引入分解恒等式中，通过构建最优生产前沿面，从而全面地考虑了生产效率和技术对能源和碳排放的影响（Wang and Zhou，2018）。

以往的分解分析中，能源强度是能源效率的典型指标，但仅根据简单的能源强度来替代能源效率，很难提出具有针对性的政策建议（Filippini and Hunt，2015）。学者早已指出生产技术是影响碳强度和能源强度的因素（Greening et al.，1998；Hamilton and Turton，2002；Kim and Worrell，2002；Kim K and Kim Y，2012），因此，在研究碳排放的驱动因素时，应将技术效应考虑进去。一些学者通过组合分解方法与 DEA 方法来探究技术效应（Pasurka Jr，2006；Zhou and Ang，2008）。Zhou 和 Ang 提出了 PDA，并将其运用到 OECD 国家碳排放的研究中。在评价区域碳排放时，与生产相关的影响因素在其中有非常重要的作用。在生产活动中，经济主体产生期望产出的同时，也会产生非期望产出。技术效率影响投入和产出，从而直接影响生产效率。Kim K 和 Kim Y（2012）在 PDA 框架下，用 LMDI 指数替代 Malmquist 指数，对对象进行因素分解，将产业结构和能源结构考虑进模型中，弥补了 Zhou 和 Ang 的研究不足。Zhang 等（2013）运用 PDA 对碳排放进行分解，同时，再运用广义 Fisher 指数进行深层次的分解。综上，PDA 是一个重要的方法，通过它可以研究部门、地区和国家的生产技术在能源和碳排放方面的影响程度，进而提出更具针对性的政策建议（Wang and Zhou，2018）。LMDI 在 IDA 分解中应用非常广泛，它具有如下优点：能够很容易地处理分解中的零值问题（Ang and Liu，2007）、处理部分数据残缺问题（Ang et al.，2003；Ang，2004；Ang，2005），因此，本章采用 LMDI 与 PDA 相结合的分解模型。

利用 PDA 探究碳排放驱动因素时，国内外学者大都集中在国家、地区或 6 个部门，并制定相应的政策。本章基于前人的研究，有以下几点不同：①相比于以往将经济部门整合成 6 个部门的方法，本章为了深入了解不同行业碳排放之间的差异及驱动因素之间的差异，将研究对象扩展为 23 个细分行业；②运用 PDA 方法，建立了 23 个行业能源消费的碳排放因素分解模型，探究了 10 个驱动因素，包括潜在能源碳强度、能源结构和潜在能源强度等。

4.1　模型与数据

4.1.1　Shephard 距离函数

基于环境生产技术的 PDA，引入了能源投入、经济产出和碳排放产出的 Shephard 距离函数来建立分解模型。能源、劳动和资本作为投入要素，产出增加值作为期望产出，碳排放作为非期望产出：

$$R^t = (E^t, L^t, K^t, Y^t, C^t) \tag{4-1}$$

表示 (E^t, L^t, K^t) 可以生产 (Y^t, C^t)。式中，$E^t \in \mathbb{R}^+$ 表示能源投入；$L^t \in \mathbb{R}^+$ 表示劳动投入；$K^t \in \mathbb{R}^+$ 表示资本投入；$Y^t \in \mathbb{R}^+$ 表示期望产出即 GDP；$C^t \in \mathbb{R}^+$ 表示非期望产出即碳排放。基于生产技术组合引入 Shephard 距离函数，则时期 t 的 Shephard 距离函数表示如下：

$$D_E^t(E^t, L^t, K^t, Y^t, C^t) = \sup\{\alpha : (E^t / \alpha, L^t, K^t, Y^t, C^t) \in S^t\} \tag{4-2}$$

$$D_Y^t(E^t, L^t, K^t, Y^t, C^t) = \inf\{\beta : (E^t, L^t, K^t, Y^t / \beta, C^t) \in S^t\} \tag{4-3}$$

$$D_C^t(E^t, L^t, K^t, Y^t, C^t) = \sup\{\delta : (E^t, L^t, K^t, Y^t, C^t / \delta) \in S^t\} \tag{4-4}$$

式中，$D_E^t(E^t, L^t, K^t, Y^t, C^t)$、$D_Y^t(E^t, L^t, K^t, Y^t, C^t)$、$D_C^t(E^t, L^t, K^t, Y^t, C^t)$ 表示最优生产前沿面的距离；S^t 表示生产技术可能集。$D_E^t(E^t, L^t, K^t, Y^t, C^t) \geqslant 1$，该值越小，则意味着决策单元越靠近可能性边界，效率越高；$0 \leqslant D_Y^t(E^t, L^t, K^t, Y^t, C^t) \leqslant 1$，该值越大，则意味着决策单元越靠近可能性边界，产出效率越高；$D_C^t(E^t, L^t, K^t, Y^t, C^t) \geqslant 1$；该值越小，则意味着决策单元越靠近可能性边界，效率越高；当这三个距离函数的值为 1 时，说明决策单元处于生产的前沿面。

在 Shephard 距离函数定义的前提下，本章采用跨期距离函数，即同一个距离函数内包含不同的时期，s 代表生产技术的基期，t 表示决策单元所处时期，具体表示如下：

$$D_E^s(E^t, L^t, K^t, Y^t, C^t) = \sup\{\alpha : (E^t / \alpha, L^t, K^t, Y^t, C^t) \in S^t\} \tag{4-5}$$

$$D_Y^s(E^t, L^t, K^t, Y^t, C^t) = \inf\{\beta : (E^t, L^t, K^t, Y^t / \beta, C^t) \in S^t\} \tag{4-6}$$

$$D_C^s(E^t, L^t, K^t, Y^t, C^t) = \sup\{\delta : (E^t, L^t, K^t, Y^t, C^t / \delta) \in S^t\} \tag{4-7}$$

为了计算式（4-5）～式（4-7），本章假定规模报酬不变，运用式（4-8）～式（4-10）进行计算：

$$D_E^s(E^t, L^t, K^t, Y^t, C^t)^{-1} = \min \alpha$$

$$\text{s.t.} \begin{cases} \lambda E^s \leqslant \alpha E^t \\ \lambda L^s \leqslant L^t \\ \lambda K^s \leqslant K^t \\ \lambda Y^s \geqslant Y^t \\ \lambda C^s = C^t \\ \lambda \geqslant 0, s, t \in \{T, T+1\} \end{cases} \tag{4-8}$$

$$D_Y^s(E^t, L^t, K^t, Y^t, C^t)^{-1} = \max \beta$$

$$\text{s.t.} \begin{cases} \lambda E^s \leqslant E^t \\ \lambda L^s \leqslant L^t \\ \lambda K^s \leqslant K^t \\ \lambda Y^s \geqslant \beta Y^t \\ \lambda C^s = C^t \\ \lambda \geqslant 0, s, t \in \{T, T+1\} \end{cases} \tag{4-9}$$

$$D_C^s(E^t, L^t, K^t, Y^t, C^t)^{-1} = \min \delta$$

$$\text{s.t.} \begin{cases} \lambda E^s \leqslant E^t \\ \lambda L^s \leqslant L^t \\ \lambda K^s \leqslant K^t \\ \lambda Y^s \geqslant Y^t \\ \lambda C^s = \delta C^t \\ \lambda \geqslant 0, s, t \in \{T, T+1\} \end{cases} \tag{4-10}$$

4.1.2　PDA 生产分解模型

Kaya 恒等式由 Kaya 首次提出（Kaya，1990）。本章扩展了 Kaya 恒等式，将 CO_2 进行初步分解为

$$C = \sum_j \frac{C_j}{E_j} \cdot \frac{E_j}{E} \cdot \frac{E}{Y} \cdot Y \tag{4-11}$$

式中，C 为碳排放总量；C_j 为第 j 种能源产生的 CO_2；E_j 为第 j 种能源消费总量；E 为总的能源消费量；Y 为行业增加值。根据 Zhou 和 Ang（2008）的分解方法，本章对式（4-11）进行再一次扩展。为了避免主观性影响，对于距离函数，我们将 t 期和 $t+1$ 期的值进行几何平均后表示相关效率，具体分解模型如下：

$$C^t = \sum_j \frac{C_j^t}{[D_C^t(K^t,L^t,E^t,Y^t,C^t) \cdot D_C^{t+1}(K^t,L^t,E^t,Y^t,C^t)]^{\frac{1}{2}}} \cdot \frac{1}{E_j^t}$$

$$\cdot \frac{E_j^t}{E^t} \cdot \frac{E^t}{[D_E^t(K^t,L^t,E^t,Y^t,C^t) \cdot D_E^{t+1}(K^t,L^t,E^t,Y^t,C^t)]^{\frac{1}{2}}} \cdot \frac{1}{Y^t}$$

$$\cdot Y^t \cdot [D_Y^t(K^t,L^t,E^t,Y^t,C^t) \cdot D_Y^{t+1}(K^t,L^t,E^t,Y^t,C^t)]^{\frac{1}{2}}$$

$$\cdot D_C^t(K^t,L^t,E^t,Y^t,C^t) \cdot \left[\frac{D_C^{t+1}(K^t,L^t,E^t,Y^t,C^t)}{D_C^t(K^t,L^t,E^t,Y^t,C^t)} \right]^{\frac{1}{2}}$$

$$\cdot D_E^t(K^t,L^t,E^t,Y^t,C^t) \cdot \left[\frac{D_E^{t+1}(K^t,L^t,E^t,Y^t,C^t)}{D_E^t(K^t,L^t,E^t,Y^t,C^t)} \right]^{\frac{1}{2}}$$

$$\cdot \frac{1}{D_Y^t(K^t,L^t,E^t,Y^t,C^t)} \cdot \left[\frac{D_Y^t(K^t,L^t,E^t,Y^t,C^t)}{D_Y^{t+1}(K^t,L^t,E^t,Y^t,C^t)} \right]^{\frac{1}{2}} \qquad (4\text{-}12)$$

$$C^{t+1} = \sum_j \frac{C_j^{t+1}}{[D_C^t(K^{t+1},L^{t+1},E^{t+1},Y^{t+1},C^{t+1}) \cdot D_C^{t+1}(K^{t+1},L^{t+1},E^{t+1},Y^{t+1},C^{t+1})]^{\frac{1}{2}}} \cdot \frac{1}{E_j^{t+1}}$$

$$\cdot \frac{E_j^{t+1}}{E^{t+1}} \cdot \frac{E^{t+1}}{\left[D_E^t(K^{t+1},L^{t+1},E^{t+1},Y^{t+1},C^{t+1}) \cdot D_E^{t+1}(K^{t+1},L^{t+1},E^{t+1},Y^{t+1},C^{t+1}) \right]^{\frac{1}{2}}} \cdot \frac{1}{Y^{t+1}}$$

$$\cdot Y^{t+1} \cdot \left[D_Y^t(K^{t+1},L^{t+1},E^{t+1},Y^{t+1},C^{t+1}) \cdot D_Y^{t+1}(K^{t+1},L^{t+1},E^{t+1},Y^{t+1},C^{t+1}) \right]^{\frac{1}{2}}$$

$$\cdot D_C^{t+1}(K^{t+1},L^{t+1},E^{t+1},Y^{t+1},C^{t+1}) \cdot \left[\frac{D_C^t(K^{t+1},L^{t+1},E^{t+1},Y^{t+1},C^{t+1})}{D_C^{t+1}(K^{t+1},L^{t+1},E^{t+1},Y^{t+1},C^{t+1})} \right]^{\frac{1}{2}}$$

$$\cdot D_E^{t+1}(K^{t+1},L^{t+1},E^{t+1},Y^{t+1},C^{t+1}) \cdot \left[\frac{D_E^t(K^{t+1},L^{t+1},E^{t+1},Y^{t+1},C^{t+1})}{D_E^{t+1}(K^{t+1},L^{t+1},E^{t+1},Y^{t+1},C^{t+1})} \right]^{\frac{1}{2}}$$

$$\cdot \frac{1}{D_Y^{t+1}(K^{t+1},L^{t+1},E^{t+1},Y^{t+1},C^{t+1})} \cdot \left[\frac{D_Y^{t+1}(K^{t+1},L^{t+1},E^{t+1},Y^{t+1},C^{t+1})}{D_Y^t(K^{t+1},L^{t+1},E^{t+1},Y^{t+1},C^{t+1})} \right]^{\frac{1}{2}}$$

$$(4\text{-}13)$$

以式（4-12）为例，第一部分为分行业的潜在能源碳强度，记作 PCECH，即

$$\text{PCECH}_J^t = \frac{C_j^t}{[D_C^t(K^t,L^t,E^t,Y^t,C^t) \cdot D_C^{t+1}(K^t,L^t,E^t,Y^t,C^t)]^{\frac{1}{2}}} \cdot \frac{1}{E_j^t}\,;$$ 第二部分为不同产

业的能源结构，表示某种能源在能源消费中所占的比重，记作 PEMCH，即 $\text{PEMCH}_J^t = E_j^t / E^t$；第三部分为产业部门的潜在能源强度因素，记作 PEICH，

$$\text{PEICH} = \frac{E^t}{[D_E^t(K^t,L^t,E^t,Y^t,C^t) \cdot D_E^{t+1}(K^t,L^t,E^t,Y^t,C^t)]^{\frac{1}{2}}} \cdot \frac{1}{Y^t}，\text{是指被能源利用效率调}$$

整后的能源强度；第四部分为产业部门内的潜在 GDP 因素，记作 PGDPCH，即

$$\text{PGDPCH} = Y^t \cdot [D_Y^t(K^t,L^t,E^t,Y^t,C^t) \cdot D_Y^{t+1}(K^t,L^t,E^t,Y^t,C^t)]^{\frac{1}{2}}，\text{是指经产出效率调整}$$

后的实际产出；根据 Malmquist 指数的定义，第五、六部分分别为碳排放的技术效率及技术进步的变化，记作 CETECH 和 CETCH，即 $\text{CETECH} = D_C^t(K^t,L^t,E^t,Y^t,C^t)$，

$$\text{CETCH} = \left[\frac{D_C^{t+1}(K^t,L^t,E^t,Y^t,C^t)}{D_C^t(K^t,L^t,E^t,Y^t,C^t)}\right]^{\frac{1}{2}}；\text{第七、八部分分别为能源利用的技术效率及}$$

技术进步的变化，记作 EUTECH 和 EUTCH，即 $\text{EUTECH} = D_E^t(K^t,L^t,E^t,Y^t,C^t)$，

$$\text{EUTCH} = \left[\frac{D_E^{t+1}(K^t,L^t,E^t,Y^t,C^t)}{D_E^t(K^t,L^t,E^t,Y^t,C^t)}\right]^{\frac{1}{2}}；\text{第九、十部分分别为经济产出的技术效率及技}$$

术进步的变化，记作 GDPTECH 和 GDPTCH，即 $\text{GDPTECH} = \dfrac{1}{D_Y^t(K^t,L^t,E^t,Y^t,C^t)}$，

$$\text{GDPTCH} = \left[\frac{D_Y^t(K^t,L^t,E^t,Y^t,C^t)}{D_Y^{t+1}(K^t,L^t,E^t,Y^t,C^t)}\right]^{\frac{1}{2}}。$$

式（4-12）和式（4-13）可以简单地表示为

$$C^S = \sum_J \text{PCECH}_J^S \cdot \text{PEMCH}_J^S \cdot \text{PEICH} \cdot \text{PGDPCH}$$
$$\cdot \text{CETECH} \cdot \text{CETCH} \cdot \text{EUTECH} \cdot \text{EUTCH} \cdot \text{GDPTECH} \cdot \text{GDPTCH}$$
$$, \quad S \in \{0, T\}$$

$$\tag{4-14}$$

式中，S、J 分别表示对应 s、j 的集合。

　　LMDI 在求解过程中有加法和乘法两种形式，许多文献采用加法形式，为了更好地说明问题，本章采用乘法形式对各驱动因素进行定量分析。具体公式如下：

$$D = C^{t+1} / C^t = D_{(\text{PCECH})} \cdot D_{(\text{PEMCH})} \cdot D_{(\text{PEICH})} \cdot D_{(\text{PGDPCH})} \cdot D_{(\text{CETECH})} \tag{4-15}$$
$$\cdot D_{(\text{CETCH})} \cdot D_{(\text{EUTECH})} \cdot D_{(\text{EUTCH})} \cdot D_{(\text{GDPTECH})} \cdot D_{(\text{GDPTCH})}$$

各驱动因素计算公式如下：

$$D_{(\text{PCECH})} = \exp\left\{\sum_j \frac{(C_J^{t+1} - C_J^t)/(\ln C_J^{t+1} - \ln C_J^t)}{(C^{t+1} - C^t)/(\ln C^{t+1} - \ln C^t)} \cdot \ln\left(\frac{\text{PCECH}_J^{t+1}}{\text{PCECH}_J^t}\right)\right\} \tag{4-16}$$

$$D_{(\text{PEMCH})} = \exp\left\{\sum_j \frac{(C_J^{t+1} - C_J^t)/(\ln C_J^{t+1} - \ln C_J^t)}{(C^{t+1} - C^t)/(\ln C^{t+1} - \ln C^t)} \cdot \ln\left(\frac{\text{PEMCH}_J^{t+1}}{\text{PEMCH}_J^t}\right)\right\} \tag{4-17}$$

$$D_{(\text{PEICH})} = \exp\left\{\sum_j \frac{(C_J^{t+1} - C_J^t)/(\ln C_J^{t+1} - \ln C_J^t)}{(C^{t+1} - C^t)/(\ln C^{t+1} - \ln C^t)} \cdot \ln\left(\frac{\text{PEICH}^{t+1}}{\text{PEICH}^t}\right)\right\} \quad (4\text{-}18)$$

$$D_{(\text{PGDPCH})} = \exp\left\{\sum_j \frac{(C_J^{t+1} - C_J^t)/(\ln C_J^{t+1} - \ln C_J^t)}{(C^{t+1} - C^t)/(\ln C^{t+1} - \ln C^t)} \cdot \ln\left(\frac{\text{PGDPCH}^{t+1}}{\text{PGDPCH}^t}\right)\right\} \quad (4\text{-}19)$$

$$D_{(\text{CETECH})} = \exp\left\{\sum_j \frac{(C_J^{t+1} - C_J^t)/(\ln C_J^{t+1} - \ln C_J^t)}{(C^{t+1} - C^t)/(\ln C^{t+1} - \ln C^t)} \cdot \ln\left(\frac{\text{CETECH}^{t+1}}{\text{CETECH}^t}\right)\right\} \quad (4\text{-}20)$$

$$D_{(\text{CETCH})} = \exp\left\{\sum_j \frac{(C_J^{t+1} - C_J^t)/(\ln C_J^{t+1} - \ln C_J^t)}{(C^{t+1} - C^t)/(\ln C^{t+1} - \ln C^t)} \cdot \ln\left(\frac{\text{CETCH}^{t+1}}{\text{CETCH}^t}\right)\right\} \quad (4\text{-}21)$$

$$D_{(\text{EUTECH})} = \exp\left\{\sum_j \frac{(C_J^{t+1} - C_J^t)/(\ln C_J^{t+1} - \ln C_J^t)}{(C^{t+1} - C^t)/(\ln C^{t+1} - \ln C^t)} \cdot \ln\left(\frac{\text{EUTECH}^{t+1}}{\text{EUTECH}^t}\right)\right\} \quad (4\text{-}22)$$

$$D_{(\text{EUTCH})} = \exp\left\{\sum_j \frac{(C_J^{t+1} - C_J^t)/(\ln C_J^{t+1} - \ln C_J^t)}{(C^{t+1} - C^t)/(\ln C^{t+1} - \ln C^t)} \cdot \ln\left(\frac{\text{EUTCH}^{t+1}}{\text{EUTCH}^t}\right)\right\} \quad (4\text{-}23)$$

$$D_{(\text{GDPTECH})} = \exp\left\{\sum_j \frac{(C_J^{t+1} - C_J^t)/(\ln C_J^{t+1} - \ln C_J^t)}{(C^{t+1} - C^t)/(\ln C^{t+1} - \ln C^t)} \cdot \ln\left(\frac{\text{GDPTECH}^{t+1}}{\text{GDPTECH}^t}\right)\right\} \quad (4\text{-}24)$$

$$D_{(\text{GDPTCH})} = \exp\left\{\sum_j \frac{(C_J^{t+1} - C_J^t)/(\ln C_J^{t+1} - \ln C_J^t)}{(C^{t+1} - C^t)/(\ln C^{t+1} - \ln C^t)} \cdot \ln\left(\frac{\text{GDPTCH}^{t+1}}{\text{GDPTCH}^t}\right)\right\} \quad (4\text{-}25)$$

在分解模型的实际求解过程中，存在某些年份某些产业的某种能源消费量为 0 的情况，不利于驱动因素的贡献计算。当遇到这种情况时，采用 Ang 等（2003）的处理零值的方法，即用极小的正数替代零值，如 10^{-10} 或 10^{-20}，避免较大误差的存在。

4.1.3　数据的来源及处理

除碳排放外，本章采用的数据来源于历年《中国统计年鉴》《中国能源统计年鉴》《中国工业统计年鉴》《中国固定资产投资统计年鉴》《中国人口和就业统计年鉴》《中国价格统计年鉴》《中国投入产出表》。数据的时间跨度为 2003～2015 年。本章的模型变量及说明如表 4-1 所示。

表 4-1　模型变量及说明

变量符号	变量名称	变量说明
C	碳排放	利用不同能源折合的标准煤和对应的碳排放系数来计算
E	能源消费	将煤炭、油品、天然气折算成标准煤进行加总
Y	经济规模	以 1990 年为不变价的实际行业增加值

续表

变量符号	变量名称	变量说明
EM	能源结构	煤炭消费量/能源消费总量
EI	能源强度	能源消费量/GDP
K	资本存量	行业的累积资本
L	劳动力	行业的平均从业人数

关于资本存量的数据采用田友春（2016）的部分计算结果和永续盘存法来进行计算，并根据《中国投入产出表》的固定资产折旧额数据计算折旧率。

选取《中国能源统计年鉴》中的煤炭、油品合计、天然气三种能源来计算不同行业的二氧化碳排放量，具体公式如下：

$$C = \sum_j E_j \cdot \alpha_j \cdot \beta_j \cdot \frac{44}{12} \qquad (4\text{-}26)$$

式中，E_j 为第 j 种能源消费量；α_j 为第 j 种能源折算的标准煤系数；β_j 为第 j 种能源的碳排放系数；44/12 是 C 原子氧化的 CO_2 分子的质量转换系数；C 代表行业终端能源消费的二氧化碳排放量。

行业划分如表 4-2 所示，将部分同类行业进行整合，其中行业（4）是指黑色及有色金属矿采选业；行业（6）为 4 个行业的组合，为农副食品、食品制造业、饮料、烟草制品业；行业（7）为 3 个行业的组合，为纺织业，纺织服装、鞋帽业，皮革、毛皮等制品业；行业（8）包含木材加工及其他制品业和家具制造业；行业（9）为 3 个行业的组合，为造纸及其制品业、印刷业、文教用品制造业；行业（11）为 4 个行业的组合，为化学原料及化学制品业、医药制造业、橡胶和塑料制品业、化学纤维制造业；行业（13）是指黑色及有色金属冶炼及压延加工业；行业（15）包含通用及专用设备制造业。

表 4-2　行业划分

编号	行业	编号	行业
（1）	农、林、牧、渔业	（8）	木材加工业、家具制造业
（2）	煤炭开采和洗选业	（9）	造纸、印刷、文教
（3）	石油和天然气开采业	（10）	石油加工业
（4）	金属矿采选业	（11）	化学工业
（5）	非金属及其他采矿业	（12）	非金属矿物制品业
（6）	食品制造及烟草加工业	（13）	金属冶炼及压延加工业
（7）	纺织业及其制品业	（14）	金属制品业

续表

编号	行业	编号	行业
(15)	通用、专用设备制造业	(20)	电力、热力生产和供应业
(16)	交通运输设备制造业	(21)	建筑业
(17)	电气机械和器材制造业	(22)	交通运输、仓储和邮政业
(18)	计算机制造业	(23)	批发、零售业和住宿、餐饮业
(19)	仪器仪表制造业		

4.2　结果与分析

4.2.1　行业碳排放分析

通过计算，中国不同行业的二氧化碳排放量相差比较大，并且具有明显的差异。石油加工业（10），化学工业（11），非金属矿物制品业（12），交通运输、仓储和邮政业（22）四个行业的二氧化碳排放量特别高，金属矿采选业（4），木材加工业、家具制造业（8），金属制品业（14），电气机械和器材制造业（17），计算机制造业（18），仪器仪表制造业（19）六个行业的二氧化碳排放量相对较少，除此之外的其他行业的二氧化碳排放量则处于中间位置。根据以上分析，除了交通运输、仓储和邮政业（22）之外，排放量特别高的行业都属于第二产业，而排放量较少的六个行业也属于第二产业，说明第二产业内部并不全是高排放、高污染行业，部分低碳行业也同时存在，这就需要在制定减少和控制碳排放的相关举措时注意区分不同行业之间的差异，但这些并不会改变第二产业是二氧化碳排放的主要行业这一判断；交通运输、仓储和邮政业（22）的二氧化碳排放量也特别高，这就意味着第三产业目前并不完全是低碳发展，同样需要严格地减少和控制碳排放，制定适合该行业的减排措施。

根据碳排放的年均增长速度，2003～2015 年，有 6 个行业的碳排放增长速度为负，分别是石油和天然气开采业（3），纺织业及其制品业（7），通用、专用设备制造业（15），计算机制造业（18），仪器仪表制造业（19），电力、热力生产和供应业（20）。行业（3）的碳排放量在这期间并没有太大范围的波动。2003～2015 年研究区间可以划分为三个时间段：2003～2007 年、2007～2011 年、2011～2015 年。在三个划分阶段中（7）、（15）、（18）、（19）四个行业的碳排放增长速度都呈先上升后下降趋势，行业（20）则呈先大幅度下降后又迅速上升然后再缓慢下降趋势，整体的增长速度为负。2003～2015 年，碳排放年均增长速度为正的行业中建筑业（21）最高，其次是化学工业（11）和交通运输、仓储和邮政业（22），并且在三个划分阶段中，这三个行业的碳排放增长速度都呈持续上升的趋势，而增长速度持续上升的行业还有批发、零售业和住宿、餐饮业（23），石油加工业（10）以及农、林、牧、渔业（1）。有 11 个行业在三个划分阶段中，碳排放的增长速度有正有负，并不是一直持续上升，这 11 个行业分别是金属矿采选业（4），金属冶炼及压延加工业（13），非金属矿物制品业（12），食品制造及烟草加工业（6），金属制品业（14），木材加工业、家具制造业（8），煤炭开采和洗选业（2），电气机械和器材制造业（17），非金属及其他采矿业（5），交通运输设备制造业（16），造纸、印刷、文教（9），但这 11 个行业相比较来说，2003～2015 年其碳排放增长速度呈下降趋势。

2003～2015 年，就平均增长速度而言，大部分行业的碳排放都呈上升趋势，这导致了二氧化碳排放总量也在继续增加；但是分析行业的碳排放变化趋势，2003～2007 年大部分行业的碳排放增长速度呈上升趋势，2007～2011 年相比上一阶段增长速度放缓，继而在 2011～2015 年增长速度呈下降趋势。对样本行业碳排放的简单统计分析发现，碳排放总量在持续增加，但是不同行业之间的具体情况又有明显差异。

4.2.2　驱动因素分析

本节基于 Shephard 距离函数、PDA 和 LMDI 分解共同构成的分解公式，测算出在不同的行业部门中驱动因素对行业碳排放发挥的作用，求得 2003～2015 年 23 个行业碳排放的因素分解逐年结果的平均值，其中，数值大于 1 表明这一因素增加二氧化碳排放，数值小于 1 则意味着这一因素导致了二氧化碳排放的减少，而数值等于 1 说明这一因素并没有对二氧化碳排放变化发挥作用。

1. 潜在能源碳强度因素（PCECH）

根据因素分解结果选取 10 个具有代表性的行业表示不同行业中潜在能源碳强度因素的变化方向。潜在能源碳强度是考虑了碳排放技术效率的因素，即二氧化碳排放低效率将会导致观察到的碳排放因子大于之前没有考虑二氧化碳排放低效率所观察的碳排放因子。分析各行业 2003～2015 年的平均水平，在 23 个样本行业中，潜在能源碳强度这一因素的变动大部分都大于 1，对碳排放的减少起阻碍作用，意味着我国能源碳强度的调整并未有太大改善，原因是三大化石能源中煤炭具有较大的排放系数，而我国能源消费中煤炭仍占据 65% 左右的较大比例，大量煤炭的使用将持续增加碳排放，进而出现潜在能源碳强度因素造成碳排放增加的现状，但是行业（21）、（22）、（23）的潜在能源碳强度起到了降低碳排放的作用。

2. 能源结构因素（PEMCH）

分析各行业 2003～2015 年的平均水平，对于 23 个样本行业，大部分行业的能源结构因素作用于碳排放使其呈下降趋势，只有（1）、（5）、（7）、（10）、（11）、（13）、（17）7 个行业的能源结构变化对碳排放的减少起抑制作用，说明大部分行业发展过程中煤炭使用量得到了有效的控制，对二氧化碳排放量的减少做出了贡献；毋庸置疑的是，能源结构因素对碳排放减少起促进作用，但是分解结果表明其减排作用并不明显，对于 23 个样本行业来说，能源结构因素基本都接近 1，差异并不是特别明显。这说明我国大部分行业能源结构没有显著改善，目前的能源消费仍旧以煤炭为主，也进一步说明了我国的清洁能源在行业的能源消费中仍未得到全面普及与使用，通过调整与优化能源结构来减少碳排放仍有非常大的潜力。

3. 潜在能源强度因素（PEICH）

一般的实际能源强度反映了实际能源利用效率，而潜在能源强度是指能源投入效率调整后的能源强度，即研究期间，能源投入效率的提高会使潜在能源强度变化加大，进而加大能源强度对碳排放的影响。分析各行业 2003～2015 年的平均水平，对于 23 个样本行业，潜在能源强度这一因素的变动大部分小于 1，对于减少碳排放起正向作用，其与能源强度对碳排放的作用具有一致性，能源强度因素由能源消费与行业 GDP 的比值表征，潜在能源强度则是通过能源效率对其进行一定的调整，所以就潜在能源强度因素的变动值小于 1 的行业而言，行业 GDP 的增长速度则是超过了行业能源使用量的增长速度，从而对减少二氧化碳排放做出贡献，反过来说，对于变动值大于 1 的行业来说，行业增加值的发展速度小于能源使用量，导致二氧化碳排放量的增加。就我国整体而言，潜在能源强度因素对于减排的贡献还是巨大的，应努力发挥这一因素对于减少碳排放的正向作用，可以针对不同的行业部门制定不同的举措以更好、更快地实现节能减排。

4. 潜在 GDP 因素（PGDPCH）

潜在 GDP 因素是利用 GDP 产出效率对实际产出进行调整后的影响，若产出效率提高了，潜在 GDP 的变化比实际 GDP 变化更大，进而导致二氧化碳排放变化的影响被放大。分析各行业 2003～2015 年的平均水平，对于 23 个样本行业，潜在 GDP 因素的变动大于 1，这一因素是碳排放增加的主要因素，无论对于单个行业的碳排放而言还是就我国整体的碳排放来说，不但决定了碳排放变化的方向，在很大程度上也决定了碳排放量变化的幅度，与 GDP 的作用保持一致。我国目前正处于工业化和城镇化的加速发展阶段，重点是如何处理好经济发展与碳减排之间的关系，实现可持续发展。

5. 碳排放的技术效率因素（CETECH）

碳排放的技术效率以 Shephard 距离函数为基础，表示在其他条件不变的情况下减少碳排放量的可能性。根据因素分解结果，从中选取 10 个具有代表性的行业表示不同行业中碳排放的技术效率因素的变化方向，同时计算技术效率变化的行业变动平均值。分析各行业 2003~2015 年的平均水平，对于 23 个样本行业，除了（11）、（15）、（20）三个行业之外，碳排放的技术效率因素的变动基本都大于 1，其效率水平并没有减少碳排放，反而产生了相反的作用；就 23 个行业平均而言，2003~2015 年碳排放的技术效率水平整体呈上升趋势，由于碳排放的技术效率因素而增加的碳排放量在逐渐减少，并在 2013 年对碳排放的减少发挥正向作用。理论上来说效率水平的提高有利于降低碳排放量，但是实证表明在样本期内其并没有发挥相应的作用，这在一定程度上证明了我国的碳排放效率水平并没有明显的提高。

6. 碳排放的技术进步因素（CETCH）

碳排放的技术进步因素通过 Malmquist 指数分解出来，用来评价被决策单元即某行业的技术进步状况。因素分解结果报告了 10 个具有代表性的行业碳排放的技术进步因素的变化方向和技术进步变化的行业变动平均值。分析各行业 2003~2015 年的平均水平，对于 23 个样本行业而言，碳排放的技术进步变动普遍为同一数值，即 0.8212，说明不同行业的碳排放技术进步水平相同，原因主要是通用、专用设备制造业（15）形成了一条通过原点的前沿面，进而形成了相同的技术进步比例。碳排放的技术进步变动基本都小于 1，意味着其技术进步水平对降低碳排放发挥正向作用，行业碳排放存在技术进步效应。

7. 能源技术效率因素（EUTECH）

能源技术效率以 Shepherd 距离函数为基础，表示在其他条件不变的情况下减少能源消费的可能性。分析各行业 2003~2015 年的平均水平，对于 23 个样本行业，由于能源技术效率的提高而降低碳排放的行业有 7 个，而由于效率变化增加碳排放的行业有 10 个，能源技术效率这一因素对于碳排放无论发挥何种作用，效果都不是特别明显，数值基本都在 0.98~1.01 波动；就 23 个行业平均而言，2003~2015 年能源技术效率水平对于碳排放的作用同样不是特别显著，围绕着数值 1 上下波动，更多时间内抑制碳排放量的减少。理论上来说能源技术效率水平的提高有利于降低碳排放量，但是结果显示在样本期内其并没有发挥作用，这在一定程度上说明各行业层面对提高能源技术效率没有引起足够重视，没有充分发挥能源技术效率在节能减排方面的作用，而且这一现象并不仅仅存在于第二产业，第三产业也存在同样的问题。所以面对节能减排的迫切需求，我国应将提高能源技术效率作为重要的减排战略。

8. 能源技术进步因素（EUTCH）

能源技术进步因素由 Malmquist 指数分解出来，它测度了从 t 期到 $t+1$ 期各个被评价行业以能源消费为参考的生产前沿面的移动，并以此来测度其能源技术的进步。根据因素分解结果，选取 10 个具有代表性的行业显示能源技术进步因素的变化方向，同时计算技术进步变化的行业变动平均值。分析各行业 2003～2015 年的平均水平，23 个样本行业中，能源技术进步降低碳排放的行业有 10 个，说明这些行业具备一定的创新能力或拥有先进的能源技术，而由于技术进步变化增加碳排放的行业有 13 个。将 23 个样本行业作为一个整体，发现在 2003～2011 年，能源技术进步变化对减少碳排放发挥正向作用，作用相对比较微弱，但是在之后的时间内均是增加碳排放。由上述内容可知我国能源技术的创新力度远远不足，应努力提高创新技术水平和引进先进的能源技术。

9. GDP 产出的技术效率因素（GDPTECH）

GDP 产出的技术效率是测度从第 t 期到第 $t+1$ 期被评价行业到最优生产边界的距离变化。本书报告了 10 个具有代表性的行业表示不同行业中 GDP 产出的技术效率因素的变化方向和技术效率变化的行业变动平均值。分析各行业 2003～2015 年的平均水平，对于 23 个样本行业，由于 GDP 产出的技术效率提高而降低碳排放的行业有 8 个，其中，行业（4）、（13）作用比较明显，而由于技术效率变化增加碳排放的行业有 9 个，行业（16）、（22）、（23）作用比较明显，与不同行业内能源技术效率对于碳排放的作用具有一致性；就 23 个行业平均而言，2003～2015 年能源技术效率水平对于碳排放的作用并没有呈现理想的规律，在不同的时期里产出技术效率对增加碳排放既有负向效应也有正向效应。产出技术效率水平的提高理应对碳排放的减少发挥正向作用，但事实仍然是在将近一半的行业中产出技术效率并没有合理地提高，还存有很大的提升空间。

10. GDP 产出的技术进步因素（GDPTCH）

GDP 产出的技术进步因素由 Malmquist 指数分解出来，它测度了从 t 期到 $t+1$ 期各个被评价行业的以 GDP 产出为参考的生产前沿面的移动，并以此来表征 GDP 产出技术的进步。分析各行业 2003～2015 年的平均水平，对于 23 个样本行业，GDP 产出的技术进步因素降低碳排放的行业有 15 个，说明这些行业在 GDP 产出为参考的生产前沿面是先进的，对减少碳排放发挥正向作用，而由于技术进步变化增加碳排放的行业有 8 个。将 23 个样本行业视为一个整体，研究发现在 2003～2011 年（除去 2007 年、2009 年），GDP 产出的技术进步变化对减少碳排放发挥正向作用，作用比较明显，其他时间内技术进步变化增加碳排放。一部分行业的技术进步变化促进了碳排放增加，这表明我国经济发展仍旧依赖于大量的资源投入，面对粗放型的经济发展现状，推动生产技术进步已经刻不容缓。

4.3　本 章 小 结

本章构建了 23 个行业碳排放的因素分解模型，分解出潜在能源碳强度因素、能源结构因素、潜在能源强度因素、潜在 GDP 因素、碳排放的技术进步和技术效率因素、能源的技术进步和技术效率因素、GDP 产出的技术进步和技术效率 10 个因素，结果发现潜在 GDP 因素是造成碳排放增加的重要因素，甚至决定着碳排放的变化方向，潜在碳强度因素由于煤炭的高排放特质也造成了碳排放的增加；潜在能源强度因素对于碳排放发挥明显的抑制作用，能源结构因素对碳排放的抑制作用比较微弱，技术进步因素和技术效率因素的作用在不同行业中作用方向不一致，GDP 产出的技术进步因素在一定程度上对碳排放发挥抑制作用。

大部分行业的潜在能源碳强度因素对碳排放的减少起阻碍作用，表明我国能源碳强度的调整并未有太大改善，但是行业（21）、（22）、（23）的潜在能源碳强度起到了降低碳排放的作用。能源结构因素对碳排放减少起到促进作用，但是其减排作用并不明显。潜在能源强度因素对于减排的贡献非常大，大部分行业的变动都小于 1。大部分行业的潜在 GDP 对碳排放起促进作用，是碳排放最主要的正向贡献因素。碳排放技术效率因素大部分都大于 1，对碳排放起促进作用，因此，我国碳排放效率水平有很大的提升空间。观察行业平均水平，技术进步因素对碳排放具有抑制作用；能源技术效率对碳减排并没有发挥相应的作用，这在一定程度上说明我国各行业并没有对提高能源效率引起足够重视，没有充分发挥能源效率对于节能减排的作用；能源的技术进步变化对减少碳排放发挥正向作用，作用相对比较微弱。GDP 产出的技术效率对碳排放的贡献时而促进时而抑制，近一半行业中的技术效率没有理想的提高，还有很大的发展空间。前期，GDP 产出的技术进步变化对减少碳排放发挥正向作用，作用比较明显，后期会增加碳排放。

对三次产业结构来说，我国的第二产业仍旧占据较大比重，需要逐渐减少其在国内 GDP 的比重，并大力鼓励第三产业的快速发展，实现产业结构的合理化。对于高消耗、高排放的行业应该重点关注，对这些行业领域进行资源的有效整合，淘汰落后产业，促进具有好的经济效益、高的环境效益的行业发展，这也是我国实现资源节约型及环境友好型社会的主要内容。

　　调整能源结构对减少碳排放作用明显，对我国的可持续发展战略具有重要意义。目前我国已在逐渐调整能源发展战略，减少对煤炭的依赖，但是作用仍旧不是特别明显，需要加大能源结构调整的力度。具体的途径有两方面：一是调整三大能源之间的使用占比，在努力降低煤炭使用量的同时增加天然气的使用量；二是大力发展清洁能源，提高清洁能源的使用比例，清洁能源的碳排放相比化石能源的碳排放，几乎可以忽略不计，我国有着丰富的水能、太阳能、生物质能等能源，对于这些清洁能源的开发，国家应该给予相应的支持与鼓励。

　　除了部分行业，技术效率对于减少碳排放并没有发挥明显的作用，反而造成了碳排放的增加，说明无论从投入还是产出的角度而言，我国的创新能力都有待提高。应从能源使用的各个环节入手，多方位有效管理进而促进能源效率的提高。对于大部分行业而言，技术进步对于碳排放的减少发挥正向作用，但能源技术进步的减排作用不是特别突出，因此需要大力引入和开发先进的能源技术，如煤炭的清洁利用技术，实现高效利用进而减少碳排放。推动技术进步和技术效率提高来减少我国的碳排放，首先就需要增强我国的创新能力，可以加强政府与企业的合作，激发企业的技术创新能力，或者联合相关有优势的学校，强强合作研发先进技术进而推动技术的进步。除此之外，积极引进国外的先进技术，降低我国自身研发成本的同时提高国内的技术水平。

第5章 我国碳排放峰值模拟

本章构建联立方程模型来研究总体碳排放的作用机制，并在此基础上模拟预测我国总体碳排放的发展趋势，研究我国 CO_2 排放量何时可以达到峰值。关于变量的选取，联立方程模型内的变量又分为内生变量和外生变量，在变量选取上，主要有经济规模、能源结构、技术效率和技术进步四个方面的因素，技术效率和技术进步两方面因素本身也可视为一个整体，称为绩效的变化，所以方程中采用一个变量来表示，考虑能源消费与碳排放的密切关系，此处只从能源投入的角度考虑能源绩效变化对碳排放的作用，并且引入产业结构变量来表示行业因素。

5.1 联立方程模型的构建

联立方程模型是指用若干个相互关联的单一方程，同时表示一个经济系统中经济变量的相互依存关系的模型，即用一个联立方程组表现多个变量间因果的联立关系。包含一组未知的参数，并且变量之间存在着反馈关系的联立方程组称为"系统"，该联立方程可以利用多种估计方法求解未知参数，如 OLS、二阶段最小二乘（two stage least square，TSLS）法、法加权二阶段最小二乘（weighted two stage least square，W2LS）法、三阶段最小二乘（three stage least square，3SLS）法、似乎不相关回归（seemingly unrelated regression，SUR）法和 GMM 等估计方法。一般的联立方程系统形式是

$$f(y_t, z_t, \beta) = u_t, \quad t = 1, 2, \cdots, T \tag{5-1}$$

式中，y_t 代表内生变量的向量；z_t 代表外生变量的向量；β 代表需要估计的参数；u_t 代表可能存在序列相关的扰动项的向量；T 代表样本容量。估计的任务是寻找未知参数的估计量。本章构建碳排放的联立方程组系统，选择 3SLS 估计未知参数，之后建立联立方程预测模型，在给定外生变量的相关信息后利用模型对内生变量进行预测。3SLS 是由 Zellner 和 Theil 于 1962 年提出的，是同时估计系统内全部结构方程的方法，是 SUR 方法的二阶段最小二乘法。当误差项相关或存在异方差相关时，3SLS 是一种有效的方法。其基本思路是：先用 TSLS 估计每个方程，再对整个联立方程系统用广义最小二乘法估计。

根据第 4 章的研究结论，碳排放的驱动因素对应选取经济规模因素、能源绩效因素、能源结构因素及产业结构因素，可称为规模效应、技术效应、结构效应，但

是这三大效应彼此存在相互影响，同时其效应变化又会受到其他变量的动态影响，进而间接影响碳排放，所以仅构建单一方程来描述碳排放变动背后的驱动机理并不全面；考虑到联立方程的系统性，构建以碳排放、产业结构、能源结构、能源效率为内生变量的系统联立方程，同时选取影响结构效应和技术效应的其他变量作为系统内的外生变量。选取产业结构作为其中一个内生变量可以研究在产业演变的过程中引起的碳排放变化。关于规模效应，利用碳排放与经济增长的 EKC 曲线，将经济规模的一次项、二次项和三次项置于碳排放的方程中，并选取经济发展水平——人均 GDP 这一变量作为结构效应和技术效应的影响因素之一。联立方程如下：

$$
\begin{aligned}
\ln CO_2 =\ & c_1 \ln GDP + c_2 (\ln GDP)^2 + c_3 (\ln GDP)^3 + c_4 \ln IS + c_5 \ln EM \\
& + c_6 \ln EFFI + c_7 \ln CO_2(-1) + u_1 \\
\ln IS =\ & c_8 + c_9 \ln PGDP + c_{10} \ln CITY + c_{11} \ln EFFI + c_{12} \ln IS(-1) \\
& + c_{13} \ln IE + c_{14} \ln CO_2(-1) + u_2 \\
\ln EM =\ & c_{15} + c_{16} \ln PGDP + c_{17} \ln IS + c_{18} \ln EFFI + c_{19} \ln IS(-1) \\
& + c_{20} \ln P + c_{21} \ln CO_2(-1) + u_3 \\
\ln EFFI =\ & c_{22} + c_{23} \ln PGDP + c_{24} (\ln PGDP)^2 + c_{25} \ln IND + c_{26} \ln POP \\
& + c_{27} \ln EM + c_{28} \ln EFFI(-1) + c_{29} \ln P + u_4
\end{aligned}
\tag{5-2}
$$

本章的联立方程模型为四个基本方程，上述第一个方程为碳排放方程（方程一），第二个方程为产业结构方程（方程二），第三个方程为能源结构方程（方程三），第四个方程为能源效率方程（方程四），$c_1 \sim c_{29}$ 为各变量的系数，$u_1 \sim u_4$ 为随机误差项，服从独立同分布。

联立方程模型所使用的变量及说明如表 5-1 所示。

表 5-1　方程变量及说明

变量符号	变量名称	变量说明
CO_2	碳排放	利用不同能源折合的标准煤和对应的碳排放系数来计算
GDP	经济规模	将国内生产总值指数转换为 2000 年不变价格
IS	产业结构	第二产业增加值/GDP
EM	能源结构	煤炭消费量/能源消费总量
EFFI	能源效率	GDP/能源消费量
PGDP	人均 GDP	利用人均 GDP 指数将人均 GDP 转换为 2000 年不变价格
IE	进出口总额占比	进出口总额/GDP
IND	工业化水平	工业增加值/GDP
POP	人力资本	每十万人口高等教育平均在校生
P	能源价格	燃料、动力价格购进指数，转换为 2000 年价格
CITY	城镇化水平	城镇人口/总人口

　　方程估计中可使用单一方程估计法和系统估计法两种策略，但是使用单一方程估计法，往往会导致估计结果是无效和有偏的，而系统估计法则能很好地解决这一问题，将所有方程作为一个整体估计，充分考虑了各方程之间的联系，利用系统估计法所建立的联立方程系统，获得未知参数的估计量，进而建立反映客观实际的联立方程模型，然后利用这个模型进行预测，能够生成一个或若干个经济变量的预测值。

　　在碳排放内在驱动机理分析的基础上，研究碳排放的发展趋势是本章的主要目的。联立方程模型中碳排放的预测是在模型中的外生变量事先预测的条件下被预测。对于系统内的外生变量能源价格、人力资本与进出口总额占比，本章采用灰色 GM（1, 1）新陈代谢马尔可夫法进行组合动态预测；对于城镇化水平 CITY 和工业化水平 IND，利用灰色 GM（1, 1）新陈代谢马尔可夫法进行组合动态预测时往往偏高或偏低，不符合中国的经济"新常态"，我们采用 Niu 等（2016）的做法，在数据现有增长率的前提下一定程度地调整数据的增长率；对于经济规模 GDP 和经济发展水平 PGDP，面对经济发展的"新常态"和经济发展的不确定性，对这两个变量设定不同的假设情景研究模型模拟的结果。

5.2　模型的数据处理

　　本章所采用的数据均来源于历年《中国统计年鉴》和《中国能源统计年鉴》。关于能源价格的选取，由于燃料、动力价格购进指数这一指标是从 1989 年才提出的，所以 1980～1988 年的能源价格数据是利用煤炭、石油、电力工业品价格在能源结构中的占比进行加权平均得到的。变量时间序列数据为 1980～2015 年，鉴于时间跨度大、数据不平稳，有可能会出现"伪回归"的情况，对变量进行自然对数变换。

5.3　联立方程的结果与讨论

　　鉴于实际经济运行中相关变量存在的交叉影响，为了更好地描述变量间的相互作用机理，本章利用我国 1980～2015 年的时间序列数据，构建碳排放的联立方程模型。根据联立方程模型识别的阶条件和秩条件，本章构建的联立方程是过度识别的。采用 3SLS 进行系统方程估计，并在方程中引入内生变量的滞后一期，消除一阶的自相关问题。联立方程使用所有的外生变量和前定变量作为内生变量的工具变量，然后利用 3SLS 法对系统方程进行回归，如表 5-2 所示。

表 5-2　联立方程回归结果

系数	$\ln CO_2$	$\ln IS$	$\ln EM$	$\ln EFFI$
C		5.1938	1.9412	6.6242
$\ln GDP$	2.0072			
$(\ln GDP)^2$	−0.3859			
$(\ln GDP)^3$	0.0322			
$\ln IS$	0.4034		0.0619	
$\ln IS(-1)$		0.7048		
$\ln EM$	1.0568			−1.4671
$\ln EM(-1)$			0.8971	
$\ln EFFI$	−0.2148	−0.1694	−0.1271	
$\ln EFFI(-1)$				0.3706
$\ln PGDP$		0.4129	0.1317	1.1040
$(\ln PGDP)2$				−0.0919
$\ln CITY$		−0.5159		
$\ln IND$				−0.2971
$\ln POP$				−0.1300
$\ln P$			−0.0141	0.1731
$\ln CO_2(-1)$	0.2699	−0.2866	−0.1363	
$\ln IE$		0.0635		
	$R^2 = 0.9978$	$R^2 = 0.8857$	$R^2 = 0.9458$	$R^2 = 0.9968$
	D.W. = 1.4747	D.W. = 1.5947	D.W. = 2.5025	D.W. = 1.5736

注：D.W. 为 Durbin-Watson 检验的统计量

　　式（5-2）的方程一描述了碳排放的经济决定因素。该方程中涵盖了规模效应、结构效应和技术效应。当其他条件不变时，经济发展的规模越大，就会造成越多的污染排放，所以此处我们期望一个正的系数；当生产规模一定时，产业内部污染行业的比重越大，就会造成越大的污染，所以此处我们希望结构效应的系数为正；减排技术水平越高，污染强度越低，当另外两个因素不变时，期望排放和技术效应之间的关系为负相关。表 5-2 中的第二列显示了碳排放的经济决定方式的估计结果。基于系统性的角度，推动碳排放增加的主要因素是经济总量 GDP，GDP的一次项、二次项、三次项系数分别为正（2.0072）、负（−0.3859）、正（0.0322），表明碳排放与经济规模存在倒 N 形曲线关系，经济总量的上涨伴随着大量的碳排放，但到达一定的峰值后，随着经济总量的增长，碳排放有可能呈现下降趋势，这从理论上证明了在保持经济增长的同时碳排放达峰的可能性；碳排放的产业结构弹性为正（0.4034），以第二产业占比表征产业结构，在行业碳排放的分析中碳排放量较高的几个部门基本都存在于第二产业，第二产业主要是能源开采及加工等工业部门，消耗大量能源，造成严重的环境污染，所以产业结构的弹性系数为正，在第二产业下降的过程中碳排放必然会减少；碳排放的能源结构弹性为正（1.0568），煤炭使用量占据能源消费的大头，相比石油和天然气具有较高的排放系数，能源结构变化对碳排放主要起抑制作用；碳排放的能源效率弹性为负（−0.2148），技术进步对碳排放的增加起抑制作用，随着能源利用率提高，碳排放降低，逐渐接近实现以最少的能源投入得到最大的期望产出的理想目标。

式（5-2）的方程二描述了产业结构的经济决定因素。在产业结构方程中，能源效率的提高一方面依赖于技术水平的进步，另一方面来源于高污染产业份额降低以实现产业结构的优化升级，因此产业结构的能源效率弹性为负（−0.1694），方程中同时引入了碳排放的滞后项，以碳排放增加表征的环境压力在一定程度上也会推动产业结构的优化升级，其弹性为负（−0.2866）；产业结构的人均 GDP 弹性为正（0.4129），人们的生活水平对产业结构的影响是显著的，随着生活水平的提高，对工业品的需求增加，第二产业结构会提升。关于其他变量，产业结构的城镇化水平弹性为负（−0.5159），城镇化的发展会带动第三产业的提升，对产业结构的调整具有明显的推动作用，在一定程度上降低第二产业结构的比例；产业结构的进出口贸易弹性为正（0.0635），进出口贸易特别是出口贸易多为工业制成品，则第二产业的变化与进出口贸易的发展是同向的。

式（5-2）的方程三描述了能源结构的经济决定因素。在方程中，产业结构的调整和能源效率的提高对能源结构的作用为正、负向（0.0619、−0.1271），第二产业作为能源消费的主要部门，消耗着大量的化石能源，当高能耗、高排放产业比重下降时，相应的化石能源消费也会出现下降，导致能源结构也会出现一定的变化，所以产业结构的变化与能源结构是同向的，但产业结构的作用相对微弱，能源高消耗的行业仍旧大量存在，能源效率的提高减少了以煤为主的能源投入，煤炭消费量降低，优化了能源结构；方程中同时引入了碳排放的滞后项，碳排放增加表征的环境压力在一定程度上也会推动能源结构的优化升级，其弹性为负（−0.1363）；能源结构的人均 GDP 弹性为正（0.1317），结果并不理想，理论上随着人民生活水平的提高，煤炭的使用量降低，这可能是由于生活煤炭消费量的降低并不能完全抵消工业用量的增加，并且我国的人均碳排放一直在增加。关于其他变量，能源结构的能源价格弹性为负（−0.0141），能源价格的提高增加了能源使用成本，对于能源结构的优化具有促进作用，但是由于煤炭的基数大并且价格偏低，所以作用比较微弱。

式（5-2）的方程四描述了技术效应的决定方式。在能源效率的方程中，工业化水平的发展和能源结构（煤炭占比）对能源效率的作用为负（−0.2971、−1.4671），不利于能源效率的提高，我国正处于工业化的快速发展过程中，能源使用量作为投入因素也在逐渐增长，清洁能源占比仍旧较低，并且使用效率低下，造成大量的能源浪费和废弃物污染；引入人均 GDP 的一次项、二次项，系数分别为正（1.1040）、负（-0.0919），则人均 GDP 与能源效率之间存在倒 U 形关系，说明我国能源效率随着人均 GDP 水平的提高呈现先升后降的动态曲线关系。关于其他变量，能源效率的人力资本弹性为负（-0.1300），我们期望人力资本的系数大于 0，但是结果表明现阶段的人力资本对于能源效率提高并没有发挥作用；能源效率的能源价格弹性为正（0.1731），能源价格的提高会显著地促进能源效率的提高。

5.4　碳排放峰值模拟的结果与讨论

前面应用联立系统方程分析了我国碳排放与经济规模、能源效率、能源结构、产业结构的动态作用机制，对系统内变量的具体关系进行了定量分析。在此基础上利用联立方程组构建预测模型，对我国碳排放量的发展趋势进行预测。

5.4.1　系统内外生变量的预测

灰色预测理论是邓聚龙教授在 1982 年首次提出的（Deng，1989），主要通过对小样本已知信息的归纳总结得出序列的变化规律，并据此进行合理预测，改进的 GM（1, 1）预测方法舍弃老信息，加入新信息，大大提高了模型的模拟精度，但灰色预测法主要适用于时间短、波动较小的序列预测；马尔可夫链的预测是依据状态间的转移概率来计算序列的变化走向，对于那些波动性较大的序列作用显著，所以两个方法的组合预测更满足序列的预测需求（Mao and Sun，2011）。预测思路是：利用新陈代谢 GM（1, 1）求出一个初始预测值，之后结合马尔可夫预测方法确定转移概率矩阵，最终得出预测值的变动区间。具体来说，用一个原始时间数列 $X^{(0)}$ 建立 GM（1, 1）模型，在该数列的基础上建立一个方程一个变量的灰色新陈代谢预测模型。灰色马尔可夫模型建立步骤如下。

（1）建立新陈代谢 GM（1, 1）初始预测模型。求出初始预测值及实际数值与初始预测值的比值。

（2）确定转移状态区间。根据步骤（1）的比值情况，划分若干个状态区间。

（3）构造模型状态转移的概率矩阵。$M_{ij}^{(m)}$ 表示从状态 N_i 经 m 步到状态 N_j 样本的数目，M_i 为在状态 N_i 的样本的数目，所以转移概率为 $P_{ij} = M_{ij}^{(m)}/M_i$，其中 $i = 1, 2, \cdots, n$。则转移概率矩阵为

$$P^{(m)} = \begin{bmatrix} P_{11}^{(m)} & P_{12}^{(m)} & \cdots & P_{1n}^{(m)} \\ P_{21}^{(m)} & P_{22}^{(m)} & \cdots & P_{2n}^{(m)} \\ \vdots & \vdots & & \vdots \\ P_{n1}^{(m)} & P_{n2}^{(m)} & \cdots & P_{nn}^{(m)} \end{bmatrix}$$

（4）计算灰色新陈代谢马尔可夫模型预测值。由未来的比值预测状态可求出比值的变动区间，比值取区间的中值。

对于系统内的外生变量能源价格、人力资本与进出口总额占比，本章采用灰色 GM（1，1）新陈代谢马尔可夫法进行组合动态预测：第一步利用新陈代谢 GM（1，1）法计算 2016～2035 年的变量初步预测值 Y_k；第二步将 2000～2015 年样本期的变量实际值和新陈代谢马尔可夫模型得到的模拟值两者的比值进行聚类分析确定状态：$Q_i = [Q_{1i}, Q_{2i}]$，其中 $i = 1, 2, \cdots, n$，进而计算马尔可夫状态转移的概率，$P_{ij}^{(m)} = M_{ij}^{(m)}/M_i$，其中 $i = 1, 2, \cdots, n$，确定概率矩阵 $P^{(m)}$；第三步结合转移概率矩阵对变量的初步预测值进行再次调整预测，进而得到最终的变量预测值 $Z = Y \cdot [(Q_{1i} + Q_{2i})/2]$，三个外生变量的转移概率和预测结果如下：

$$P = \begin{bmatrix} 0 & 1 & 0 & 0 \\ \frac{2}{7} & \frac{4}{7} & \frac{1}{7} & 0 \\ 0 & \frac{1}{6} & \frac{2}{3} & \frac{1}{6} \\ 0 & 0 & 1 & 0 \end{bmatrix}, \quad POP = \begin{bmatrix} 0 & 1 & 0 & 0 \\ 0 & \frac{1}{2} & \frac{1}{2} & 0 \\ \frac{1}{7} & \frac{1}{7} & \frac{4}{7} & \frac{1}{7} \\ 0 & 0 & \frac{1}{5} & \frac{4}{5} \end{bmatrix}, \quad IE = \begin{bmatrix} \frac{1}{2} & 0 & \frac{1}{2} & 0 \\ \frac{1}{3} & \frac{1}{3} & \frac{1}{3} & 0 \\ \frac{1}{5} & \frac{1}{5} & \frac{2}{5} & \frac{1}{5} \\ 0 & \frac{1}{5} & 0 & \frac{4}{5} \end{bmatrix}$$

对于外生变量城镇化水平 CITY 和工业化水平 IND，利用灰色 GM（1，1）新陈代谢马尔可夫法进行组合动态预测时往往偏高或偏低，不符合中国的经济"新常态"，采用 Niu 等（2016）的做法，在数据现有增长率的前提下在一定程度上调整数据的增长率，公式如下：

$$X_t = X_0 \cdot (1 + r_0 - r_1 \cdot t)^t \tag{5-3}$$

式中，X_0 为数据的初始值；X_t 为数据的预测值；r_0、r_1 分别为初始值的增长率和变化率；变量城镇化水平 r_0、r_1 为 0.022、0.0005，工业化水平 r_0、r_1 为 0.03、0.0005。

5.4.2 经济产出与人均 GDP 的预测

经济的迅速发展伴随着严重的环境污染，我国二氧化碳排放量的减少与控制已成为人们广泛关注的焦点。2010 年之前 GDP 增速很高，但是中国已经在逐渐调整经济发展方式，2010 年以后的 GDP 增速在逐渐下降，目的是响应经济新常态的号召,从高速增长转为中高速增长,2017 年召开的中国共产党第十九次全国代表大会指出,我国经济已由高速增长阶段转向高质量发展阶段,并且没有提出定量的经济增长指标,强调推动经济发展质量变革、效率变革、动力变革。2016 年GDP 的增长速度为 6.7%,人均 GDP 的增长速度为 6.1%,在此基础上本章以 1980~2015 年的时间序列数据来对后面年份的经济产出与人均 GDP 进行预测,分四种情况对 GDP 和人均 GDP 的增速进行假定,具体分析不同经济发展方式下的碳排放发展趋势。第一种情况下 2017~2035 年 GDP 和人均 GDP 的增长速度保持不变,同 2016 年一样为 6.7%、6.1%;第二种情况在第一种情况的基础上进行调整,以此类推,具体四种情况的设定如表 5-3、表 5-4 所示。

表 5-3 经济规模的发展设定

GDP	2016 年	2017~2020 年	2021~2025 年	2026~2030 年	2031~2035 年
第一种情况	0.067	0.067	0.067	0.067	0.067
第二种情况	0.067	0.067	0.065	0.065	0.06
第三种情况	0.067	0.065	0.06	0.06	0.055
第四种情况	0.067	0.065	0.055	0.055	0.045

表 5-4 人均 GDP 的发展设定

PGDP	2016 年	2017~2020 年	2021~2025 年	2026~2030 年	2031~2035 年
第一种情况	0.061	0.061	0.061	0.061	0.061
第二种情况	0.061	0.061	0.059	0.059	0.057
第三种情况	0.061	0.059	0.057	0.057	0.053
第四种情况	0.061	0.059	0.053	0.053	0.043

5.4.3 碳峰模拟的结果和讨论

根据经济发展方式的四种情况设定,在外生变量已知的前提下对我国碳排放的发展趋势进行预测,模拟结果表明经济产出与人均收入在第四种情况下,碳排放在 2030 年达到峰值,但是在其他三种情况下,碳排放尚未达到峰值。

第一、二、三种情况下,2030 年碳排放量分别为 1.24×10^{10}t、1.21×10^{10}t、1.18×10^{10}t,我国碳排放尚未达到峰值,碳排放仍呈缓慢增长趋势。但是在第四种情况下,全国以 1.12×10^{10}t 的碳排放量在 2030 年达到峰值,之后碳排放量缓慢下降,并且在 2030 年 GDP 以 5.5% 的增长速度、PGDP 以 5.3% 的增长速度下,我国的能源结构即煤炭使用量占比为 41.6%，产业结构即第二产业所占比例为 35.1%。

从 2016～2035 年的预测期来看，2020 年之前碳排放的增长速度更快，近似呈线性增长，2016～2020 年碳排放年均增长率为 2%，2020 年到达峰值期间碳排放的增长逐渐趋缓，2016～2030 年碳排放年均增长率为 0.09%。根据经济产出计算相应年份的碳强度，2020 年的碳强度为 1.8215，比 2005 年下降了 47%，比 2015 年下降了 23%；2030 年的碳强度为 1.1999，比 2005 年下降了 65%，比 2015 年下降了 49%，这也进一步验证了中国可以实现到 2030 年实现碳达峰和到 2060 年实现碳中和的目标。比较碳强度的年下降率和经济规模的年增长率，结果是 CO_2 强度的年下降率＞GDP 的年增长率，这与何建坤的达峰条件研究结论一致（He，2014）。

减少和控制碳排放的举措降低了能源使用量并在一定程度上抑制了经济增长，我们讨论在何种均衡情况下碳排放达到峰值，模拟碳排放的发展趋势。四种情况的模拟，只有第四种情况碳排放在 2030 年达峰。经济-能源-环境是一个由多因素相互影响的复杂系统，经济增长伴随着碳排放的增加，但另一方面提高能源利用效率和优化能源结构会降低碳排放，在产业演变的过程中第二产业呈下降趋势，高污染、高排放行业在逐渐减少，产业结构发生调整，进一步导致碳排放的减少。换句话说，碳排放的增加或减少取决于相关驱动因素的共同博弈。前三种情况下碳排放一直在增加，这就意味着经济增长引起的能源消费碳排放增加并没有完全被产业结构和能源结构的变化及能源效率的提升所抵消，为了使碳排放达峰，有两种解决办法：一是保持现有的经济增长率，在节能减排中执行更严格的减排措施，在产业演变的过程中淘汰落后产业，推动高新技术产业的发展，即实现高质量的经济发展，提高低碳标准进而减少更多的碳排放，或者对二氧化碳进行捕获或储存，如利用生态系统对 CO_2 的吸收能力进行植树造林，通过海洋吸收和储存 CO_2，也可利用化学和生物技术对 CO_2 进行回收和再利用；二是通过调整经济的发展速度抑制碳排放的增加，减少碳排放的增加量，这其实就是第四种情况，情景模拟表明了这种路径的可行性。所以在规模效应、结构效应和技术效应的博弈中，规模效应占主要因素，经济规模又影响具体的经济增长方式，在确定的经济规模下可以依靠结构效应和技术效应的抑制作用减少碳排放，特别是技术效应具有很大的减排潜力。

5.5　本章小结

本章基于第 4 章的研究结论选取规模效应、结构效应和技术效应三方面分析碳排放的驱动机理和变化趋势，进一步建立碳排放的联立方程模型，规模效应增加碳排放，结构效应和技术效应抑制碳排放；碳排放的增加或减少取决于规模效应与技术效应、结构效应之间的博弈，利用联立方程预测模型进行排放峰值模拟分析，分为四种情况讨论，发现只有在第四种情况下，存在技术效应和结构效应对碳排放的抑制作用大于规模效应促进作用的可能性，在 2030 年 CO_2 排放量达到峰值水平 1.12×10^{10}t，相对应的能源结构占比为 41.6%、产业结构占比为 35.1%、能源利用效率为 2.5 万元/t，GDP 的增长速度为 5.5%。

第6章 雾霾驱动因素和治理绩效分析

6.1 时空异质视角下雾霾污染的影响因素测度

随着中国经济的快速发展和城市化进程的不断推进，能源消耗量不断增加，雾霾污染日益严重，成为环境科学领域热切关注的问题（Huang et al.，2014c；Zhao et al.，2006a）。2011 年 10 月，中国人开始关注到雾霾问题，$PM_{2.5}$ 成为年度热词。随后，雾霾问题一直引人关注。2013 年 1 月，亚洲开发银行和清华大学发布的《迈向环境可持续的未来——中华人民共和国国家环境分析》报告显示，世界上污染最严重的 10 个城市中有 7 个在中国，中国 500 个大型城市中，只有不到 1%的城市达到世界卫生组织空气质量标准。2016 年 12 月，北京、天津、石家庄、保定等多个城市启动空气重污染红色预警。针对雾霾等空气污染问题，我国政府相继发布了《重点区域大气污染防治"十二五"规划》《大气污染防治行动计划》《京津冀及周边地区落实大气污染防治行动计划实施细则》等空气质量防治行动指南。各级政府也相继出台地方性大气污染防治行动计划以治理雾霾天气。雾霾天气严重威胁人们的身体健康、经济发展、交通安全和气候变化等方面（Christoforou et al.，2000；Englert，2004）。目前针对雾霾污染影响因素的研究主要集中在经济增长、能源强度、对外贸易、交通运输等方面。在经济增长与空气污染的关系研究中，诸多学者发现经济增长是 $PM_{2.5}$ 排放的决定性因素，$PM_{2.5}$ 浓度与人均 GDP 呈倒 U 形关系，验证了经济发展与环境改善之间的 EKC 关系（Hao and Liu，2016；Keene and Deller，2015；Ma et al.，2016）；但有学者持不同态度，认为经济增长会加剧 $PM_{2.5}$ 排放且这种增加效应不能被技术进步等因素抵消（Guan et al.，2014；Lyu et al.，2016）。能源的使用和化石燃料的燃烧是造成大气污染的主要原因，我国的煤炭消费占全部能源消费的 70%，能源的使用对中国的大气质量影响深远。一些学者测度了能源结构、能源强度等指标与大气质量的关系，取得了较一致的结论，均认为以煤炭为主的能源结构是造成雾霾污染的主要因素之一，技术进步带来的能源强度优化能够有效缓解雾霾污染状况（Cheng et al.，2017；Xu and Lin，2016；Xu et al.，2016c）。其中 Xu 和 Lin（2016）认为 $PM_{2.5}$ 的排放与能源结构呈倒 U 形关系，和能源强度呈 U 形关系，又因经济规模和不同时期技术进步的速度的差异，在制定减霾措施时必须考虑动态差异。因此进一步分区域探讨了能源结构和能源强度对 $PM_{2.5}$ 排放的影响，认为由于煤炭消费总量和技术水平之间的地区差异，东部地区的能源结构对 $PM_{2.5}$ 排放的影响大于中西部，而中西部能源强度的改善比东部更能减少 $PM_{2.5}$ 的排放（Xu et al.，2016c）。利用 1992～2005 年布拉格的 SO_2、CO、NO、NO_2、O_3、PM_{10} 等主要污染物的浓度数据，Braniš 等（2008）对其长期趋势进行预测分析，发现交通运输业已经取代煤炭和石油等的燃烧成为大气污染的主要来源，空气质量问题更加严峻。目前针对交通运输业与 $PM_{2.5}$ 的关系研究主要采用机动车数量（Hao and Liu，2016）、私家车保有量（Xu and Lin，2016；Xu et al.，2016c）、交通密度（Cheng et al.，2017）等指标作为交通运输业的代理变量，从不同角度证明了 Braniš 等的研究成果，证实了交通运输业对雾霾污染的显著影响。国内外关于对外开放对雾霾污染的关系研究的成果主要集中于对外开放对环境的负外部效应，普遍认为外商直接投资可能不会在减轻空气污染上发挥显著效果（Cheng et al.，2017；Wang et al.，2014c）。

目前，鲜有人研究环境规制对雾霾污染的影响。早期研究主要集中在对环境规制取得的效果上，如 Schou（2002）认为环境规制是多余的环境保护措施；Davis（2008）研究了墨西哥市交通规制的成效，发现没有充分证据表明环境规制措施能有效改善空气质量。近些年的研究主要探讨环境规制企业的影响，并逐渐发现环境规制改善环境的成效。例如，对企业实行更严格的直接监管等环境规制有利于企业增加先进技术设备和创新产品投资，进而改善环境质量（Testa et al.，2011）。但也有研究表明，对企业征收污染税会减少企业投资（Saltari and Travaglini，2011）。因此环境规制对雾霾污染的作用机理仍需进行更深入的探讨。此外，现有的相关研究中鲜少涉及产业升级、建筑施工、废气治理水平和生态建设等因素对 $PM_{2.5}$ 的影响，因此，有必要拓宽对雾霾污染的驱动因素的研究范围，纳入更多因素进行更全面的讨论。

另外，由于雾霾污染具有明显的地区差异，众多学者也从不同方面证实了雾霾污染的时间和空间异质性（Austin et al.，2013；Merbitz et al.，2012；Lu et al.，2017；Wang et al.，2017a）及空间溢出效应（Timmermans et al.，2017；Poon et al.，2006）。因此，对于雾霾污染的驱动因素研究不能仅用传统计量方法，而必须考虑其空间特性。随着空间计量经济学的发展，国内外学者开始运用空间计量模型研究环境问题的空间特性。有学者通过构造经济权重矩阵区分经济活动对 $PM_{2.5}$ 的影响大小，进而构造空间自回归模型研究 $PM_{2.5}$ 影响因素的空间异质性（Ma et al.，2016）。又如，Jin 等（2017）采用一种复杂网络技术研究 $PM_{2.5}$ 的空间自相关关系并分区域探讨 $PM_{2.5}$ 的排放特征。目前利用空间计量方法研究雾霾的文章中多运用空间滞后模型、空间溢出模型（Hao and Liu，2016）、动态空间面板数据模型（Cheng et al.，2017），且大多是从空间角度探讨雾霾污染的地区差异或将时间维度和空间维度单独考虑进行独立研究。但雾霾污染在时间和空间维度上的关联密不可分，有必要在研究雾霾污染的驱动因素时同时考虑时间和空间维度。Huang 等（2010）提出的 GTWR 模型创造性地在地理加权回归（geographically weighted regression，GWR）模型的基础上纳入时间效应，从而为我们在时间和空间两个维度上对参数的异质性进行测度提供可能。Cheng 等（2016b）在去除时间滞后效应和空间溢出效应后，运用 GWR 模型和 GTWR 模型对中国的工业污染进行时空异质性测度，以便更好地理解工业污染的时空异质性，进而减轻工业污染、实现经济的可持续发展。

综上，一方面，引起雾霾污染的社会经济因素复杂多样，而目前的研究成果涉及的因素高度集中在经济增长、能源强度、交通运输、对外开放等常见因素上，很有必要拓宽研究范围，探讨更多可能影响 PM$_{2.5}$ 排放的驱动因素。另一方面，PM$_{2.5}$ 的分布存在空间非平稳性，因环境系统自净能力的限制，PM$_{2.5}$ 浓度存在很强的时间非平稳性。因此，在探讨雾霾污染及其影响因素时，有必要考虑 PM$_{2.5}$ 分布的空间差异及其影响因素的时空异质特性。现阶段针对 PM$_{2.5}$ 的相关研究，虽然部分学者已经开始从典型的计量分析转为空间计量分析，但鲜有学者独立考虑时间和空间两个维度的异质性。本章将运用 GTWR 模型，从经济、社会、技术水平、政策和生态等多个维度寻求雾霾污染的关键影响因素，分地区对各因素逐一讨论，根据各地区的实际情况提出针对性的治霾建议，缓解大气污染。现将本章特点总结如下。

（1）从经济、社会、技术水平、政策和生态等多个维度考虑更多雾霾污染的可能影响因素，如建筑施工、环境规制、产业升级、废气治理水平和生态建设等共 11 个因素，全方位探讨雾霾污染的影响因素。

（2）考虑各驱动因素在时间和空间两个维度上的异质性，构建时空权重矩阵以精准识别各影响因素随时空变化对 PM$_{2.5}$ 的作用大小，相比于单一的空间距离权重矩阵和时间权重矩阵，更贴近实际。

（3）创造性地将 GTWR 模型运用于雾霾污染的影响因素研究中，得到各影响因素在各时空点对 PM$_{2.5}$ 的作用效果及其在时间维度上的变动趋势，准确识别各因素对雾霾污染的作用机理，进而提出针对性的政策建议。

6.1.1　模型与数据

1. GTWR 模型

为充分研究不同因素对区域 PM$_{2.5}$ 的影响，本章选取了人均 GDP、能源强度、能源结构、能源价格、对外开放程度、产业升级、交通运输、建筑施工、环境规制、废气治理水平和生态建设等 11 个变量作为影响 PM$_{2.5}$ 的因素，构建基于 STIRPAT 模型（York et al.，2002）的区域 PM$_{2.5}$ 影响因素模型，为消除异方差的影响，等式两边进行对数化处理：

$$\ln \mathrm{PM}_{2.5} = \beta_1 \ln \mathrm{GDPPC} + \beta_2 \ln \mathrm{EF} + \beta_3 \ln \mathrm{ES} + \beta_4 \ln \mathrm{EP} + \beta_5 \ln \mathrm{OPEN} + \beta_6 \ln \mathrm{IU}$$
$$+ \beta_7 \ln \mathrm{ROAD} + \beta_8 \ln \mathrm{BCA} + \beta_9 \ln \mathrm{ER} + \beta_{10} \ln \mathrm{WTL} + \beta_{11} \ln \mathrm{EC} + \varepsilon$$

（6-1）

由于本章选取的 1998～2012 年 $\mathrm{PM}_{2.5}$ 年均浓度数据是具有时空特性的面板数据，必然会由于时空上的依赖性、变异性和复杂性等造成 $\mathrm{PM}_{2.5}$ 浓度的时空非平稳性。不同的影响因素在随地理位置变化和时间变化时对雾霾污染会展现不同的影响和变动趋势。因此有必要将时间和空间因素同时纳入回归模型中，有效解决空间数据的时空非平稳性问题，更准确地找出造成雾霾污染的根源。综上，本章选取 GTWR 模型来测度各影响因素对雾霾污染的作用。

GTWR 模型在 GWR 模型的基础上考虑时间因素的影响，能更有效地利用时空变系数的思想处理具有时空非平稳特性的区域面板数据。GWR 模型是一种典型的局部回归模型，即运用邻近区域的相关信息对局部回归的参数进行估计，最终实现研究区域内回归系数随空间位置的变化而变化。GWR 模型的表达形式如下（Fotheringham et al.，1998）：

$$y_i = \beta_0(u_i, v_i) + \sum_{k=1}^{P} \beta_k(u_i, v_i) x_{ik} + \varepsilon_i, \quad i = 1, 2, \cdots, n \qquad （6-2）$$

式中，(u_i, v_i) 为第 i 个样本点的地理坐标（如经度、纬度）；$\beta_0(u_i, v_i)$ 为截距项；$\beta_k(u_i, v_i)$ 为第 i 个样本点的第 k 个回归系数。地理学第一定律认为，空间距离相近的事物比相距较远的事物有更强的相关性。不同于全局回归模型中的固定系数，GWR 模型允许回归系数随空间位置的变化而变化，因此就有机会捕捉到由空间位置变化对局部造成的不同影响。ε_i 是第 i 个空间样本点的随机误差，服从于数学期望为 0、方差为 δ^2 的正态分布，不同样本点 i 和 j 的随机误差相互独立，协方差为 0。

但 GWR 模型仅考虑到空间位置变化对回归系数的影响，当某些变量受时间因素的影响很大时，GWR 模型会造成较大的偏差，GTWR 模型则兼顾时间和空间结构上的异质性，其数学表达式如下：

$$y_i = \beta_0(u_i, v_i, t_i) + \sum_{k=1}^{P} \beta_k(u_i, v_i, t_i) x_{ik} + \varepsilon_i, \quad i = 1, 2, \cdots, n \qquad （6-3）$$

式中，(u_i, v_i, t_i) 为第 i 个样本点的时空坐标（时间单位为年、月、日等）；$\beta_k(u_i, v_i, t_i)$ 为第 i 个时空样本点的第 k 个自变量的回归系数，由第 i 个样本点的地理位置和时间决定；ε_i 是第 i 个时空样本点的随机误差，满足正态分布，数学期望为 0，方差为 δ^2，不同样本点 i 和 j 的随机误差相互独立，协方差为 0。

GTWR 模型基于估计点和其他观测点之间时空距离的权重矩阵来解释参数估计中的时空非平稳性，本质就是在 GWR 模型的空间权重的基础上考虑时间维度,构造含有时间因素的时空权重矩阵 $W(u_i, v_i, t_i) = \mathrm{diag}(\omega_{i1}, \omega_{i2}, \cdots, \omega_{in})$,其中,对角元素 ω_{ij} 为时空距离衰减函数,类比于 GWR 模型,我们假定在时空距离上较邻近的点要比在时空距离上相距较远的点对观测点 i 的回归系数的影响更大,有更大的时空权重矩阵。因此,对于估计点 i,每个观测点都有一个独一无二的时空权重矩阵。

在 GTWR 模型中,考虑到时间和空间因素,将时空距离 d^{ST} 定义为时间距离 d^{T} 和空间距离 d^{S} 的线性组合(Huang et al.,2010):

$$(d_{ij}^{\mathrm{ST}})^2 = \lambda(d_{ij}^{\mathrm{S}})^2 + \mu(d_{ij}^{\mathrm{T}})^2 = \lambda[(u_i - u_j)^2 + (v_i - v_j)^2] + \mu(t_i - t_j)^2 \quad (6\text{-}4)$$

式中,λ、μ 分别为空间因子和距离因子,用来衡量不同的空间和时间距离尺度。通过该距离函数构造时空权重矩阵 $W^{\mathrm{ST}} = W^{\mathrm{S}} \times W^{\mathrm{T}}$,即时空权重矩阵 W^{ST} 为空间权重矩阵 W^{S} 和时间权重矩阵 W^{T} 的乘积。

通常计算空间权重的核函数有高斯距离衰减函数和指数距离衰减函数(Fotheringham et al.,2002;Lesage,2004)。本章选择高斯距离衰减函数进行时间、空间权重的计算,其数学表达式如下:

$$\omega_{ij} = \exp\left(-\frac{(d_{ij}^{\mathrm{ST}})^2}{(h^{\mathrm{ST}})^2}\right) = \exp\left\{-\left(\frac{[(u_i - u_j)^2 + (v_i - v_j)^2]}{(h^{\mathrm{S}})^2} + \frac{(t_i - t_j)^2}{(h^{\mathrm{T}})^2}\right)\right\} \quad (6\text{-}5)$$

计算出 GTWR 模型的参数估计值为

$$\hat{\beta}(u_i, v_i, t_i) = [X^{\mathrm{T}} W(u_i, v_i, t_i)^2 X]^{-1} X^{\mathrm{T}} W(u_i, v_i, t_i)^2 Y \quad (6\text{-}6)$$

一般来说,当观测点分布稀疏时,带宽较大;当观测点分布稠密时,带宽较小。核函数的带宽对地理加权回归的影响重大,带宽过大会在拟合时考虑对估计点影响很小的点,带宽过小则造成过度拟合。因此,在进行加权回归时,关键是选取合适的带宽以确保模型回归的准确性。目前,最常用的带宽选择方法有交叉验证法(cross validation,CV)和 AIC。本章选择交叉验证法作为选择最优带宽的标准:

$$\mathrm{CVRSS}(h) = \sum_i [y_i - \hat{y} \neq i(h)]^2 \quad (6\text{-}7)$$

式中,y_i 为预测值;$\hat{y} \neq i(h)$ 为带宽 h 的函数,使它们的误差平方和最小以求出最优带宽。

2. 变量和数据

本章选取的影响因素变量及说明如下。

(1)经济增长(GDPPC):经济发展与环境质量息息相关,粗放式的经济发展模式必然加重环境污染,而绿色低碳的可持续经济发展模式有利于环境改善。

本章以人均 GDP（Hao and Liu，2016；Keene and Deller，2015；Ma et al.，2016）作为各省区市经济增长的度量指标，以此消除各省区市因人口规模不同造成的 GDP 差异。

（2）能源强度（EF）：用单位 GDP 产出所消耗的能源表示能源强度（Xu et al.，2016c）指标，该变量在一定程度上反映节能减排技术的成效，值越小，说明相同的产出水平所消耗的能源越少、技术越先进、能源利用效率越高。

（3）能源结构（ES）：由雾霾排放因子可知（Yang et al.，2017），煤炭燃烧产生的雾霾组成物质明显高于其他类能源，所以本章选取煤炭消费占总能源消费的比重作为能源结构的代理变量（Cheng et al.，2017；Xu and Lin，2016；Xu et al.，2016c）。

（4）能源价格（EP）：自 20 世纪 90 年代以来，中国就对能源市场及能源价格不断进行市场化改革，能源消费主导的煤炭价格已经和市场接轨。本章选取燃料、动力类购进价格指数度量能源价格，价格指数按 2000 年为 100 折算。

（5）对外开放（OPEN）：对外开放对环境的影响要分情况讨论。一方面由于外商将污染程度高的加工制造业转移至东道国而加重东道国的环境污染；另一方面，由于外商直接投资会引进先进、高效的清洁生产技术进而有利于东道国改善环境。本章用外商直接投资和 GDP 的比值表示对外开放程度（Cheng et al.，2017；Xu and Lin，2016；Xu et al.，2016d；Braniš，2008；Wang et al.，2014d）。

（6）产业升级（IU）：用第三产业产值占第二产业产值的比重度量。由于第二、三产业的构成不同，以服务业为主的第三产业相较于第二产业，对环境造成的污染较少。其值越小，说明该地区的经济发展越依赖于第三产业，地区产值一定时，造成的雾霾污染越小。

（7）交通运输（ROAD）：汽车尾气中含有的大量 CO、SO_2、氢氧化物、氮氧化物和固体尘埃颗粒等物质是形成 $PM_{2.5}$ 的罪魁祸首（Huang et al.，2014b；Xu et al.，2016d），严重降低各地区的空气质量。用单位行政区面积的公路里程表示交通运输行业的繁忙程度，能够解释空间密度范围内的汽车尾气排放对雾霾污染的影响。

（8）建筑施工面积（BCA）：我国的建筑施工面积随着城镇化的推进不断增加，由其造成的土壤尘、钢铁尘、建筑水泥尘等扬尘在我国城市大气颗粒物中所占比例高达 50%（Zhao et al.，2006b），因露天施工、物料运输等建筑施工活动特点、土壤扬尘的易扩散性和绿色建筑理念滞后等因素影响，城镇建筑施工活动已经成为影响雾霾污染的重要因素之一。本章用建筑施工面积占行政区划面积的比重来度量建筑施工活动对雾霾污染的影响。

（9）环境规制（ER）：污染治理有利于改善环境质量，降低雾霾发生概率。20 世纪 80 年代起，国家开始对直接向环境排污的单位和个体工商户按规定征收排污费，以加强环境保护和治理。本章选取排污费作为度量环境规制的代理变量（Testa et al.，2011）。

（10）废气治理水平（WTL）：各种先进的清洁技术在各行业尤其是工业领域的应用能显著提高生产效率并降低环境污染，减少 SO_2 等污染气体的排放。本章用工业废气治理设施数度量企业清洁技术水平。

（11）生态建设（EC）：城市绿化能够有效阻挡、吸附和降解大气中的颗粒污染物，进而达到净化空气、抵御雾霾的作用。本章利用城市绿化覆盖面积与城区面积的比值来代表该地区的生态建设水平（Lu et al.，2017）。

本章研究样本为省级面板数据，覆盖我国 29 个省区市（因数据不完备，不包含西藏、宁夏、香港、澳门和台湾）。使用美国国家航空航天局下设于哥伦比亚大学的社会经济数据和应用中心（Socioeconomic Data and Applications Center，SEDAC）监测的全球 $PM_{2.5}$ 浓度的卫星影像栅格数据，利用 ArcGIS 10.2 软件提取我国各省份的 $PM_{2.5}$ 浓度的三年移动平均数据，并作为中间年份的 $PM_{2.5}$ 浓度年份数据，最终得到 1999～2011 年中国各省域年均 $PM_{2.5}$ 浓度数据。

其他数据分别来自《中国统计年鉴》、《中国工业统计年鉴》、《中国环境统计年鉴》和《中国城市统计年鉴》。书中涉及价值形态的数据，均折算成 2000 年为基期的不变价格，以剔除价格因素的影响。变量描述统计见表 6-1。

表 6-1　变量描述统计

变量	均值	标准差	最小值	最大值
	被解释变量			
$PM_{2.5}$/(μg/m³)	39.18	19.19	8.66	85.45
	解释变量			
GDPPC/元	14 977.95	10 681.96	2 507.82	55 934.04
EF/(tce/万元)	1.74	0.79	0.69	4.75
ES/%	67.59	22.94	24.15	151.43
EP	151.84	52.76	73.99	441.99
OPEN/%	0.028	0.023	0.000 7	0.114
IU/%	0.89	0.38	0.49	3.29
ROAD/(10⁴km/km²)	0.58	0.42	0.02	1.91
BCA/%	0.21	0.49	0.000 5	3.92
ER/万元	40 950.23	40 787.26	771.22	276 863.7
WTL/台	5 419.91	3 521.87	328	21 702
EC/%	9.21	8.51	0.80	59.26

3. 研究框架

随着中国经济和城镇化的快速发展，雾霾污染问题日益严峻，如何有效识别多种社会经济因素对雾霾污染的影响具有非常重要的现实意义。鉴于前人研究的空白，本章从社会、经济、技术水平、政策和生态多角度选取待研究变量，考虑各变量的时空异质性，全方位研究雾霾污染的影响因素。具体解释如下：首先在分析全国 $PM_{2.5}$ 的浓度分布时发现雾霾污染具有显著的时空异质特性，并通过全局和局部的空间相关性检验得以证实，进而构建时空地理权重矩阵，进行时空地理加权回归分析。Herfindhal 指数证实了各解释变量的时空异质，所以本章分地区探讨各因素对 $PM_{2.5}$ 浓度的作用机理，并提出相关的政策建议。

6.1.2　实证研究分析

1. 雾霾污染特征分析

通过 ArcGIS 10.2 软件利用克里金插值法处理提取出的 1999～2011 年 $PM_{2.5}$ 年均浓度的栅格数据，计算 13 年的 $PM_{2.5}$ 浓度的空间分布以便直观地看出随时空变化雾霾污染的时空格局演变。全国大部分地区都遭受不同程度的雾霾污染的影响。其中，华中地区的三个省（河南、湖北、湖南）的年均 $PM_{2.5}$ 浓度最高，雾霾污染最严重，主要原因是河南省的 $PM_{2.5}$ 浓度常年居于全国榜首，远高于其他省区市；华北地区的四个省市（北京、天津、河北、山西）都受到高雾霾污染的影响，华东、西北和西南地区紧随其后。西北地区的雾霾污染水平有明显的下降趋势，而华东和华南地区表现出上升趋势。河南、天津、山东、江苏、安徽、河北等是雾霾高污染聚集区，青海、黑龙江、内蒙古、海南和云南等常年处于低雾霾污染区域。综上，1999～2011 年间，西北地区的雾霾污染水平有明显的下降趋势，雾霾高聚集区域逐渐由中部向东部沿海地区扩散，长三角和京津冀两大经济区域的污染最为严重。

2. 空间相关性检验

1）空间自相关的全局性检验

空间相关性的统计检验通常采用 Moran's I 和 Geary's 指数进行测度，本章采用 Moran's I 指数检验区域 $PM_{2.5}$ 浓度是否存在空间相关性。表 6-2 为各省区市 $PM_{2.5}$ 浓度的全局相关性 Moran's I 指数检验结果。

表 6-2　1999～2011 年 Moran's I 指数[①]

年份	1999	2000	2001	2002	2003	2004	2005
Moran's I 指数	0.494*** (0)	0.515*** (0)	0.531*** (0)	0.549*** (0)	0.546*** (0)	0.534*** (0)	0.518*** (0)
年份	2006	2007	2008	2009	2010	2011	
Moran's I 指数	0.517*** (0)	0.532*** (0)	0.553*** (0)	0.542*** (0)	0.515*** (0)	0.494*** (0)	

***表示在 1%的显著性水平上显著

注：括号内为 Moran's I 指数检验的 P 值

由表 6-2 可知，1999～2011 年区域 $PM_{2.5}$ 年均浓度均在 1%的水平上显著，可理解为区域 $PM_{2.5}$ 年均浓度具有非常强的空间自相关性，因此，可以利用 GTWR 模型对影响雾霾的社会经济因素进行更深层次的测度。

2）空间自相关的局部性检验

对 1999～2011 年的区域 $PM_{2.5}$ 年均浓度的空间自相关的局部性进行检验，生成局部自相关指标（local indicators of spatial association，LISA）（Anselin，1995）集聚图。

雾霾污染的高-高集聚特征异常明显，即高雾霾污染水平地区被其他雾霾污染水平较高的区域包围。高-高集聚区域主要集中于河南、山东、河北等省份，并表现出向东北沿海方向扩张的趋势。低-低集聚区域主要分布在西藏和青海等西南地区。中、东部的大部分地区处于高雾霾污染水平，导致内蒙古等地表现出低-高集聚特性。

3. 各影响因素的异质性测度

本章利用基于高斯距离衰减函数的 GTWR 模型对造成雾霾污染的各影响因素进行测度，表 6-3 展示了 GTWR 模型的回归结果。

表 6-3　GTWR 模型的参数估计统计描述

变量	均值	标准差	最小值	最大值
截距项	5.077 091	3.203 706	−6.226 976	12.922 508
GDPPC	−0.356 896	0.277 842	−1.174 495	0.765 043
EF	0.069 869	0.244 297	−0.534 168	0.878 334
ES	0.369 533	0.280 443	−0.472 964	1.247 134
EP	0.200 046	0.301 415	−0.562 313	1.012 449
OPEN	0.012 615	0.055 648	−0.220 967	0.138 809
IU	−0.246 893	0.199 185	−0.610 844	0.624 355
ROAD	0.124 703	0.238 101	−0.451 811	0.603 888

① 本章的 Moran's I 指数和以往学者使用相同数据得出的计算结果可能存在差别的原因在于本章的 Moran's I 指数基于空间距离权重矩阵计算得出。

续表

变量	均值	标准差	最小值	最大值
BCA	0.299 186	0.100 152	−0.064 823	0.509 430
ER	0.015 452	0.151 382	−0.257 933	0.436 585
WTL	0.001 029	0.134 369	−0.382 239	0.406 395
EC	0.012 615	0.089 073	−0.251 677	0.192 842
R^2	0.951 048			
带宽	0.164 338			

注：R^2 为拟合优度

由表 6-3 可知，GTWR 模型的回归拟合优度较好，达到约 95.1%，这说明 GTWR 模型能够较好地解释各因素对 $PM_{2.5}$ 的影响。但某些变量的系数正负方向可能存在不合理问题，如环境规制、废气治理水平和生态建设等，猜测出现此现象的原因可能是变量存在时空异质性，同一因素对不同地区的雾霾污染情况的影响趋势不同。下面将针对回归得到的参数进行时空异质性分析。

由图 6-1 可知，同一影响因素在不同省区市对 $PM_{2.5}$ 的影响程度存在较大的差异性，图 6-2 说明同一因素随时间变化，对 $PM_{2.5}$ 呈现出不同的作用效果。从参数估计值的差异化程度可知，在不同的时空点，各因素对雾霾污染的作用存在正负差别。为了更直观地反映各因素的时空异质性，本章利用 Herfindhal 指数来刻画和分解时间和空间上的异质性。Herfindhal 指数计算公式为 $H_k = 1 - p^2 - q^2$，其中 p 为参数估计值大于 0 的比例，q 为参数估计值小于 0 的比例。Herfindhal 指数越大，说明异质性越大（Palan，2010）。由 Herfindhal 指数计算的时空异质性结果如图 6-3 和图 6-4 所示。

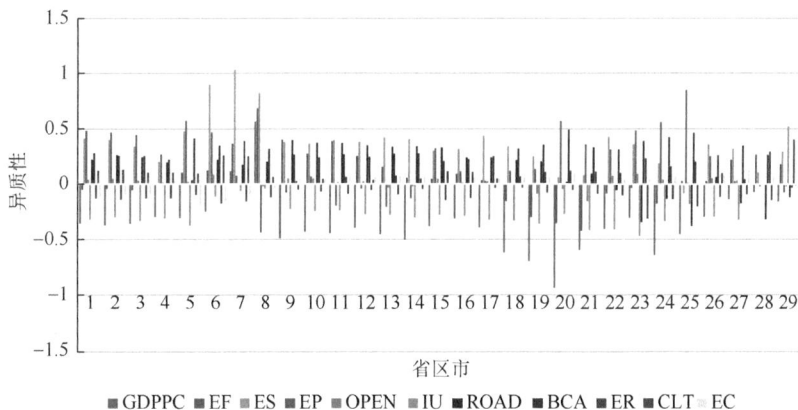

图 6-1　空间维度上各因素的异质性（见彩图）

1：北京；2：天津；3：河北；4：山西；5：内蒙古；6：辽宁；7：吉林；8：黑龙江；9：上海；10：江苏；
11：浙江；12：安徽；13：福建；14：江西；15：山东；16：河南；17：湖北；18：湖南；19：广东；20：广西；
21：海南；22：重庆；23：四川；24：贵州；25：云南；26：陕西；27：甘肃；28：青海；29：新疆

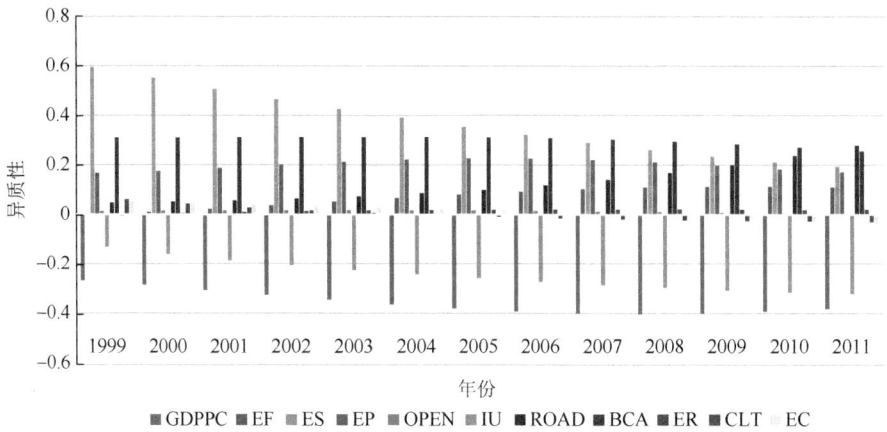

图 6-2　时间维度上各因素的异质性（见彩图）

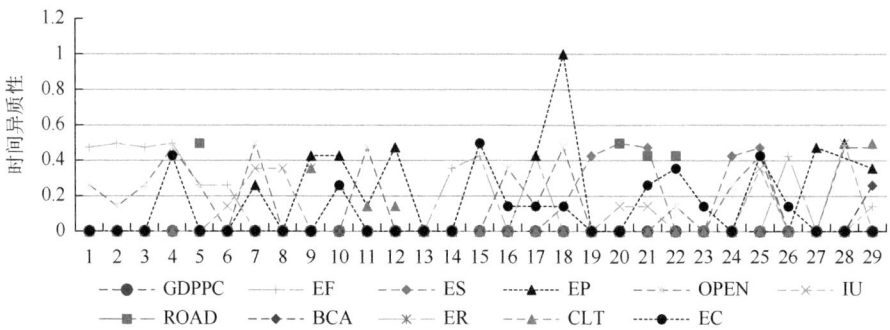

图 6-3　空间维度上各因素的时间异质性

1：北京；2：天津；3：河北；4：山西；5：内蒙古；6：辽宁；7：吉林；8：黑龙江；9：上海；10：江苏；
11：浙江；12：安徽；13：福建；14：江西；15：山东；16：河南；17：湖北；18：湖南；19：广东；20：广西；
21：海南；22：重庆；23：四川；24：贵州；25：云南；26：陕西；27：甘肃；28：青海；29：新疆

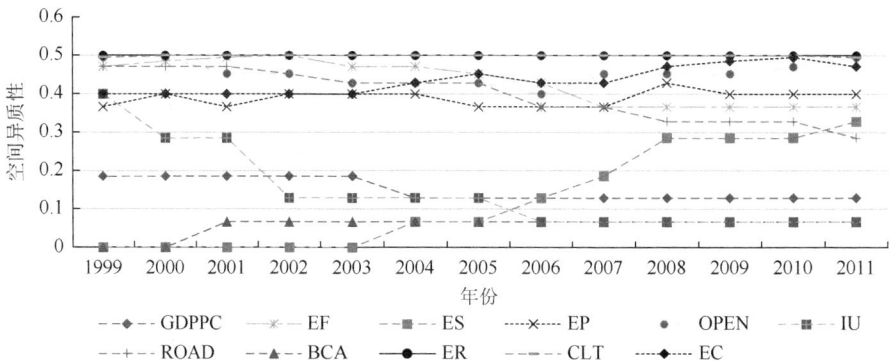

图 6-4　时间维度上各因素的空间异质性

由图 6-3、图 6-4 可以看出，$PM_{2.5}$ 的各影响因素在时间维度上保持相对稳定状态，在空间维度上存在明显差异。这说明 $PM_{2.5}$ 的各影响因素存在较大的时空异质性，若不考虑时空差异对 $PM_{2.5}$ 的作用，单从全国层面上探讨各因素对 $PM_{2.5}$ 的影响，可能会由于各因素在不同的时空点具有互补的正、负影响而产生较大偏差。基于上述原因，本章将全国分为东部、中部和西部探讨各因素对雾霾污染的作用。

4. 时空异质性下的回归结果分析

1）经济增长

1999～2011 年经济增长对雾霾污染的影响均呈明显的负向关系，对 $PM_{2.5}$ 的抑制作用显著，如图 6-5 所示。其中东部地区的经济增长对减霾的作用效果最明显，西部次之，而中部减霾效果稍逊色于东、西部。东部地区由于地理位置的优越性、对外开放的便利性和国家优惠政策的支持等原因，经济发展水平远高于中、西部地区，又因东部地区的经济主体逐渐由第二产业转变为第三产业，所以经济增长对 $PM_{2.5}$ 的抑制作用有增大趋势。西部大部分地区如云南、青海等的空气质量相对优于其他地区，提升空间有限，所以经济增长对雾霾污染的抑制作用小于东部。中部地区囿于自身经济发展水平和自然条件，一部分省份成为东部以制造业为主的产业转移的承接地，所以经济增长在抑制 $PM_{2.5}$ 上稍逊于东、西部地区。另外，东、中部的经济增长对 $PM_{2.5}$ 的影响呈倒 U 形，后期经济增长对 $PM_{2.5}$ 的抑制作用逐渐减小，即雾霾污染和经济增长的关系与 EKC 曲线假说一致，这一结果与 Hao 和 Liu（2016）、Ma 等（2016）、Cheng 等（2017）的研究结果一致。由于西部地区经济发展的滞后性，到样本观测期末，经济增长对 $PM_{2.5}$ 的抑制作用仍处于不断强化阶段。

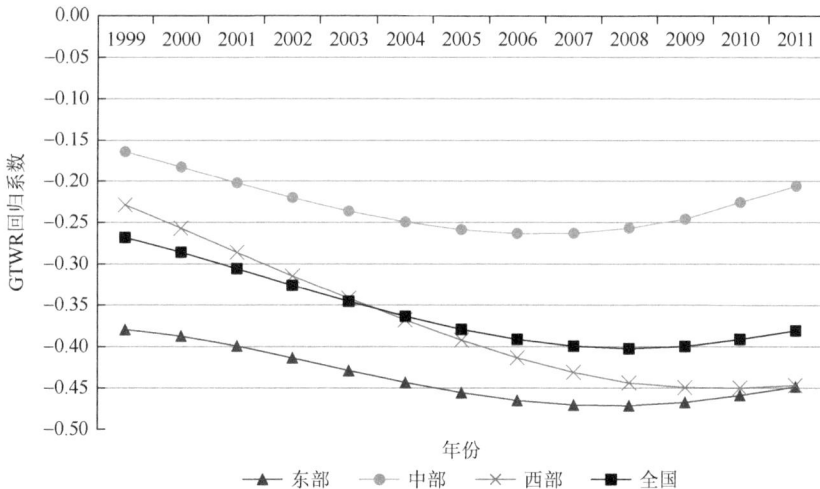

图 6-5 分区制下经济增长的 GTWR 回归系数

2）能源强度

样本期内各区域的能源强度总体呈下降趋势，在一定程度上起到减少能耗的作用。如图 6-6 所示，只有东部地区 1999～2001 年这三年的能源强度系数为负，而其他年份和地区，能源强度对 $PM_{2.5}$ 均为正向关系，即能源强度降低能减缓雾霾污染。可能是因为东部地区在 1999～2001 年偏向于产值规模的扩张，虽然节能减排的纯技术效率较高，但其规模效应过低，最终导致能源强度有小幅提升，未起到应有的减霾效果。中、东部的能源强度的正向作用有加深趋势，且中部地区的上升趋势远大于东部，这说明中部地区在技术进步方面取得的综合成效远大于东部。西部地区的能源强度对雾霾污染的正向作用明显低于中、东部和全国平均水平，且在 1999～2002 年有下降趋势。这说明西部地区的技术研发强度和节能减排技术的投资力度远低于中、东部，导致技术进步对能源强度的降低作用不大，在 2003 年以前并未认识到提高清洁技术水平对环境保护的重要性，仍依赖增加能源投入获得经济增长。

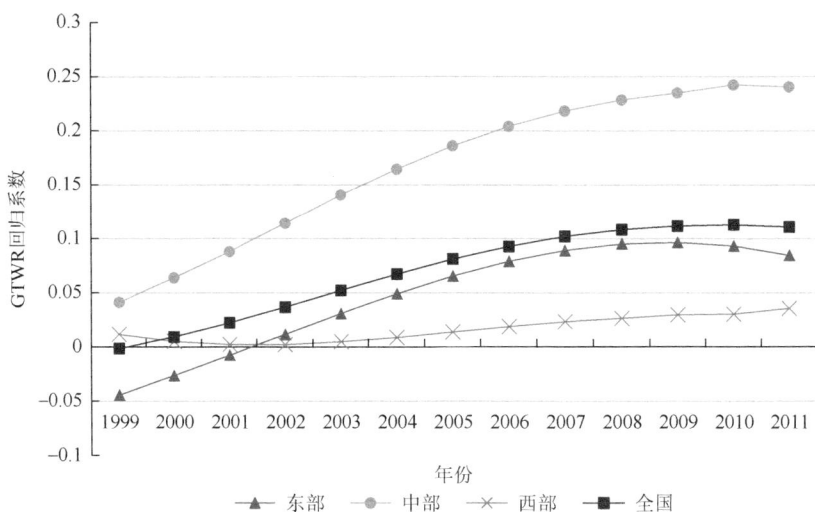

图 6-6　分区制下能源强度的 GTWR 回归系数

3）能源结构

煤炭燃烧是大气污染的最主要来源，其燃烧过程产生的烟尘排放占全国烟尘排放总量的 70%（中国能源发展战略与政策研究课题组，2004）。随着低碳经济的不断深化，煤炭消费占比在 1999～2011 年总体上呈小幅下降趋势，中部地区对煤炭消费的需求最大，西部次之，东部地区对煤炭的需求最小，且下降趋势明显。从图 6-7 可以明显看出，1999～2011 年能源结构对加剧雾霾污染的作用有显著下降趋势，但总体仍呈正向关系，即煤炭消费占比越高，对 $PM_{2.5}$ 的影响越大。因此，能源结构的优化对缓解中、东部地区的雾霾污染有较大成效，煤炭消费占比小幅下降就能对雾霾污染的减轻起到显著的效果。而西部地区由于自身产业结构和资源禀赋的特点，很难在能源结构的优化方面有大的调整，所以能源结构优化对减轻该地区雾霾污染的影响较小。总之，优化能源结构，减少煤炭消费占比，提高清洁、可再生能源的利用比例，有助于全国各地区缓解雾霾污染现状。

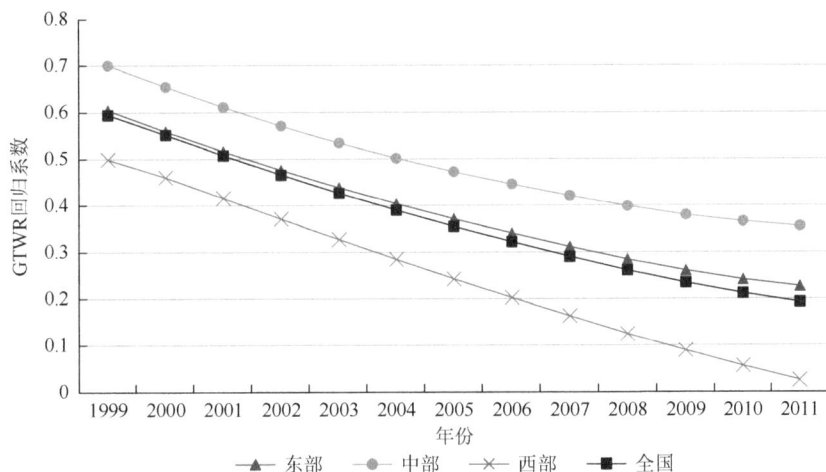

图 6-7　分区制下能源结构的 GTWR 回归系数

4）能源价格

能源价格对雾霾污染的作用表现复杂，在各区域差异较大。东部地区的能源价格对 $PM_{2.5}$ 总体上呈正向关系并有下降趋势，西部地区的能源价格在 1999～2011 年对 $PM_{2.5}$ 的影响呈先上升后下降的正向作用，这说明能源价格在对雾霾污染的调控上起到一定的效果，但由于能源价格的市场化程度较低，能源价格的定价仍处于较低水平，因此并未起到调节能源消费的作用，所以在样本期内能源价格增加表现出加剧雾霾污染的效果。中部地区的能源价格因素总体上表现出抑制雾霾污染加剧的作用，但 2008 年以前，能源价格提高而雾霾污染加重，2008 年以后，能源价格的提高能够起到减霾作用且减霾效果有增大趋势，这说明中部地区的能源价格在 2008 年以前受到能源价格反弹作用（罗会军等，2015）的影响，对能源消费没有起到调控作用，但随着能源价格改革进程的不断推进，能源价格的市场化程度加深，其对能源消费的调控作用首先在中部地区取得成效，如图 6-8 所示。

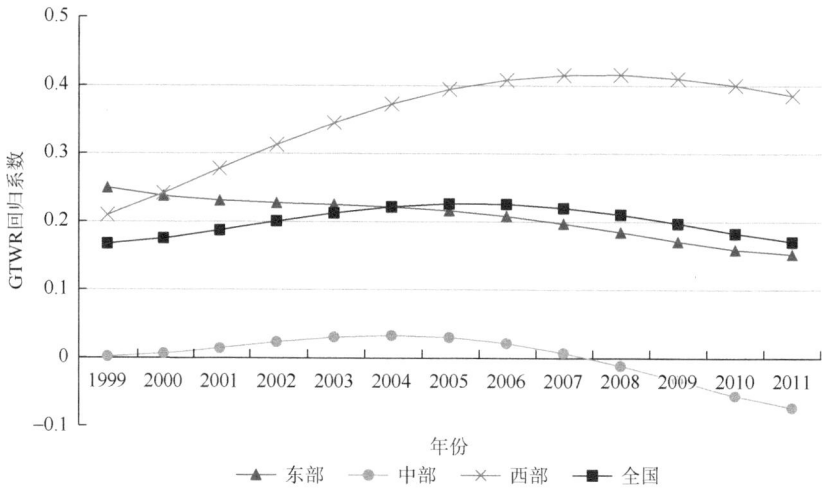

图 6-8　分区制下能源价格的 GTWR 回归系数

5）对外开放

从样本期的平均值来看，对外开放对东、中和西部地区都没有起到显著的减霾作用。一方面，对外开放能够为东道国带来更先进的生产技术和环境友好型管理方式，在一定程度上提高能源利用效率，减少环境污染（Keller and Levinson，2002）；另一方面，根据"污染天堂假说"，对外开放造成一些污染密集型企业从环境高标准地区转移至环境低标准地区，反而会对东道国的环境造成负担（Wang and Chen，2014；Liang，2009）。东部地区由于地理位置优越，对外开放程度较高，提升对外开放程度的空间有限，所以对外开放对东部地区 $PM_{2.5}$ 的影响不大。1999～2001 年，对外开放对中部地区的 $PM_{2.5}$ 呈负相关，2001 年后转变为正向作用且呈先上升后下降的趋势。原因在于中部地区在 2001 年以前处于对外开放初期，经济发展水平不高，通过对外开放手段能有效提高其能源技术进而对环境保护起到积极作用。2001 年后，由于中部地区的对外开放程度提高，单纯利用对外开放已不能有效提高其能源效率，反而使国外大批高污染企业陆续进驻中国，清洁技术的使用不能抵消高污染企业对环境带来的负面影响，导致中部地区的雾霾污染加剧。由系数曲线的变化趋势可以看出，对外开放对西部地区的 $PM_{2.5}$ 影响最大，从 2003 年开始，正向作用急剧下降，2010 年开始，对外开放在西部地区体现出减霾效果。原因在于西部地区的外商投资主要集中在高污染的第二产业，对地区环境造成负面影响。但近些年来西部地区在引进外商投资、提高对外开放程度的同时，加强环境保护意识，注重清洁生产技术的利用，对西部地区的减霾做出一定贡献，如图 6-9 所示。

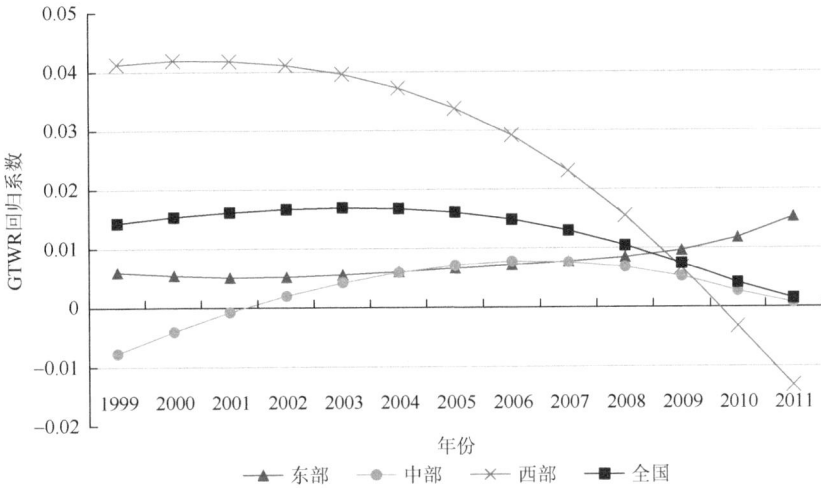

图 6-9　分区制下对外开放的 GTWR 回归系数

6）产业升级

随着我国产业结构调整和优化升级，总体上全国各地区第二产业比重下降，以服务业为主的第三产业比重日益提高，产业结构的优化升级对各地区雾霾污染的缓解起到积极作用。分区制下产业升级的 GTWR 回归系数如图 6-10 所示。根据对数据的初步分析，总体来看，第二产业对 GDP 的贡献率由 1999 年的 57.8%下降至 2011 年的 51.6%，第三产业的贡献率由 36.2%增长至 43.7%，其中东部地区的第三产业产值与第二产业产值的比率逐年增加，而中、西部的产业升级情况在 1999～2011 年保持平稳并略有下降趋势。东部地区的产业结构由于优化程度

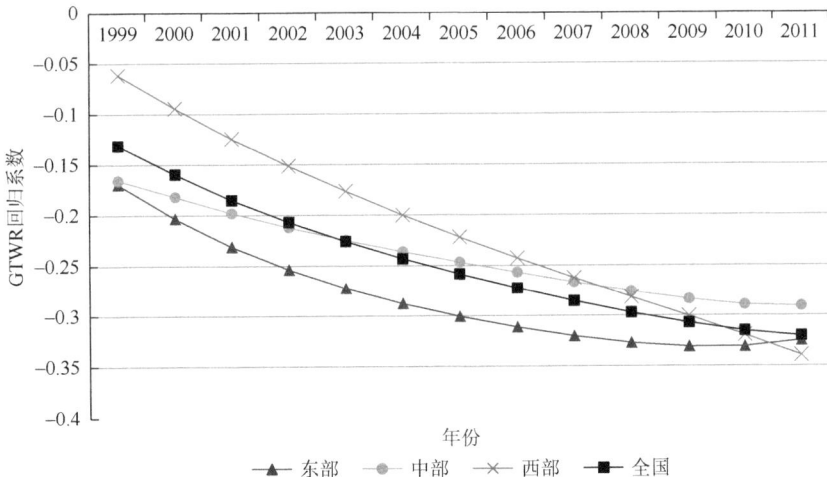

图 6-10　分区制下产业升级的 GTWR 回归系数

最高且优化升级步伐依然高歌猛进，对缓解地区雾霾污染的效果最好。改革开放政策使我国的制造业和由制造业带动起来的服务业在东部地区尤其是长三角、珠三角和京津地区形成产业集聚（Jin et al.，2006），使东部地区的产业结构优于中、西部地区。虽然我国政府相继推出中部崛起战略和西部大开发战略以推动区域协调发展，但由于中、西部成为东部沿海地区重工业产业转移的承接地，加上其他各方面因素，中、西部的产业结构并没有取得实质性改变，产业升级落后于东部地区。

7）交通运输

20 世纪 90 年代以前，我国的大气污染主要来源于工业废气，而 20 世纪 90 年代后期，许多城市的大气污染的主要来源转变为机动车的尾气排放，由煤烟型大气污染转变为尾气型污染（Fu et al.，2001）。改革开放以来，我国的交通运输业得到迅猛发展，公路运输成为主要的运输方式。如图 6-11 所示，由于东部地区的经济发展水平远高于中、西部地区，东部地区的交通运输业的繁忙程度更高，单位空间密度内机动车尾气排放量更大，对该区域的雾霾污染表现出更大的负向作用。因地理位置及经济发展水平的局限，交通运输业在西部地区并未表现出加剧雾霾污染的效应。原因在于样本期内西部地区的交通运输业不发达，处于缓慢增长阶段，但由于其他原因，西部地区的 $PM_{2.5}$ 有所减缓，所以交通运输业在西部地区呈现出对 $PM_{2.5}$ 的负相关性。由回归系数的变化趋势可以看出，随着西部地区交通运输业的发展，未来西部地区的交通运输业将加剧该地区的雾霾污染。随着各地区的汽车保有量增加、公路交通运输在交通运输业的比重增大，机动车的尾气排放对区域雾霾污染的负面作用将快速增加，各地区应加强对交通运输业的环境管控。

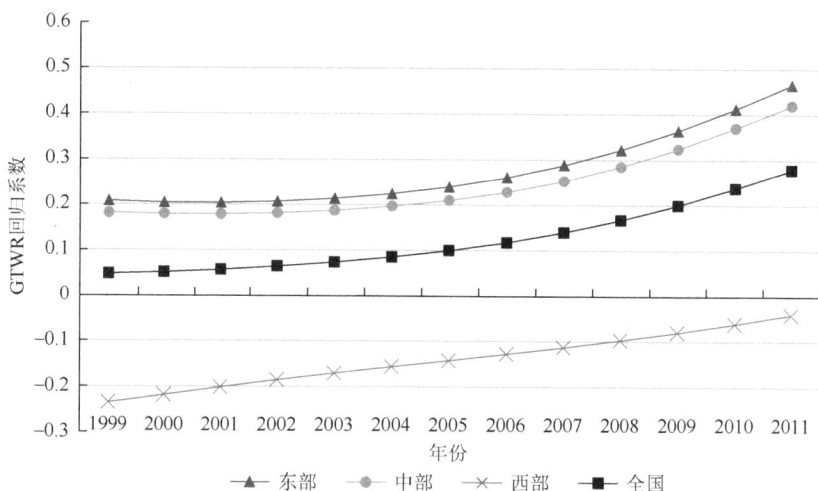

图 6-11　分区制下交通运输的 GTWR 回归系数

8）建筑施工面积

建筑业是典型的高能耗产业，在有效降低全球经济对环境的影响方面有显著的潜力（Ruuska and Häkkinen，2014），可能会影响 42%的最终能源消费和 35%的温室气体排放。建筑活动对环境的直接影响包括大量使用不可再生能源和矿产资源（Patrizia et al.，2018），由它引起的扬尘对大气环境影响最大。目前，建筑材料中仅水泥粉尘的年排放量高达 1.2×10^7 t，从 2012 年起，深圳、南京、北京等城市开始向建筑工地征收扬尘排污费。可见，建筑施工活动引起的空气质量下降问题已经引起民众的高度重视。如图 6-12 所示，1999～2007 年，由于经济发展和城镇化水平的快速推进，建筑施工活动对 $PM_{2.5}$ 的正向作用一直处于较高水平。2008～2009 年由于房地产业受到金融危机影响，从 2010 年起我国政府相继出台一系列政策调控房地产市场以防止其过热对国民经济生活造成影响，建筑业的增速开始减缓，所以建筑施工活动对空气的污染程度开始小幅下降。但是，因我国房地产业在早期的快速发展产生的存量仍有很多，建筑施工活动对雾霾的影响仍不容小觑。

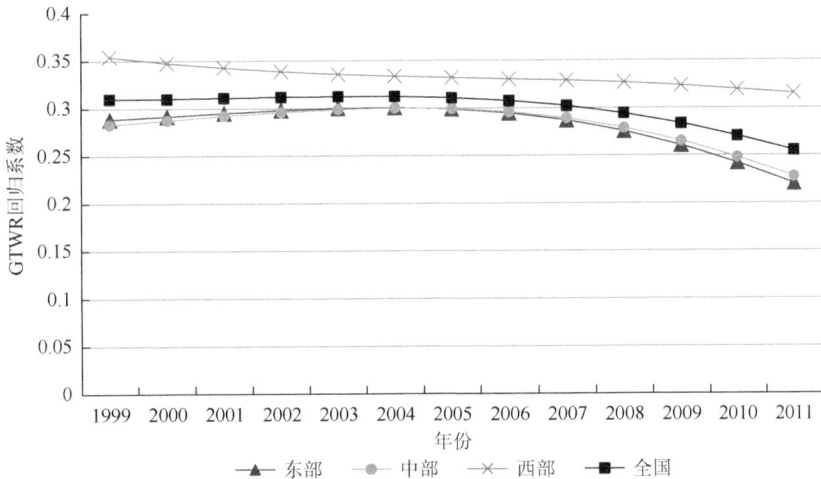

图 6-12　分区制下建筑施工的 GTWR 回归系数

9）环境规制

我国生态环境部和国家统计局联合发布的 2009 年《中国环境经济核算研究报告》显示，基于环境退化成本的环境污染代价从 2004 年的 5118.2 亿元提高到2009 年的 9701.1 亿元，在一定程度上表明我国政府在环境规制方面的失误。有研究表明，环境规制对雾霾污染的作用存在两种机制。一方面，通过市场激励和命令控制型的环境规制直接作用于雾霾污染治理以起到减霾作用；另一方面，环境规制通过促进产业结构优化、能源结构调整和技术进步间接作用于雾霾污染治理，这种间接作用可能存在区域差异（刘晨跃和徐盈之，2017）。如图 6-13 所示，环境规制对 $PM_{2.5}$ 的影响在地区间差异较大。对东部和中部地区，环境规制对缓解 $PM_{2.5}$ 起到积极的正向作用，且中部地区环境规制的减霾效果优于东部地区；而在西部地区，环境规制未表现出减霾的积极作用。我国地区间经济发展差异较大，根据描述性统计结果，从环境规制的力度看，东部地区的均值分别是中、西部的 1.3 倍和 2.3 倍，对污染的治理力度处于全国之首。但东部地区由于经济发展带来工业集聚的规模效应，虽然环境规制能够起到一定的减霾作用，但短时间内很难取得较好的治理效果，因此环境规制的减霾效果略差于中部地区。西部地区由于自身资源禀赋特点，近一半的产业均为高污染、高能耗的重化工企业，对环境造成巨大的负担；又因为西部地区的环境规制力度不强，对西部地区的雾霾治理起到反向作用。

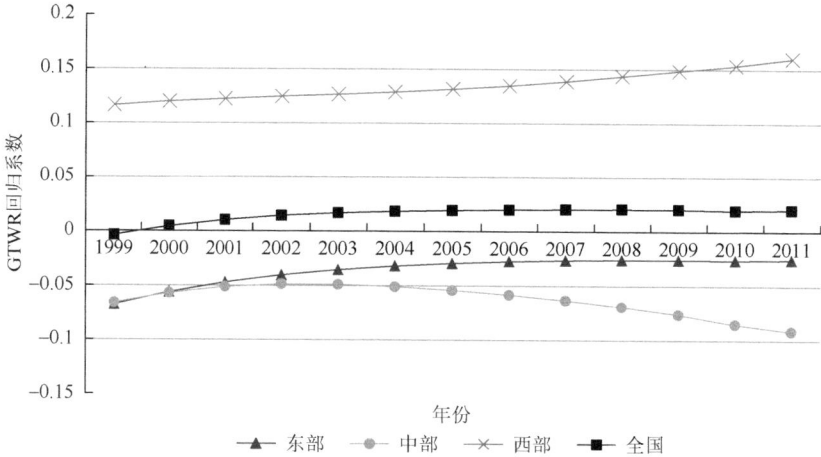

图 6-13　分区制下环境规制的 GTWR 回归系数

10）废气治理水平

从总量上看，东部地区的废气治理设备最多，中部次之，西部最少；1999～2005 年，各地区的废气治理设备数基本保持稳定，2005 年起迅速增加，东部增速最快，2005～2006 年增幅 11%，西部次之。如图 6-14 所示，样本期内，只有西部地区的废气治理工作取得显著的减霾效果，东、中部地区的废气治理效果不佳，中部效果最差。这一有悖于常理的回归结果可能的原因是，东、中部地区工业废气治理过低的规模效率拉低了其技术效率（Wang et al.，2010），导致东、中部地区的废气治理对减霾无效。设备数仅能代表废气治理的纯技术水平，由于东、中部地区地理位置的优势，率先进行改革开放，东、中部重工业企业相较于西部拥有更先进的废气治理技术和管理方式，因此东、中部地区在废气治理的纯技术水平上优于西部地区。自 2000 年起国家在注重环境保护工作的同时开始实施西部大开发战略，西部地区的能源效率飞速提高（师博和沈坤荣，2008），西部地区工业废气治理水平的增速高于东、中部地区。另外，由于东、中部地区废气治理的投资过度深化偏离了它们的资源禀赋，从而拉低了其废气治理的规模效率（Wang et al.，2010）。但从图 6-14 中线条的走势看，各地区的废气治理对缓解雾霾污染均表现出向好趋势，未来随着废气治理技术的提高，废气治理水平对减霾将表现出更积极的作用。

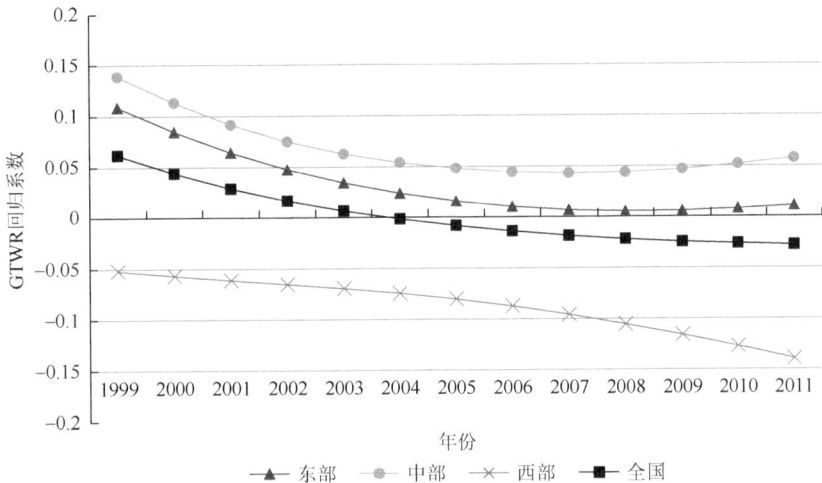

图 6-14　分区制下废气治理水平的 GTWR 回归系数

11）生态建设

城市绿化能够有效阻挡、吸附和降解大气中的颗粒污染物，达到净化空气、抵御雾霾等作用，有助于维护城市生态平衡、改善生活环境（Jim and Chen，2009）。城市绿化覆盖率受城市人口、经济城市面积等城镇化因素的影响要高于气温和年均降水等自然因素的影响，由于各区域的城镇化和经济发展水平的差异，我国城市绿化覆盖的空间分布呈现从东到西阶梯式的降序分布。样本期内城市绿化覆盖面积增长迅速，2006 年中、东部地区绿化覆盖率的增速达到峰值（分别为 75.4% 和 58.1%），此后有所减缓。相较于中、东部地区，西部地区绿化覆盖率在 2000~2004 年获得高速发展，2004 年后一直以较小的增速稳步发展，但始终落后于东、中部地区。如图 6-15 所示，东部地区的生态建设减霾效果最佳，而中部和西部地区均低于全国平均水平，且西部的减霾效果最差。样本早期，各区域的生态建设对区域减霾未发挥积极的环境效益。因为在样本早期，大多数城市的绿地布局分散、可达性较低，城市生态系统结构简单，抗干扰能力低（吴人韦，2000），且疏于维护，导致城市的绿地建设未发挥出减霾作用。随着全国生态建设的快速发展，东、中部地区先后从 2005 年和 2009 年起，生态建设开始显现出对减霾的积极作用。西部地区由于生态建设落后于东、中部地区，对 PM$_{2.5}$ 的缓解表现出滞后性，样本期末才开始显现。但从对应线条的快速下降趋势可知，未来地区生态建设将在很大程度上影响到该地区的雾霾污染的治理效果。

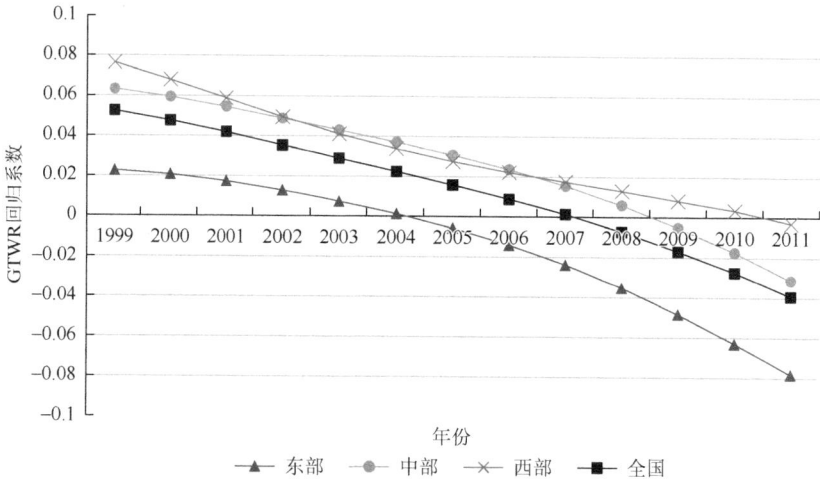

图 6-15 分区制下生态建设的 GTWR 回归系数

6.2 雾霾治理的环境规制效率测度及驱动机制的时空演变分析

近年来，随着经济的快速发展，能源消耗增加带来的环境问题受到广泛关注，雾霾污染成为环境科学领域热切关注的问题（Huang et al.，2014b；Zhao et al.，2006a）。据美国耶鲁大学环境法律与政策中心、哥伦比亚大学国际地球科学信息网络中心（Columbia University Center for International Earth Science Information Network，CIESIN）及世界经济论坛（World Economic Forum，WEF）联合发布的《2018 年全球环境绩效指数（EPI）报告》显示，中国在全球 180 个国家和地区中仅排名第 136 位（2007 年）、第 109 位（2016 年）和第 120 位（2018 年）。从历年 EPI 排名来看，我国的环境绩效排名始终处于较为靠后的位置，在一定程度上显示出我国政府对环境问题的疏忽。

随着可持续发展战略的实施，中央政府加强了环境保护和污染治理工作，建立了较为完善的环境治理体系（Mol and Carter，2006）。针对雾霾等大气污染问题，我国政府相继发布了《大气污染防治行动计划》《京津冀及周边地区落实大气污染防治行动计划实施细则》《"十三五"节能减排综合工作方案》等环境规制措施。各级政府也相继出台了地方性大气污染防治行动计划以治理雾霾天气。中国的节能环保财政支出也在逐年增加，环保行业的财政支出占 GDP 的比重快速提升，全国每年的环保财政支出达数千亿元。2017 年环保行业公共财政支出 5672 亿元，同比增速高达 20%，各地加强环境规制已成为必然趋势。虽然 SO_2、氮氧化物的减排效果明显，但 $PM_{2.5}$、烟（粉）尘等的治理效果却稍逊色。

环境规制效率评价（evaluation of environmental regulation efficiency，E-ERE）是指政府在实施环境保护的公共管理服务职能时所获得的环境规制收益与所投入的环境规制成本之间的比率关系（Wang and Chen，2016）。目前，大多数学者在研究环境规制方面，主要研究了环境规制政策与污染避风港假说（Zheng and Shi，2017；Yang et al.，2018a）、波特假说之间的（Xie et al.，2017；Li et al.，2018b）关系问题，环境规制对技术创新效率、生态创新效率的影响效果问题（Berman and Bui，2001；Kesidou and Demirel，2012；Pan et al.，2017；Yuan et al.，2017；Ren et al.，2018；Shen et al.，2019；You et al.，2019）。一些学者借助 EKC 曲线理论，探讨环境政策对碳排放的作用及其对低碳经济发展路径的影响（Yin et al.，2015；Guo and Chen，2018），还有学者利用 CGE 模型测算了环境政策对 CO_2、SO_2 排放量以及对 GDP 的影响（Li and Masui，2019）。Zhang 等（2018）运用三阶段 DEA 模型研究了环境规制对区域建筑业技术效率的影响，发现环境政策的实施对我国建筑业的技术效率有显著的影响，高管制地区的技术效率受环境规制影响较小。Ouyang 等（2019）采用面板阈值模型考察了 OECD 中 30 个成员国的环境规制和经济增长对 $PM_{2.5}$ 的非线性影响，认为不同程度的环境规制对 $PM_{2.5}$ 的影响不同。利用一阶差分 GMM 方法，Hao 等（2018）探究了 2003～2010 年中国 283 个城市的环境规制措施和法规是否达到了控制并减少污染排放的目标。

在环境规制的效率评价方面，大多数学者通过建立环境影响评价指标体系，运用考虑了非期望产出的基于松弛值测算（slacks-based measure，SBM）模型来计算环境规制效率。构建的环境影响评价指标体系的投入指标大多从劳动力、资本、能源消费等方面考虑，且大多选择 GDP 为理想产出，污染物排放量为非期望产出（Li et al.，2013a；Song et al.，2013；Song and Guan，2014；Tang et al.，2017）。例如，Song 等（2013）运用 SBM- Undesirable 模型，将能源消费总量、固定资产总量和劳动人口总量作为投入指标，以 GDP 作为期望产出，废气、废水和固体废弃物排放量作为非期望产出，测算了中国加入世界贸易组织后的环境效率，并从空间经济学角度探讨了各省进出口、人均 GDP、工业化水平、财政分权与环境效率之间的关系。运用考虑不良产出的 Super-SBM 模型，Li 等（2013a）测算了 1991～2011 年我国的环境效率，发现区域环境效率总体偏低，利用 Tobit 回归模型研究了财政分权、技术进步、经济规模和区域差异等因素对区域环境效率的影响。Tang 等（2017）利用 SBM-Undesirable 模型分析了环境规制效率并通过 DEA-Malmquist 指数将全要素生产率进行分解，结果发现环境规制效率具有极化效应，且环境规制效率与地区的经济发展水平相匹配。

随着研究的不断深入，为了准确测度中国环境规制的效率水平，人们对 DEA 模型进行了多种改进。例如，Yang 等（2015）利用环境超效率数据包络分析（super efficiency data envelopment analysis，SEDEA）模型对 2000~2010 年我国 30 个省区市的环境效率进行测算，发现我国的环境规制效率存在地区差异。考虑到决策者的偏好问题，Wu 等（2015）提出一种加权 DEA 模型，分别测算了传统的工业生产子系统和污染治理子系统的环境效率，对地区综合环境效率水平进行评估。Yu 等（2016）利用 SBM 模型测度了我国制浆造纸行业的生态效率，利用 ML 指数（Malmquist-Luenberger index）探究制浆造纸行业生产率增长的驱动因素。Li 等（2018b）运用三阶段 DEA 模型和网络 DEA 模型对创新型城市的技术创新效率的时空动态演化进行了深入研究。

与 SBM-Undesirable 模型测算环境规制效率不同，Cheng 等（2016b）以环境规制成本-收益理论为基础，建立了比较详细的中国环境规制效率测度指标体系，利用超效率 DEA 模型测算我国的环境规制效率，结合变异系数、基尼系数和 Moran's I 指数以及 Tobit 模型探讨了环境规制效率的空间演变特征、影响因素及驱动机制。

综上，在对环境规制效率的研究中，大多数学者采用非期望产出 DEA 模型对中国的环境规制效率进行测算，构建的环境影响评价指标体系中，表征环境状况的指标较少且缺乏针对性，非期望产出多为三废排放量，GDP 为期望产出。鲜有学者对治理雾霾的环境规制效果进行评估。另外，在对环境规制效率的影响因素进行测度时，大多数学者选择 Tobit 等传统计量模型进行回归分析。少数学者利用空间计量模型测度影响环境规制效率的因素并考虑环境规制效率及其驱动因素的区域差异（Cheng et al.，2016b；Guo，2016；Li et al.，2018a）。

为了弥补前人研究的空白，本章将构建我国雾霾污染治理的环境规制效率评价指标体系，利用 SE-SBM 模型测算环境规制效率，结合 Theil 指数和 Moran's I 指数，分析雾霾治理的环境规制效率的区域差异及空间特征。进一步，利用 GTWR 模型对 2003~2015 年的环境规制效率的影响因素进行测度。现将本章特点总结如下。

（1）在构建我国雾霾污染治理的环境规制效率评价指标体系时，选取的数据更具有针对性。为了准确测度雾霾治理的环境规制效率，分别选择了单位产值下的环保系统专职人员数、废气治理完成投资额和废气污染治理设施数衡量环境规制实施中人、财、物三方面的投入水平。

（2）加入更多表征我国空气质量状况的产出指标，从污染控制和环境质量两个方面衡量雾霾治理效果，以期准确衡量我国在雾霾治理方面环境规制的实施效果。

（3）在利用 SE-SBM 模型测度中国雾霾治理的环境规制效率时，把所有年份的 30 个省区市（由于数据可得性，不包含西藏、台湾、香港、澳门）一起作为决策单元，寻找生产前沿面，得出 30 个省区市所有年份的效率值，寻找环境规制效率在时间维度上的变化趋势，使结果更具有可比性。

（4）考虑到我国雾霾治理的环境规制效率及其影响因素的时空差异，选择 GTWR 模型进行回归分析，使结果更符合实际。

6.2.1　模型和数据

1. SE-SBM 效率测度模型

DEA 是一种常见的运用线性规划方法，计算具有相同类型的投入产出的若干决策单元（decision marking unit，DMU）的相对效率。DEA 的目的在于构建一条非参数的生产前沿面，并将效率定义为决策单元实际生产点与生产系统整体前沿面的距离（Farrell，1957）。由于利用传统的 DEA 模型和 SBM 模型测算的决策单元的效率值最高仅为 1，但是生产系统中往往存在多个效率值为 1 的决策单元，这些最优决策单元之间将无法进行比较。为解决上述不足，Tone（2002）在 SBM 的基础上提出超效率 SBM（SE-SBM）模型以计算出所有决策单元的效率值，进而能够有效评价 SBM 中的有效决策单元。基于上述原因，本章选取 SE-SBM 模型来准确测度我国 30 个省区市的雾霾治理的环境规制效率。SE-SBM 模型的具体表达形式如下：

$$\sigma^* = \min \frac{\dfrac{1}{m}\sum_{i=1}^{m}\dfrac{\overline{x}_i}{x_{ik}}}{\dfrac{1}{u}\sum_{r=1}^{u}\dfrac{\overline{y}_r}{y_{rk}}}$$

$$\text{s.t.} \ \overline{x}_i \geq \sum_{j=1,j\neq k}^{n} x_{ij}\lambda_j, \quad i=1,2,\cdots,m$$

$$y_r \leq \sum_{j=1,j\neq k}^{n} y_{rj}\lambda_j, \quad i=1,2,\cdots,m \tag{6-8}$$

$$\overline{x}_o \geq x_{ik}, \overline{y}_o \leq y_{rk}$$

$$\lambda, s^-, s^+, \overline{y} \geq 0$$

式中，$\sigma^*(\sigma^* \geq 0)$ 为 DMU 的效率值，$\sigma^* < 0$ 时表示决策单元无效，$\sigma^* \geq 1$ 时表示决策单元有效，即 DMU 保持现有投入不变。超效率即指效率值大于 1 的部分。

2. Theil 指数

Theil 指数能够将总体的区域差异分解为各区域的内部差异和区域间的外部差异，适用于测度不同空间尺度的区域差异。本章将从东、中、西部三大地区的角度切入，选用 Theil 指数测算中国治理雾霾中环境规制效率的区际差异和区域内部差异，即治理雾霾的环境规制效率在东、中、西部之间的区际差异和各区域内部各省区市之间的地区差异，从而确定在中国总体雾霾治理的环境规制效率水平的区域差异中占主导地位的是区际差异还是区域内部各省区市之间的地区差异。Theil 指数的公式如下：

$$I_{\text{Theil}} = I_{\text{inter}} + I_{\text{intra}} = I_{\text{inter}} + \sum_i (Y_i / Y) I_{i(\text{intra})} \tag{6-9}$$

式中，$i = 1, 2, 3$ 分别代表东部、中部和西部；I_{inter} 表示东、中、西部之间雾霾治理的环境规制效率水平的差异；I_{intra} 表示各区域内部不同地区之间的效率水平差异；Y_i/Y 表示第 i 个区域治理雾霾的环境规制效率占全部 30 个省区市环境规制效率和的比重；$I_{i(\text{intra})}$ 表示第 i 个区域内部不同省区市之间的雾霾治理的环境规制效率水平的差异。

$$I_{\text{inter}} = \sum_i (Y_i / Y) \cdot \lg[(Y_i / Y) / (X_i / X)] \tag{6-10}$$

$$I_{i(\text{intra})} = \sum_j (y_j / Y) \cdot \lg[(y_j / Y_i) / (x_j / X_j)] \tag{6-11}$$

式中，j 代表各省区市（当 $i = 1$ 时，$j = 1, 2, 3, \cdots, 11$；当 $i = 2$ 时，$j = 1, 2, 3, \cdots, 8$；当 $i = 3$ 时，$j = 1, 2, 3, \cdots, 11$）；X_i/X 表示第 i 个区域生产总值占全部 30 个省区市生产总值的比重；y_j/Y_i 表示第 j 个省区市治理雾霾的环境规制效率占所在第 i 个区域环境规制效率和的比重；x_j/X_i 表示第 j 个省区市生产总值占所在第 i 个区域生产总值的比重。

3. GTWR 模型

在探究各地区雾霾治理的环境规制效率的影响因素时，考虑到雾霾污染及其规制效率具有时空差异，所以选取兼顾时间和空间结构上的异质性的 GTWR 模型探究雾霾治理的环境规制效率的影响因素。GTWR 模型的数学表示如下（Huang et al.，2010）：

$$y_i = \beta_0(u_i, v_i, t_i) + \sum_{k=1}^{p} \beta_k(u_i, v_i, t_i) x_{ik} + \varepsilon_i, \quad i = 1, 2, \cdots, n \tag{6-12}$$

式中，(u_i, v_i, t_i) 为第 i 个样本点的时空坐标（时间单位为年、月、日等）；$\beta_k(u_i, v_i, t_i)$ 是第 i 个时空样本点的第 k 个自变量的回归系数，由第 i 个样本点的地理位置和时间决定；ε_i 是第 i 个时空样本点的随机误差，满足正态分布，数学期望为 0，方差为 δ_2，不同样本点 i 和 j 的随机误差相互独立，协方差为 0。

4. 雾霾治理的环境规制效率的评价指标体系构建

目前，国内外学者对环境规制效率的评价指标体系并未形成统一的标准，本章将以环境规制成本-收益理论为基础，参考国内外对环境规制效率的相关研究，根据评价指标选取的科学性、系统性、可操作性以及有效性等原则，构建针对中国雾霾治理的环境规制效率的评价指标体系。考虑到指标选取应该全面、系统地反映雾霾治理的环境规制效率，所以选取的单位产值环保系统专职人员数、单位产值废气污染治理设施数、单位产值废气治理完成投资额等成本指标涵盖了治理雾霾污染所投入的人力、物力以及财力三方面。收益指标分为污染控制指标和环境质量指标，其中 $PM_{2.5}$ 年均浓度降低率、PM_{10} 年均浓度降低率等污染控制指标可以有效反映为治理雾霾污染所投入的人力、物力及财力的产出水平，空气质量二级和大于二级的比例这一环境质量指标可以反映投入指标的效益。具体指标如表 6-4 所示。

表 6-4　中国雾霾治理环境规制效率评价指标体系

一级指标	二级指标	三级指标	四级指标
中国雾霾治理环境规制效率评价指标体系	成本指标	人力投入	单位产值环保系统专职人员数
		物力投入	单位产值废气污染治理设施数
		财力投入	单位产值废气治理完成投资额
	收益指标	污染控制指标	$PM_{2.5}$ 年均浓度降低率/%
			PM_{10} 年均浓度降低率/%
			SO_2 年均浓度降低率/%
			NO_2 年均浓度降低率/%
		环境质量指标	空气质量二级和大于二级的比例/%

5. 指标数据来源

考虑到指标体系中数据的可靠性、完整性和可获得性，本章以省域为主要研究单位，研究除港、澳、台及西藏自治区外的 30 个省区市 2003～2015 年的雾霾治理的环境规制效率。由于 2012 年我国国家大气环境检测系统开始将 $PM_{2.5}$ 浓度值纳入监测指标体系，在此之前的 $PM_{2.5}$ 浓度的历史数据缺失，所以考虑使用美国国家航空航天局下设于哥伦比亚大学的社会经济数据和应用中心监测的全球 $PM_{2.5}$ 浓度的卫星影像栅格数据，利用 ArcGIS 10.2 软件提取出我国各省区市 2003～2015 年的 $PM_{2.5}$ 年均浓度数据。根据超效率 DEA 模型的原理，将污染物的年均浓度数据处理为年均浓度的降低率。其他数据主要来源于 2002～2016 年的《中国环境年鉴》和《中国统计年鉴》。根据研究需要，已将指标体系中的部分指标进行加值处理以转化为正向指标。

6.2.2 模型测度结果及分析

本章选择规模收益可变的 SE-SBM 模型，利用 DEA-Solver Pro5.0 软件测算 30 个省区市 2003～2015 年治理雾霾污染的环境规制效率值。考虑到模型测算出的各个省区市不同年份的环境规制效率值应具备可比性，本章利用所有决策单元样本期内所有时期的数据来构建连续前沿面，即将 30 个省区市 2003～2015 年的全部数据一起作为决策单元，构造跨期生产前沿面，最终得到 30 个省区市所有年份的环境规制效率值，以便后续比较分析。

1. 雾霾污染特征分析

由雾霾年均浓度分布可以看出，我国雾霾污染的重心由中东部地区向东北方向转移。总体来看，全国大部分地区的年均 $PM_{2.5}$ 浓度在 2003～2007 年均呈现出波动性上升趋势，而 2007～2012 年有所下降，2012～2015 年出现了短暂的小幅上升趋势。其中在东部地区，天津雾霾最为严重，其次为山东、江苏；2003～2006 年，东部的大部分地区的年均 $PM_{2.5}$ 浓度大幅上升，天津在 2006 年雾霾污染水平率先达到顶点，其他地区相继在 2006～2007 年雾霾污染达到最大化。京津冀 $PM_{2.5}$ 年均浓度的变化态势基本一致，北京和河北的雾霾年均浓度水平相近，稍低于天津的污染程度。2007～2012 年，东部大部分地区的雾霾污染都有所减缓，2012～2015 年表现出小幅上升趋势，而福建和海南在 2003～2015 年均处于平稳较低的雾霾污染水平。在中部，河南的雾霾污染最为严重，其次为安徽，2003～2012 年呈现出先上升后下降的波动变化趋势，大部分地区在 2007 年达雾霾污染最严重的水平，随后开始小幅减缓；2012～2015 年雾霾污染水平表现出回升趋势，其中，吉林、黑龙江表现出大幅上升趋势，且上升趋势迅猛。西部的广西、重庆、贵州、陕西、宁夏等在 2003～2006 年的雾霾污染日益严重，2006 年达到污染顶峰，随后，直到样本期末，大部分地区均呈现出波动性小幅下降趋势，只有少部分地区在 2012～2013 年表现出回升态势。而青海、宁夏和内蒙古在样本期内均处于较平稳的低雾霾污染水平。

2. 治理雾霾的环境规制效率值分析

由表 6-5 可知，从整体来看，我国历年治理雾霾的环境规制效率大体上围绕 0.5 呈波动趋势，这表明我国治理雾霾的环境规制效率具有 50% 的提升空间，各地

区环境规制效率普遍偏低，可能存在一定的投入冗余和低效产出等问题。从区域
视角来看，我国三大经济区域的环境规制效率存在较大差异。其中，东部治理雾
霾的环境规制效率整体上远大于中部和西部，呈现出东部高，中、西部低的现象。
根据各地区所有年份治理雾霾的环境规制效率值的变化，选取北京、天津、河北、
海南、黑龙江、河南和重庆具体分析，如图 6-16 所示。

表 6-5　各地区 2003～2015 年治理雾霾的环境规制效率

地区	省区市	2003年	2004年	2005年	2006年	2007年	2008年	2009年	2010年	2011年	2012年	2013年	2014年	2015年
东部地区	北京	0.3406	0.4213	0.4066	0.4250	0.6422	1.0109	0.6218	1.0057	1.8664	1.0616	1.0268	1.0002	1.0441
	天津	0.0921	0.2872	0.2038	0.2330	0.5593	0.3429	0.3717	0.5609	0.8088	0.7141	0.4781	0.6036	1.0182
	河北	0.1786	1.0158	1.0016	0.1312	0.1986	0.2607	0.2782	0.2898	0.2371	0.2600	0.0495	1.0173	0.7078
	辽宁	0.5474	0.2125	0.6409	0.1783	0.2621	0.2451	0.2496	0.3689	0.5262	0.5745	0.2545	0.2751	0.3378
	上海	0.6636	0.5202	0.5156	0.8493	0.5291	0.6427	1.0055	1.0075	0.9097	1.0553	1.1346	1.0580	1.0312
	江苏	0.4291	0.2467	0.7209	0.2954	0.3318	0.4478	1.0007	0.6016	1.0009	0.6134	0.4417	1.0003	1.0023
	浙江	0.1440	0.3129	0.7462	0.2811	0.3485	0.4669	0.4619	0.5801	0.6591	0.5390	0.4041	0.4285	0.4707
	福建	1.0049	0.2631	1.0061	0.2750	0.5589	0.5821	1.0117	1.0112	0.8381	1.0084	0.4428	0.6948	1.0008
	山东	0.1140	1.0011	1.0817	0.4682	0.2721	0.3195	0.3680	0.4358	0.4807	0.4616	0.2292	0.3825	0.3660
	广东	0.1918	0.2466	1.3776	0.5504	0.4407	1.0002	0.7615	1.0169	1.0038	1.0038	0.5248	0.5928	1.0102
	海南	1.0114	1.0037	1.5340	1.0108	1.0191	1.0006	1.0327	1.0320	1.0012	1.0244	0.4501	0.4423	0.8936
	平均	0.4289	0.5028	0.8396	0.4271	0.4693	0.5745	0.6512	0.7191	0.8484	0.7560	0.4942	0.6814	0.8075
中部地区	山西	0.0861	1.0093	1.0005	0.0583	0.0961	0.4163	0.0909	0.2054	0.1417	0.1597	0.0798	0.2259	0.2158
	吉林	0.2427	0.3622	0.4207	0.4441	0.2705	0.3160	0.3583	0.4396	0.5630	0.5878	0.3085	0.3816	0.4006
	黑龙江	0.2039	1.0010	0.7412	0.4190	0.2805	0.3269	0.2831	0.5148	0.4202	0.5626	0.2982	0.3470	0.3755
	安徽	0.2991	0.6789	1.0114	0.4433	0.3434	0.2229	0.5354	0.3925	0.7761	0.5583	0.3127	0.5080	0.6483
	江西	0.6007	0.2584	1.0524	0.2700	0.2847	0.3662	0.5023	0.3950	0.6332	0.6883	0.3107	1.0116	0.4863
	河南	0.4811	0.2771	0.3278	0.1484	0.1853	0.4360	0.3075	0.3172	0.3487	0.4348	0.2015	0.4004	0.2926
	湖北	0.1090	0.1810	0.6188	0.1806	0.2031	0.3455	0.2738	0.2929	0.5700	0.7007	0.3391	0.7425	0.4888
	湖南	0.2123	0.1852	0.5746	0.1870	0.2973	0.3394	0.4808	0.4984	0.6618	0.6969	0.3837	0.5316	0.7395
	平均	0.2793	0.4941	0.7184	0.2688	0.2451	0.3462	0.3540	0.3820	0.5143	0.5486	0.2793	0.5186	0.4559

续表

地区	省区市	2003年	2004年	2005年	2006年	2007年	2008年	2009年	2010年	2011年	2012年	2013年	2014年	2015年
西部地区	内蒙古	0.3532	1.0311	1.0082	0.1468	0.3547	0.4911	0.3361	0.5607	0.3353	0.3970	0.2399	0.2859	0.3980
	广西	0.2744	0.2611	0.5857	0.2577	0.2278	0.7581	1.0224	0.4453	0.5286	1.0037	0.3389	0.4259	1.0025
	重庆	0.1565	0.1797	1.0182	0.2390	0.2457	0.2980	0.4379	0.3983	1.0296	0.7003	0.3313	0.6419	1.0023
	四川	0.1537	0.1563	0.3436	0.1912	0.3430	0.3080	0.5328	0.5456	0.4305	0.4596	0.2763	1.0039	1.0054
	贵州	0.1878	0.2933	1.0232	0.1607	0.2239	0.2114	0.2959	0.2763	0.3049	0.6443	0.2445	0.3011	1.0070
	云南	0.3451	0.1723	0.5155	0.2642	1.0032	1.0017	0.4837	0.5559	1.0002	1.0015	0.2428	0.7284	1.0057
	陕西	0.2462	0.2436	0.3859	0.1446	0.2217	0.7305	0.2247	0.2681	0.3994	0.3787	0.3030	1.0142	0.5903
	甘肃	0.2717	0.1356	0.2581	0.0831	1.0014	0.1195	0.2246	0.1392	0.2233	0.2306	0.1906	0.3344	0.3754
	青海	0.1589	0.2239	0.2228	0.1613	0.2621	0.2601	0.1484	0.3777	0.4748	0.2924	0.1735	1.0013	0.3077
	宁夏	0.0651	0.0998	1.0092	0.0986	0.1421	0.1975	0.1533	0.3766	0.3462	0.2235	0.1854	0.2203	0.2237
	新疆	0.6604	0.1726	0.3534	0.2276	0.2287	0.1385	0.1399	0.1868	0.2438	0.3419	1.0051	0.2412	0.4775
	平均	0.2612	0.2699	0.6112	0.1795	0.3867	0.4104	0.3636	0.3755	0.4833	0.5158	0.3210	0.5635	0.6723
全国平均		0.3275	0.4151	0.7235	0.2941	0.3793	0.4534	0.4665	0.5032	0.6255	0.6126	0.3734	0.5947	0.6642

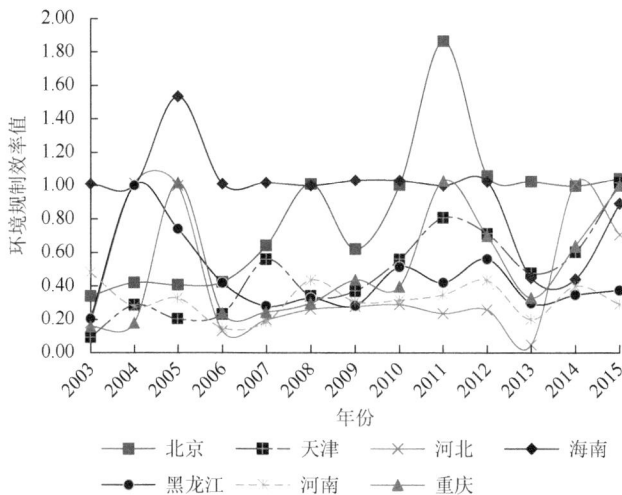

图 6-16 2003～2015 年 7 个地区环境规制效率值变化图

其中，处于东部的四个地区中，北京、天津和河北的环境规制效率总体上呈现波动上升的趋势，北京的上升幅度最大，2011 年达到最大值（1.8664），此后直到样本期末均稳定在 1.00 左右。天津的环境规制效率的波动趋势和北京相似，增幅略小于北京。河北的环境规制效率在 2006 年以前优于北京和天津，但 2006～2012 年间长期稳定在 0.24 左右的低效率期。2013～2014 年河北的环境规制效率猛增并达到京津地区的效率水平，之后京津冀的环境规制效率基本保持在同一水平。出现这一现象的原因可能是 2013 年 9 月发布的《京津冀及周边地区落实大气污染防治行动计划实施细则》，对京津冀地区的雾霾污染进行联防联控、协同治理，使京津冀的雾霾污染水平的变动态势趋近且治理雾霾的环境规制效率水平趋同。从雾霾污染物的年均浓度水平来看，京津冀的雾霾污染联合防控计划取得了初步效果。海南作为东部雾霾污染的低水平地区，2003～2012 年治理雾霾的环境规制效率一直高于 1.00，但从 2013 年起，海南的环境规制效率显著下降，样本期末有所回升。但是由于海南的大气环境状况一直优于全国大部分地区，一直处于低雾霾污染水平，所以在 2013～2014 年环境规制效率水平的降低对该地区的大气环境状况未产生显著影响。

中部的黑龙江在样本期内的环境规制效率有大幅下降，造成了黑龙江的雾霾污染物浓度在 2012～2015 年显著增加。这一趋势和雾霾污染向东北转移的现状相符。原因一方面可能是东北的经济发展仍依赖于重工业产业，高能耗、高污染的产业比重大，对环境造成压力；另一方面可能是中部成为东部高能耗、高污染的产业转移的承接地，使东部雾霾污染水平好转，而中部尤其东北的雾霾污染加剧。位于西部的重庆在样本期内的环境规制效率整体呈上升趋势，且重庆的雾霾污染水平呈逐年下降趋势，这说明重庆的雾霾治理的环境规制措施起到一定的缓解大气污染的效果。

3. DMU 有效数分析

根据 DEA 原理可知，当评价单元的效率值大于等于 1 时，则该评价单元为有效 DMU。由图 6-17 可知，2005 年和 2015 年的 DMU 有效数目最多，达到 11 个，占 30 个决策评价单元的 36.7%。总体来看，样本期内 DMU 有效数呈上升趋势。自 2004 年"雾霾"首次在天气新闻中出现，雾霾问题日益受到人们的关注。一方面，随着全国的经济发展方式向绿色可持续发展方式转变，各级地方政府积极构建资源节约型和环境友好型社会，响应全社会范围内的生态文明建设，严格实施多种减排措施，加上气象条件助力，各地区对雾霾治理的效果显著，DMU 有效数呈波动性上升态势。另一方面，由 DMU 有效数的波动情况可以看出，环境规制效率水平并不稳定。尽管雾霾治理成效显著，但现阶段治理雾霾的环境规制工具、环保投入、环境规制执行力度等方面可能还存在改进空间。

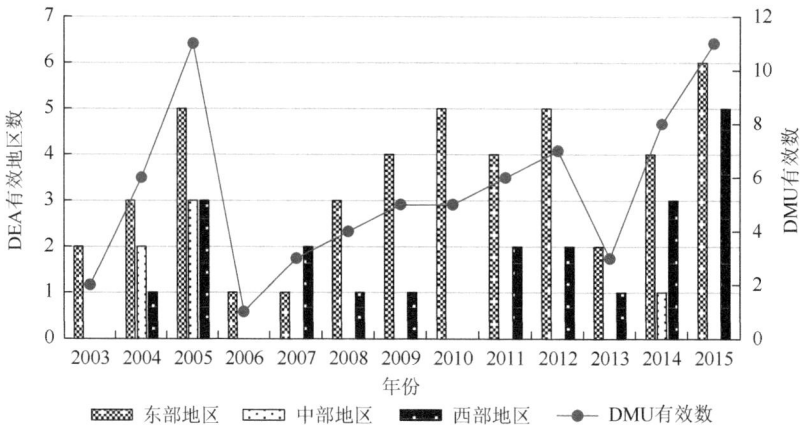

图 6-17　2003～2015 年 DEA 有效地区数和 DMU 有效数变化图

　　从每年 DMU 有效数的构成来看，东部 DMU 有效的地区最多，西部次之，中部 DMU 有效数欠佳。这说明我国的环境规制效率存在较大的地区差异，东部和西部治理雾霾的环境规制效果显著优于中部。一方面，东部由于其经济发展水平的优势和率先进行经济发展方式革新，该地区的环境规制效率优于中、西部地区，而中部由于地理位置和资源禀赋等原因，成为东部高能耗、高污染产业转移的承接地，导致中部的环境规制效率偏低，评价结果较差。西部的 DMU 有效数高于中部不能排除是由于西部大多数地区经济发展相对落后，高能耗、高污染的重工业企业相对较少，雾霾污染尚不严重，所以西部的环境规制效率评价结果偏好。

　　4. 环境规制效率的空间差异分析

　　由前面的分析可知，中国三大区域治理雾霾的环境规制效率有较大的差异，因此，我们选用 Theil 指数计算了区域内部差异和区际差异以及环境规制效率的全国 Theil 指数，以便更加客观、准确地分析环境规制效率的区域差异。具体数据如表 6-6 所示。

表 6-6　2003～2015 年环境规制效率区域内部差异和区际差异以及对总体差异的贡献

年份	东部地区内部差异		中部地区内部差异		西部地区内部差异		地区间差异		全国 Theil 指数
	数值	贡献率/%	数值	贡献率/%	数值	贡献率/%	数值	区际贡献率/%	
2003	0.1821	71.50	0.0201	7.89	0.0318	12.49	0.0207	8.13	0.2547
2004	0.1161	52.92	0.0449	20.46	0.0389	17.73	0.0196	8.93	0.2194
2005	0.0778	42.35	0.0215	11.70	0.0518	28.20	0.0326	17.75	0.1837
2006	0.1585	76.20	0.0280	13.46	0.0167	8.03	0.0047	2.26	0.2080

续表

年份	东部地区内部差异		中部地区内部差异		西部地区内部差异		地区间差异		全国 Theil 指数
	数值	贡献率/%	数值	贡献率/%	数值	贡献率/%	数值	区际贡献率/%	
2007	0.1393	53.37	0.0091	3.49	0.0642	24.60	0.0484	18.54	0.2610
2008	0.1052	62.03	0.0046	2.71	0.0310	18.28	0.0288	16.98	0.1696
2009	0.1048	70.48	0.0118	7.94	0.0184	12.37	0.0138	9.28	0.1487
2010	0.1013	70.30	0.0088	6.11	0.0236	16.38	0.0103	7.15	0.1441
2011	0.0939	62.31	0.0114	7.56	0.0345	22.89	0.0107	7.10	0.1507
2012	0.0844	62.29	0.0094	6.94	0.0254	18.75	0.0164	12.10	0.1355
2013	0.1075	61.15	0.0080	4.55	0.0438	24.91	0.0165	9.39	0.1758
2014	0.0523	38.23	0.0130	9.50	0.0445	32.53	0.0269	19.66	0.1368
2015	0.0704	55.26	0.0068	5.34	0.0159	12.48	0.0343	26.92	0.1274

结合表 6-6 和图 6-18 可以看出，在样本期内，全国 Theil 指数、区域内部的 Theil 指数均呈波动性下降趋势。这表明治理雾霾的环境规制效率在全国范围内、区域之间的差异在逐步减弱。观察中国治理雾霾的环境规制效率地区差异的构成可以看出，区域之间的内部差异占很大比重。2003~2015 年，区域之间的内部差异对全国差异的贡献率为 73.08%~97.69%，平均贡献率为 87.36%。在区域内部差异中，东部的内部差异最大，平均贡献率达 59.88%，且区域内部差异整体呈现下降趋势。各区域的区际差异对全国区域差异的贡献率仅在 2.26%~26.92% 范围内，平均贡献率为 12.63%。

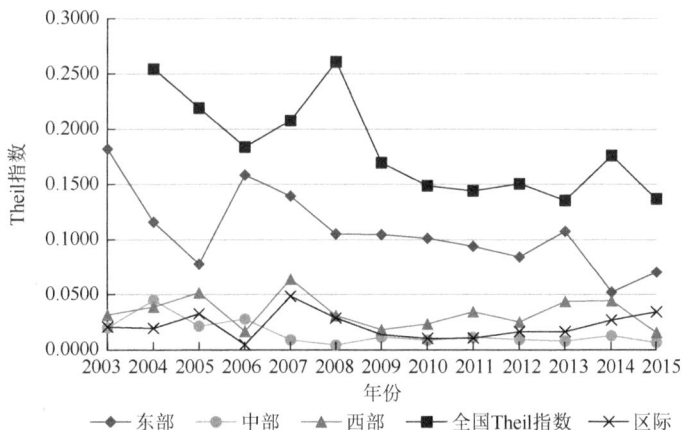

图 6-18　2003~2015 年全国及各区域环境规制效率的 Theil 指数

由分析可知，我国治理雾霾的环境规制效率的区域差异主要是由区域之间的内部差异引起的，东部各地区之间的内部差异占主导地位。虽然东部的环境规制效率优于中、西部，尤其是北京、上海、海南等的环境规制效率处于全国领先水平，但是东部的两极分化严重，河北、山东、辽宁等的环境规制效率偏低。中部的 8 个地区尽管环境规制效率不高，但由于彼此间差距不大，水平较为均衡，由此造就了中部区域之间的差异相对均衡。未来我国在治霾工作中，应加强环境规制强度在区域战略上的部署，着重消除各区域之间的内部差异，尤其是东部各地区之间的差异，针对各地区的环境现状，实施差异化的环境规制措施，提高环境规制的协调程度，缩小区域之间的环境规制效率差异，使全国治理雾霾污染的步伐一致，全社会范围内同步提高环境质量。

6.2.3 环境规制效率的影响因素测度

1. 全局空间相关性检验

由于中国雾霾污染治理的环境规制效率数据由 DEA 测算得来，为了更准确地测度影响雾霾治理的环境规制效率，剔除 2003～2005 年这三年波动较大的数据，选择 2006～2015 年这十年的治霾环境规制效率进行回归分析。对 2006～2015 年这十年的雾霾治理的环境规制效率的全局空间相关性检验的结果如表 6-7 所示。

表 6-7　环境规制效率的全局空间相关性检验的结果

年份	2006	2007	2008	2009	2010	2011	2012	2013	2014	2015
Moran's I	0.166 228[***]	−0.031 908	0.146 674[***]	0.286 415[***]	0.105 14[**]	0.118 536[**]	0.313 23[***]	−0.031 78	−0.085 515	0.155 614[***]

表示在 5%的水平下通过显著性检验；*表示在 1%的水平下通过显著性检验

由表 6-7 可知，绝大多数年份的环境规制效率都通过了空间相关性检验，说明中国雾霾治理的环境规制效率具有显著的空间相关性，所以在讨论其影响因素时，有必要考虑各变量的时空特性。

2. 测度雾霾治理的规制效率影响因素的变量选择与数据来源

由于 SE-SBM 模型测得的环境规制效率是非负的，且是连续和离散数据的组合，若用 OLS 模型估计参数会导致偏差和不一致，参照 Li 等（2013b）的研究，选择广义最小二乘（generalized least squares，GLS）回归模型对可能影响雾霾治理的环境规制效率的因素进行初步筛选，进而在时空异质视角下探究影响环境规制效率的驱动机制以确保变量选取的科学性。最终选定从各地区的经济水平、能源结构、产业升级状况、对外开放水平、劳动力素质和科技投入水平这六个方面探究雾霾治理的环境规制效率的影响因素。其中经济水平用人均GDP 表示，能源结构由煤炭消费占比表征，产业升级状况用第三产业增加值与第二产业增加值的比值度量，对外开放水平用外商投资总额衡量，劳动力素质由各地区平均受教育年限度量，科技投入水平用各地区工业企业的 R&D 经费内部支出与 GDP 的比值表示。数据主要来源于 2007～2016 年的《中国统计年鉴》《中国劳动统计年鉴》《中国工业统计年鉴》等。以上各变量在进行回归分析时均进行对数化处理，同时对各变量进行多重共线性检验，GLS 回归结果及 VIF检验结果如表 6-8 所示。

表 6-8　GLS 回归结果及 VIF 检验结果

影响因素	系数	p	VIF
经济水平	0.485 696	0.000	3.96
能源结构	−0.453 933 1	0.000	1.59
产业升级状况	0.477 526 4	0.000	1.92
对外开放水平	0.125 281 1	0.000	1.89
劳动力素质	−1.535 5	0.003	4.00
科技投入水平	−0.159 324	0.016	2.27
常数项	−2.341 184	0.028	—

由表 6-8 可知，选取的六个变量均通过了显著性检验，说明选取的变量具有科学性。各因素的 VIF 值均小于 10，表明这六个因素间不存在多重共线性。观察由 GLS 回归得到的系数发现，劳动力素质、科技投入水平等因素的系数方向与预期方向不相符。为了更精确地探讨影响雾霾治理的环境规制效率的因素及内在机理，下面将利用 GTWR 模型进行回归分析。

3. 雾霾治理的环境规制效率的影响因素测度及作用机理分析

参考前面对雾霾治理的环境规制效率的区域差异分析，由于地区内部差异远大于区际差异，因此本章分别从全国层面以及东部、中部、西部这三个区域层面进行回归分析，调整后的 R^2 分别为 0.6220、0.5628、0.5039、0.4374，每年的回归结果参见表 6-9。为了验证 GTWR 模型回归结果的可靠性，对四次回归结果的残差进行 Moran's I 检验，若每年的残差不存在空间相关性，说明 GTWR 模型的回归结果是可靠的。对残差的空间相关性检验结果见表 6-10。

表 6-9　全国、东部、中部、西部分别进行 GTWR 模型的回归结果

变量	分区	2006 年	2007 年	2008 年	2009 年	2010 年	2011 年	2012 年	2013 年	2014 年	2015 年
经济 水平	东部	1.170 83	1.155 06	1.137 40	1.118 44	1.098 86	1.079 36	1.060 73	1.043 83	1.029 55	1.018 83
	中部	0.923 65	0.915 24	0.908 08	0.902 16	0.897 50	0.894 10	0.891 94	0.891 00	0.891 26	0.892 65
	西部	0.767 04	0.752 04	0.738 64	0.726 90	0.716 88	0.708 61	0.702 12	0.697 42	0.694 52	0.693 38
	全国	0.324 28	0.427 37	0.306 65	0.212 04	0.408 22	0.173 65	0.047 82	0.265 84	0.253 15	0.033 27
能源 结构	东部	−1.024 14	−1.030 85	−1.034 12	−1.034 24	−1.031 34	−1.025 39	−1.016 26	−1.003 76	−0.987 73	−0.968 11
	中部	−0.953 81	−0.955 10	−0.956 35	−0.957 49	−0.958 48	−0.959 24	−0.959 72	−0.959 85	−0.959 57	−0.958 82
	西部	−0.378 17	−0.386 08	−0.393 15	−0.399 41	−0.404 90	−0.409 66	−0.413 69	−0.417 02	−0.419 63	−0.421 52
	全国	−0.547 60	−0.487 38	−0.365 92	−0.355 03	−0.389 98	−0.544 90	−0.622 77	−0.555 05	−0.528 88	−0.544 80
产业 升级 状况	东部	0.355 95	0.354 86	0.353 82	0.352 57	0.350 99	0.349 07	0.346 89	0.344 61	0.342 41	0.340 49
	中部	−0.252 02	−0.254 10	−0.255 49	−0.256 13	−0.255 99	−0.255 04	−0.253 24	−0.250 56	−0.246 94	−0.242 38
	西部	0.488 33	0.495 52	0.502 58	0.509 61	0.516 72	0.524 07	0.531 83	0.540 19	0.549 35	0.559 47
	全国	0.599 50	0.542 23	0.583 24	0.730 62	0.633 25	0.493 51	0.440 65	0.416 49	0.276 68	0.089 63
对外 开放 水平	东部	0.070 16	0.070 93	0.072 16	0.073 44	0.074 45	0.074 98	0.074 90	0.074 15	0.072 69	0.070 55
	中部	0.071 28	0.072 20	0.072 80	0.073 10	0.073 11	0.072 86	0.072 36	0.071 63	0.070 70	0.069 57
	西部	0.184 75	0.185 51	0.185 98	0.186 19	0.186 12	0.185 79	0.185 20	0.184 37	0.183 29	0.182 00
	全国	0.136 66	0.089 71	0.143 60	0.254 64	0.197 59	0.156 50	0.123 92	0.061 02	0.059 81	0.084 04
劳动 力素 质	东部	−3.286 06	−3.340 70	−3.374 84	−3.392 74	−3.397 91	−3.393 07	−3.380 17	−3.360 61	−3.335 45	−3.305 64
	中部	−3.576 10	−3.535 66	−3.503 35	−3.479 18	−3.463 11	−3.455 06	−3.454 89	−3.462 39	−3.477 31	−3.499 32
	西部	−1.316 54	−1.231 86	−1.156 31	−1.090 43	−1.034 53	−0.988 82	−0.953 36	−0.928 15	−0.913 13	−0.908 22
	全国	−1.189 30	−1.475 09	−1.155 76	−1.675 26	−1.302 88	−0.864 94	−1.236 49	−1.816 69	−2.399 79	−1.785 18
科技 投入 水平	东部	−0.330 52	−0.314 18	−0.299 48	−0.286 01	−0.273 53	−0.261 96	−0.251 38	−0.241 99	−0.234 06	−0.227 90
	中部	0.045 83	0.045 56	0.045 47	0.045 55	0.045 78	0.046 14	0.046 65	0.047 31	0.048 13	0.049 14
	西部	−0.176 63	−0.177 63	−0.177 92	−0.177 35	−0.175 80	−0.173 17	−0.169 39	−0.164 38	−0.158 12	−0.150 57
	全国	−0.182 39	−0.167 83	−0.215 24	−0.294 50	−0.309 93	−0.125 41	−0.056 53	0.074 92	0.151 09	0.128 28

表 6-10　GTWR 回归残差的空间相关性检验

地区	2006 年	2007 年	2008 年	2009 年	2010 年	2011 年	2012 年	2013 年	2014 年	2015 年
全国	0.079 69***	−0.051 6***	−0.005 06***	0.103 30***	0.031 31***	−0.062 64***	0.162 55***	0.011 06***	−0.355 38	−0.005 68***
东部	0.115 77***	0.198 84***	0.069 87***	−0.184 18***	−0.568 61***	−0.621 53***	−0.167 53***	−0.238 22***	−0.289 67***	−0.663 03
中部	0.226 14***	−0.251 65***	0.107 11***	−0.036 00***	−0.321 49***	0.183 26***	−0.308 18***	0.078 67***	−0.974 84***	−0.425 49***
西部	−0.040 09***	−0.307 20***	−0.109 33***	0.102 66***	−0.317 32***	−0.472 89***	0.245 12***	0.096 51***	−0.418 84***	0.239 95***

***表示在 1%的水平下通过显著性检验

由表 6-10 对残差的空间相关性检验结果可知，几乎所有年份的残差均呈随机分布模式，仅全国的 2014 年和东部 2015 年的残差未在 1%的显著性水平下通过 Moran's I 检验。这一结果说明，GTWR 模型的回归结果具有可靠性。对各因素的回归结果分析如下。

（1）经济水平对雾霾治理的环境规制效率在全国层面以及在东、中、西部都表现出正向的积极影响，并且这种正相关性呈现出东高西低的特点，与各地区的经济水平相呼应，这说明经济水平的提高，对雾霾治理的环境规制效率的提高有积极影响。一般经济水平高的地区意味着拥有较高的生产技术水平和更科学的管理方式，地方政府及企业拥有更加雄厚的财政实力用于治理和改善环境污染，投入更多人力、财力、物力发展治霾技术和新能源的开发与使用，使高经济水平区域治霾的环境规制效率相对于经济水平低的地区高。同时，经济水平高的地区，公众的生态环境保护意识较高，进而对其居住环境的要求相对较高，这种高环境质量标准的公众诉求间接提高了当地对其雾霾污染的治理水平，从而对雾霾治理的环境规制效率起到积极的正向作用。

（2）能源结构与全国及各地区雾霾治理的环境规制效率均呈现负相关性，与预期影响方向相符。从回归系数来看，东部的能源结构对其环境规制效率的负向影响最大，但这种负向影响随着时间推移有减弱趋势。中部的能源结构对其雾霾治理的环境规制效率的负效应略小于东部，但样本期内这种负效应有增大趋势。西部的能源结构对环境规制效率的负向作用相比于东、中部相对较弱，但这种负效应呈现出更强烈的逐年扩大趋势。能源结构表征一个地区的能源消费水平，从回归系数及其变动趋势来看，东部和中部由于经济发速快展的迫切需求，对煤炭的需求量巨大，严重恶化了地区的大气环境质量。另外，由于治理雾霾污染的技术水平有限，能源结构对雾霾污染的环境规制效率呈较大的负向作用。由于东部率先进行了能源结构和产业结构调整，东部的煤炭消费需求下降，而中、西部成为东部高能耗、高污染产业转移的承接地，所以中、西部的能源结构对雾霾治理的环境规制效率的负向作用增大。

（3）产业升级状况对全国及东、西部的雾霾治理的环境规制效率呈正向的积极作用且正向作用在西部有逐年增大的趋势，在东部较为平稳，在全国有波动减弱趋势。产业升级状况表征了各区域产业结构的优化程度，产业结构中低污染的第三产业的崛起和高能耗的第二产业比例的下降均有利于雾霾治理的环境规制效率的提高。对产业结构的优化升级可以在一定程度上优化资源配置、降低能源消耗、减少污染物排放，进而实现在降低雾霾治理的环境规制投入的情况下，环境规制产出增加，提高治霾的环境规制效率。中部产业升级状况对雾霾治理的环境规制效率呈现负向效应的原因可能在于，由于成为东部高能耗、高污染企业的转移承接地，中部的产业结构中的资源未得到有效利用，环境规制投入增加的部分未能抵消因产业转移带来的污染排放增量，进而使中部的环境规制效率降低。

（4）在全国及东、中、西部三个区域层面，对外开放水平均对雾霾治理的环境规制效率起到正向的积极作用。这一结果表明在对外开放进程中，引进外商投资所带来的生产设备优化、技术水平环境友好化、管理方式科学化等正向环境效益远大于"污染避难所"假说中所设想的负向环境效益。其中，西部对对外开放水平的敏感度更高，对外开放水平对西部的雾霾治理的环境规制效率的正向作用最大。可能的原因是西部的生产设备和技术水平与东、中部的差距较大，而引进外商投资，对西部的生产设备改善、技术水平提高能带来更深远的影响，通过外商投资，引入更先进的清洁生产技术、环境保护技术等，促进地区的技术进步，进而提高地区雾霾治理的环境规制效率。由于东、中部的经济发展水平、全球经济发展水平较高，接触和引进国外先进的生产技术和环保理念的机会多，因此，依靠外商投资来提高其区域技术水平和管理理念的作用有限，表现出低于西部的正向效应。

（5）劳动力素质对全国及三大区域雾霾治理的环境规制效率均表现出负向效应，与预期方向相反。通常，区域劳动力素质越高，对环保的意识越强，越注重自身生存环境的状况，会自觉使用清洁产品、改进管理效率、提高生产技术水平，进而改善区域环境规制效率。出现负相关性的原因可能在于，虽然整体上我国的人均受教育水平有所提高，但劳动力素质目前还处于较低的文化水平阶段，大部分地区仍处于生产价值链的中低端水平，经济发展所消耗的能源仍旧比处于生产价值链高端的国家更多。另外，人口规模的扩张加剧了对环境的负担，在一定程度上抵消了因劳动力素质提高引起的环境规制效率的改善。所以回归结果呈现为虽然劳动力素质提高了，但并未对区域雾霾治理的环境规制效率的提高产生正向的促进作用。但是从回归系数的变动趋势来看，劳动力素质对区域环境规制效率的负效应在快速减弱，这说明当劳动力素质继续提高到一定水平后，将有极大的可能发挥出其对环境规制效率改善的促进作用。

（6）科技投入水平对雾霾治理的环境规制效率的影响仅在中部显示出正向的促进作用，与预期影响方向相符，但在东、西部及全国层面上却表现出负效应。东部和西部出现负效应的原因可能在于东部和西部的 R&D 内部经费支出存在比较严重的内部结构失衡、资源错置等现象，地区的 R&D 内部经费支出包括基础研究经费、应用研究经费和试验发展经费，虽然我国各地区的 R&D 内部经费支出呈逐年上升趋势，但是与国际上的发达国家相比，我国应用于基础研究和应用研究的经费较少，绝大部分的经费都应用于试验发展。而基础研究才是知识创造和原始创新活动诞生的主要来源。另外，本章选取的衡量科技投入水平的指标是规模以上工业企业的 R&D 内部经费支出，这一指标能在一定程度上反映各区域工业企业的环境技术投入，忽略了地区高校和研发机构的研究与发展活动对当地的科技活动的影响。东部的新技术研发的一个重要来源就是当地及周边地区的高校和研发机构，由于东部相对于中、西部拥有更多的高校和研发机构，而中部和西部，尤其是西部的大部分地区的环境友好型技术的革新主要来源于企业的科技活动。综上，科技投入水平才会呈现出仅在中部起到提升雾霾治理的环境规制效率的积极作用，在东部和西部未表现出显著的正向效应。

6.3 本 章 小 结

6.3.1 雾霾驱动因素

本章针对选取的面板数据的时空异质性特点，构建基于 STIRPAT 的区域 $PM_{2.5}$ 影响因素模型，利用 GTWR 模型从经济、政策和生态等多维度研究了 1999~2011 年各影响因素对区域雾霾污染的时空局部效应，在考虑各变量的时空异质性的情况下，分区域探讨了各因素对 $PM_{2.5}$ 的影响机理，得出以下几点结论：经济发展和产业升级是未来减霾的主要驱动力；能源强度、能源结构的减小能够有效缓解区域雾霾污染；现阶段，能源价格由于定价偏低且市场化程度较低，并存在价格反弹效应，对雾霾污染的调控作用不明显；因对外开放的两面性，在样本期内对外开放尚处于加重雾霾污染阶段；交通运输和建筑施工是除工业之外严重污染空气质量的两大重要行业，必须加强管控；由环境规制、废气治理水平和生态建设的回归系数的符号正负及其变化趋势可以知道，虽然环境规制、废气治理水平和生态建设目前对各区域雾霾污染的效应不同，但对未来减霾的作用巨大。

根据上述结论，提出以下针对性的政策建议。

1. 加快转变经济发展理念，科学优化能源结构和产业结构，实现雾霾区域的联防联控

相较于粗放式的经济发展模式，绿色、低碳、可持续的经济发展模式可以在兼顾经济发展的同时缓解雾霾污染。因此应加快转变经济发展模式，树立全民绿色发展理念；加强东部地区和中、西部的区域经济合作，推动东部沿海经济核心区在全国范围内发挥引领作用。在考虑区域经济发展现状、自然资源禀赋和环境承载力的基础上进一步提高第三产业在国民经济中的比重，科学优化区域产业结构，实现产业结构高级化。加快能源结构由化石能源向非化石能源转变，加大清洁新能源使用力度。由于雾霾污染的空间关联特性，应加强区域间的联防联控，实现区域经济的协调发展。区域间的产业转移应在互惠互利的基础上，以清洁低

碳的产业转移为主，严禁高污染、高能耗的淘汰企业转移至经济不发达地区，避免雾霾污染的空间溢出。

2. 坚持对外开放，深化社会主义市场改革，学习国外治霾经验

加强能源价格的市场化改革，充分利用价格调节手段调控能源消费，进而对雾霾污染起到调控作用。各地区在继续深化对内对外开放的同时，树立理性发展观，坚持绿色发展和循环经济发展，避免成为外商高能耗、低经济收益企业的转移地，有选择地进行产业引进，严格把控引进企业的环境质量标准。注重学习国外先进的节能减排技术和治霾经验，大力学习国外高新技术产业，淘汰高污染的落后产业，积极推进技术改革，发挥对外开放对环境改善的正向效应。

3. 加强科技创新，加快发展节能建筑和绿色交通，为减霾提供不竭的动力

技术进步是减霾的有效途径，加快研发和推广新型节能减排技术、提高废气治理的技术水平，可从根源上减少雾霾污染源的排放。各地区在加强废气治理纯技术的同时注重提高其规模效率，遵循地区资源禀赋及 $PM_{2.5}$ 的区域差异，科学地进行废气治理工作。大力研发节能型交通工具，提高汽车尾气颗粒物捕集、新能源汽车等环境友好型技术的普及率。调整以公路运输为主的交通结构，提高铁路、水路运输的比重，分担公路交通运输的压力。面对国际建筑低碳的发展趋势，我国建筑节能推进缓慢的根源在于缺少必要的政策标准。因此，政府应从全局角度出发，对节能建筑制定相应的鼓励性政策，加强与国外的合作交流，探索实现具有中国特色的建筑业"绿色化"道路，实现建筑业的节能减排。

4. 加强环境立法，科学提高环境规制强度，为全民减霾提供政策支持与引导

国家和地方政府应加强环境立法工作，完善环境保护法律体系，通过环境立法对污染排放企业进行严格管控，加强执法力度，做到有法可依、执法必严。各地区应根据其资源禀赋、经济发展水平和雾霾污染特点，制定有针对性和可操作性的减霾措施，以适合区域特征的环境规制为着力点，开展精准治霾，根据实际情况灵活调整规制措施和治理方向，避免一刀切。东、中部地区应不断探索更先进的治霾经验，为其他地区提供引领示范作用，精准治霾。西部地区应加大环境规制力度，在绿色、可持续发展的理念下推进新型工业化，发挥环境规制对治霾的作用。

5. 加快生态文明建设，促进城市绿地系统发挥环境效益

现阶段我国各地区的城市绿地布局分散、结构简单、抗干扰能力低且疏于维护，尚未形成城市绿地网络系统。随着中央大力推进生态文明建设等战略决策，

城市生态建设逐渐显现出减霾的正向效益。各地区应加快转变经济发展模式，摒弃"先发展，后治理"的传统思维，提高全民的环境保护意识，提倡绿色、低碳的生活方式，构建资源节约型和环境友好型经济发展模式和生活方式。加快城市绿地格局的优化，科学安排绿地植被结构，发挥城市绿地系统最佳环境效益。东、中部地区应积极探索构建城市绿地系统的经验，发挥生态建设的最大环境效益；西部地区应加快生态建设步伐，吸取发达地区的生态建设经验，为民众创造更宜居的生活环境，改善城市生态质量。

6.3.2　雾霾治理绩效分析

本章研究了中国雾霾治理的环境规制效率空间格局动态演变特征，并运用空间计量 GTWR 模型检验中国雾霾治理的环境规制效率相关影响因素，构建中国雾霾治理的环境规制效率空间格局演变综合驱动机制，得出如下结论。

（1）样本期内，中国各省区市的环境规制效率大多呈向好态势，平均效率值在 0.5 左右波动，仅极少部分地区的环境规制效率有所下降，与之相应的，中国各省区市的雾霾污染水平也有所缓解，仅部分省区市的雾霾污染加剧。

（2）总的来说，东部地区的环境规制效率在全国处于领先地位，西部地区次之，中部地区的环境规制效率最低。

（3）经济水平、产业升级状况和对外开放水平对环境规制效率的提高有促进作用，而能源结构、劳动力素质与环境规制效率呈负相关，科技投入水平与中部地区的环境规制效率呈正相关，但在东、西部未表现出正效应。

根据以上结论，建议从以下几个方面提高我国雾霾治理的环境规制效率水平。

（1）提高雾霾治理的环境规制力度，优化环境规制工具，培养环保系统高水平的创新型人才；科学优化地区科技投入标准，创新新能源技术、清洁生产技术和污染治理技术，切实提高我国的雾霾治理的环境规制效率，改变环境规制无效率、低效率的环境治理现状。

（2）加快转变经济发展方式，促进产业结构优化升级，优化能源结构，提高对外开放水平，发展循环经济、低碳经济和绿色经济。

（3）完善中国的环境规制体系，因地制宜，根据各地区大气污染状况制定精准型治霾措施，实施差异化的环境规制措施，缩小地区之间的环境规制效率差异，提高环境规制的协调程度。

（4）提升公众的环境保护意识和环境保护意愿，不断增强公众环保价值观念的转变，通过公众对优良的生活环境的诉求推动环境保护进程，加强生态文明建设，构建资源节约型和环境友好型社会。

第7章 空间效应视角下的产业转移与雾霾污染

为实现产业空间布局的优化，2012年工业和信息化部发布了《产业转移指导目录》，构建"一轴一带、五圈五群"产业发展格局，沿海地区"产业西进"向中、西部转移（杨亚平和周泳宏，2013），中部地区也相继出台发展战略积极承接东部地区产业转移（豆建民和沈艳兵，2014）。产业转移作为中国产业政策中的战略性决策，不仅推动了中国工业转型升级，也是优化产业空间布局的重要实践。目前，产业转移已取得初步成效，产业空间布局在京津冀地区逐步清晰，不仅具体诠释了北京的非首都功能，在带动周边地区产业转型升级方面也发挥了重要作用；长江经济带围绕电子信息技术、精密设备、汽车、家用电器和服装纺织五大制造业，引导产业转移集聚，形成与资源环境承载力相适应的产业空间布局，2016年长江经济带工业增加值达 97 835.33 亿元、地区生产总值达 259 941.66 亿元，与2010年相比，工业增加值增长 59.87%、地区生产总值增长 85.5%（按可变价计算）。产业的转移使相邻地区经济快速发展、转移地区产业结构升级，实现了产业空间布局的优化，然而产业转移带来的产业空间布局优化是否能缓解雾霾污染依旧是个未知数。

然而针对区域产业转移效应的研究大多集中在经济效应或技术溢出效应上，区域产业转移的环境效应依旧存在争议，如京津冀地区产业转移并未加剧区域内的环境污染，而中部地区的产业转移过程却伴随着污染泄漏（杨亚平和周泳宏，2013）。产业转移已从部分试验区转化为全国态势，仅从部分区域研究其环境效应不仅缺乏全局性考量，且无法准确衡量产业转移对承接地或转出地的环境影响。为了客观评价中国区域产业转移对雾霾污染的影响，并从产业转移视角提出治理雾霾污染的经济手段，本章以 2008～2016 年中国的 30 个省区市为样本，基于雾霾污染的空间溢出性采用空间面板模型对产业转移的雾霾污染效应进行分析。

7.1 实 证 设 计

7.1.1 研究方法及模型

跨区域的产业转移不仅带来了宏观层面的产业结构调整与区域产业分配变

动，其对环境质量的影响也应当引起重视。产业在各省区市之间流动转移，某一省区市产业转移状况可能会对其他省区市雾霾污染情况产生影响，在研究产业转移对各省区市雾霾污染的影响时忽略其所带来的空间效应，会造成模型设定错误。所以本章采用空间计量模型研究产业转移与雾霾污染之间的关系，并测算各影响因素的空间溢出效应。

随着空间计量分析技术的发展，广泛应用的模型从空间自回归（spatial auto-regression，SAR）模型与空间误差模型（spatial error model，SEM）扩展至空间交互模型，即空间杜宾模型（spatial Dubin model，SDM）与空间交叉（spatial auto-correlation，SAC）模型。不同类型的模型所假定的传导机制存在差异，经济含义也有所区别。其中，SAR 模型中仅包含因变量滞后项，假定因变量会通过空间相互作用对其他地区的雾霾污染情况产生影响（Mátyás and Sevestre，2008）；SEM 中仅包含空间自相关误差项，认为空间溢出效应是随机冲击的结果，通过误差项进行传导；SDM 与 SAC 模型均包含因变量滞后项与空间自相关误差项，同时考虑了上述两种空间效应传导机制，除此以外，SDM 中包含了空间交互作用，即考虑某一省区市雾霾污染不仅受到当地众多自变量的影响，还会受到其他省区市雾霾污染情况与其自变量的影响（Lesage and Pace，2009）。由于空间计量模型设定是揭示变量间相关关系的重点，为获得更优的模型拟合效果，本章将遵循 OLS—[SAR\SEM]—SAC—SDM 思路进行模型估计，并依据拉格朗日乘子统计量、Wald 统计量与似然比（likelihood ratio）统计量检验模型拟合效果。

空间计量模型相较于传统计量模型而言将经济变量间的空间依赖性纳入考虑范畴，由于空间滞后因变量与滞后误差变量的存在，与传统计量模型中解释变量严格外生与残差扰动项独立同分布的假设前提相悖，模型估计方法需选择工具变量（instrumental variable，IV）法（Ladd，1992；Case，1993；Heyndels and Vuchelen，1998；Buettner，2001；Revelli，2001）或极大似然估计法（maximum likelihood method，MLE）（Besley and Case，1995；Büttner，1999；Brueckner and Saavedra，2001；Bordignon et al.，2003）等方法。由于 IV 法中对于合适的工具变量进行选择存在较大的困难，且其参数估计结果往往会超出定义域（龙小宁等，2014），为避免上述问题，本章采用 MLE 对模型进行估计。

基于上述分析构建如下模型：

$$\ln Y_{it} = \beta_0 + \delta W \ln Y_{it} + \beta_1 \ln X_{it} + \beta_2 \ln X_{\text{control}} + \theta_1 W \ln X_{it} + \theta_2 W \ln X_{\text{control}} + \varepsilon_{it} \qquad (7\text{-}1)$$

$$\ln Y_{it} = \beta_0 + \delta W \ln Y_{it} + \beta_1 \ln X_{it} + \beta_2 \ln X_{\text{control}} + \mu_{it}$$
$$\mu_{it} = \lambda W \mu_{it} + \varepsilon_{it} \qquad (7\text{-}2)$$

式中，Y_{it} 为 t 年 i 省份年均 PM_{10} 浓度；X_{it} 为核心解释变量——产业转移，详

细度量方法见下文，本章将从多维度衡量各省份产业转移状况，分别从产业转移水平 IT、非污染产业转移水平 IT_N、污染产业转移水平 IT_p 以及产业转移规模 SIT、非污染产业转移规模 SIT_N、污染产业转移规模 SIT_p 入手构建相应的模型进行分析；$X_{control}$ 为一系列控制变量，包括人口密度（POP）、人均 GDP（RGDP）、稳定灯光亮度（SL）、能源结构（ES）、交通运输水平（ROAD）、环境规制水平（ER）、产业结构（SEC）、降雨量（RAIN）与湿度（HUMIDITY）；μ_{it} 与 ε_{it} 为服从正态分布的随机扰动项；W 为空间权重矩阵，一般根据空间单元的邻接性确定元素，若地区相邻则元素取值为 1，反之取值为 0。式（7-1）为 SDM，式（7-2）为 SAC 模型，在对上述模型分别附加部分限制条件后将得到 SAR 模型、SEM 与 OLS 模型。

当 SDM 中所考察的空间交互作用并不存在时，即 $\theta_i = 0(i = 1、2)$ 时，SDM 将转化为空间自相关模型。除此以外，当 SAC 模型中空间自相关误差项系数为 0，即 $\lambda = 0$ 时，SAC 模型也将转化为 SAR 模型，如式（7-3）所示：

$$\ln Y_{it} = \beta_0 + \delta W \ln Y_{it} + \beta_1 \ln X_{it} + \beta_2 \ln X_{control} + \varepsilon_{it} \qquad (7\text{-}3)$$

当 SDM 中满足 $\theta_i + \delta\beta_i = 0$ 时，或 SAC 模型中空间滞后项系数 δ 为 0 时，模型将转化为空间误差模型，如式（7-4）所示：

$$\ln Y_{it} = \beta_0 + \beta_1 \ln X_{it} + \beta_2 \ln X_{control} + \mu_{it}$$

$$\mu_{it} = \lambda W \mu_{it} + \varepsilon_{it} \qquad (7\text{-}4)$$

当模型不考虑空间相关性时将转化为 OLS 模型，即所有的空间相关系数均为 0，如式（7-5）所示：

$$\ln Y_{it} = \beta_0 + \beta_1 \ln X_{it} + \beta_2 \ln X_{control} + \varepsilon_{it} \qquad (7\text{-}5)$$

由于地理邻接矩阵并不能充分反映各地区的关联关系（李婧等，2010），且考虑到雾霾溢出效应与两省份间的距离有关，省间距离增大时，雾霾的空间溢出效应减弱。故本章借鉴张明和李曼（2017）的研究，基于引力模型构建空间权重矩阵：

$$w_{ij} = \begin{cases} \dfrac{\overline{PM_i} \cdot \overline{PM_j}}{d_{ij}}, & i \neq j \\ 0, & i = j \end{cases} \qquad (7\text{-}6)$$

式中，i、j 代表各省份；$\overline{PM_i}$ 表示 2008～2016 年 i 省份的 PM_{10} 浓度平均值；d_{ij} 表示省间地理中心的直线距离（用省会之间的距离表示），单位为 km。

7.1.2　变量定义与数据来源

1. 被解释变量

被解释变量为 PM_{10} 浓度,中国 $PM_{2.5}$ 数据自 2012 年末才开始统计,大部分文献均采用哥伦比亚大学社会经济数据与应用中心所公布的全球 $PM_{2.5}$ 年均浓度数据,数据覆盖时间范围为 1998～2012 年,在实际解析数据时发现年均数据质量欠佳,实际可用时间范围仅为 1999～2011 年。由于本章主要探究产业转移对雾霾污染的空间溢出效应,该数据无法覆盖中国产业转移关键时期,且与中国环保部门所公布的主要城市 $PM_{2.5}$ 浓度数据统计口径不同、数值差距较大。而 PM_{10} 作为雾霾的重要组成部分且包含 $PM_{2.5}$,考虑到 PM_{10} 浓度数据不存在统计口径的差异以及数据的可得性,本章选择省会城市的 PM_{10} 浓度(单位:$\mu g/m^3$)来衡量相应省份的雾霾水平。

我国于 2016 年全面实施《环境空气质量标准》(GB 3095—2012),按照 PM_{10} 年均浓度将大气环境质量划分为两个等级并取消三级标准,其中第一等级中 PM_{10} 年均浓度限度为 $40\mu g/m^3$,第二等级限度为 $70\mu g/m^3$。由于本章研究年度为 2008～2016 年,依旧采用《环境空气质量标准》(GB 3095—1996)中对大气环境的等级的划分,即一级 PM_{10} 年均浓度限度为 $40\mu g/m^3$,二级限度为 $100\mu g/m^3$,三级限度为 $150\mu g/m^3$。

2016 年,除海南省大气环境质量一直保持在一级标准外,其余各省区市的大气质量均未达到一级标准。总体而言,《大气十条》的实施有效缓解了中国雾霾污染,其中北京市 PM_{10} 年均浓度较 2013 年降低 $16\mu g/m^3$;以湖北、安徽、江苏、黑龙江、吉林和辽宁为代表的大部分中、东部省区市大气环境质量明显改善,大气环境质量上升至二级水平;青海、甘肃、陕西、河南与山东等地的雾霾污染也得到了有效缓解,大气环境质量稳定在三级标准限度内。截止到 2016 年,河北省大气环境质量依旧超过三级标准限度,但相较于 2013 年,PM_{10} 年均浓度下降 46.2%,虽然治理效果显著,但河北省雾霾污染防治依旧任重而道远。

2. 解释变量

解释变量为产业转移,受产业发展特征的影响,农业、采掘业与各类服务业企业区位选择大多与自然资源禀赋及长距离运输有关,使产业转移大多集中于工业制造业,且工业制造业发展对环境污染的影响较为显著(李鹏,2015),所以本章主要研究工业制造业转移对中国雾霾治理的影响。行业分类参照《国民经济行业分类》(GB/T 4754—2017)标准,由于统计年鉴中行业统计口径存在差异且存在数据缺失情况，出于数据的一致性与可得性的考虑，将行业进行整合划分，共计 20 类行业。其中，对产业转移的雾霾效应进行分解，区分污染产业转移与非污染产业转移，参照刘友金等（2015）的研究对污染行业进行划分（表 7-1）。

表 7-1　全国 20 个工业制造业行业名称及分类

行业类型	个数	行业名称
非污染产业	9	农副产品加工业（1）、食品制造业（2）、烟草制品业（3）、纺织业（4）、通用设备制造业（5）、专用设备制造业（6）、交通运输设备制造业（7）、通信设备计算机及其他电子设备制造业（8）、仪器仪表及文化办公机械制造业（9）
污染产业	11	饮料制造业（10）、造纸及纸制品业（11）、石油加工及炼焦加工业（12）、化学原料及化学制品制造业（13）、化学纤维制造业（14）、非金属矿物制品业（15）、黑色金属冶炼及压延加工业（16）、有色金属冶炼及压延加工业（17）、金属制品业（18）、医药制造业（19）、电气机械及器材制造业（20）

　　基于偏离-份额法的思想，将某一产业在某一行政单元一定时期经济产出的变化分解为不同区域层面的增长分量，观察区际产业转移的时空演变趋势和绝对规模。

$$Q_{i,t}^k - Q_{i,t-1}^k = Q_{i,t-1}^k \cdot \left(\frac{Q_{C,t}^k}{Q_{C,t-1}^k} - 1 \right) + Q_{i,t-1}^k \cdot \left(\frac{Q_{i,t}^k}{Q_{i,t-1}^k} - \frac{Q_{C,t}^k}{Q_{C,t-1}^k} \right)$$

式中，$Q_{i,t}^k$、$Q_{i,t-1}^k$ 分别表示 i 省份 k 产业 t、$t-1$ 时期的生产总值；$Q_{C,t}^k$、$Q_{C,t-1}^k$ 分别表示中国 k 产业 t、$t-1$ 时期的生产总值；$Q_{i,t-1}^k \cdot \left(\frac{Q_{C,t}^k}{Q_{C,t-1}^k} - 1 \right)$ 为产业规模的全国增长分量，即 i 省份按照 k 产业全国增长率所增加的分量；$Q_{i,t-1}^k \cdot \left(\frac{Q_{i,t}^k}{Q_{i,t-1}^k} - \frac{Q_{C,t}^k}{Q_{C,t-1}^k} \right)$ 表示产业规模的省增长分量，即 k 产业所在 i 省份增长率与全国增长率的差值所增加的分量，若大于 0，则表示该省有产业转入，若小于 0，则表示该省有产业转出。

　　为获得各省份产业转移的综合指标，基于各省份 20 个产业转移数据，采用信息熵原理确定指标权重。其中，为实现各省份产业转移综合指标在不同年份间的对比，本章基于杨丽和孙之淳（2015）的研究方法并对其进行改进，采用以下步骤对数据进行处理。

　　（1）对指标进行选取。假设存在 z 年，x 个省份，y 个产业转移，则 x_{tij} 表示第 t 年 i 省份 j 产业转移值。

　　（2）对指标进行标准化。为剔除指标间量纲与单位差异对结果的影响，采用如下计算公式对原始指标进行标准化处理。

正向指标：

$$x'_{tij} = \frac{x_{tij} - x_j^{\min}}{x_j^{\max} - x_j^{\min}}$$

负向指标：

$$x'_{tij} = \frac{x_j^{\max} - x_{tij}}{x_j^{\max} - x_j^{\min}}$$

式中，$x_j^{\max}$、$x_j^{\min}$ 分别表示 j 产业转移中的最大值与最小值。

（3）利用信息熵原理确定指标权重：

$$p_{tij} = \frac{x'_{tij}}{\sum_t \sum_i x'_{tij}}$$

（4）计算第 j 项指标的熵值：

$$e_j = -k \sum_t \sum_i p_{tij} \cdot \ln(p_{tij})$$

式中，$k = \ln(zx)$。

（5）计算第 j 项指标的信息效用：

$$g_j = 1 - e_j$$

（6）计算各指标权重：

$$w_j = \frac{g_j}{\sum_j g_j}$$

（7）计算各省份产业转移综合水平与规模。以 w_j 为权重系数，对各产业转移指标进行加权求和，结果即为各省份产业转移综合水平与规模：

$$v_{ti} = \sum_j w_j x'_{tij}$$

$$V_{ti} = \sum_j w_j x_{tij}$$

基于上述原理，分别得到变量 IT、IT_N、IT_p 衡量各省份产业转移水平，变量 SIT、SIT_N、SIT_p 衡量各省份产业转移规模，其中正向为产业转入、负向为产业转出。

2008～2016 年中国部分东部省区市工业制造业产值依旧保持较高的增长率，如江苏省、山东省与福建省，天津市也呈现出微弱的工业制造业产值增加态势，但是对于天津市与山东省而言，虽然工业制造业整体呈现转入态势，但非污染产业出现了小规模转出现象。总体而言，工业制造业呈现出向中、西部转移的态势，相较于西部各省区市而言，中部地区具有较高的产业转移竞争力，是承接东部地区工业制造业转移的主要地区。其中大部分中、西部地区所承接的产业转移中污染产业占比较高，如新疆、吉林、青海等所承接的污染产业转移占比超过 80%，高端产业依旧集中于东部地区。工业制造业转出地主要集中在北京市、上海市、河北省、浙江省、辽宁省与广东省等，占总转出量的 95%，除大部分东部省区市呈现工业制造业转出态势外，少部分西部省区市也出现小规模的产业转出现象，如甘肃、宁夏等。

3. 控制变量

（1）人口规模。由于各省区市行政面积与人口规模等方面存在较大的差异，以人口规模绝对值衡量不存在可比性，所以参照邵帅等（2016）的研究，采用人口密度衡量，即各省区市人口总数与行政面积的比值（单位：人/km^2）表征各省区市人口聚集情况对当地雾霾污染的影响。

（2）经济发展水平。EKC 假说认为地区经济水平对当地的环境质量产生影响，所以本章考虑将经济发展水平纳入变量体系中，分别采用人均 GDP（元）与稳定灯光亮度进行衡量。其中，考虑到数据的可获得性，采用国家统计局公布的城市道路照明灯盏数的对数值衡量稳定灯光亮度。

（3）能源结构。马丽梅和张晓（2014）认为化石能源的燃烧是造成雾霾污染的主要因素，尤其是煤炭的燃烧。中国作为以煤炭为主要能源供应的国家之一，参照 Shao 等（2011）的研究，将能源结构纳入研究范畴，其中能源结构为煤炭消费量与总能源消费量（标准煤）的比值。

（4）交通运输水平。机动车行驶里程与当地交通运输水平息息相关，且机动车尾气排放中所包含的有害气体不仅是 PM_{10} 的直接来源，也是二次形成 PM_{10} 的主要来源，研究表明机动车尾气是城市大气 PM_{10} 的主要来源之一（梁文艳等，2010）。本章采用各省区市公路里程与行政面积的比值衡量当地交通运输水平。

（5）环境规制水平。各地方政府实施环境规制的目的是缓解环境污染压力，有研究表明环境规制加强缓解了当地雾霾污染压力（黄寿峰，2016），但有部分研究表明环境规制对雾霾污染的治理效果并不尽如人意。若各省区市相互模仿环境规制行为，反而会使环境质量下降（Wheeler，2001）。对于环境规制的衡量，相关文献主要包括六种方法（张成等，2011），本章从环境规制实施情况入手，采用各地区工业污染治理投资额与工业增加值的比值衡量当地环境规制强度（李胜兰等，2014）。

（6）产业结构。第二产业的发展无疑加剧了雾霾污染程度，如使用化石燃料所产生的废气以及房地产业发展带来的建筑飞尘等。工业发展所消耗的能源远远超过其他产业，工业废气的排放直接加剧了雾霾污染程度。这里选择各省区市工业增加值与 GDP 的比值衡量各省区市的产业结构。

（7）气象条件。除上述经济变量会对各地区雾霾污染程度产生影响外，气象条件也是雾霾污染程度的显著影响因素，2017 年全国两会提出要高度重视相对湿度对雾霾污染的影响。本章选择各地区降雨量（单位：mm）与相对湿度衡量当地的气象条件。

变量符号、名称及测量方法如表 7-2 所示。

表 7-2　变量设计

变量	符号	变量名称	测量方法
被解释变量	Y	PM_{10}浓度	各省会城市年均可吸入颗粒物浓度
核心解释变量	IT	产业转移水平	基于偏离-份额法与熵权法测算，具体计算步骤见上文
	SIT	产业转移规模	
	IT_N	非污染产业转移水平	
	SIT_N	非污染产业转移规模	
	IT_P	污染产业转移水平	
	SIT_P	污染产业转移规模	
控制变量	POP	人口密度	人口总数与行政面积的比值
	RGDP	人均 GDP	GDP 总额与人口总数的比值
	SL	稳定灯光亮度	城市道路照明灯盏数的对数值
	ES	能源结构	煤炭消费量与总能源消费量（标准煤）的比值
	ROAD	交通运输水平	公路里程与行政面积的比值
	ER	环境规制水平	工业污染治理投资额与工业增加值的比值
	SEC	产业结构	工业增加值与 GDP 的比值
	RAIN	降雨量	年均降雨量
	HUMIDITY	相对湿度	空气中的绝对湿度与饱和绝对湿度的比值

4. 样本选择与数据来源

本章基于宏观视角以 2008～2016 年中国 30 个省区市为研究样本，出于样本数据可获得性考量，剔除西藏、香港、澳门、台湾等地区。其中，除 PM_{10} 浓度来源于《中国环境统计年鉴》、产业转移原始数据来源于《中国工业统计年鉴》、煤炭消费量与能源消费量（标准煤）来源于《中国能源统计年鉴》外，其他数据均来源于《中国统计年鉴》。

7.1.3　变量的描述性统计

描述性统计结果如表 7-3 所示，样本量取 270。2008～2016 年，中国雾霾污染防治工作已取得显著成效，但 PM_{10} 年均浓度水平依旧较高，均值高达

$101.11μg/m^3$，并存在严重的两极分化现象，如海南省大气环境质量一直保持较好，PM_{10} 年均浓度最低时仅为 $34μg/m^3$，但 2013 年河北省 PM_{10} 年均浓度高达 $305μg/m^3$。为了有效缓解雾霾污染情况，《大气十条》中明确指出淘汰落后产能倒逼产业转型升级、严禁落后产能与重污染产业转移，目前该计划已颇见成效。中国工业制造业产值整体呈现下降态势，其中非污染产业产值基本保持稳定，但污染产业产值有大幅下降。能源结构与产业结构是影响雾霾污染的主要因素，其中中国能源结构以煤炭为主，煤炭消费占比均值高达 74.741%，山西、内蒙古与贵州等地煤炭消费比重处于全国首列，均值高达 91.99%；除此以外，中国产业结构以第二产业为主，伴随着产业结构转型升级进程的推进，各地第二产业占比呈现逐年下降的态势。

表 7-3　描述性统计结果

变量	均值	标准差	最小值	最大值
$Y/(μg/m^3)$	101.11	31.99	34	305
IT	0.652	0.140	0.415	1.484
SIT	−17.111	290.037	−4 561.08	333.177
IT_N	0.639	0.148	0.405	1.431
SIT_N	0.004	38.969	−257.151	147.557
IT_P	0.662	0.150	0.423	1.817
SIT_P	−17.115	281.681	−4 552.76	285.445
POP/(人/km²)	2 791.789	1 214.515	649	5 967
RGDP/元	42 675.15	22 442.85	9 855	118 198
SL	13.159	0.742	11.086	15.068
ES	74.741	13.038	29.119	93.710
ROAD	13.814	23.167	0.083	125.397
ER	3.745	3.329	0.359	28.039
SEC	39.691	8.230	11.904	53.036
RAIN/mm	950.842	569.967	148.8	2 939.7
HUMIDITY	65.878	10.461	42	85

7.2　实证结果与分析

7.2.1　产业转移对雾霾污染的影响

依据上述模型的设定，先对整体产业转移状态对各省区市雾霾污染的影响进行 OLS 分析，分析结果如表 7-4 所示，并对模型残差进行空间相关性分析。

表 7-4 OLS 估计结果

模型	IT	SIT	POP	RGDP	SL	ES	ROAD	ER	SEC	RAIN	HUMIDITY	R^2
PM$_{10}$ 模型 (1)	0.193 (1.56)		0.104*** (2.83)	0.023 1 (0.59)	0.069 6** (2.47)	0.117 (1.32)	0.021 5 (1.37)	-0.022 7 (-0.98)	0.174** (2.12)	-0.330*** (-8.07)	-0.045 3 (-0.27)	0.510
PM$_{10}$ 模型 (2)		0.007 02 (1.57)	0.100*** (2.73)	0.020 5 (0.52)	0.090 6*** (3.58)	0.080 9 (0.91)	0.025 6 (1.61)	-0.022 9 (-0.99)	0.181** (2.20)	-0.330*** (-8.08)	-0.077 8 (-0.45)	0.510

、*分别表示 $p<0.05$、0.01
注：括号内为 t 统计值

由表 7-4 的回归结果发现，总体产业转移水平与规模对雾霾污染的影响并不显著，但是由图 7-1 可知，OLS 回归残差具有显著的空间相关性，因此采用 OLS 分析并不能客观地显示各变量之间的关系。为了提高估计的准确性，采用空间面板计量进行分析，考虑各省区市间的空间相关性。在进行空间面板模型回归前，对因变量 $\ln PM_{10}$ 进行空间相关性检验，检验结果显示 $\ln PM_{10}$ 具有显著的空间相关性。检验结果如图 7-1 和表 7-5 所示。

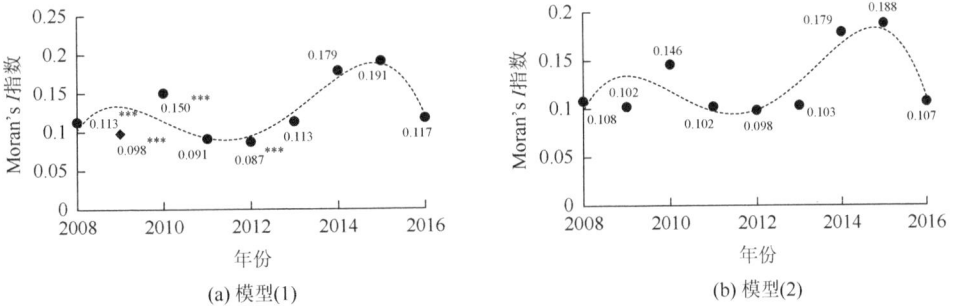

(a) 模型(1)

(b) 模型(2)

图 7-1 OLS 估计误差的空间相关性识别

***表示 $p<0.01$

表 7-5 2008~2016 年中国 30 个省区市 PM$_{10}$ 的全局 Moran's I 统计指标

年份	Moran's I	$E(I)$	Sd (I)	z	p
2008	0.079	-0.033	0.047	2.406	0.008
2009	0.151	-0.033	0.047	3.953	0.000
2010	0.128	-0.033	0.047	3.457	0.000
2011	0.109	-0.033	0.046	3.074	0.001
2012	0.114	-0.033	0.046	3.181	0.001

续表

年份	Moran'sI	$E(I)$	Sd(I)	z	p
2013	0.226	−0.033	0.045	5.788	0.000
2014	0.289	−0.033	0.047	6.292	0.000
2015	0.259	−0.033	0.047	6.256	0.000
2016	0.303	−0.033	0.047	7.180	0.000

注：$E(I)$ 为 I 的期望值，$E(I) = -1/(n-1)$；Sd(I) 为 I 值的方差；z 为 I 值的 z 检验值；p 为伴随概率

　　探究整体工业制造业转移与雾霾污染之间的关系时，分别从整体产业转移水平与转移规模两维度入手，分别采用 SEM、SAR、SAC 以及 SDM 等模型进行分析，经过豪斯曼检验可知空间面板模型均选择固定效应模型[①]，估计结果见表 7-6。

表 7-6　整体产业转移对雾霾污染影响的空间面板计量回归结果

变量	整体产业转移水平				整体产业转移规模			
	SEM	SAR	SAC	SDM	SEM	SAR	SAC	SDM
	模型（3）	模型（4）	模型（5）	模型（6）	模型（7）	模型（8）	模型（9）	模型（10）
δ 或 λ	0.186 (1.03)	0.300* (1.66)	0.343** (1.99)	0.300* (1.67)	0.175 (0.96)	0.300* (1.66)	0.346** (2.01)	0.300* (1.67)
IT	0.265** (2.26)	0.263** (2.21)	0.264** (2.26)	0.209** (2.09)				
SIT					0.005 48 (1.34)	0.005 62 (1.36)	0.005 64 (1.39)	0.006 12* (1.85)
POP	0.073** (2.33)	0.074 2** (2.35)	0.074 5** (2.38)	0.181*** (5.11)	0.064 7** (2.08)	0.066 3** (2.11)	0.066 6** (2.13)	0.189*** (5.35)
RGDP	−0.071 7 (−1.29)	−0.074 0 (−1.31)	−0.073 9 (−1.34)	−0.035 2 (−0.76)	−0.083 4 (−1.49)	−0.085 6 (−1.52)	−0.085 5 (−1.54)	−0.039 0 (−0.85)
SL	0.049 7* (1.91)	0.050 1* (1.92)	0.049 6* (1.86)	−0.038 6 (−1.45)	0.076 3*** (3.14)	0.076 9*** (3.15)	0.076 3*** (3.07)	−0.010 5 (−0.41)
ES	0.053 8 (0.53)	0.051 2 (0.50)	0.051 5 (0.51)	0.195** (2.13)	0.011 8 (0.12)	0.009 71 (0.09)	0.009 92 (0.10)	0.174* (1.93)
ROAD	0.026 2* (1.87)	0.026 6* (1.90)	0.026 9* (1.93)	0.045*** (3.26)	0.032 0** (2.29)	0.032 2** (2.33)	0.032 5** (2.35)	0.054*** (4.07)
ER	−0.08*** (−3.70)	−0.08*** (−3.49)	−0.08*** (−3.52)	−0.019 3 (−0.99)	−0.082*** (−3.66)	−0.079*** (−3.47)	−0.079*** (−3.50)	−0.017 0 (−0.88)

　　① 以 SDM 为例，探究整体产业转移水平对雾霾污染的影响时，即模型（6）豪斯曼检验结果为 chi2（10）= 227.82，p 值为 0.0000；探究整体产业转移规模对雾霾污染的影响时，即模型（10）豪斯曼检验结果为 chi2（10）= 184.15，p 值为 0.0000，均强烈拒绝原假设，故均选择固定效应模型。

续表

变量	整体产业转移水平				整体产业转移规模			
	SEM	SAR	SAC	SDM	SEM	SAR	SAC	SDM
	模型（3）	模型（4）	模型（5）	模型（6）	模型（7）	模型（8）	模型（9）	模型（10）
SEC	0.219*** (2.71)	0.222*** (2.73)	0.224*** (2.73)	0.368*** (3.99)	0.242*** (3.01)	0.244*** (3.00)	0.245*** (3.01)	0.343*** (3.72)
RAIN	−0.33*** (−8.13)	−0.32*** (−7.80)	−0.32*** (−7.98)	−0.25*** (−6.09)	−0.33*** (−8.06)	−0.32*** (−7.74)	−0.32*** (−7.92)	−0.26*** (−6.27)
HUMIDITY	−0.171 (−1.06)	−0.136 (−0.83)	−0.139 (−0.87)	0.654*** (4.21)	−0.201 (−1.23)	−0.166 (−1.01)	−0.169 (−1.05)	0.622*** (4.02)
$W \times$ IT				0.697 (0.96)				
$W \times$ SIT								0.048 5** (2.06)
R^2	0.733 0	0.742 8	0.743 9	0.885 2	0.723 7	0.734 6	0.735 9	0.885 2
Log-L	53.127 0	55.539 2	55.465 7	119.059	51.489 2	53.985 8	53.903 1	120.063 4
AIC	−82.127	−87.078 4	−84.931 4	−194.119	−78.978 4	−83.971 5	−81.806 1	−196.126
BIC	−39.073	−43.897 4	−38.151 9	−114.954	−35.797 4	−40.790 5	−35.026 6	−116.961
是否固定年份	是	是	是	是	是	是	是	是

*、**、*** 分别表示 $p < 0.1$、0.05、0.01

注：括号内为 t 统计值；本表未汇报 SDM 中控制变量的空间交互系数

对于模型（3）～（10）而言，SDM 在拟合效果上具有显著的回归系数个数较多的特点，进一步检验 SDM 的拟合效果采用 Wald 检验与似然比检验，检验结果均强烈拒绝原假设[①]，并结合各模型自然对数值，认为 SDM 具有最优的拟合效果，即认为 SDM 中包含的两种空间传导机制对雾霾污染的影响均不可忽略。基于此，本章选择 SDM 结果进行分析。

从表 7-6 的结果可知，无论以整体产业转移水平还是整体产业转移规模对各省区市产业转移情况进行衡量，空间滞后项系数均显著为正，进一步证明了中国省域雾霾污染存在明显的空间集聚特征。以模型（6）的结果为例，当邻近省域 PM_{10} 浓度上升 1% 时，本地区 PM_{10} 浓度上升 0.3%，治理雾霾污染必须采用区域联防联控策略，雾霾污染的"泄漏效应"使单边的雾霾治理并不能取得理想的效果。对于自变量系数的估计，模型（6）与模型（10）中系数值大小有所出入，符

---

① 探究整体产业转移水平对雾霾污染的影响时，Wald 检验统计结果为 chi2（10）= 38.86，p 值为 0.0000；似然比检验统计结果为 chi2（10）= 45.23，p 值为 0.0000。探究整体产业转移规模对雾霾污染的影响时，Wald 检验统计结果为 chi2（10）= 40.21，p 值为 0.0000；似然比检验统计结果为 chi2（10）= 43.63，p 值为 0.0000。

号与显著性水平基本保持一致，下面将对各影响因素进行分析。

（1）产业转移。产业转移水平与规模均会对雾霾污染产生显著的正向影响，区域经济学理论认为产业转移不仅推动了区域经济一体化，还缓解了中心城市资源与环境污染问题，不论从产业转移水平还是规模进行衡量，本章的研究结果均证实工业制造业转移使产业承接地的雾霾污染更为严峻，并在一定程度上缓解了产业转出地的雾霾污染问题。东部发达地区作为主要产业转出地，其雾霾污染程度随着工业制造业的大量转出而得以有效缓解。工业制造业的转出虽然会使当地经济发展速度有所下降，但是从长远角度看，第二产业的转移能有效缓解当地经济发展对其的依赖，大力促进高新技术产业发展，倒逼产业转型升级，不仅能优化产业结构，寻求新的经济增长点，也能有效缓解地区环境压力。

虽然工业制造业的转移能有效缓解转出地的雾霾污染，但从全国视角而言，产业转移无法有效治理雾霾污染，只是雾霾污染的空间转移。随着东部城市环境成本的逐年上升，受到政策指导与利益驱动后，部分工业制造业尤其是污染产业积极向中、西部转移，为寻求发展契机，中、西部地区也积极承接东部产业转移。而中、西部地区在承接产业转移后，为兼顾到当前的经济发展，无法彻底摆脱对工业制造业的依赖。中国幅员辽阔，各地区发展存在严重的不平衡现象，但随着中国经济的进一步发展，各地区产业转型升级只是时间问题。为了缓解承接污染产业转移对当地大气环境质量的影响，政府应当综合考量承接企业对地区经济与环境的影响，引导企业研发治污技术进行绿色生产，并给予相应的补贴与优惠政策，缓解承接产业转移所带来的污染"泄漏效应"。

（2）人口密度。人口密度对雾霾污染具有显著的促增效应，人口密度的增大带来了更多的住房需求与交通需求，直接或间接地加剧了地区雾霾污染程度。除此以外，人口密度的增加可以通过提高城市资源使用效率、共享治污减排设施等途径缓解当地雾霾污染情况，但如何充分发挥人口集聚所产生的正外部性，以其正外部性"中和"负外部性，也是今后城市建设中政府应当重视的问题。

（3）经济发展水平。无论从人均 GDP 还是从稳定灯光亮度衡量省区市的经济发展水平[①]，其均显示与雾霾污染呈现负向相关关系，但均不显著。邵帅等（2016）基于 1998～2012 年的数据得出经济增长水平与雾霾污染呈 U 形关系，并且有部分省区市已越过拐点，处于经济增长水平与雾霾污染负向相关阶段。本章基于 2008～2016 年的数据发现目前经济发展水平并不会对雾霾污染产生显著的促增效应，反而可以缓解当地雾霾污染，虽然目前经济发展的促降效应并不显著，但中国已步入雾霾污染与经济增长的"脱钩"阶段。

---

① 考虑到从人均 GDP 与稳定灯光亮度两方面对经济发展水平进行衡量时可能会存在多重共线性问题，所以进行多重共线性检验，检验结果为 VIF = 2.89，表明并不存在显著的多重共线性。

（4）能源结构。能源结构与雾霾污染呈现显著的正向相关关系，中国能源结构以煤炭为主，而燃烧煤炭所释放的烟尘、SO_2 等污染物是雾霾的直接来源，煤炭消费比重的增加对雾霾污染产生了促增效应。中国能源消费中煤炭占比高达70%，为缓解煤炭消费比重过高对雾霾污染的影响，政府应当积极引导民众使用可再生能源与绿色能源，调整中国能源结构向绿色结构靠拢，这是治理雾霾污染的必要手段。

（5）交通运输水平。当地交通运输水平与雾霾污染水平显著正相关，若地区交通运输方便、道路发达，则机动车数量上升使其所排放的尾气总量增加，PM_{10} 浓度较交通运输水平较差的地区而言更高。交通运输水平是雾霾污染的主要影响因素之一，合理控制机动车辆尾气排放量是缓解当地雾霾污染的主要措施，除此以外，建设便捷的公共交通体系、推动新能源汽车的广泛使用也是缓解雾霾污染的有效手段。

（6）环境规制强度。其他的空间计量模型结果均显示环境规制强度显著缓解了雾霾污染，但 SDM 结果显示环境规制强度虽然能缓解雾霾污染水平，但其作用并不具备统计上的显著性。本章基于环境规制实施视角对各地区环境规制强度进行衡量，环境规制的实施并没有完全达到预期效果，为缓解工业污染所进行的投资产出较少，不仅需要加大工业污染治理投资，确保投资用到实处，也需要有关政府部门进行落实。虽然环境规制实施变量对雾霾污染的促降效应并不显著，但是环境规制在治理雾霾污染中的作用依旧不容忽视，与其当雾霾污染出现后进行补救，不如在它产生之前给污染企业打"预防针"。各地区应当根据当地现状制定相应的环境保护法规，对"豪放式"排放烟尘与污染气体的企业提前制约，与其签订有关污染气体标准与排放量的合约，促使相关企业实施清洁生产，并加大事后监督力度，适当提高企业违约代价，保证企业与地区的可持续发展。

（7）产业结构。以第二产业为主的产业结构、粗放式的工业化发展模式是造成中国雾霾污染的主要因素之一。东部地区已经认识到只追求经济发展而忽略环境质量所产生的弊端，在淘汰落后产能的同时将部分工业产业向中、西部地区转移，有效地缓解了转出地的雾霾污染。从全局性视角出发，加速中国产业结构升级、扶持绿色产业、加大第三产业占比、引导中国后工业时代的到来，才是缓解雾霾污染的主要措施。

（8）气象条件。不同地区的气象条件对雾霾污染的影响不同，降雨水平会使 PM_{10} 浓度有所下降，相关文献研究也表明降雨较多的城市空气质量较好，极少出现雾霾天气（周景坤，2017）。而相对湿度较高的地区雾霾污染更为严重，《关于高度重视相对湿度对雾霾影响的提案》认为较高的相对湿度会加速雾霾的形成与转化。

当空间溢出效应存在时，各影响因素的变化不仅会对当地雾霾污染产生影响，还会对邻近地区的雾霾污染水平产生影响，通过反馈作用引起一系列变化，SDM 所估计的系数无法直接反映产业转移等自变量对雾霾污染的影响，通常直接效应值小于系数估计值。进一步将各影响因素对雾霾污染的影响分解为直接效应与间接效应（即空间溢出效应）（Lesage and Pace，2009）。其中，直接效应是指某影响因素变动对当地雾霾污染水平的总影响，包括空间反馈效应；间接效应是指当地某因素变动对邻近地区雾霾污染水平的影响。具体分解结果见表 7-7。

表 7-7　SDM 的直接效应、空间溢出效应和总效应

变量	模型（6）			模型（10）		
	直接效应	间接效应/空间溢出效应	总效应	直接效应	间接效应/空间溢出效应	总效应
IT	0.226**	1.166	1.392			
	(2.04)	(0.84)	(0.95)			
SIT				0.007 31**	0.077 4	0.084 7
				(1.97)	(1.44)	(1.52)
POP	0.221***	2.371*	2.592*	0.232***	2.544*	2.776**
	(3.62)	(1.84)	(1.93)	(3.70)	(1.89)	(1.98)
RGDP	−0.007 15	1.619*	1.612	−0.010 8	1.621*	1.610
	(−0.13)	(1.70)	(1.63)	(−0.20)	(1.71)	(1.63)
SL	−0.069 8*	1.821**	1.75**	−0.038 3	1.598**	1.559**
	(−1.73)	(2.38)	(2.37)	(−1.04)	(2.41)	(2.36)
ES	0.243**	2.625	2.869	0.224**	2.732	2.957
	(2.20)	(1.53)	(1.61)	(2.02)	(1.58)	(1.64)
ROAD	0.055 5***	0.636**	0.692**	0.065 6***	0.690**	0.755**
	(3.42)	(2.40)	(2.51)	(4.05)	(2.41)	(2.54)
ER	−0.016 6	0.148	0.132	−0.014 2	0.161	0.146
	(−0.80)	(0.72)	(0.62)	(−0.68)	(0.79)	(0.69)
SEC	0.396***	1.771	2.167*	0.361***	1.186	1.547
	(3.72)	(1.60)	(1.83)	(3.46)	(1.15)	(1.40)
RAIN	−0.267***	−0.951*	−1.22**	−0.278***	−1.148**	−1.43**
	(−6.57)	(−1.86)	(−2.33)	(−6.62)	(−1.98)	(−2.39)
HUMIDITY	0.665***	0.370	1.035	0.635***	0.497	1.132
	(4.37)	(0.22)	(0.61)	(4.18)	(0.30)	(0.67)

*、**、***分别表示 $p<0.1$、0.05、0.01

注：括号内为 t 统计值

分解结果表明：产业转移对雾霾污染起到了显著的促增效应，虽然产业转移的空间溢出效应未通过显著性检验，但其间接效应占总效应的比例达 80%以上，邻近省域产业转移对本地区雾霾污染的促增效应依旧不可忽视。除此以外，人口密度、能源结构、交通运输水平、产业结构以及相对湿度水平均是造成雾霾污染的重要原因，其中，人口密度与交通运输水平空间溢出效应系数为正，即通过空间溢出效应，邻省的人口密度与交通运输水平会增加本省的雾霾污染水平。

经济发展水平以及降雨量可以部分缓解当地雾霾污染状况，其中以人均 GDP 与稳定灯光亮度衡量的经济发展水平因素分解效应均表明，经济发展水平直接缓解了本地区的雾霾污染水平，虽然此效应显著性水平较差且系数较低，但是其空间溢出效应显著为正并且系数较高，表明中国发达地区已逐渐步入雾霾与经济脱钩阶段，但其主要通过将低端产业转移到邻近省，保留并发展高端产业，产业转移中伴随着污染"泄漏效应"，使转移省份在继续保持本省经济发展水平的同时又能缓解当地雾霾污染。从区域角度来说，发达地区的产业转移不仅能缓解雾霾污染的困境，还能促使该地区产业转型升级，虽然短期内会对经济发展水平有所影响，但就长期而言，会极大地促进当地经济发展。然而基于全国视角，产业转移对于雾霾治理仅是"治标不治本"，如果不对主要影响因素加以控制，仅依靠产业转移来缓解雾霾污染终究只是"下下策"。

环境规制并未在抑制雾霾污染时起到直接作用，并且环境规制的空间溢出效应可能会使邻近省域雾霾污染水平增加，原因有可能是邻近省域的环境规制政策模仿，以及逐底竞争现象的存在，使环境规制政策制定的初衷未能实现。

7.2.2　进一步分析

为了进一步区分各类别工业制造业转移对雾霾污染的影响、为各省区市承接产业转移时提供依据，这里将 20 个工业制造业划分为两类——非污染产业与污染产业，依旧从产业转移水平与规模进行衡量，遵循 OLS—[SAR\SEM]—SAC—SDM 思路进行模型估计①。其中除以非污染产业转移规模为核心解释变量时，豪斯曼检验结果为 chi2（10）= 5.22（$p = 0.8760$），应当选择随机效应模型，其余各模型均选择固定效应模型。在进一步对 SDM 的拟合效果进行检验时，Wald 检验与似然比检验结果均在 1%的显著性水平拒绝原假设，结

---

① 篇幅有限，仅报告 SDM 估计结果。

合各模型的自然对数值，均认为 SDM 拟合效果最好①。SDM 估计结果如表 7-8 所示。

表 7-8　分类别产业转移对雾霾污染影响的空间面板计量回归结果

变量	非污染产业转移		污染产业转移	
	SDM	SDM	SDM	SDM
	模型（11）	模型（12）	模型（13）	模型（14）
δ 或 λ	0.300* (1.67)	0.626*** (7.47)	0.300 (1.67)	0.300* (1.67)
IT_N	0.143 (1.60)	—	—	—
SIT_N	—	0.003 76 (1.02)	—	—
IT_P	—	—	0.200* (2.15)	—
SIT_P	—	—	—	0.009 98*** (2.75)
POP	0.183*** (5.16)	0.169*** (3.51)	0.177*** (4.98)	0.200*** (5.72)
RGDP	−0.043 1 (−0.93)	−0.101 (−1.14)	−0.035 4 (−0.77)	−0.024 5 (−0.55)
SL	−0.033 5 (−1.27)	0.007 44 (0.17)	−0.037 5 (−1.43)	−0.008 26 (−0.33)
ES	0.203** (2.21)	0.220** (2.06)	0.181* (1.99)	0.172* (1.93)
ROAD	0.049 1*** (3.62)	0.052 8* (1.81)	0.042 1** (3.01)	0.057 9*** (4.24)
ER	−0.022 6 (−1.16)	0.004 84 (0.29)	−0.017 0 (−0.87)	0.024 8 (0.86)

① 以非污染产业转移水平为核心解释变量时：豪斯曼检验结果为 chi2（10）= 248.49，p 值为 0.0000；Wald 检验统计结果为 chi2（10）= 149.52，p 值为 0.0000；似然比检验统计结果为 chi2（10）= 175.96，p 值为 0.0000。SDM 的 AIC = −195.1792，BIC = −116.014；SAC 模型的 AIC = −84.7121，BIC = −37.93261；以非污染产业转移规模为核心解释变量时：豪斯曼检验结果为 chi2（10）= 5.22，p 值为 0.8760；Wald 检验统计结果为 chi2（10）= 44.36，p 值为 0.0000；似然比检验统计结果为 chi2(10)= 50.72，p 值为 0.0000。SDM 的 AIC = −264.8221，BIC = −178.4599；SAC 模型的 AIC = −82.430 13，BIC = −35.650 65；以污染产业转移水平为核心解释变量时：豪斯曼检验结果为 chi2（10）= 199.56，p 值为 0.0000；Wald 检验统计结果为 chi2（10）= 37.47，p 值为 0.0000；似然比检验统计结果为 chi2（10）= 43.78，p 值为 0.0000。SDM 的 AIC = −192.2992，BIC = −113.134；SAC 模型的 AIC = −85.5934，BIC = −36.813 91；以污染产业转移规模为核心解释变量时：豪斯曼检验结果为 chi2（10）= 275.56，p 值为 0.0000；Wald 检验统计结果为 chi2（10）= 43.49，p 值为 0.0000；似然比检验统计结果为 chi2（10）= 49.52，p 值为 0.0000。SDM 的 AIC = −202.0771，BIC = −122.9119；SAC 模型的 AIC = −71.997 64，BIC = −25.218 16。

续表

变量	非污染产业转移		污染产业转移	
	SDM	SDM	SDM	SDM
	模型（11）	模型（12）	模型（13）	模型（14）
SEC	0.365*** (3.97)	0.175* (1.93)	0.380*** (4.14)	0.351*** (3.89)
RAIN	−0.252*** (−6.06)	−0.100** (−2.54)	−0.248*** (−6.01)	−0.252*** (−6.28)
HUMIDITY	0.643*** (4.12)	0.112 (0.63)	0.656*** (4.23)	0.594*** (4.03)
$W \times IT_N$	0.231 (0.34)	—	—	—
$W \times SIT_N$	—	0.068 7*** (2.97)	—	—
$W \times IT_P$	—	—	0.887 (1.43)	—
$W \times SIT_P$	—	—	—	1.142*** (3.07)
R^2	0.883 3	0.705 2	0.885 4	0.888 3
Log-L	118.149 6	156.411 0	119.589 6	123.038 6
AIC	−195.179 2	−264.822 1	−192.299 2	−202.077 1
BIC	−116.014	−178.459 9	−113.134	−122.911 9
是否固定年份	是	是	是	是

*、**、***分别表示 $p<0.1$、0.05、0.01

注：括号内为 t 统计值；本表未汇报 SDM 中控制变量的空间交互系数

结合表 7-6 与表 7-8 的结果可知，控制变量对雾霾污染的影响基本保持不变，对工业制造业转移细化分析时，主要差异在于虽然承接非污染产业转移会对当地雾霾污染水平产生正向促进作用，但它并不是显著的主要影响因素，而污染产业转移将会对当地雾霾污染水平产生显著的促增效应，并且承接污染产业转移规模对雾霾污染水平的影响较承接总产业转移规模的影响更为严重。

对模型（11）～（14）的估计结果进行效应分解，结果如表 7-9 所示。结果显示除核心解释变量外，其他影响因素均保持不变，其中承接非污染产业转移并不是造成本地区雾霾污染的主要原因，但是承接污染产业转移不仅会对本地区雾霾污染水平产生显著的正向促增效应，还会通过空间溢出效应对邻近地区雾霾污染水平产生显著的正向促增效应。

表 7-9 分类别产业转移对雾霾污染影响的分解结果

变量	模型 (11) 直接效应	模型 (11) 间接效应	模型 (11) 总效应	模型 (12) 直接效应	模型 (12) 间接效应	模型 (12) 总效应	模型 (13) 直接效应	模型 (13) 间接效应	模型 (13) 总效应	模型 (14) 直接效应	模型 (14) 间接效应	模型 (14) 总效应
IT_N	0.147 (1.48)	0.411 (0.34)	0.558 (0.44)									
SIT_N				0.008 22 (1.37)	0.082 6 (1.32)	0.090 8 (1.39)						
IT_P							0.222** (2.18)	1.460 (1.14)	1.682 (1.26)			
SIT_P										0.011 5*** (2.68)	0.120* (1.69)	0.132* (1.79)
POP	0.223*** (3.61)	2.420* (1.84)	2.644* (1.93)	0.233*** (3.66)	2.581* (1.88)	2.815** (1.96)	0.215*** (3.57)	2.312* (1.83)	2.528* (1.92)	0.242*** (3.85)	2.641* (1.95)	2.883** (2.04)
RGDP	-0.016 8 (-0.31)	1.516 (1.64)	1.500 (1.56)	-0.000 927 (-0.17)	1.646* (1.69)	1.636 (1.62)	-0.007 05 (-0.13)	1.637* (1.71)	1.630 (1.64)	-0.001 71 (-0.03)	1.811* (1.81)	1.813* (1.75)
SL	-0.063 5 (-1.61)	1.75** (2.37)	1.69** (2.36)	-0.035 8 (-0.96)	1.62** (2.40)	1.58** (2.35)	-0.069 2* (-1.72)	1.86** (2.40)	1.79** (2.38)	-0.036 6 (-1.02)	1.57** (2.42)	1.533** (2.37)
ES	0.253** (2.27)	2.714 (1.56)	2.967 (1.63)	0.223** (2.02)	2.551 (1.50)	2.774 (1.56)	0.229** (2.08)	2.586 (1.52)	2.815 (1.59)	0.263** (2.34)	3.207* (1.74)	3.470* (1.80)
ROAD	0.060 2*** (3.72)	0.666** (2.42)	0.726** (2.54)	0.064 6*** (4.00)	0.673** (2.40)	0.737** (2.53)	0.052 4*** (3.21)	0.613** (2.38)	0.665** (2.48)	0.066 1*** (4.16)	0.678** (2.42)	0.745** (2.56)
ER	-0.020 0 (-0.97)	0.144 (0.70)	0.124 (0.58)	-0.013 9 (-0.67)	0.197 (0.94)	0.183 (0.84)	-0.014 3 (-0.69)	0.151 (0.74)	0.137 (0.65)	-0.013 8 (-0.68)	0.142 (0.71)	0.128 (0.61)
SEC	0.392*** (3.70)	1.733 (1.58)	2.125* (1.81)	0.353*** (3.33)	1.228 (1.17)	1.581 (1.40)	0.408*** (3.85)	1.824 (1.63)	2.232* (1.87)	0.328*** (3.17)	0.789 (0.79)	1.117 (1.04)
RAIN	-0.267*** (-6.55)	-0.913* (-1.83)	-1.18** (-2.31)	-0.280*** (-6.67)	-1.081* (-1.93)	-1.36** (-2.36)	-0.263*** (-6.50)	-0.963* (-1.87)	-1.23** (-2.33)	-0.281*** (-6.61)	-1.28** (-2.08)	-1.56** (-2.47)
HUMIDITY	0.650*** (4.26)	0.152 (0.09)	0.802 (0.48)	0.664*** (4.37)	0.435 (0.26)	1.099 (0.65)	0.668*** (4.41)	0.456 (0.27)	1.124 (0.66)	0.641*** (4.25)	0.833 (0.50)	1.474 (0.86)

*、**、***分别表示 $p < 0.1$、0.05、0.01

注: 括号内为 t 统计值

7.2.3　稳健性检验

前面的研究中所使用的空间权重矩阵是基于引力模型构建的，在稳健性检验中将使用基于空间地理位置的空间权重矩阵。基于豪斯曼检验结果可知，除模型（17）、（18）外，均显著拒绝原假设，选择固定效应模型。根据 Wald 检验、似然比检验结果以及各模型自然对数值，均认为 SDM 拟合效果最好，模型估计结果见表 7-10。

表 7-10　基于地理位置的空间权重矩阵稳健性检验结果

变量	整体产业转移水平	整体产业转移规模	非污染产业转移水平	非污染产业转移规模	污染产业转移水平	污染产业转移规模
	SDM	SDM	SDM	SDM	SDM	SDM
	模型（15）	模型（16）	模型（17）	模型（18）	模型（19）	模型（20）
δ 或 λ	0.467*** (5.17)	0.462*** (5.10)	0.597*** (9.22)	0.607*** (9.81)	0.471*** (5.24)	0.457*** (5.03)
IT	0.179** (1.98)					
SIT		0.005 35* (1.73)				
IT_N			0.033 0 (0.44)			
SIT_N				0.001 07 (0.31)		
IT_P					0.129** (2.64)	
SIT_P						0.007 35** (2.12)
POP	0.094 3*** (3.55)	0.099 2*** (3.75)	0.116*** (2.75)	0.122*** (2.93)	0.095 0*** (3.57)	0.102*** (3.86)
RGDP	−0.116*** (−2.66)	−0.116*** (−2.69)	−0.125*** (−2.50)	−0.130*** (−2.59)	−0.123*** (−2.83)	−0.116*** (−2.70)
SL	0.036 5 (1.53)	0.057 0 (1.47)	0.069 0 (1.48)	0.068 4 (1.54)	0.039 6 (1.47)	0.055 7 (1.43)
ES	0.036 8** (2.44)	0.009 27** (2.11)	0.131 (1.30)	0.105 (1.06)	0.043 8 (0.53)	0.025 6 (0.31)
ROAD	0.024 1* (1.94)	0.030 6** (2.53)	0.021 1 (0.84)	0.030 8 (1.25)	0.027 7** (2.26)	0.030 9** (2.57)
ER	−0.018 7 (−1.04)	−0.015 5 (−0.85)	0.004 54 (0.28)	0.011 4 (0.71)	−0.021 7 (−1.20)	−0.016 7 (−0.93)
SEC	0.343*** (3.99)	0.339*** (3.97)	0.194** (2.43)	0.206*** (2.58)	0.341*** (3.97)	0.333*** (3.91)

续表

变量	整体产业转移水平	整体产业转移规模	非污染产业转移水平	非污染产业转移规模	污染产业转移水平	污染产业转移规模
	SDM	SDM	SDM	SDM	SDM	SDM
	模型（15）	模型（16）	模型（17）	模型（18）	模型（19）	模型（20）
RAIN	−0.223*** (−5.64)	−0.218*** (−5.55)	−0.082** (−2.09)	−0.084** (−2.15)	−0.219*** (−5.53)	−0.214*** (−5.46)
HUMIDITY	0.711*** (4.54)	0.671*** (4.30)	0.168 (0.93)	0.137 (0.76)	0.696*** (4.42)	0.665*** (4.27)
$W \times IT$	0.321 (1.07)					
$W \times SIT$		0.014 0 (1.56)				
$W \times IT_N$			−0.158 (−0.92)			
$W \times SIT_N$				0.021 3** (2.44)		
$W \times IT_P$					0.053 8 (0.19)	
$W \times SIT_P$						0.015 7 (1.51)
R^2	0.887 5	0.887 2	0.740 3	0.736 7	0.884 1	0.888 9
Log-L	130.078 6	130.745 6	158.903 2	161.362 6	129.053 6	131.778 8
AIC	−216.157 1	−217.491 2	−269.806	−274.725	−214.107 2	−219.557 7
BIC	−136.991 8	−138.325 9	−183.444	−188.363	−134.941 9	−140.392 4
是否固定年份	是	是	是	是	是	是

*、**、***分别表示 $p<0.1$、0.05、0.01

注：括号内为 t 统计值；本表未汇报 SDM 中控制变量的空间交互系数

在更换了空间权重矩阵后，除经济发展水平因素估计结果存在变化外，其余变量的估计结果基本保持一致，虽然系数大小存在一定差异，但是显著性和符号与原始结果基本保持一致。稳健性检验结果表明，经济发展水平与 PM_{10} 浓度呈现显著的负向相关关系，验证了目前中国经济发展水平越高的地区其雾霾污染程度反而要低于发展水平较低的地区，东部地区对雾霾污染的治理已取得显著成效，正步入经济水平与雾霾污染脱钩阶段。

7.3　本章小结

伴随着产业转移战略的逐步推进，一方面发展落后的地区积极承接发达地区转移产业，在产业转移中寻求经济发展契机，另一方面发达地区也在产业转移中实现了产业转型升级。虽然产业转移为各地区的经济发展提供了机会，但是产业转移过程中的污染泄漏问题依旧不可小觑，绿水青山与金山银山同等重要。为研究目前中国产业转移对雾霾污染水平的影响，本章基于 2008～2016 年中国 30 个省区市的面板数据，采用偏离-份额法测算各工业制造业转移量，并通过熵权法分别对各省区市总产业、非污染产业与污染产业转移状况水平与规模两维度进行衡量，遵循 OLS—[SAR\SEM]—SAC—SDM 思路构建空间计量面板模型，分析二者之间的关系。

研究发现，产业转移会加剧承接地区的雾霾污染，产业转出地的 PM_{10} 浓度则会降低，其中非污染产业转移并不会对雾霾污染产生显著的影响，但是承接污染产业转移不仅会对本地区雾霾污染水平产生显著的正向促增效应，还会通过空间溢出效应对邻近地区雾霾污染水平产生显著的正向促增效应。在对控制变量的研究中发现，中国目前已经步入经济发展水平与雾霾污染水平的脱钩阶段，经济发展水平并不是造成雾霾污染的主要影响因素，甚至在基于地理位置设置的空间权重矩阵中，经济发展水平会显著缓解当地的雾霾污染，但是经济发展因素存在显著的正向空间溢出效应，会加剧邻近地区的雾霾污染程度。而作为主要促降因素的环境规制，基于环境规制实施视角衡量其强度时发现，其无法有效缓解雾霾污染，治理雾霾需要从源头入手控制雾霾的产生，在雾霾污染出现后进行治理的效果甚微。

基于本章的研究结论为治理雾霾污染提出相应的意见和建议：首先，经济落后地区应当客观认识产业转移对本地区发展的影响，产业转移对承接地经济发展的作用不可否认，但是其对当地雾霾污染的影响也同样是不可小觑的，尤其是污染产业的承接显著加剧了雾霾污染程度。部分发达地区通过将污染严重的产业转移来缓解当地的雾霾污染压力，从全国视角来说，这种方式往往治标不治本，对于污染产业而言，加强治污技术是缓解雾霾污染的关键。基于此，在承接产业转移时，政府部门应当有偏向地选择污染程度较低的产业，并且给予治污技术研发企业相应的补贴与优惠政策，提高企业研发动力。

其次，政府部门设计环境规制政策时应当将重点放在对雾霾污染源头的防治上，基于实施视角的环境规制政策无法显著缓解雾霾污染程度，雾霾污染产生后的治理效果并不显著。因此，政府部门可以适当对承接企业征收环境税，倒逼企业研发治污技术、加快清洁生产；此外还应建立排污权交易市场并维护交易市场的正常运作，通过市场激励缓解雾霾污染。

最后，雾霾污染的空间正相关性使单一省份的治理效果并不突出，构建多省份雾霾联合防护治理机制是有效缓解雾霾污染的主要渠道。本章效仿经济发展圈，构建多省份区域雾霾治理圈，对雾霾污染频发的中、东部地区进行整体防护治理，多省份地方政府制定联合治理条约，引进多维雾霾治理方案，调整区域产业结构优化升级，推行清洁能源，降低煤炭的消费比例，加大新能源汽车的优惠力度。

第8章 碳减排策略研究

8.1 碳排放影响因素分析

8.1.1 计量模型构建

传统的回归方法关注因变量条件均值的变化，刻画因变量条件分布的集中趋势；长期以来，对中心位置的关注转移了学者对因变量非中心位置的关注。分位数回归（Koenker and Bassett，1978）利用分位点的变化描绘非中心位置的条件分布形状。在本章中，分位数回归可以描绘在不同分位点各因素对碳排放影响的变化，分位数回归为集中研究特定碳排放水平的省份提供了灵活性，而这一点是均值回归模型做不到的；分位数回归为能源政策制定者提供了一个新的视角，即在既定碳排放水平下理解和减少群体差异。分位数回归能够解决这样的问题：对于不同碳排放水平的省份，各变量对碳排放的影响是否相同，如果不同，影响的变化趋势又是怎样的？

设连续随机变量 Y 的分布函数为 $F(y)=P(Y \leqslant y)$。对于任意 $\tau \in (0,1)$，将 Y 的 τ 分位函数定义为 $Q_y(\tau)=\inf\{y:F_y \geqslant \tau\}$，假设 Y 小于等于 $Q_y(\tau)$ 的概率为 τ，可以定义为 $\tau=P(Y \leqslant Q_y(\tau))=F(Q_y(\tau))$。Koenker（2004）将其扩展到面板模型分位数回归，但其对标准误差的估计不全面。

基础固定效应模型设定为

$$y_{it}=\alpha_i+\sum X_{it}\beta+u_{it} \tag{8-1}$$

式中，$\sum X_{it}$ 为所有的解释变量；α_i 表示个体效应；β 为回归系数；u_{it} 为随机扰动项，最小二乘法通过最小化残差平方和进行模型估计，分位数回归是通过最小化残差绝对值的加权总和进行模型估计的，系数 $\alpha_i,i=1,2,\cdots,N$ 和 β 可通过式（8-2）获得

$$\arg\min_{(\alpha_i,\beta)} \sum_{i=1}^{N}\sum_{t=1}^{T} \rho_\tau(y_{it}-\alpha_i-X_{it}\beta) \tag{8-2}$$

对于任意 $\tau \in (0,1)$，将检验函数 $\rho_\tau(u)$ 定义为

$$\rho_\tau(u)=u(\tau-I_{u<0})=\tau u I_{[0,\infty)}(u)-(1-\tau)u I_{(-\infty,0)}(u) \tag{8-3}$$

式中，$I_{u<0}$ 为示性函数（indicator function），函数的运算法则如下：对于 $I_{[0,\infty)}(u)$，如果 $u \in [0,\infty)$，则 $I=1$，否则 $I=0$；类似地，对于 $I_{(-\infty,0)}(u)$，如果 $u \in (-\infty,0)$，

则 $I=1$，否则 $I=0$。即当集合内有此数时函数值为 1，当集合内无此数时函数值为零。

Dietz 和 Rosa（1997）在 IPAT[I 表示环境影响（impace），P 表示人口（population），A 表示富裕程度（affluence），T 表示技术（technology）]模型的基础上提出了 STIRPAT 模型，它是研究能源经济相关问题的重要建模手段，其基本形式如式（8-4）所示，I 表示环境指标，P 表示人口，A 表示财富，T 表示技术，扩展为随机形式：

$$I = a \times P^b \times A^c \times T^d \times e \tag{8-4}$$

式中，a、b、c、d、e 均为 IPAT 模型中的系数。等式两边取对数得到

$$\ln I = \ln a + b \ln P + c \ln A + d \ln T + \varepsilon \tag{8-5}$$

A 一般用人均 GDP 表征，对于 P，相比于人口总数，城镇化反映城乡人口比例变化，而本章的研究对象为相对值指标，所以城镇化指标更有研究意义。对于技术因素 T，本章主要考虑三个方面，能源效率提高可以反映技术水平的提升，产业结构升级会导致技术升级变革，对外开放会伴随外商直接投资技术溢出，因此，技术因素可扩展为能源强度、产业结构和对外开放；最终，式（8-5）可进一步扩展为

$$\ln CP_{it} = \beta_0 + \beta_1 \ln GPC_{it} + \beta_2 \ln URB_{it} + \beta_3 \ln OPN_{it} \\ + \beta_4 \ln IND_{it} + \beta_5 \ln EI_{it} + \gamma_t + \delta_i + \varepsilon_{it} \tag{8-6}$$

式中，i 表示省区市，$i=1,2,\cdots,30$；t 表示年份；$\beta_0 \sim \beta_5$ 表示回归系数；CP_{it} 为人均碳排放量；GPC、URB、OPN、IND、EI 分别表示经济发展水平、城镇化、对外开放、产业结构、能源强度；δ_i 为不随时间变化的地区非观测效应，用来控制省域间持续存在的差异，如消费习惯、自然资源禀赋差异、环境规制等因素，本章通过引入地区虚拟变量来捕捉这些地区非观测效应的影响，加入 30 个地区虚拟变量；γ_t 为时间非观测效应，用来控制随时间变化的因素带来的影响，如能源和环境相关政策、能源价格变化，若加入太多时间虚拟变量则易损失自由度，从而对主要解释变量的显著性有较大影响，另外，虚拟变量的系数显著性较差，模型的有效性就会受到质疑；本章通过加入时间趋势项对时间固定效应加以控制；ε_{it} 为与时间和地区都无关的随机扰动项。

由回归方程得到的估计系数为各变量对人均碳排放的弹性系数，以人均 GDP 为例，在其他变量不变的条件下，人均 GDP 每增长 1%，人均碳排放会增加 β_1%。为了探究各变量变化对碳排放增长的贡献，本章借鉴 Xie 等（2018）的研究，对式（8-6）两边关于时间 t 求一阶导数，得到

$$\frac{\partial \ln CP_{it}}{\partial t} = \beta_0 + \beta_1 \frac{\partial \ln GPC_{it}}{\partial t} + \beta_2 \frac{\partial \ln URB_{it}}{\partial t} + \beta_3 \frac{\partial \ln OPN_{it}}{\partial t} \\ + \beta_4 \frac{\partial \ln IND_{it}}{\partial t} + \beta_5 \frac{\partial \ln EI_{it}}{\partial t} + \frac{\partial \varepsilon_{it}}{\partial t} \tag{8-7}$$

8.1.2 变量和数据来源

在分位数回归部分，本章使用 2000~2016 年中国 30 个省区市的面板数据。各变量说明如表 8-1 所示，变量的描述性统计如表 8-2 所示。Jarque-Bera 检验表明大多数时序变量为非正态分布，传统的 OLS 回归要求扰动项服从正态分布，人均碳排放尾部分布的重要信息无法从均值回归中获得，分位数回归是更好的选择。根据历年《中国能源统计年鉴》中煤炭、石油、天然气三种能源数据计算 CO_2 排放量，碳排放系数和标准煤折算系数参考 IPCC（2006）、徐国泉等（2006）、Hu 和 Huang（2008）的研究，各省区市人均碳排放由碳排放总量除以人口总量求得。为了消除价格因素的影响，所有价格相关变量均换算成 2000 年不变价；中国的碳排放主要来自第二产业的化石燃料燃烧，以工业和建筑业排放为主。相比第二产业，第一产业和第三产业能源强度较低，对能源的依赖度低，本章利用第二产业增加值占比表征产业结构。本章数据均来源于《中国统计年鉴》和《中国能源统计年鉴》。

表 8-1 变量说明

变量类型	变量名称	变量定义	备注
被解释变量	人均碳排放（CP）	碳排放/总人口	单位：t/人
解释变量	经济发展水平（GPC）	GDP/总人口	2000 年不变价
	城镇化（URB）	城镇人口/总人口	单位：%
	对外开放（OPN）	进出口/GDP	单位：%
	产业结构（IND）	第二产业增加值/GDP	单位：%
	能源强度（EI）	总能源消耗/GDP	2000 年不变价

表 8-2 变量的描述性统计

统计量	lnCP	lnGPC	lnURB	lnOPN	lnIND	lnEI
平均值	1.659	9.676	3.856	2.893	6.116	0.402
标准差	0.64	0.69	0.3	1.009	0.834	0.462
最小值	0.0849	7.88	3.144	1.168	3.956	−0.724
最大值	3.383	11.22	4.495	5.217	8.916	1.759
偏度	0.177	−0.0732	0.0798	0.717	0.987	0.475
峰度	3.173	2.305	2.772	2.48	4.728	2.765
Jarque-Bera 检验	3.296	10.71[**]	1.646	49.44[***]	146.2[***]	20.36[***]
观测量	510	510	510	510	510	510

***、**分别表示 1%、5%显著性水平

8.1.3 回归结果与讨论

为了检验变量间可能存在的多重共线性问题，本章使用 VIF 进行多重共线性检验，结果表明 lnGPC、lnURB、lnOPN、lnIND 和 lnEI 的 VIF 值分别为 6.37、7.66、2.59、1.17 和 2，所有的 VIF 值均小于 10，表明模型中并不存在严重的多重共线性问题。本章首先使用面板校正标准误差（考虑组间异方差和组间同期相关）进行估计，然后使用面板分位数回归方法，选取具有代表性的 25%、50% 和 75% 分位点进行估计，通过马尔可夫链蒙特卡罗（Markov chain-Monte Carlo，MCMC）方法进行面板分位数估计，种子数设为 100。回归结果如表 8-3 所示。

表 8-3 人均碳排放模型估计结果

变量	模型 I	模型 II	模型 III	模型 IV
	PCSE	25%	50%	75%
lnGPC	1.1296*** (0.0558)	1.0271*** (0.0168)	1.0506*** (0.0368)	1.0556*** (0.0113)
lnURB	0.0581 (0.0706)	0.0205 (0.0435)	0.0875** (0.0407)	0.1416*** (0.0135)
lnOPN	−0.0422** (0.0168)	−0.0305*** (0.0058)	−0.0314*** (0.0078)	−0.0693*** (0.0050)
lnIND	0.0516 (0.0553)	0.1923*** (0.0065)	0.1149*** (0.0397)	0.0215*** (0.0079)
lnEI	1.0100*** (0.0420)	1.0768*** (0.0093)	0.9892*** (0.0442)	0.9982*** (0.0050)
t	−0.0148*** (0.0046)	−0.0004 (0.0008)	−0.0090*** (0.0034)	−0.0136*** (0.0008)
常数项	−10.1967*** (0.3545)			
省份固定效应	存在	存在	存在	存在
观测量	510	510	510	510
R^2	0.982			

***、**分别表示 1%、5%显著性水平

注：括号内为标准误差；分位数回归结果通过 MCMC 法获得，种子数设为 100；25%分位点表示较低的人均碳排放水平，而 75%分位点表征较高的人均碳排放水平。PCSE 表示面板校正标准误差（panel-corrected standard error）

表 8-3 显示了面板校正标准误差和分位数回归估计结果。从分位数回归结果可以看出，各变量的系数在不同分位点呈现出明显的变化趋势，这说明分位数回归更全面地描绘了各解释变量对人均碳排放的影响在不同分位点上的变化，各变

量对人均碳排放的影响在不同的省区市存在明显的异质性。不同的分位点代表着不同的碳排放水平，人均碳排放较高的地区主要为西部部分省区市，而中部一些人口大省人均碳排放水平明显要低于其他地区。除了城镇化对人均碳排放的弹性系数在 25%分位点处不显著，各模型得到的回归系数都很显著。根据表 8-3 的回归结果，经济发展水平、产业结构、城镇化和能源强度对人均碳排放产生正向影响，相对地，对外开放对人均碳排放产生负向影响。

面板分位数回归结果显示经济发展水平的系数在 1%显著性水平上为正，表明经济发展水平对人均碳排放产生显著的正向影响。随着分位点的增加，经济发展水平对人均碳排放的弹性系数有微弱的上升趋势。在模型 I 中，经济发展水平的系数为 1.1296，表明经济发展水平每上升 1%会导致人均碳排放增加 1.1296%，经济发展水平对人均碳排放的弹性系数明显大于其他变量，表明经济增长对人均碳排放的影响相对其他变量高。收入的增加会刺激消费，随着收入水平的提高，人们不仅会增加直接的能源消耗，如用电、烹饪、供暖、出行，而且会增加间接能源消耗，如嵌入在商品服务生产过程中的能耗。

在所有分位点上，产业结构对人均碳排放的弹性系数均为正，且通过了 1%的显著性水平检验，说明第二产业比重提高会显著增加碳排放。需要注意的是，产业结构的系数在 25%分位点达到最大，且随着分位点的增加呈现递减的趋势，表明相对于高碳排放省区市，降低第二产业比重对低碳排放省区市的减排效果更有效，可能的原因是低碳排放地区主要集中在中部，其经济发展主要依靠以工业为主的第二产业发展，这些地区的第二产业发展水平相对较低，尚未有效实现产业升级，仍处于高碳排放产业阶段，产业结构转型对碳减排具有重要的意义。在高碳排放地区，如内蒙古、新疆、山西，能源资源丰富，经济发展更依赖于能源密集型产业，并且，由于技术水平的限制，能源利用效率也不高，这意味着高碳排放地区的产业结构转型显得尤为迫切。

除了在 25%分位点处城镇化的系数不显著，在其他分位点城镇化的系数至少在 5%显著性水平上为正，表明城镇化是导致人均碳排放增长的重要因素，这是因为城镇化对人均能耗（Holtedahl and Joutz，2004）和能源强度（Liu et al.，2017；Song and Zheng，2012；Yan，2015）均有正向影响，从而增加了人均碳排放。无论从总量水平还是人均水平上来看，城镇居民能耗都显著大于农村居民能耗（Dong et al.，2018c），随着农村居民向城市转移，生活质量的提高会导致更多的能源需求（Zhang et al.，2014），城镇居民的人均碳排放要显著高于农村居民（Dong et al.，2018c）。随着分位点的增加，城镇化对碳排放的弹性系数逐渐增加，说明高碳排放省区市受城镇化的影响较大，如新疆、内蒙古、宁夏，这些省区市人口较少，资源相对丰富，城镇化水平较低，未来面临城镇人口持续增长的状况，城镇化的边际影响效应更大。

在各分位点上，对外开放对人均碳排放的弹性系数均为负，且通过了 1% 的显著性水平检验，说明对外开放对人均碳排放产生显著的负向影响，这是因为对外开放会带来技术提升，外商直接投资的技术溢出效应有利于减小能源强度（Huang et al., 2017），从而降低碳排放。随着分位点的增加，这种负向影响有增加的趋势，这说明在低碳排放地区，对外开放对碳排放的负向影响受到了一定程度的限制。可能的原因是，由于宽松的环境规制，低碳排放地区吸引了一定数量的高能耗、高污染型跨国企业，产生"污染天堂"效应，从而抵消了对外开放的部分负向影响。另外，高碳排放地区，如新疆、宁夏、内蒙古、山西，技术水平不高，节能技术潜力和技术扩散空间更大，因此，外商直接投资的技术溢出效应更强。

能源强度的系数为正，且通过了 1% 显著性水平的检验，说明能源强度对人均碳排放产生了显著的正向影响，能源效率的降低不利于碳减排。在各分位点上，能源强度对碳排放的弹性系数变化不大。在模型 I 中，能源强度对碳排放的弹性系数为 1.0100，仅次于经济发展水平，表明能源强度每上升 1%，人均碳排放会增加 1.01%。因此，降低能源强度、提高能源效率对降低碳排放具有重要意义。

8.2　各变量变化对碳排放增长的贡献

根据式（8-7），本节计算各因素变化对人均碳排放增长的贡献。为了消除极端值的影响，取研究期间首尾三年（即 2000～2002 年和 2014～2016 年）的平均值计算每个变量的增长。表 8-4 呈现了各因素对人均碳排放增长的贡献，表中第二列为模型 I 的估计系数，最后一列呈现了各变量变化对人均碳排放增长的贡献率。

表 8-4　2000～2016 年人均碳排放增长的解释

变量	估计系数（e_0）	平均值（a_1）	平均值（a_2）	增长率（g_0）	贡献率（$c_0 = (a_2 - a_1) \cdot e_0 / a_1 \cdot g_0$）
		2000～2002	2014～2016	2000～2016	
CP		3.444	8.863	157.327%	
GPC	1.129 6	8 921.109	33 508.083	275.604%	197.883%
URB	0.058 1	41.404	57.647	39.229%	1.449%
OPN	−0.042 2	29.015	25.726	−11.337%	0.304%
IND	0.051 6	44.384	43.594	−1.779%	−0.058%
EI	1.010 0	1.957	1.226	−37.368%	−23.989%
变量总贡献					175.588%
误差项贡献					−75.588%
总增长					100%

能源强度对人均碳排放增长的贡献为负，贡献率达到−23.989%，表明近年来能源强度的降低有效减缓了人均碳排放的增长，近年来，中国提高科技投入并引进国外先进的生产技术，显著提高了能源利用效率，有效降低了二氧化碳排放；产业结构对人均碳排放增长产生微弱的负向影响，说明产业结构不能有效抑制碳排放。经济发展水平对人均碳排放增长的贡献最大，远大于城镇化和对外开放，表明过去数十年的经济增长是人均碳排放增长的主要贡献因素。

8.3　碳排放区域差异成因分析

8.3.1　中国省际碳排放空间差异

1. 中国碳排放空间分布特征

从2000~2016年中国30个省区市（由于数据可得性，不包含香港、澳门、台湾、西藏）的人均碳排放可以看出，人均碳排放呈现明显的区域差异，总体来看，中、西部省区市人均碳排放水平最高，如宁夏、新疆、内蒙古、山西。内蒙古的人均碳排放最高，达到29.26t/人，宁夏（26.26t/人）紧随其后，山西、新疆人均碳排放水平也较高。相对来看，其他省区市的人均碳排放水平较低，其中，广西人均碳排放水平最低，仅为3.44t/人，四川（3.61t/人）、云南（3.76t/人）和江西（3.94t/人）同样很低。

2. 碳排放不平等测度

本章借鉴衡量收入不平等的指标来量化中国省际碳排放差异。泰尔指数（Theil index，GE_1）、基尼系数（Gini coefficient，Gini）和对数离差均值（mean logarithmic deviation，MLD 或 GE_0）是应用最广泛的三个衡量收入不平等的相对指标，这三个指标分别对高、中、低收入水平的变化敏感。因此，选用这三个指标更加全面、客观。在计算人均碳排放的不平等指标时，以人口作为权重，计算方法见式（8-8）~式（8-10）。x_i 表示第 i 个省区市的人均碳排放，n 为30个省区市，u 为以人口为权重的所有省区市人均碳排放的加权平均值，p_i 为第 i 个省区市人口数占全国总人口数的比重。各指标的取值范围为0~1，数值越大表明人均碳排放不平等程度越大。

人均碳排放基尼系数的计算公式为

$$\text{Gini} = \frac{\sum\limits_{i=1}^{30}\sum\limits_{j=1}^{30}\left|x_i - y_j\right|}{2n^2u}, \quad i = 1, 2, \cdots, 30 \tag{8-8}$$

人均碳排放泰尔指数的计算公式为

$$\hat{I}(\theta) = GE_1 = \frac{1}{\sum\limits_{i=1}^{30} p_i} \sum_{i=1}^{30} \frac{p_i x_i}{u} \lg\left(\frac{x_i}{u}\right), \quad \theta = 1 \tag{8-9}$$

相应地，人均碳排放对数离差均值指数的计算公式为

$$\hat{I}(\theta) = GE_0 = \frac{1}{\sum\limits_{i=1}^{30} p_i} \sum_{i=1}^{30} p_i \lg\left(\frac{u}{x_i}\right), \quad \theta = 0 \tag{8-10}$$

结果如图 8-1 所示，从图 8-1 可以看出，省际人均碳排放差异在 2000～2002 年变化不大，2002～2010 年下降，2010～2016 年呈现上升的趋势；特别地，2010 年碳排放区域差异最小，Gini、GE_1 和 GE_0 均达到最小值，数值分别为 0.246、0.11 和 0.098。2000～2016 年，Gini 的平均值为 0.269，最大值为 0.287；GE_1 的平均值为 0.131，最大值为 0.151，GE_0 的平均值为 0.118，最大值为 0.132。

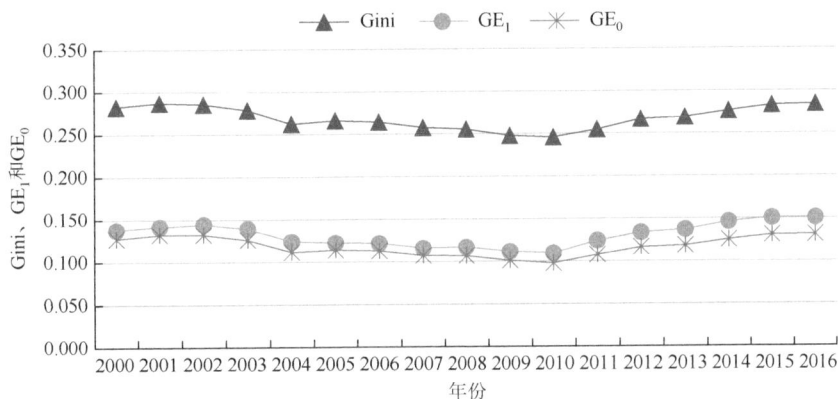

图 8-1　2000～2016 年中国省际人均碳排放差异

8.3.2　碳排放 Shapley 值分解模型构建

分位数回归可以分析在不同碳排放水平下，各因素对碳排放影响的变化；为了进一步探究各因素对人均碳排放区域差异的贡献大小，本章利用以回归方程为基础的 Shapley 值分解方法研究人均碳排放区域差异的成因。它将一个回归模型和 Shorrocks（2013）发展的 Shapley 框架结合起来，其思路是将因变量的不平等（常以基尼系数、Atkinson 指数、广义熵指标衡量）分解成回归方程中常数项、残差和自变量的贡献。该方法可以得到常数项和随机项对不平等的影响（有效地解决了传统方法的不足）；另外，该方法对不平等指标和回归方程形式没有任何限制，可以是各种非线性形式（半对数或双对数），甚至可以加入交互项。

假设 $Y = f(X, \mu)$ 是人均碳排放（CP）或其对数形式，为了简单地说明，这里假定 CP 为线性形式，$X = \{x_1, x_2, x_3, \cdots, x_m\}$ 为 Y 的影响因素，$\beta = \{\beta_1, \beta_2, \cdots, \beta_m\}$ 为对应变量的系数值，μ 为残差项，Y 的表达式为

$$Y = \alpha + \beta X + \mu \tag{8-11}$$

式中，α 为截距项。

利用 Shorrocks（2013；1982）的自然分解法，首先从式（8-11）中去掉 μ，令

$$Y(\mu = 0) = \hat{Y} = \alpha + \beta X \tag{8-12}$$

假设 G 为基尼系数，对式（8-12）两边计算基尼系数（以基尼系数为例），得到 $G(Y | \mu = 0) = G(\hat{Y})$，而 $G(Y)$ 为人均碳排放的基尼系数，误差项对 $G(Y)$ 的贡献可以通过式（8-13）得到

$$CO_\mu = G(Y) - G(\hat{Y}) \tag{8-13}$$

$G(\hat{Y})$ 与常数项和解释变量有关，而 CO_μ 与误差项相关，总的不平等 $G(Y)$ 总是可以划分为 $G(\hat{Y})$ 和 CO_μ 两部分，再次使用自然分解法：

$$\hat{Y}(\alpha = 0) = \hat{Y} = \beta X \tag{8-14}$$

我们有

$$G(\hat{Y} | \alpha = 0) = G(\tilde{Y}) \tag{8-15}$$

常数项的贡献可以表示为

$$CO_\alpha = G(\hat{Y}) - G(\tilde{Y}) \tag{8-16}$$

$G(\tilde{Y})$ 表示所有解释变量对 $G(Y)$ 的贡献，然而如何获得各个解释变量 x_i 对 $G(\tilde{Y})$ 的贡献呢？Shorrocks（2013）发展的 Shapley 值分解方法能很好地解决这个问题，特别地，Shorrocks（2013）的方法在处理非线性模型时具有独特的优势，适用于任何不平等指标。其原理符合合作博弈论理论，主要用来解决多合作主体间的成本分摊和利益分配问题。Shapley 值分解过程简述如下。

在给定式（8-14）的情况下，假定 x_1 在每个省区市均匀分配，得到 $\bar{x}_1$，那么 x_1 对 $G(\tilde{Y})$ 的贡献为零，然后计算得到 $\tilde{Y}$：

$$\tilde{Y}(x_1 = \bar{x}_1) = \beta_1 x_1 + \sum_{i=2}^{m} \beta_i \cdot x_i \tag{8-17}$$

通过式（8-14）和式（8-17）分别计算各个省区市的人均碳排放，然后估算对应的不平等指数（后面的分解中将用到 GE_1、Gini、GE_0 三个指标），将两个不平等指数作差，即得到因素 x_1 对不平等的贡献，用类似的做法，可以得到 $x_2, \cdots, x_m$ 对不平等的贡献值。

8.3.3 碳排放 Shapley 值分解结果与讨论

1. 确定待分解方程

进行 Shapley 值分解之前，要确定待分解的回归方程，本章选择 PCSE 回归结果作为分解方程。本节的目的是调查中国碳排放的区域差异，而不是其对数的差异，根据表 8-3 中模型 I 得到的回归方程求解 CP，得到

$$CP = \exp(-10.967) \cdot \exp(1.1296 \ln GPC + 0.0581 \ln URB - 0.0422 \ln OPN$$
$$+ 0.0516 \ln IND + 1.01 \ln EI) \cdot \exp(\gamma_t) \cdot \exp(\delta_i) \cdot \exp(\varepsilon_{it})$$

$$(8\text{-}18)$$

基于式（8-18），省际人均碳排放差异应该由人均碳排放而不是其对数形式进行度量。由于本章人均碳排放的区域不平等是由 Gini、GE_1 和 GE_0 进行度量的，这些不平等指数均为相对指标，满足齐次性，常数项在方程中作为乘数，可以去除而不影响不平等的数值；残差的贡献如前面所述，可根据 Wan（2002）的研究给出，由于不平等指标是按年度分解的，此时不用考虑年度变化，即时间趋势项可从方程中去除；最终，用作 Shapley 值分解的方程形式为

$$CP = \exp(1.1296 \ln GPC + 0.0581 \ln URB - 0.0422 \ln OPN$$
$$+ 0.0516 \ln IND + 1.01 \ln EI + REG)$$

$$(8\text{-}19)$$

式中，REG 为省份虚拟变量构造的一个新变量，本章采用相关研究中常用的方法，对虚拟变量系数进行组合，用于表示地区因素的影响。借鉴万广华等（2005）的研究，自变量对总不平等的解释比例通过下式获得：$100 \times (1 - |residual| / Gini)$，其中，residual 表示残差。总的来说，采用 Gini 时，除了常数项和误差项，本章模型中包含的所有解释变量能够解释 89%～99% 的人均碳排放差异，平均值达到 96.057%（表 8-5），说明本章建立的模型对碳排放不平等的解释力较强，式（8-19）适宜作为 Shapley 值分解回归方程。

表 8-5 自变量对人均碳排放区域不平等的解释比例

年份	总 Gini	影响程度		被解释比例/%
		自变量	误差项	
2000	0.283	0.283	0.000	99.926
2001	0.287	0.288	0.000	99.889
2002	0.286	0.285	0.001	99.664
2003	0.278	0.284	−0.005	98.172
2004	0.262	0.276	−0.014	94.565
2005	0.266	0.267	0.000	99.823
2006	0.264	0.268	−0.004	98.539
2007	0.258	0.267	−0.009	96.320

年份	总 Gini	影响程度		被解释比例/%
		自变量	误差项	
2008	0.255	0.264	−0.009	96.464
2009	0.248	0.260	−0.012	95.058
2010	0.246	0.251	−0.005	97.854
2011	0.255	0.253	0.002	99.262
2012	0.267	0.255	0.012	95.536
2013	0.269	0.256	0.013	95.104
2014	0.277	0.251	0.025	90.812
2015	0.283	0.252	0.031	88.892
2016	0.285	0.248	0.037	87.092
平均值	0.269	0.265	0.004	96.057

2. 各变量对碳排放不平等的贡献

为了识别各影响因素对碳排放不平等的贡献，本章运用 Shapley 值分解方法对人均碳排放的 Gini、GE_1、GE_0 进行分解。在本节中，不考虑残差的微弱贡献，模型中被解释的总差异（即 $G(\tilde{Y})$）作为分母，计算各解释变量的相对影响，因此所有解释变量的贡献率之和为 100%。Shapley 值分解结果如图 8-2～图 8-4 所示。经济发展水平、城镇化、对外开放、产业结构、能源强度、地区因素的差异性直接影响省际碳排放的差异性表现，从贡献率大小来看，不同的不平等指标的分解结果虽有细微差异，但贡献率排序基本一致；因此，采用不同的差异度量指标并不会对本章的政策含义造成大的影响。

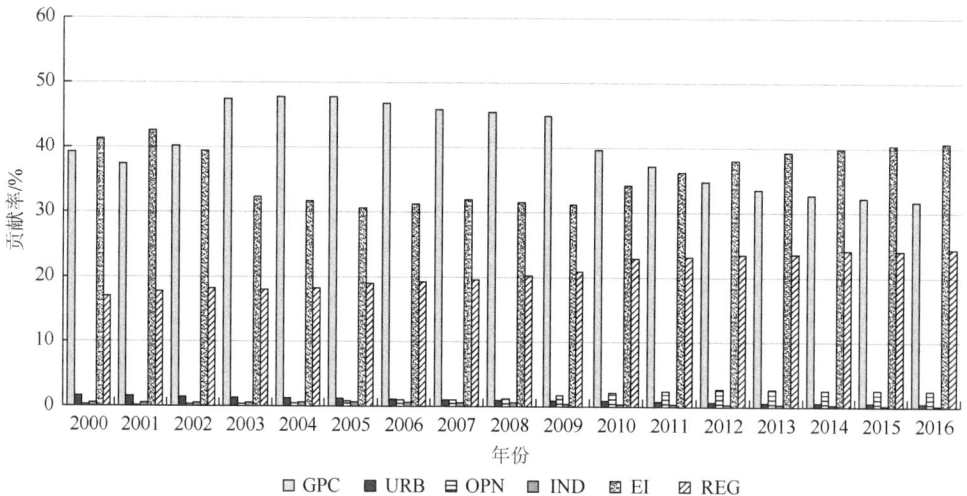

图 8-2　中国人均碳排放区域差异分解结果（Gini）

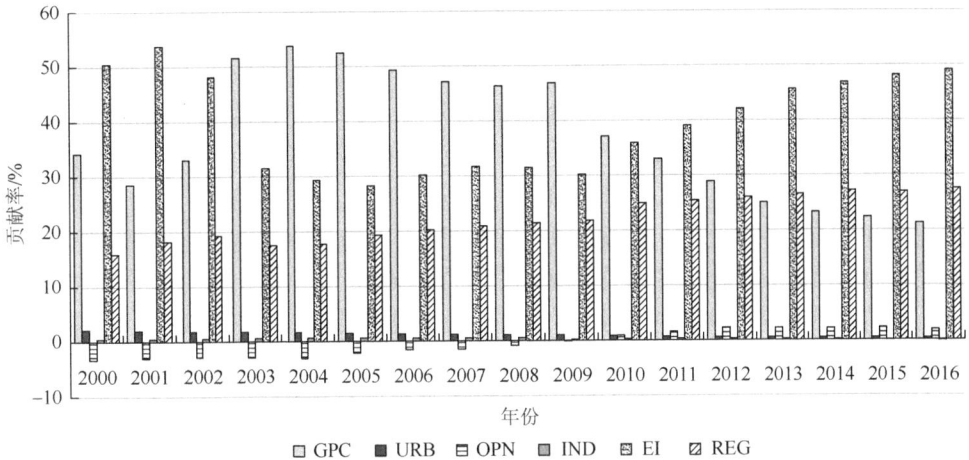

图 8-3　中国人均碳排放区域差异分解结果（GE_1）

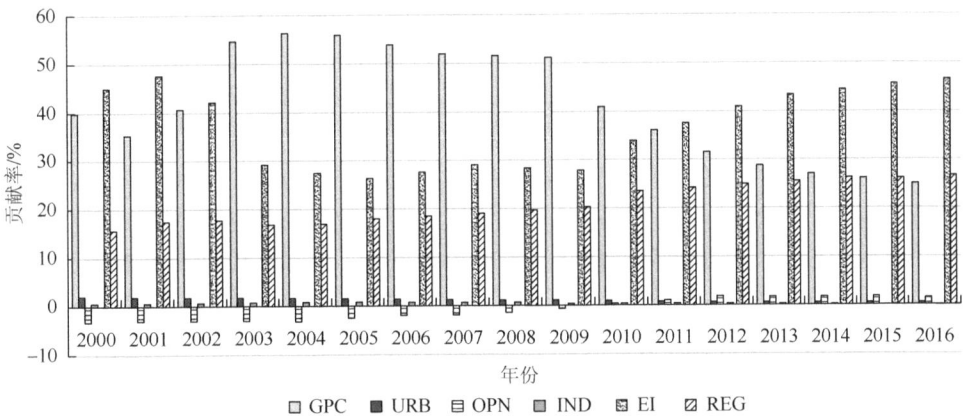

图 8-4　中国人均碳排放区域差异分解结果（GE_0）

图 8-2～图 8-4 依次展示了利用 Gini、GE_1、GE_0 三种指标分解得到的各因素对碳排放不平等的贡献率，如果某一个变量在各个地区是同等分布的，那么根据 Shapley 值分解，它对碳排放不平等的贡献为零。换句话说，总的碳排放不平等是由所有变量的不平等造成的。图 8-2～图 8-4 显示了不同地区的经济发展水平差异是造成碳排放不平等（regional disparities of CP，CPD）的最主要原因，能源强度则是第二大贡献因素，地区因素也是造成碳排放不平等的重要因素，三个变量的总贡献率达到 90%以上。特别地，对外开放的贡献率有正有负。从图 8-2 来看，2000～2016 年，有 10 年经济发展水平差异对碳排放不平等的贡献率排名第一，其平均贡献率达到 40.26%，最低为 31.7%，最高为 47.8%。长期

以来，中国区域经济发展不平衡问题比较突出；根据凯恩斯的绝对收入假说，收入是消费的主导因素，不同地区的经济发展水平差异造成了人均碳排放水平的差异，收入高的地区，为了提高生活质量，人们的能源需求更高，消费能力更强，拉大了与落后地区碳排放的差距；根据表 8-3 分位数回归的结果，碳排放越高的地区，经济发展水平对碳排放的正向影响越大，这也进一步加大了区域碳排放不平等程度。2000～2003 年经济发展水平的贡献率有一定程度的上升，2003～2016 年其贡献率整体上呈现明显的下降趋势。

能源强度差异则是仅次于经济发展水平造成碳排放不平等的第二大因素，其贡献率呈现先下降后上升的趋势。图 8-2 中，其平均贡献率为 36%，最大贡献率达到 42.6%。事实上，能源强度与经济发展水平息息相关，一般而言，经济发达地区的能源利用效率更高；由于经济发展水平、技术水平等方面的差异，各个地区的能源效率存在显著差异，由此造成了碳排放不平等。

地区因素的平均贡献率为 20.8%，其贡献率整体上呈现上升的趋势，这说明地区持续存在的差异是碳排放不平等的重要原因，如能源禀赋、消费习惯、环境规制强度等差异。由于我国各省区市的经济发展呈现非均衡性和能源资源空间分布的异质性，有必要根据各个省区市的实际情况因地制宜地制定碳减排政策。

图 8-2 显示对外开放对碳排放的年均贡献率为 1.45%，从图 8-3 和图 8-4 可以看出，对外开放的贡献率有正有负，其年均贡献率分别为–0.49%和–0.86%，总体来看，对外开放对碳排放不平等的贡献不大，可能是由于"西部大开发"和"一带一路"的实施，区域对外开放水平差异有所下降。然而，根据表 8-3 的分位数回归结果，在高碳排放地区，对外开放对人均碳排放的负向影响更大，因此，对外开放对碳排放影响的异质性缓解了对外开放区域差异所导致的碳排放不平等，在一定程度上缩小了碳排放不平等。

图 8-2 中的结果表明城镇化年均贡献率仅为 1%，根据表 8-3 的分位数回归结果，人均碳排放越高的地区，城镇化对人均碳排放的正向影响越大，因此，高碳排放地区与低碳排放地区的碳排放差距进一步拉大；城镇化的贡献率相对较小，可能的原因是近年来随着中国城镇化进程的加快，地区间城镇化水平差距正在逐渐缩小，城镇化不是造成碳排放不平等的主要因素。

产业结构的贡献率最小，年均贡献率仅为 0.46%，这表明第二产业比重差异对碳排放不平等的贡献相对有限。事实上，由于中国大部分地区的经济发展依赖工业行业，在 2016 年，大多数地区的第二产业占比为 40%～50%，只有北京、上海、海南三个地区第二产业占比在 30%以下。另外，根据分位数回归结果，相对于高碳排放地区，产业结构在低碳排放地区对人均碳排放的正向影响更大，这有利于缩小区域间的碳排放不平等。

8.4 中国省际低碳经济发展路径探索

在前面的讨论中，分位数回归解释了在不同分位点上各变量对人均碳排放影响的动态变化，进行 Shapley 值分解发现，经济发展水平和能源强度的差异是导致碳排放不平等的主要因素，地区持续存在的差异也是不可忽略的因素。在全球气候变暖的大背景下，中国做出了一系列碳减排承诺，实现低碳经济发展已成为中国经济可持续发展的必由之路。

图 8-5 为 2016 年中国省际人均碳排放和收入水平散点图，分别以人均 GDP 和人均碳排放为横、纵轴。图中参考线分别为人均碳排放和人均 GDP 的均值，因此，30 个省区市被分为四类，分别对应图中 A、B、C、D 四个区域。

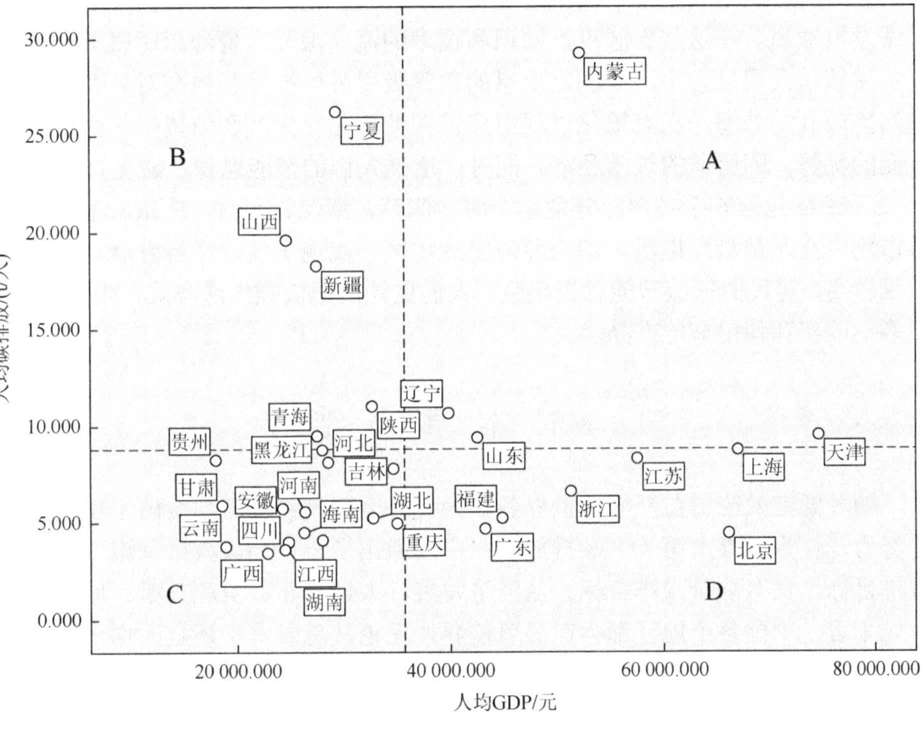

图 8-5 2016 年中国省际人均碳排放和收入水平散点图

区域 A 包括 4 个省区市，分别是山东、内蒙古、辽宁、天津。这些省区市经济较为发达，主要依赖传统的粗放式经济增长方式，以能源密集型产业为主；根据 Shapley 值分解结果，除了经济发展水平，能源强度的差异是造成碳排放不平等的主要原因，对于这些省区市，重点要提升技术水平，提高能源的利用效率。

一方面，要加强低碳技术研发投入，当地企业应该开发节能技术或进行技术引进；另一方面，要完善产学研协同创新机制，加强产业聚集，发挥技术集约化效应，提升技术规模。

区域 B 包括 5 个省区，分别是新疆、陕西、山西、宁夏、青海。容易看出，大部分是中、西部经济落后省区，拥有丰富的能源资源，但能源利用效率较低，导致人均碳排放较高。对于这些省区，要避免传统的依赖高能耗的经济发展方式，具体来说，有必要加快产业结构向第三产业转型升级，促进高附加值、低碳产业的发展，在经济发展过程中实现能源资源的最优配置。

区域 C 包括 15 个省区市，分别是吉林、安徽、江西、黑龙江、河北、湖北、湖南、云南、甘肃、河南、四川、贵州、广西、海南、重庆。这些省区市大多集中在中、西部地区，经济发展较为落后，由于人口规模相对较大，人均碳排放水平不高。对于这些省区市，政策的选择与组合显得尤为重要，以实现经济增长和低碳发展双赢。在这些省区市，知识和技术的流动很慢，资源相对匮乏。在工业化和城镇化发展过程中，应制定优惠的政策吸引外商投资和提高对外开放水平，提高能源利用效率。在城镇化过程中应发挥城镇化在生产和消费中集约利用能源方面的优势，即所谓的规模经济。同时，增强人们的节能意识，避免资源浪费。

区域 D 包括 6 个省市，分别是上海、江苏、浙江、北京、广东、福建。这些省市集中在东部沿海地区，均为经济发达地区，实现了低碳经济发展。人民生活质量较高，居民的低碳节能意识更强，人们更倾向于低碳生活方式，如低碳出行，更多地购买和使用节能产品。

8.5　本 章 小 结

随着温室效应日益严峻，世界各国为缓解全球气候变暖均做出了积极的碳减排努力。作为世界上第一大碳排放国，中国做出了一系列碳减排承诺，既有强度减排目标，又有总量减排目标。从经济发展、人口分布、资源禀赋、城镇化、工业化来看，中国各个地区都存在显著差异，无论从总量水平还是人均水平来看，碳排放均受地区特征的影响。因此，中国的碳排放水平呈现出明显的区域差异。有必要根据不同区域的实际情况，因地制宜地制定碳减排政策。为此，本章利用分位数回归方法识别在不同分位点各因素对碳排放的影响，同时计算各变量变化对碳排放增长的贡献，并运用基于回归方程的 Shapley 值分解框架分析了中国区域碳排放不平等的成因，提出了省际低碳经济发展路径。

第9章　雾霾治理策略研究

9.1　雾霾污染的影响因素分析

9.1.1　计量模型构建

本章首先基于可拓展 STIRPAT 模型建立了雾霾污染的计量模型，然后利用分位数回归方法对模型进行估计，形式如式（8-4）、式（8-5）所示。

在 STIRPAT 模型中，P、A、T 均可进行分解（York et al.，2003），财富因素可包含经济发展水平和产业结构两个方面，用人均 GDP（Miao，2017）和产业结构（Wang and Zhao，2018）进行表征；由于不同地区的人口规模和行政面积都存在显著差异，采用人口规模指标缺乏可比性（邵帅等，2016），人口密度反映人口聚集度，本章利用人口密度来表征人口因素对雾霾污染的影响。而技术因素 T 可以进一步扩展，一方面，能源强度可以反映能源利用效率，用单位 GDP 能耗进行度量；另一方面，外商直接投资会伴随外商直接投资技术溢出，因此，技术因素可扩展为能源强度和外商直接投资；此外，本章还考虑了其他可能会对雾霾污染产生影响的因素；最终，式（8-5）可进一步扩展为

$$\ln PM_{it} = \beta_0 + \beta_1 \ln GPC_{it} + \beta_2 \ln PD_{it} + \beta_3 \ln IND_{it} + \beta_4 \ln FDI_{it} \\ + \beta_5 \ln EI_{it} + \beta_6 \ln ER_{it} + \gamma_t + \delta_i + \varepsilon_{it} \tag{9-1}$$

式中，i 表示省区市，$i = 1,2,\cdots,30$；t 表示年份；PM_{it} 为雾霾污染，用 $PM_{2.5}$ 浓度来度量；GPC、PD、IND、FDI、EI、ER 分别表示经济发展水平、人口密度、工业化水平、外商直接投资、能源强度、环境规制，我国正处于工业化阶段，化石燃料燃烧和建筑工地扬尘是 $PM_{2.5}$ 的重要来源，工业化水平会对雾霾污染产生显著的影响，有证据表明利用工业增加值占 GDP 的比重表征工业化水平是不准确的（Li et al.，2015），第二产业增加值与第一产业增加值的比值可以很好地表征一个地区的工业化水平（Li et al.，2015；Chenery et al.，1986），因此，本章利用第二产业增加值与第一产业增加值的比值来表征工业化水平，该数值越大，一个国家的工业化水平越高；γ_t 为时间非观测效应，用来控制随时间变化的因素带来的影响，如能源和环境相关政策、能源价格变化，本章通过加入时间虚拟变量加以控制；δ_i 为不随时间变化的地区非观测效应，用来控制省域间持续存在的差异，如气候条件、消费习惯、自然资源禀赋差异，本章通过引入地区虚拟变量来捕捉这

些地区非观测效应的影响；ε_{it} 为与时间和地区都无关的随机扰动项。中国省域 $PM_{2.5}$ 浓度呈现显著的区域梯度差异，东部 $PM_{2.5}$ 浓度显著高于中部和西部，此外，从经济总量、资源禀赋、技术水平、消费习惯来看，东、中、西部都存在显著差异；因此，本章将 30 个省区市划分为东、中、西三个区域，加入三个地区虚拟变量控制区域差异对 $PM_{2.5}$ 浓度的影响。通过引入地区虚拟变量到模型中以控制地区固定效应，并且在一定程度上控制遗漏的影响因素，消除残差项中可能存在的遗漏变量的影响。

9.1.2　变量和数据来源

在分位数回归部分，本章使用 2000～2016 年中国 30 个省区市的面板数据。各变量定义如表 9-1 所示，变量的描述性统计如表 9-2 所示。Jarque-Bera 检验表明大多数时序变量为非正态分布，传统的 OLS 回归要求扰动项服从正态分布，雾霾污染尾部分布的重要信息无法从均值回归中获得，分位数回归是更好的选择。由于我国 2012 年才开始统计 $PM_{2.5}$ 数据，本章需要用到连续年份的面板数据，为解决 $PM_{2.5}$ 浓度历史数据缺失的问题，本章的 $PM_{2.5}$ 浓度数据来自哥伦比亚大学的社会经济数据和应用中心，该数据以卫星测算的气溶胶光学厚度（aerosol optical depth，AOD）为基础，生成栅格数据形式（van Donkelaar et al.，2016，2018）。本章进一步运用 ArcGIS 软件提取栅格数据，得到中国 30 个省区市的年均 $PM_{2.5}$ 浓度数据，由于该 $PM_{2.5}$ 浓度数据仅更新到 2016 年，因此，本章的研究样本区间为 2000～2016 年。为了消除价格因素的影响，所有价格相关变量均换算成 2000 年不变价。外商直接投资的原始数据来自 2001～2017 年各省区市的统计年鉴，人口密度数据来自《中国城市统计年鉴》，工业污染治理投资的数据来自《中国环境统计年鉴》，其他数据均来源于《中国统计年鉴》和《中国能源统计年鉴》。

表 9-1　变量定义

变量类型	变量名称	变量定义	备注
被解释变量	雾霾浓度（PM）	$PM_{2.5}$ 浓度	单位：$\mu g/m^3$
解释变量	经济发展水平（GPC）	GDP/总人口	2000 年不变价
	人口密度（PD）	总人口/总面积	单位：人/km^2
	工业化水平（IND）	第二产业增加值/第一产业增加值	单位：%
	外商直接投资（FDI）	实际利用外商直接投资/GDP	单位：%
	能源强度（EI）	总能源消耗/GDP	2000 年不变价
	环境规制（ER）	工业污染治理投资/工业增加值	单位：%

表 9-2　变量的描述性统计

统计量	lnPM	lnGPC	lnPD	lnIND	lnFDI	lnEI	lnER
平均值	3.249	9.676	5.674	6.116	0.521	0.402	−1.032
标准差	0.630	0.690	0.846	0.834	1.050	0.462	0.720
最小值	0.854	7.880	2.372	3.956	−3.254	−0.724	−3.322
最大值	4.407	11.22	7.735	8.916	2.732	1.759	1.046
偏度	−0.756	−0.0732	−0.445	0.987	−0.661	0.475	−0.0105
峰度	3.296	2.305	3.899	4.728	3.266	2.765	2.961
Jarque-Bera 检验	50.47***	10.71***	34.03***	146.2***	38.64***	20.36***	0.0412
观测量	510	510	510	510	510	510	510

***表示 1%显著性水平

9.1.3　回归结果与讨论

　　为了检验变量间可能存在的多重共线性问题，本章使用 VIF 进行多重共线性检验，结果表明 lnGPC、lnIND、lnEI、lnPD、lnFDI、lnER 的 VIF 值分别为 3.43、3.03、2.78、2.16、1.76 和 1.52，所有的 VIF 值均小于 10，表明模型中并不存在严重的多重共线性问题。本章首先运用面板校正标准误差对模型进行估计（考虑组间异方差和组间同期相关），然后使用面板分位数回归方法（Powell，2016，2020），选取具有代表性的 25%、50% 和 75% 分位点进行估计，通过 MCMC 方法进行估计，种子数设为 100，回归结果如表 9-3 所示。

表 9-3　雾霾污染模型估计结果

变量	模型（1）PCSE	模型（2）25%	模型（3）50%	模型（4）75%
lnGPC	−0.462*** (0.076)	−0.523*** (0.006)	−0.052* (0.029)	−0.069 (0.051)
lnPD	0.281*** (0.022)	0.184*** (0.001)	0.443*** (0.008)	0.400*** (0.050)
lnIND	0.298*** (0.035)	0.393*** (0.002)	0.047*** (0.014)	0.038* (0.022)
lnFDI	−0.007 (0.020)	0.064*** (0.001)	−0.024** (0.009)	−0.013 (0.010)
lnEI	−0.300*** (0.060)	−0.387*** (0.001)	0.100*** (0.014)	0.240*** (0.053)
lnER	0.128*** (0.040)	0.056*** (0.001)	0.050*** (0.010)	0.036 (0.029)

续表

变量	模型（1）	模型（2）	模型（3）	模型（4）
	PCSE	25%	50%	75%
t	0.043***	0.036***	0.030***	0.037***
	（0.009）	（0.001）	（0.003）	（0.002）
Dist2	0.073**	0.261***	0.065**	−0.126**
	（0.037）	（0.002）	（0.026）	（0.053）
Dist3	−0.503***	−0.291***	−0.415***	−0.446***
	（0.050）	（0.003）	（0.018）	（0.057）
常数项	4.333***			
	（0.599）			
观测量	510	510	510	510

***、**、*分别表示 1%、5%、10%显著性水平

注：括号内为标准误差；分位数回归结果通过 MCMC 法获得，种子数设为 100；25%分位点表示较低的雾霾污染水平，而 75%分位点表征较高的雾霾污染水平；Dist2 和 Dist3 为虚拟变量

　　表 9-3 显示了对式（9-1）的回归估计结果，作为基本参考，模型（1）展示了采用面板校正标准误差的 OLS 估计结果，结果表明经济发展水平、外商直接投资和能源强度对雾霾污染产生负向影响，经济发展水平的弹性系数为−0.462，说明经济发展水平每增加 1%，雾霾污染会降低−0.462%，经济发展水平对雾霾污染的弹性系数要显著大于其他变量，说明经济发展水平是降低雾霾污染的主要影响因素。人口密度、工业化水平和环境规制对雾霾污染产生正向影响，另外，地区虚拟变量的回归系数都很显著，表明东、中、西部地区的雾霾污染存在显著的区域差异。而模型（2）～（4）展示了分位数回归估计结果，分位数回归更全面地描绘了各解释变量对雾霾污染的影响在不同分位点上的变化，可以看出，各因素的系数在不同分位点呈现出明显的动态变化。要理解这些变化，需要观察中国雾霾污染（PM$_{2.5}$ 浓度）的区域分布特点，东部地区雾霾污染程度最高，中部地区次之，西部地区最低，这种分布特点与中国区域经济发展水平高度一致，具体来说，东部地区经济发展水平、人口密度、产业结构高级化程度、外商投资水平和能源利用效率均显著高于中、西部地区。

　　根据表 9-3 的回归结果，经济发展水平（lnGPC）对雾霾污染（lnPM）的弹性系数为负，且在 25%和 50%分位点上显著，表明经济发展水平对雾霾污染产生负向影响，经济发展水平对雾霾污染的负向影响可以归结为经济社会的发展。一方面，在经济增长和社会进步的过程中，往往伴随着知识更新和科技投入；另一方面，随着人们生活质量的提高，人们对环境质量提出了更高的要求，同时政府有更多的资金进行环境治理。特别地，经济发展水平对雾霾污染的负向影响在低分位点明显高于高分位点，在 25%分位点达到最大，这是因为，相

对于高雾霾污染地区如上海、江苏，低雾霾污染地区经济发展水平较低，企业生产效率和技术水平较低，经济社会发展的潜在红利有巨大的释放空间，包括技术进步和能效提升，因此在低分位点，经济发展水平对雾霾污染的负向影响更大。

人口密度对雾霾污染的弹性系数为正，在所有分位点均通过 1%显著性水平的检验，说明人口密度对雾霾污染具有显著的正效应，人口聚集是雾霾污染的重要驱动因素。人口密度一方面会通过规模效应加重雾霾污染，另一方面也会通过集聚效应缓解雾霾污染；从回归结果来看，显然前者效应更强，在人口密度高的地区，生产和生活活动的集聚往往会带来大量住房、交通、消费需求，较高的人口密度还会导致城市气温增加，有证据表明雾霾天的最高气温高于清洁日（肖莺等，2015）。此外，人口聚集带来的交通拥堵会加重机动车尾气排放，较高的住房密度会影响风速，风速降低不利于近地面 $PM_{2.5}$ 颗粒物扩散，造成雾霾污染持续。事实上，人口聚集会促进公共交通的发展，加强公共设施共享，在一定程度上提高了能源利用效率，从而缓解雾霾污染。显然，在我国现阶段工业化和城镇化发展过程中，人口密度对雾霾污染影响的规模效应更强。

工业化对雾霾污染的弹性系数在各个分位点均显著为正，说明工业化对雾霾污染的降低起到阻碍作用，本章用第二产业增加值与第一产业增加值的比值来表征工业化水平，中国经济长期以来依赖粗放式工业发展模式，能源密集型产业比重过大，如钢铁、水泥、化工，这些行业对能源的需求巨大，能源利用效率相对较低，产生了大量的空气污染物。随着分位点的上升，其系数值呈现递减的趋势，这是因为在高雾霾污染地区，如东部沿海地区，工业增加值占比有所下降，技术密集型产业迅速发展，第三产业发展已成为经济增长的主要驱动力，因此工业化对雾霾污染的正向影响相对较低。另外，需要注意的是，近年来，东部地区向中、西部地区进行产业转移，主要为低附加值和高能耗的制造业，这一过程加重了中、西部地区工业化对雾霾污染的正向影响。

表 9-3 的面板分位数回归结果表明外商直接投资对雾霾污染有着正反双重影响，即"污染避难所"效应和"污染光环"效应。在25%分位点上，外商直接投资的估计系数在 1%显著性水平上为正，说明外商直接投资对雾霾污染产生正向影响，这一发现证实了"污染避难所"假说，在雾霾污染程度较低的地区，特别是西部地区，由于宽松的环境规制，法制尚不健全，可能会吸引大量的高污染外商投资，从而加重雾霾污染程度。而在50%和75%分位点上，外商直接投资对雾霾污染的影响效应为负，表明"污染光环"效应占优；对外开放可以吸引低能耗和低污染企业，提高能源的利用效率以及推广先进的节能环保技术，有利于缓解本地区面临的严峻环境问题。

能源强度对雾霾污染的影响在不同分位点上具有明显的异质性，能源强度对雾霾污染的弹性系数在25%分位点上显著为负，说明在雾霾污染程度低的地区，能源强度的降低（或者说能源利用效率的提升）会加重雾霾污染，这一发现证实了"回弹效应"的存在，随着能效的提升，能源服务的边际成本在下降，从而产生了更多的能源需求，抵消能效提升所节约的能源（邵帅等，2016）。然而，在50%和75%分位点上均为正，且通过了1%的显著性水平检验，说明在雾霾污染程度较高的地区，能源利用效率改进能够显著缓解雾霾污染，能源利用效率的提高有助于节约化石能源消耗，减少煤炭燃烧产生的大量烟尘、微小颗粒，从而减少雾霾污染。分位数回归结果表明能效改进并不一定会缓解雾霾污染，因此，在低雾霾污染的地区，特别是西部地区，在提升能源利用效率的同时，有必要采取辅助性措施对可能的回弹效应加以遏制，从而保证能效提升的节能减排效果。

环境规制对雾霾污染的弹性系数在各个分位点均为正，说明环境规制对雾霾污染未起到有效的抑制作用，环境规制对雾霾污染的作用失效，这一发现并不出乎意料。有证据表明环境规制对雾霾污染的直接影响可能失效，但可能通过一些间接的途径影响雾霾污染，如外商直接投资（周杰琦等，2019）。中国环境规制失效是由多方面因素引起的。李子豪（2015）认为经济增长会弱化环境规制，即使一些地方实行环境税，但低强度环境规制如低税率可能导致企业缺乏进行环保技术创新的内在动力而维持原有生产模式、排放大量污染物，因此，应该灵活调整税率，既不影响经济发展，也要达到治理环境的目的。

9.2　雾霾污染的区域差异成因及中国省际雾霾污染空间差异

1. 中国雾霾污染空间分布特征

总体来看，PM$_{2.5}$浓度在东、中、西部呈现明显的区域差异，且呈现出显著的区域递进关系，西部地区 PM$_{2.5}$浓度最低，中部地区呈现轻微的污染，东部地区雾霾污染最为严重，在2016年，天津PM$_{2.5}$浓度最高，达到70.85μg/m³，山东省达到62.12μg/m³，江苏省为58.58μg/m³。PM$_{2.5}$浓度最低的是青海，仅为6.77μg/m³，而新疆（10.57μg/m³）和内蒙古（10.52μg/m³）略高。

2. 雾霾污染不平等测度

为了量化中国省际雾霾浓度的差异，本章借鉴衡量收入不平等的指标来反映省际雾霾浓度差异。GE$_1$、Gini 和 GE$_0$是应用最广泛的三个衡量不平等的相对指标，这三个指标分别对高、中、低收入水平的变化敏感。因此，选用这三个指标更加全面、客观。计算雾霾浓度不平等指标的方法见式（8-8）～式（8-10）。

结果如图9-1所示，GE$_1$、Gini 和 GE$_0$的变化反映了省际 PM$_{2.5}$浓度区域差异变化。从图 9-1 可以看出，2000～2005 年三种不平等指数整体上均呈现下降趋势，表明省际 PM$_{2.5}$ 浓度区域差异有所减小。2005～2007 年，三种不平等指数又有所上升，2007～2014 年，三种不平等指数整体上呈现微弱的下降趋势。特别地，在 2015 年，省际 PM$_{2.5}$ 浓度差异最大，三种不平等指数均达到最大值，Gini、GE$_1$ 和 GE$_0$ 的数值分别为 0.317、0.16、0.189。总体来看，在 2000～2016 年，Gini 的平均值为 0.288，GE$_1$ 的平均值为 0.135，GE$_0$ 的平均值为 0.161。

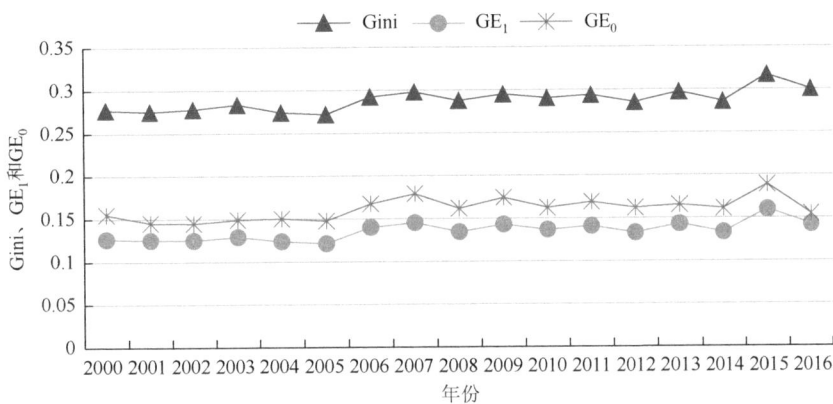

图 9-1　2000～2016 年中国省际 PM$_{2.5}$ 浓度区域差异

9.2.1　雾霾污染 Shapley 值分解模型构建

分位数回归可以分析在不同雾霾污染水平下，各因素对雾霾污染影响的变化，为了进一步探究各因素对雾霾污染区域差异的贡献大小，以回归方程为基础的 Shapley 值分解最初被用来研究收入不平等问题（Wan，2002，2004；Wan and Zhou，2005）。借鉴前人的研究，本章利用 Shapley 值分解方法研究雾霾污染的区域差异。从本质来看，它将一个回归模型和 Shorrocks（2013）发展的 Shapley 框架结合起来，其思路是将因变量的不平等（常以基尼系数、Atkinson 指数、广义熵指标衡量）分解成回归方程中常数项、残差和自变量的贡献。该方法可以得到常数项和随机项对不平等的影响（有效地弥补了传统方法的不足）；另外，该方法对不平等指标和回归方程形式没有任何限制，可以是各种非线性形式（半对数或双对数），甚至可以加入交互项。

假设 $Y = f(X, \mu)$ 是 PM 或其对数形式，为了简单地说明，这里假定 PM 为线性形式，$X = \{x_1, x_2, \cdots, x_m\}$ 为 Y 的影响因素，$\beta = \{\beta_1, \beta_2, \cdots, \beta_m\}$ 为对应变量的系数值，μ 为残差项，Y 的表达式为

$$Y = \alpha + \beta X + \mu \tag{9-2}$$

利用 Shorrocks（1982，2013）的自然分解法，首先从式（9-2）中去掉 μ，令

$$Y(\mu = 0) = \hat{Y} = \alpha + \beta X \tag{9-3}$$

假设 G 为基尼系数，对式（9-3）两边计算基尼系数（以基尼系数为例），得到 $G(Y \mid \mu = 0) = G(\hat{Y})$，而 $G(Y)$ 为雾霾污染的基尼系数，误差项对 $G(Y)$ 的贡献可以通过式（9-4）得到

$$CO_\mu = G(Y) - G(\hat{Y}) \tag{9-4}$$

$G(\hat{Y})$ 与常数项和解释变量有关，而 CO_μ 与误差项相关，总的不平等总是可以划分为 $G(\hat{Y})$ 和 CO_μ 两部分，再次使用自然分解法：

$$\hat{Y}(\alpha = 0) = \tilde{Y} = \beta X \tag{9-5}$$

有

$$G(\hat{Y} \mid \alpha = 0) = G(\tilde{Y}) \tag{9-6}$$

常数项的贡献可以表示为

$$CO_\alpha = G(\hat{Y}) - G(\tilde{Y}) \tag{9-7}$$

$G(\tilde{Y})$ 表示所有解释变量对 $G(Y)$ 的贡献，然而如何获得各个解释变量 x_i 对 $G(\tilde{Y})$ 的贡献呢？Shorrocks（2013）发展的 Shapley 值分解方法能很好地解决这个问题，特别地，Shorrocks（2013）的方法在处理非线性模型时具有独特的优势，适用于任何不平等指标。其原理符合合作博弈论理论，主要用来解决多合作主体间的成本分摊和利益分配问题。Shapley 值分解过程简述如下。

在给定式（9-5）的情况下，假定 x_1 在每个省区市均匀分配，得到 $\overline{x}_1$，那么平均分配的 x_1 对 $G(\tilde{Y})$ 的贡献为零，接下来，各个省区市的雾霾污染通过式（9-8）计算：

$$\tilde{Y}(x_1 = \overline{x}_1) = \beta_1 x_1 + \sum_{i=2}^{m} \beta_i \cdot x_i \tag{9-8}$$

通过式（9-5）和式（9-8）分别计算各个省区市的雾霾污染，然后估算对应的不平等指数（在后面的分解中将用到 GE_1、Gini 和 GE_0 三个指标），将两个不平等指数作差，即得到因素 x_1 对不平等的贡献，用类似的做法，可以得到 $x_2, \cdots, x_m$ 对不平等的贡献值。

9.2.2　雾霾污染 Shapley 值分解结果与讨论

1. 确定待分解方程

进行 Shapley 值分解之前，要确定待分解的回归方程，本章选择 PCSE 回归结果作为分解方程。本章的目的是探究 $PM_{2.5}$ 浓度的区域差异，而不是其对数的

差异，根据表 9-3 中模型（1）得到的回归方程求解 $PM_{2.5}$ 浓度的表达式，得到

$$PM = \exp(4.333) \cdot \exp(-0.462\ln GPC + 0.281\ln PD + 0.298\ln IND - 0.007\ln FDI - 0.3\ln EI$$
$$+ 0.128\ln ER) \cdot \exp(\gamma_t) \cdot \exp(\delta_i) \cdot \exp(\varepsilon_{it})$$

$$(9\text{-}9)$$

基于式（9-9），省际雾霾污染差异应该由 $PM_{2.5}$ 浓度而不是其对数形式进行度量。由于本章雾霾污染的区域不平等是由 $Gini$、GE_1 和 GE_0 进行度量的，这些不平等指数均为相对指标，满足齐次性，常数项在方程中作为乘数，可以去除而不影响不平等的数值；残差的贡献如前面所述，可根据 Wan（2002）的研究给出，由于不平等指标是按年度分解的，此时不用考虑年度变化，即时间非观测效应可从方程中去除；最终，用作 Shapley 值分解的方程形式为

$$PM = \exp(-0.462\ln GPC + 0.281\ln PD + 0.298\ln IND - 0.007\ln FDI - 0.3\ln EI$$
$$+ 0.128\ln ER + REG)$$

$$(9\text{-}10)$$

式中，REG 为地区虚拟变量构造的一个新变量，本章采用相关研究中常用的方法，对虚拟变量系数进行组合，用以表示地区因素的影响。借鉴万广华等（2005）的研究，自变量对总不平等的解释比例通过下式获得：$100 \times (1 - |residual|/Gini)$。总的来说，采用 Gini 时，本章模型中包含的所有解释变量能够解释 $71.467\% \sim 99.517\%$ 的 $PM_{2.5}$ 浓度差异，年均贡献率达到 83.606%（表 9-4），说明模型中的变量能够很好地解释雾霾污染区域差异。另外，根据表 9-3 的回归结果，式（9-10）中各变量显著性良好，适宜作为 Shapley 值分解的回归方程。

表 9-4 自变量对雾霾污染区域不平等的解释比例

年份	Gini	影响程度		被解释比例/%
		自变量	误差项	
2000	0.277 26	0.198 15	0.079	71.467
2001	0.275 37	0.199 61	0.076	72.488
2002	0.278 11	0.209 13	0.069	75.197
2003	0.283 72	0.224 76	0.059	79.219
2004	0.274 33	0.220 79	0.054	80.483
2005	0.272 05	0.230 66	0.041	84.786
2006	0.292 23	0.227 63	0.065	77.894
2007	0.297 7	0.245 85	0.052	82.583
2008	0.287 54	0.243 24	0.044	84.593
2009	0.294 92	0.231	0.064	78.326
2010	0.290 33	0.247 03	0.043	85.086
2011	0.293 8	0.244 06	0.050	83.070

年份	Gini	影响程度		被解释比例/%
		自变量	误差项	
2012	0.285 2	0.275 97	0.009	96.764
2013	0.297 1	0.254 25	0.043	85.577
2014	0.285 98	0.265 8	0.020	92.944
2015	0.316 7	0.289 15	0.028	91.301
2016	0.299 98	0.301 43	−0.001	99.517
平均值	0.288	0.242	0.047	83.606

2. 驱动因素贡献率分解

图 9-2～图 9-4 依次展示了利用 Gini、GE_1、GE_0 三种指标分解得到的各因素对雾霾污染区域差异（regional disparities of PM，PMD）的贡献率，如果某一个变量在各个地区是同等分布的，那么根据 Shapley 值分解，它对雾霾污染不平等的贡献为零。图 9-2～图 9-4 表明，区域间人口密度差异是造成区域雾霾污染差异的最主要原因，其次，工业化水平、地区因素、能源强度也是造成雾霾污染地区差异的重要因素，特别地，经济发展水平是缩小雾霾污染区域差异的重要因素，而外商直接投资和环境规制的贡献率相对较小。根据图 9-2 的分解结果，人口密度、工业化水平和地区因素的年均贡献率之和达到 96%，这意味着这三个变量能够解释接近 96% 的雾霾污染区域差异。下面的讨论以图 9-2 的结果为主。

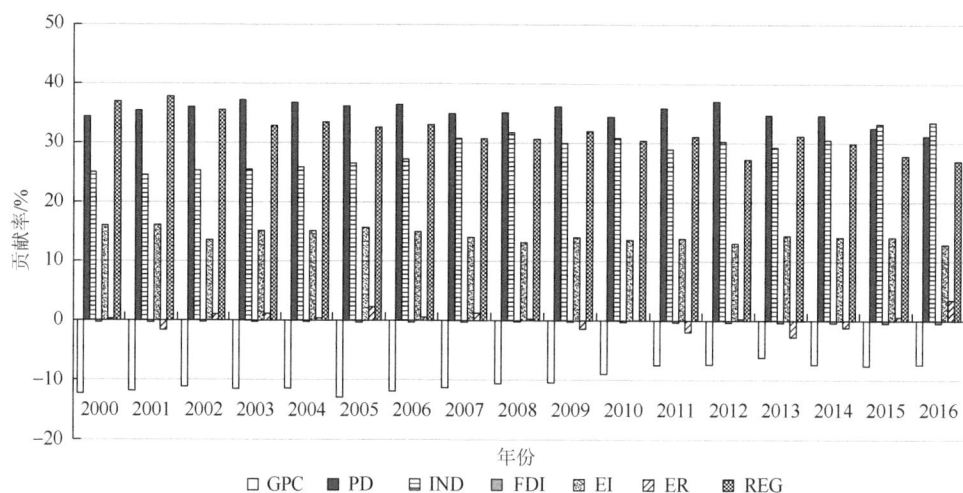

图 9-2　中国雾霾区域差异分解（Gini）

图 9-2 显示, 在 2000~2016 年, 有 13 年人口密度的贡献率均排名第一, 其年均贡献率达到 35%, 最高贡献率达到 37%。中国雾霾污染和人口密度在东、中、西部存在明显的区域差异, 雾霾污染程度越高的地区人口密度越高, 而人口密度对雾霾污染产生正向影响, 并且, 分位数回归结果表明这种影响在高分位点明显大于低分位点, 因此, 地区间雾霾污染的差距进一步拉大。

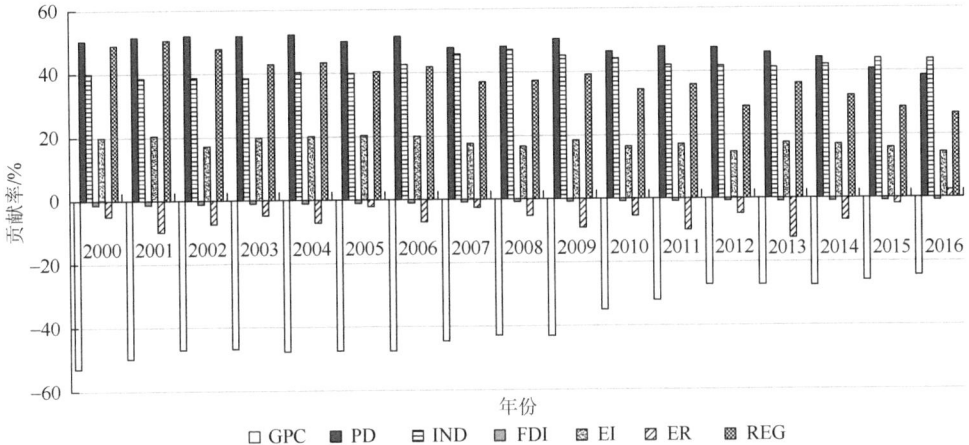

图 9-3　中国雾霾区域差异分解（GE$_1$）

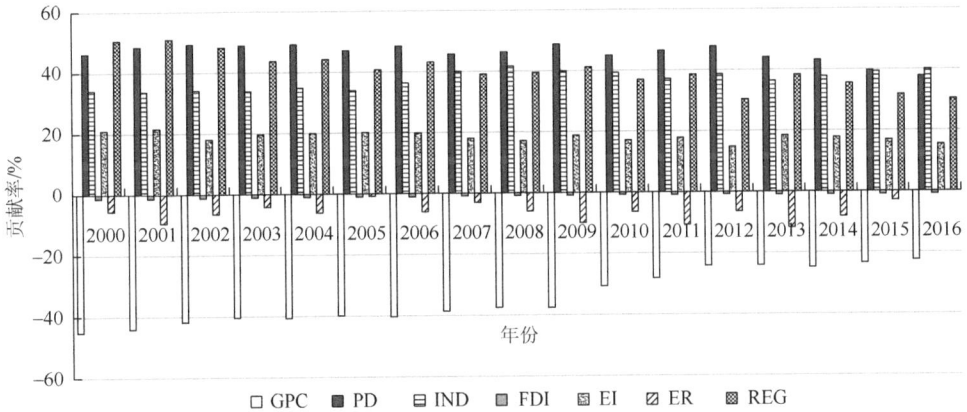

图 9-4　中国雾霾区域差异分解（GE$_0$）

地区因素是仅次于人口密度造成雾霾污染不平等的第二大原因, 年均贡献率达到 32%, 最高贡献率为 38%, 其贡献率随着时间的增长有下降的趋势, 但依然维持在较高水平, 这说明区域差异是造成雾霾污染差异的重要原因, 这主要是因为不同地区间持续存在的差异特别是气候条件, 如风速、降雨量、相对湿度和气温，这些因素都可能对雾霾污染产生重要影响。

造成区域雾霾污染差异的第三大因素是工业化水平，年均贡献率为29%，工业化水平的贡献率随着时间的增长有增加的趋势；中国区域工业化水平存在显著差异，高雾霾污染地区如天津、北京、上海的工业化水平高于低雾霾污染地区如新疆、青海、宁夏，因此，区域工业化水平差异在一定程度上导致了区域雾霾污染差异。

经济发展水平的贡献率为负，年均贡献率为-10%，表明区域经济发展水平差异有利于缩小雾霾污染差异，中国的雾霾污染在东、中、西部呈现明显的递减趋势，高雾霾污染地区主要集中在东部经济发达地区，而中、西部地区雾霾污染程度相对较低，经济发展水平相对落后；回归结果表明经济发展水平对雾霾污染产生负向影响，因此，经济发展水平的不平衡缩小了雾霾污染区域差异。事实上，促进区域经济协调发展有利于收入的公平分配，更有利于降低雾霾污染程度。

能源强度的年均贡献率为14%，分位数回归结果表明在低分位点，即低雾霾污染地区，如新疆、青海等西部地区，能源强度较高，能源强度对雾霾污染产生负向影响，而在高分位点，即中高雾霾污染地区，如北京、上海等东部地区，能源强度相对较低，能源强度对雾霾污染产生正向影响，因此，能源强度是造成雾霾污染区域差异的重要原因。

外商直接投资和环境规制的年均贡献率均小于1%，表明它们对雾霾污染区域差异的贡献相对较小。外商直接投资的年均贡献率为-0.28%，分位数回归结果表明在低分位点，外商直接投资较低，外商直接投资对雾霾污染产生正向影响，而在高分位点，即中高雾霾污染地区，外商直接投资相对较高，外商直接投资对雾霾污染产生负向影响，因此，外商直接投资在一定程度上可以缩小雾霾污染区域差异。环境规制对雾霾污染的影响失效，其年均贡献率仅为 0.18%，这说明环境规制未能有效发挥政策工具在治理雾霾中的重要作用。

9.3 中国省际雾霾治理路径探索

在前面的讨论中，分位数回归解释了在不同分位点上各变量对雾霾污染影响的动态变化，然后，利用 Shapley 值分解方法，发现造成雾霾污染区域差异的主要因素。随着中国经济进入"新常态"，经济增长不再以牺牲环境为代价。为了推动生态文明建设，实现区域经济协调均衡发展和雾霾的有效治理，有必要根据经济发展水平和雾霾污染程度的区域差异进行整体规划，实行差异性的区域治霾策略。

图 9-5 为 2016 年中国省际 PM$_{2.5}$ 浓度和人均 GDP 散点图，分别以人均 GDP 和 PM$_{2.5}$ 浓度为横、纵轴。图中参考线分别为 PM$_{2.5}$ 浓度和人均 GDP 的均值，因此，30 个省区市被分为四类，分别对应图中 A、B、C、D 四个区域。

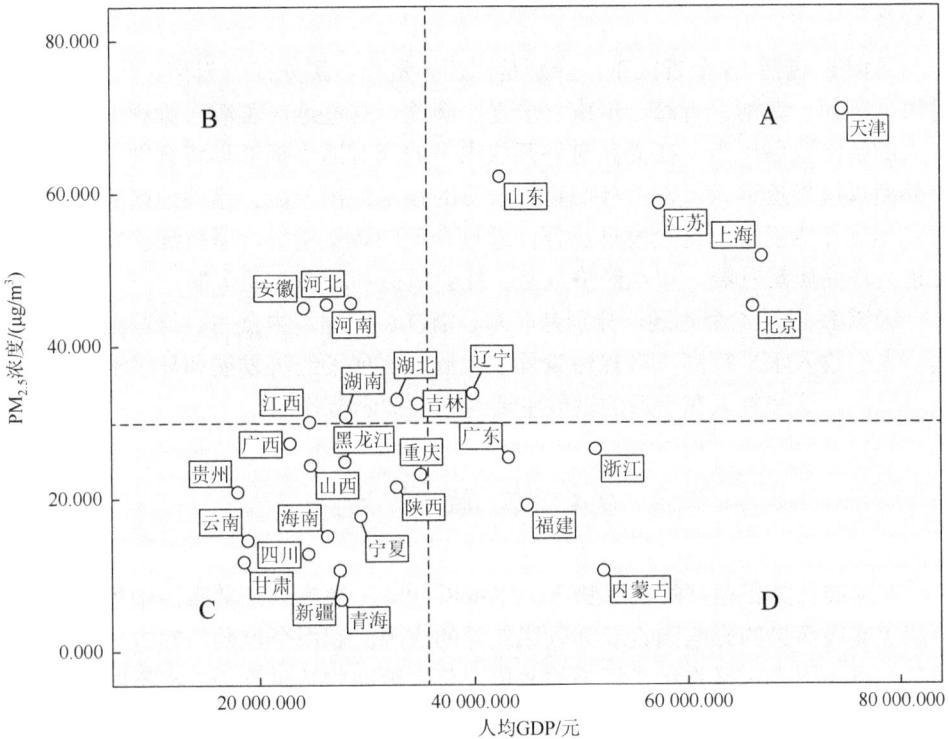

图 9-5　2016 年中国省际 PM$_{2.5}$ 浓度和人均 GDP 散点图

　　区域 A 包括 6 个省市，分别是天津、山东、江苏、上海、北京、辽宁。容易看出，这些省市均为东部沿海省市，经济发达但面临较为严重的雾霾污染。这些省市吸引了大量的外来劳动力，人口密度大。在今后的发展中，要发挥人口聚集在集约利用资源方面的优势，大力促进公共交通的发展，促进低碳生活方式，如低碳出行、增强人们的节能意识、更多地购买和使用节能产品；将环境评价指标纳入官员政绩考核中，鼓励地方政府投入更多的资金治理环境污染，加大知识资本和技术资本的创新性投入；此外，对污染企业和主要建筑工地进行 PM$_{2.5}$ 浓度监测，加大对重点污染单位的惩治力度。

　　区域 B 包括 7 个省份，分别是安徽、河南、河北、湖北、湖南、吉林、江西。大部分是中、西部经济落后省份，主要依赖传统的粗放式经济增长方式，以能源密集型产业为主。这些省份都处在工业化和城镇化快速发展阶段，面临地区经济发展和环境污染的双重压力。在城镇化过程中，应大力推进紧凑型城市发展，缓解人口聚集对环境造成的压力。在经济发展过程中，这些省份要避免传统的依赖高能耗的经济发展方式，促进产业结构绿色转型，大力发展高附加值、低能耗产业；特别地，这些省份还要提高环保标准，减小东部省份污染产业转移带来的"污染转移"。

区域 C 包括 13 个省区市，分别是四川、贵州、黑龙江、云南、山西、陕西、甘肃、广西、海南、青海、重庆、宁夏、新疆。这些地区雾霾污染程度低，面临较大的经济发展压力。在提高对外开放水平的同时适当提高环境规制，限制高污染外商直接投资进入，发挥外商直接投资的技术溢出效应。这些地区应该以区域 D 的地区作为经济可持续发展标杆，通过合理的政策引导，坚持绿色发展理念，促进经济高质量发展，实现经济效益、社会效益和环境效益多赢。

区域 D 包括 4 个省区，分别是广东、浙江、福建、内蒙古。这些地区经济发达，人们收入水平较高，雾霾污染程度较低，实现了经济发展和环境治理的"双赢发展"，这些省区在今后的发展中要继续发挥示范作用。

9.4 本 章 小 结

在雾霾污染日益严峻的形势下，本章以 $PM_{2.5}$ 浓度表征雾霾污染程度，重点考察了雾霾污染的影响因素及其区域差异的成因。利用分位数回归方法识别在不同分位点各因素对雾霾污染影响的变化，分位数回归结果显示，在不同分位点，经济发展水平、人口密度、工业化水平、外商直接投资、能源强度、环境规制对雾霾污染的弹性系数有显著差异，这表明，在不同地区（不同的雾霾污染水平下），各变量对雾霾污染有不同的影响。基于面板校正标准误差估计回归方程，通过 Shapley 值分解定量分析各因素对雾霾污染区域差异的贡献，分解结果表明人口密度的差异是造成雾霾污染区域差异最重要的原因，工业化水平、能源强度和地区因素的贡献也不容忽视，而外商直接投资和环境规制的贡献相对较低；特别地，经济发展水平的贡献率为负，是缩小雾霾污染区域差异的因素。根据各个省区市经济发展水平和雾霾污染程度的差异，本章还提出了有针对性的省际雾霾治理策略。

第 10 章　碳排放与经济增长脱钩关系

中国还处于城镇化和工业化快速发展阶段，为了达到既定的减排目标，就必须改善以能源为基础的经济增长方式。因此深入探究碳排放与经济增长的脱钩关系，对于制定合理的减排政策、实现既定的减排承诺具有重要的现实意义。基于以上考虑，近年来，中国政府亟须找到能源消耗、碳排放和经济健康发展的均衡路径。然而，不同地区面临的问题不同，制定的政策也就千差万别。东部率先发展、中部崛起、东北振兴和西部大开发这一差异性的战略显示了中国地区经济基础、地理位置、产业结构和自然资源禀赋存在很大的差异。所以，中国政府在制定政策时，不仅要考虑全局的发展，还应该考虑局部的异质性，制定公平、有效的战略方针。因此，统筹整体与部分的关系，制定合理、高效、有针对性的碳减排政策具有非常重要的意义。因此，本章将进一步探究碳排放与经济增长之间的脱钩关系。

10.1　新脱钩指数与 EKC 之间的关系

本章新定义的脱钩指数为 ε_{new}，下面简称为新的脱钩指数。Tapio 定义的脱钩指数为 ε，下面简称为旧的脱钩指数。旧的脱钩指数和新的脱钩指数的定义如式（10-1）和式（10-2）所示。

本章意图利用如下的关系链来证明 ε_{new} 与 EKC 之间的关系，关系链如下：

$$\text{EKC} \to \varepsilon^t \to \varepsilon_{\text{new}}^t \tag{10-1}$$

$$\text{EKC} \leftarrow \varepsilon^t \leftarrow \varepsilon_{\text{new}}^t \tag{10-2}$$

为了证明 EKC 与逐年脱钩指数 ε 之间存在的关系，本章假定：

$$C^t = \alpha_0 + \alpha_1 y^t + \alpha_2 (y^t)^2, \quad y^t = \text{GDP}^t / P^t, \quad \alpha_1 > 0, \alpha_2 < 0$$

人口增长率为零，各变量的含义如表 10-1 所示。

表 10-1　各变量的含义

符号	含义	符号	含义
ε	Tapio 定义的脱钩指数	C^{t-1}	$t-1$ 时期的污染物（温室气体）的排放量
ε_{new}	本章定义的脱钩指数	C^0	基期的污染物（温室气体）的排放量
C^t	t 时期的污染物（温室气体）的排放量	GDP^t	t 时期的生产总值

符号	含义	符号	含义
GDP^{t-1}	$t-1$ 时期的生产总值	y	人均 GDP
GDP^0	基期时期的生产总值	α_0、α_1、α_2	污染物（温室气体）与人均 GDP 回归中的参数
P	人口总数		

则有

$$\varepsilon^t = \frac{(C^t - C^{t-1}) / C^{t-1}}{(GDP^t - GDP^{t-1}) / GDP^{t-1}}$$

$$= \frac{\alpha_1 y^t + \alpha_2 (y^t)^2 - \alpha_1 y^{t-1} - \alpha_2 (y^{t-1})^2}{\alpha_0 + \alpha_1 y^{t-1} + \alpha_2 (y^{t-1})^2} \cdot \frac{GDP^{t-1}}{r}$$

$$= \frac{(y^t - y^{t-1})[\alpha_1 + \alpha_2 (y^t + y^{t-1})]}{\alpha_0 + \alpha_1 y^{t-1} + \alpha_2 (y^{t-1})^2} \cdot \frac{GDP^{t-1}}{r} \tag{10-3}$$

令 $r = GDP^t - GDP^{t-1}$，式（10-3）中，$GDP^t > 0$，$r > 0$，$y^t - y^{t-1} > 0$，则当 $\varepsilon^t = 0$ 时：

$$\alpha_1 + \alpha_2 (y^t + y^{t-1}) = 0 \tag{10-4}$$

由于本章要考察长期的脱钩状态，因此可以将时间 t 看成一个趋于无穷大的常数，运用极限的思想可得

$$\lim_{t \to \infty}[\alpha_1 + \alpha_2 (y^t + y^{t-1})] = 0 \Rightarrow y^t = -\frac{\alpha_1}{2\alpha_2} \tag{10-5}$$

由前面的假设可知，EKC 在拐点处也满足 $\frac{\partial C^t}{\partial y^t} = 0 \Rightarrow y^t = -\frac{\alpha_1}{2\alpha_2}$。因此，EKC 的拐点是绝对脱钩和相对脱钩的分界点。

本章对新的脱钩指数（ε_{new}）进行了如下的推导。具体模型如下：

$$\varepsilon^t - \varepsilon^{t-1} = \frac{(C^t - C^{t-1}) / C^{t-1}}{(GDP^t - GDP^{t-1}) / GDP^{t-1}} - \frac{(C^{t-1} - C^{t-2}) / C^{t-2}}{(GDP^{t-1} - GDP^{t-2}) / GDP^{t-2}}$$

$$= \frac{(C^t - C^{t-1}) / C^{t-1}}{(GDP^t - GDP^{t-1}) / GDP^{t-1}} \cdot \frac{C^{t-1}}{C^0} \cdot \frac{(GDP^t - GDP^{t-1}) / GDP^{t-1}}{(GDP^t - GDP^0) / GDP^0}$$

$$+ \frac{(C^{t-1} - C^0) / C^0}{(GDP^{t-1} - GDP^0) / GDP^0} \cdot \frac{GDP^{t-1} - GDP^0}{GDP^t - GDP^0}$$

$$\tag{10-6}$$

如前假设：

$$(GDP^t - GDP^{t-1}) / GDP^{t-1} = r$$

$$\varepsilon_{\mathrm{new}}^t = \varepsilon^t \cdot \frac{C^{t-1}}{C^0} \cdot \frac{r/(GDP^t - r)}{(GDP^t - GDP^0)/GDP^0} + \varepsilon_{\mathrm{new}}^{t-1} \cdot \frac{GDP^t - r - GDP^0}{GDP^t - GDP^0} \quad （10\text{-}7）$$

令 $A = \dfrac{C^{t-1}}{C^0} \cdot \dfrac{r/(GDP^t - r)}{(GDP^t - GDP^0)/GDP^0}$，$B = \dfrac{GDP^t - r - GDP^0}{GDP^t - GDP^0} = 1 - \dfrac{r}{GDP^t - GDP^0}$，则有

$$\varepsilon_{\mathrm{new}}^t = A \cdot \varepsilon^t + B \cdot \varepsilon_{\mathrm{new}}^{t-1} \quad （10\text{-}8）$$

$C^{t-1}/C^0 > 0$，$GDP^t > 0$，$r > 0$，所以 $A > 0$。由于 EKC 与逐年脱钩指数（ε^t）存在着关系：EKC 的拐点是绝对脱钩和相对脱钩的分界点，即在拐点左边，$\varepsilon^t > 0$；在拐点的右边，$\varepsilon^t < 0$，那么新定义的脱钩指数是否也可以反映出这一性质？

在拐点处，$\varepsilon^t = 0$，则有

$$\varepsilon_{\mathrm{new}}^t - B \cdot \varepsilon_{\mathrm{new}}^{t-1} = 0 \quad （10\text{-}9）$$

化简后：

$$\frac{\varepsilon_{\mathrm{new}}^t}{\varepsilon_{\mathrm{new}}^{t-1}} = B = 1 - \frac{r}{GDP^t - GDP^0} \quad （10\text{-}10）$$

所以，在拐点处，新定义的脱钩指数（$\varepsilon_{\mathrm{new}}$）在 t 时期和 $t-1$ 时期满足上述关系，就能判断是否已经达到了 EKC 的拐点。本章利用如下的关系链：EKC $\to \varepsilon^t \to \varepsilon_{\mathrm{new}}^t$，EKC $\leftarrow \varepsilon^t \leftarrow \varepsilon_{\mathrm{new}}^t$，将 ε 作为中间量连接着 $\varepsilon_{\mathrm{new}}$ 与 EKC，最后，证明 $\varepsilon_{\mathrm{new}}$ 与 EKC 之间的关系。不同于旧脱钩指数与 EKC 的关系，新脱钩指数与 EKC 拐点的关系与 GDP 有关。

10.2　模　　型

10.2.1　脱钩模型

根据 Tapio（2005）定义的脱钩指数，雾霾与 GDP 的脱钩指数可以表示为

$$\varepsilon = \frac{(C^t - C^{t-1})/C^{t-1}}{(GDP^t - GDP^{t-1})/GDP^{t-1}} \quad （10\text{-}11）$$

新定义的脱钩指数如下：

$$\varepsilon_{\mathrm{new}} = \frac{(C^t - C^0)/C^0}{(GDP^t - GDP^0)/GDP^0} \quad （10\text{-}12）$$

如图 10-1 所示，脱钩指数被分成 8 类，分别是强脱钩、弱脱钩、增长连接、增长负脱钩、强负脱钩、弱负脱钩、衰退连接和衰退脱钩。

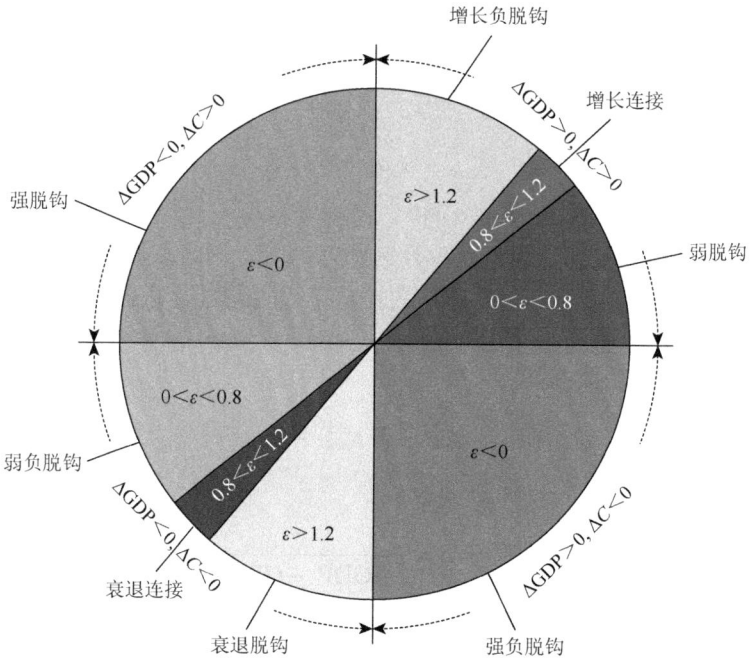

图 10-1 脱钩分类

10.2.2 分解模型

根据定义可得碳排放脱钩的计算公式，如式（10-13）所示。GDP^0 / C^0 为常数，为了简化模型，不将其考虑成脱钩指数的影响因素，但是后面所有关于脱钩指数的计算都根据式（10-13）计算：

$$\varepsilon_{\text{new}} = \frac{\Delta C}{\Delta GDP} = \frac{C^t - C^0}{GDP^t - GDP^0} \tag{10-13}$$

上述的 C 在本章中是碳排放，所以，影响脱钩指数的主要因素是碳排放的变化量和 GDP 的变化量，可以通过研究影响碳排放和 GDP 变化的因素深入研究脱钩指数。

针对影响因素的引入，一部分对 STIRPAT 进行扩展，将各种影响因素引入模型进行研究；还有一部分通过扩展的 Kaya 恒等式来分析影响因素。本章基于扩展的 Kaya 恒等式来分析影响因素的原因有以下两点：①通过等式可以直观地看出它们之间的联系；②有非常强的理论依据。

根据柯布-道格拉斯生产函数，可得出经济增长的影响因素，形式如下：

$$\text{GDP} = A(t)K^{\alpha}L^{\beta} \tag{10-14}$$

式中，$A(t)$ 为按时间 t 增长的技术水平；K 为资本；L 为劳动力；α、β 为常数。

根据扩展的 Kaya 恒等式，探究碳排放的影响因素，模型表示如下：

$$C = \sum_i \sum_j \frac{C_{ij}}{E_{ij}} \cdot \frac{E_{ij}}{E_i} \cdot \frac{E_i}{\text{GDP}_i} \cdot \frac{\text{GDP}_i}{\text{GDP}} \cdot \frac{\text{GDP}}{P} \cdot P \tag{10-15}$$

式中，i 表示部门；j 表示能源种类；C_{ij} 为第 i 个部门消耗第 j 种能源所产生的二氧化碳；E_{ij} 为第 i 个部门消耗的第 j 种能源；E_i 为第 i 个部门消耗的能源；GDP_i 为第 i 个部门的产出值；GDP 为总产出值；P 为人口总数。

将式（10-14）代入式（10-15），可得

$$
\begin{aligned}
C &= \sum_i \sum_j \frac{C_{ij}}{E_{ij}} \cdot \frac{E_{ij}}{E_i} \cdot \frac{E_i}{\text{GDP}_i} \cdot \frac{\text{GDP}_i}{\text{GDP}} \cdot \frac{A(t)K^{\alpha}L^{\beta}}{P} \cdot P \\
&= \sum_i \sum_j \frac{C_{ij}}{E_{ij}} \cdot \frac{E_{ij}}{E_i} \cdot \frac{E_i}{\text{GDP}_i} \cdot \frac{\text{GDP}_i}{\text{GDP}} \cdot A(t)K^{\alpha}\left(\frac{L}{P}\right)^{\beta} \cdot P^{\beta}
\end{aligned} \tag{10-16}
$$

本章假定在研究期内碳排放系数不变，所以在分析影响因素时，忽略了碳排放系数。基于以上的推导，可知影响碳排放的因素为能源结构、能源强度、经济结构、技术进步、资本、劳动力占比和人口总数；影响经济增长的因素为技术进步、资本和劳动力。

上述这些因素影响着碳排放和 GDP 的变化，这些因素也就能影响碳排放与GDP 的脱钩指数。但是，在 IDA 过程中，模型无法将进出口贸易这个因素考虑进去，这也是它的缺点之一。而进出口贸易中的隐含碳排放在实际情况中是无法忽略不计的。因此，为了更全面地考虑问题，本章将出口贸易考虑进去，则可以表示成如下形式：

$$\varepsilon_{\text{new}} = f(\text{EM}, \text{EI}, \text{ES}, A(t), K, \text{LS}, P, \text{IE}) \tag{10-17}$$

由以上分析，建立如下的脱钩指数模型：

$$\varepsilon_{\text{new}} = \alpha + \beta_1\text{EM} + \beta_2\text{EI} + \beta_3\text{ES} + \beta_4 A(t) + \beta_5\ln K + \beta_6\text{LS} + \beta_7\ln P + \beta_8\ln\text{IE} \tag{10-18}$$

式中，EM 表示能源结构，用煤炭消费量占能源消费总量的比重表示，单位为%；EI 表示能源强度，用单位 GDP 能耗表示，单位为 tce/万元；ES 表示经济结构，用第二产业生产总值占总产值的比重表示，单位为%；$A(t)$ 表示技术进步，用资

本存量和劳动力作为投入，GDP 作为产出，用计算的效率值表示；K 表示资本，用固定资产投资表示，单位为亿元；LS 表示劳动力占比，用劳动人口占总人口的比重表示，单位为%；P 表示人口数，因为考虑到城镇化对碳排放的影响，所以，本章用城镇人口总数表示，单位为万人；IE 表示出口贸易，用进出口总额表示，单位为亿元。

10.2.3　GTWR 模型

GTWR 模型的介绍见本书 3.1.4 节。

10.2.4　数据

除碳排放以外，其余数据均来源于《中国统计年鉴》和《中国能源统计年鉴》，其中，各地生产总值以 2000 年为不变价进行折算。本章选取《中国能源统计年鉴》中的煤合计、油合计和天然气来测算能源消耗所产生的碳排放量，公式如下：

$$C = \sum_i \alpha_i \cdot F_i \qquad (10\text{-}19)$$

式中，α_i 为第 i 种能源的碳排放系数；F_i 为第 i 种能源消耗量，其中，各类能源的碳排放系数参考了胡初枝等（2008）和 IPCC（2006）的研究。

在测算技术进步时，本章利用了 SE-SBM 模型。这种模型优于传统的 DEA 模型，因为它可以对多个有效 DMU 进行排序。因此，本章选用 DEA 方法中的 SE-SBM 模型测算 30 个省区市 2000～2014 年投入-产出的效率值作为技术进步 $A(t)$ 的值，其中，资本存量和劳动力作为投入变量，GDP 作为产出变量。在 GTWR 模型中，各变量的含义如表 10-2 所示。

表 10-2　变量的含义

变量类型	变量	含义
被解释变量	碳排放与 GDP 脱钩指数（ε_{new}）	碳排放的变化率与 GDP 的变化率的比值
解释变量	能源结构（EM）	煤炭消耗/总能源消耗
	能源强度（EI）	能源消耗/GDP
	经济结构（ES）	第二产业产值/总产值
	技术进步（$A(t)$）	用 SE-SBM 模型求解得出的值
	资本（K）	固定资产投资

变量类型	变量	含义
	劳动力占比（LS）	劳动力人口/总人口
解释变量	人口因素（P）	城镇人口总数
	出口贸易（IE）	进出口总额

如图 10-2 所示，中国经济高速发展，GDP 呈上升趋势，从 2000 年的 97 092 亿元增加到 2014 年的 415 601 亿元。在经济快速增长的同时，能源消耗量也在增加，产生了大量二氧化碳。2000～2012 年，碳排放量呈上升趋势，2012 年以后趋于稳定，这和国家加强环保意识以及相关政策的实施是分不开的。2000～2014 年，碳排放总量从 $3.437\,84 \times 10^9$t 增加到 $1.020\,435 \times 10^{10}$t。

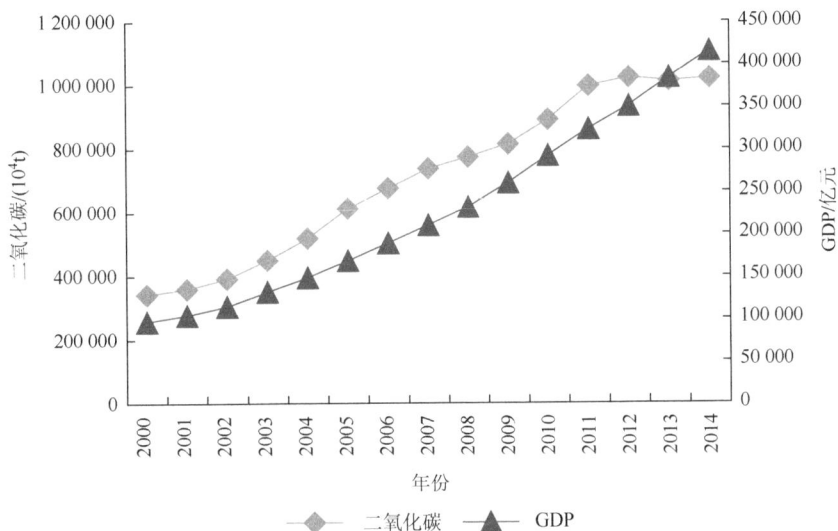

图 10-2　全国的碳排放与 GDP 变化

因《中国能源统计年鉴》没有清洁能源的统计，所以本章对清洁能源进行了处理。参考 Ren 等（2014）的研究，填补了 2000～2005 年的全国火力发电占比，之后，参考《中国电力年鉴》各能源发电占比来求解出用电量中各能源占比，即发电量中各能源占比乘以总能源消耗量。如图 10-3 所示，2000～2014 年，中国化石能源虽然整体呈现下降趋势，但长时间内仍然占有很大的比重，这个结果与 Xu 等（2017）的研究结果相同，年均增长率为−0.20%。2000～2014 年，非化石能源占比增加非常缓慢，年均增长率为 4.18%。所以，中国要想在 2030 年完成非化石能源占一次能源消费比重达 25%的任务，需要制定相应的政策并加大实施力度。

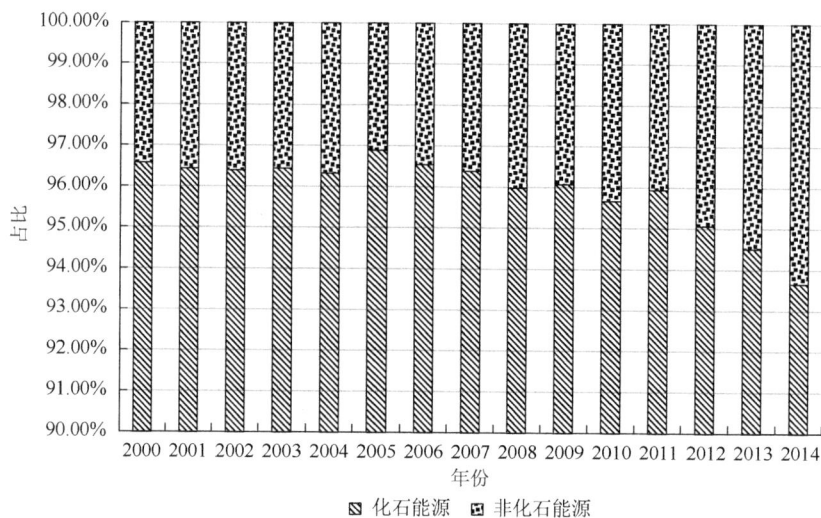

图 10-3　化石能源和非化石能源占比

10.3　碳排放脱钩及分解的结果讨论

10.3.1　分解分析的结果讨论

本章将基期定为 2000 年，研究 30 个省区市的所有年份与其脱钩的情况。如图 10-4 所示，由于碳排放变化率和 GDP 的变化率均大于 0，所以，中国仅出现两种脱钩状态：弱脱钩和增长连接。2003～2011 年，脱钩指数基本都大于 0.8，处于增长连接状态。2011 年以后，脱钩指数呈下降趋势，呈现出弱脱钩状态。

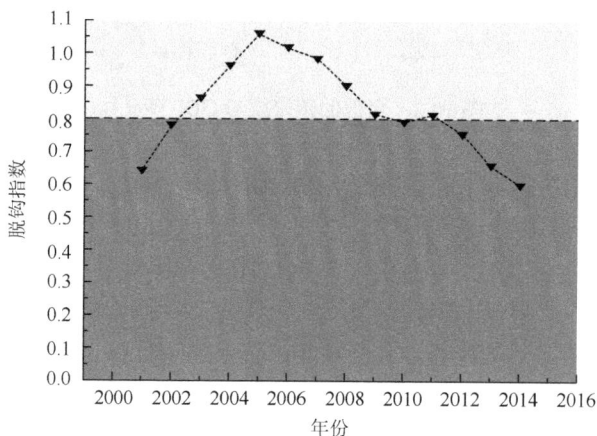

图 10-4　碳排放与 GDP 的脱钩指数

如图 10-5 所示，新的脱钩指数正向驱动因素是人均 GDP、人口总数和人口占比，其中人均 GDP 是主要的贡献因素，人口总数和人口占比的贡献较小。随着时间的推移，人均 GDP 的贡献先上升后下降，人口总数的贡献基本没有变化。负向驱动因素是排放系数、能源结构、能源强度，其中，能源强度的贡献最大，2012 年以后，负向驱动基本依靠能源强度这个因素。

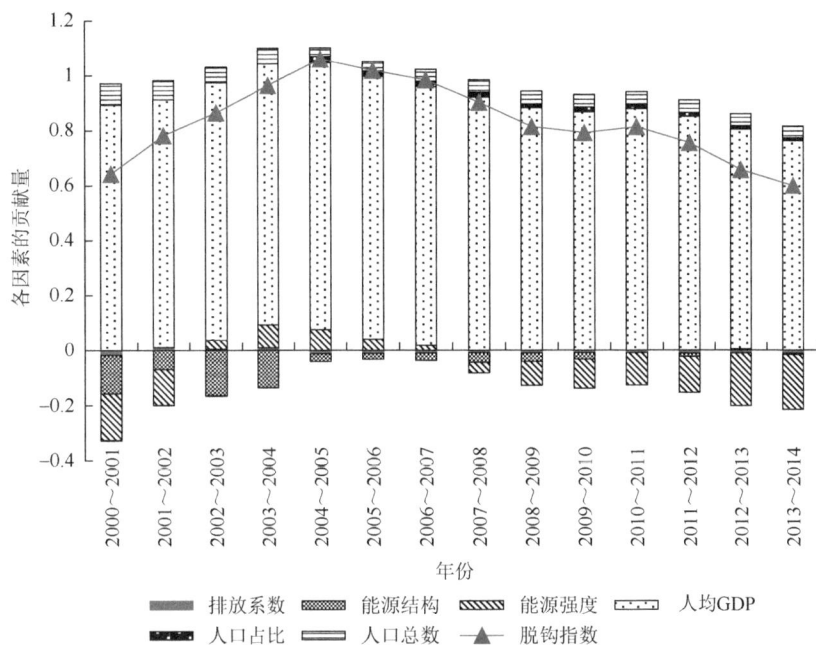

图 10-5　脱钩指数中各因素贡献量

10.3.2　脱钩情况

从国家层面探究脱钩指数，可以了解整体水平的脱钩情况。但由于地理位置、经济发展水平和人口等因素的影响，各地区的脱钩指数所处的状态千差万别，这就导致有的地区所处的状态和全国情况一致，有的地区大于或小于临界值，导致所处的状态又是另一种情况，所以，在分析全国整体水平的情况下，有必要对各地区的脱钩状态进行分析，以便能更深层次地探究影响碳排放与 GDP 的脱钩指数，提出更为具体、有效的政策建议。

2001 年，全国各地区碳排放与 GDP 的脱钩出现四种状态：强脱钩、弱脱钩、增长连接和增长负脱钩。这与只有两种状态的全国整体情况相比，有很大的不同。出现强脱钩状态的地区有黑龙江、湖北、重庆、四川、贵州和甘肃，这些地区都是中、西部地区，由于碳排放出现短暂的减少，短期内出现了碳排放与 GDP 的强脱钩状态。大部分地区处于弱脱钩状态,浙江、安徽和河南处于增长连接状态,且脱钩指数分别为 0.9726、1.1522 和 0.8976。山东、湖南、海南、云南、陕西、青海和宁夏处于增长负脱钩状态,这些地区脱钩指数较大,尤其是宁夏的脱钩指数高达 8.183 44。

2005 年,各地区碳排放与 GDP 的脱钩状态有三种:弱脱钩、增长连接和增长负脱钩。随着工业化和城镇化的推进,各地区对能源的需求也在不断增加,导致碳排放量的增加。大部分地区处于增长连接状态,这也是 2005 年全国碳排放与 GDP 脱钩指数达到峰值的原因之一。9 个地区处于弱脱钩状态,出现这种状态的原因是东部地区的经济基础较好、地理位置优越等,使工业化和城镇化进程较快,中、西部地区,尤其是西部地区,经济发展较慢,工业化和城镇化的推进速度较慢,引起的能源需求增长速度较慢,导致碳排放量增长较慢。8 个地区处于增长负脱钩状态。

2009 年,各地区碳排放与 GDP 的脱钩状态有三种:弱脱钩、增长连接和增长负脱钩。12 个地区处于弱脱钩状态,其中,有一半属于东部地区;11 个地区处于增长连接状态,其中一半以上是西部地区;7 个地区处于增长负脱钩状态,2012 年以前,山东省一直处于这个状态,这是因为山东省处在工业化和城镇化推进阶段,能源需求量大,并且以煤炭为主的能源结构在短时间内无法改变,这就导致了其碳排放一直居于全国前列。

2014 年,各地区碳排放与 GDP 的脱钩状态有三种:弱脱钩、增长连接和增长负脱钩。绝大部分地区都处于弱脱钩状态,山东、福建和陕西处于增长连接状态,相比于 2009 年,山东和福建的脱钩指数均有所减小。海南、宁夏和新疆处于增长负脱钩状态,虽然宁夏和海南的脱钩指数均大于 1.2,但 2001~2014 年,其脱钩指数均呈现出下降趋势,与之相反,新疆却呈现出上升趋势,这主要是因为新疆位于西部,由于地理位置、地理条件和经济基础等原因,工业化和城镇化进程较慢。

10.4 时空地理加权回归模型结果及讨论

10.4.1 空间相关性分析

本节对 2001~2014 年全国各地区碳排放与 GDP 的脱钩指数进行空间相关性分析,运用 ArcGIS 10.2 计算每年的脱钩指数的 Moran's I 指数。如图 10-6 所示,大部分年份的脱钩指数呈现出空间正相关性,因此,在计量模型中加入空间影响因素是必要的。2001 年,宁夏被周围低的脱钩指数的地区包围;2006 年,山东被周围低的脱钩指数的地区包围;2009 年,天津被周围低的脱钩指数的地区包围,形成了低-低聚集地，山东被周围低的脱钩指数的地区包围；2012 年，山东和宁夏都被周围低的脱钩指数的地区包围；2014 年，宁夏被周围低的脱钩指数的地区包围。

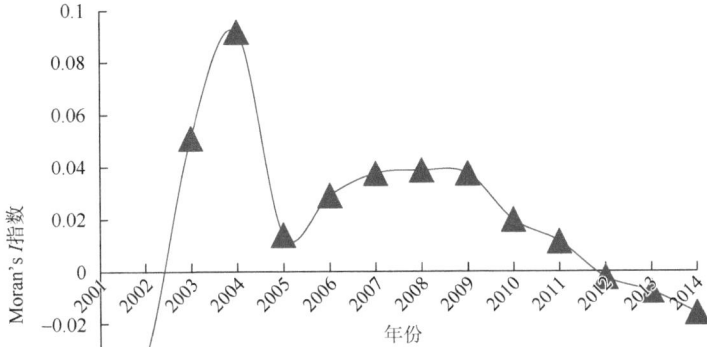

图 10-6　2001～2014 年 Moran's *I* 指数

10.4.2　GTWR 回归结果分析

利用 SE-SBM 模型测算的全要素生产率作为技术进步 $A(t)$ 的值，基于 2001～2014 年的省级面板数据，运用 GTWR 模型对不同时间各区域碳排放与 GDP 的脱钩指数的影响因素进行参数估计，以脱钩指数 ε 作为被解释变量，其影响因素参数估计如表 10-3 所示。

表 10-3　GTWR 参数情况（最优带宽 = 0.1150）

变量	最小值	25%	50%	75%	最大值	四分位距
常数项	−14.9032	−4.3632	−1.8446	1.0812	18.3189	5.4444
EM	−9.1947	−0.3434	0.7230	2.4713	11.0900	2.8147
EI	−0.9529	−0.0411	0.1976	0.4215	1.1383	0.4626
ES	−20.9729	−2.0349	0.1270	1.2250	5.6507	3.2599
$A(t)$	−7.1512	−1.4444	0.3266	1.4771	13.5023	2.9215
ln$K$	−3.4292	−0.4136	−0.2505	−0.0911	1.3549	0.3225
LS	−18.4188	−0.4638	2.3740	4.1601	20.1915	4.6239
ln$P$	−2.9822	−0.1131	0.3359	0.5878	2.6979	0.7010
lnIE	−1.0284	−0.0941	0.0593	0.3153	1.9103	0.4094
可调节 R^2			0.8180			

1. 能源结构对碳排放与 GDP 脱钩指数的时空变异

能源作为经济系统的输入要素，在促进经济增长的同时，也会引起大量二氧化碳的排放。随后，经济的增长又会增加对能源的需求，继而间接地促进碳排放的增加；能源中，化石能源所占的比重越大，产生的碳排放也就越多；因此，能源结构对脱钩指数的影响是一个复杂的过程。通过表 10-3 可知，大部分地区的能源结构对脱钩指数的影响是正向的，即煤炭占比增加，碳排放变化率大于 GDP 变化率，导致脱钩指数变大。但是，如图 10-7 所示，处于东部地区的山东省，能源结构对脱钩指数的影响始终为负向，且影响程度呈 U 形。这主要是因为在研究区间内，山东省处于高能耗、高排放的粗放型经济增长模式。在工业化和城镇化推进的过程中，第二产业所占比重较大，导致能源消费需求增大，并且此时山东省的能源消耗以煤炭为主。虽然大量的化石能源消耗产生了大量的碳排放，然而，经济增长的速度要快于碳排放增长的速度，最后导致煤炭占比增加，脱钩指数变小。鉴于此，山东省应该适当地控制煤炭总量，提高非化石能源的占比，大力发展清洁能源，以弥补能源需求的缺口。东部地区中辽宁、上海、浙江、福建、广东和海南等的估计系数较高；中部地区中吉林、黑龙江、江西和湖南等的估计系数较高；西部地区中广西、重庆、四川、贵州、云南、甘肃和青海等估计系数较高。对于这些地区，优化产业结构、降低煤炭占比等措施是减小脱钩指数的重要手段。整体而言，西部地区估计系数普遍高于中、东部地区，所以，随着西部大开发的推进，西部地区的工业化水平在不断提高，经济在不断发展，同时，对化石能源的需求也在不断增加，因此，能源结构优化是降低西部地区碳排放和脱钩指数的关键因素。

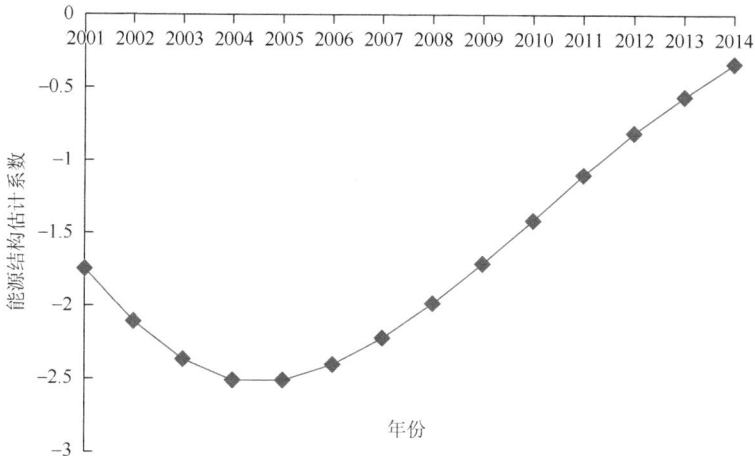

图 10-7　山东省能源结构估计系数

2. 能源强度对碳排放与 GDP 脱钩指数的时空变异

能源强度反映了单位 GDP 能源消耗即能源利用效率。由表 10-3 可知，大部分地区能源强度减小即能源利用效率变高会使脱钩指数变小。能源强度的大小体现出一个地区碳减排技术水平的高低，能源强度越小，单位 GDP 能源利用效率越高，经济发展越好，产生的碳排放也就越少。但是，如图 10-8 所示，湖南、广东、广西、贵州和云南等地区的估计系数为负向，且除云南和贵州以外，其他地区的估计系数均呈 U 形变化，这表明能源强度减小，会导致脱钩指数变大，即碳排放的增长速率快于经济的增长速率。湖南、广西、贵州和云南等地处于工业化快速发展阶段，能源消费需求增大，并且此时以碳基能源消费为主。能源强度的减小虽然有利于提高能源利用效率，但同时会产生反弹效应，导致消费更多的能耗来促进经济的发展。徐国泉等（2006）认为能源利用效率对碳排放的贡献率呈倒 U 形，所以，在能源利用效率提高到一定阶段前，效率的提高反而会增加能源的消费量，从而抵消了由于能源利用效率提高而减少的能耗，并起到一定的促进作用，致使能源强度对碳排放的抑制作用减弱。广东省经济发展迅速，一直位居全国前列，2015 年，其碳排放量居全国第 7 位，能源强度呈下降趋势，由此可知，广东省的能源利用效率并未到达拐点。所以，能源强度和经济增长的交互作用对碳排放产生了较大的负影响，即高收入地区的能源利用效率高，碳排放也会增多（查冬兰和周德群，2007）。

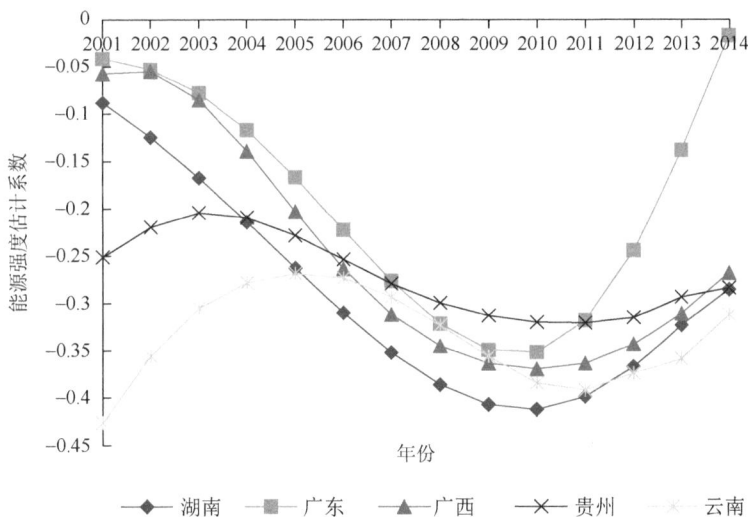

图 10-8　部分地区能源强度估计系数

3. 产业结构对碳排放与 GDP 脱钩指数的时空变异

第二产业比重增加会导致大量的能源需求，从而引起碳排放的增加。由表 10-3

可知，大部分产业结构对脱钩的影响系数为正，表示第二产业比重增加，碳排放与 GDP 的脱钩指数增大。天津、上海、黑龙江、江苏、山东和新疆等地区的估计系数较高，说明产业结构优化是减小这些地区脱钩指数的关键因素之一，尤其是东部地区随着工业化和城镇化进程的加快，碳排放规模明显偏大，其产业结构亟待优化。但是，如图 10-9 所示，湖南、广西、贵州、甘肃和青海等地区的估计系数始终为负，这主要是因为这些中、西部地区以工业为主导产业，2001～2014 年间，工业产值占比一直在增加。其发展落后于东部地区，在城镇化率提高的背景下，大部分就业劳动力转移到工业产业中。第二产业的占比增加虽然会导致大量的碳排放，但是也为中、西部地区提供了大量的就业机会，促进了经济的快速发展。当经济增长的速度超过碳排放的增长速度时，工业占比的增加会引起脱钩指数的减小。

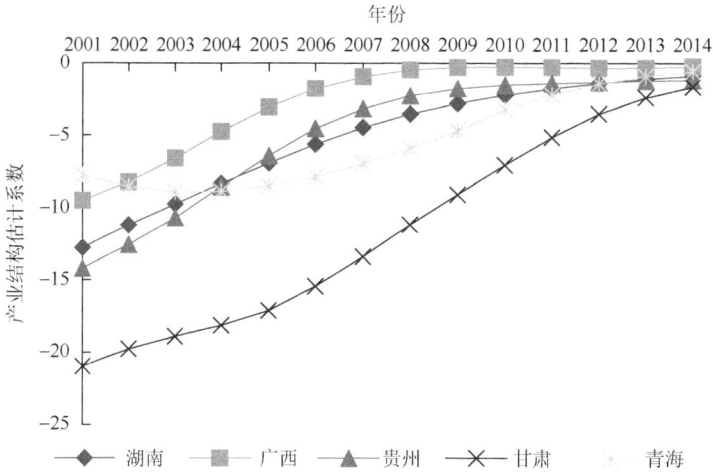

图 10-9　部分地区产业结构估计系数

4. 技术进步对碳排放与 GDP 的脱钩指数的时空变异

技术进步反映了以资本和劳动为投入，以 GDP 为产出的转化效率，技术进步越大，经济增长越快。从表 10-3 可知，大部分地区的技术进步对碳排放与 GDP 的脱钩指数的影响是正向的，即技术进步了，碳排放也增多了。但是，如图 10-10 所示，辽宁、上海、江苏、浙江、福建和山东等东部地区，吉林、黑龙江、安徽和江西等中部地区及新疆等西部地区对脱钩指数的影响是负向的，这符合技术进步导致 GDP 快速增长，从而造成与碳排放脱钩的规律。其中，新疆的估计系数绝对值最大，说明该地区的技术进步是影响碳排放较为关键的因素，因此，亟须引进高新技术发展经济。其他大部分地区的估计系数呈现正向的主要原因是：①技术进步是经济持续增长的内在动力，经济增长又影响二氧化碳的排放，其中经济增长起到中介效用，其中的影响路径是"技术进步—经济增长—二氧化碳排放"
（IPCC，2006）；②技术还可以直接影响碳排放，但是这种直接影响的方向并不确
定，因为技术进步依赖一定的路径。假如企业起初的生产模式是以资源大量消耗
和污染环境来换取利润，那么扩大产量和提高生产效率的技术进步很可能带来更
大的污染。如果企业起初的生产模式并不是以污染环境为代价来换取利润的，那
么技术升级很可能带来二氧化碳的减少（Ren et al.，2014）。在上述情况下，技术
进步导致碳排放的增长速度快于经济的增长速度，从而导致脱钩指数变大。
图 10-11、图 10-12 和图 10-13 呈现了东、中和西部部分地区的技术进步估计系数。
东部地区经济发达，居民很看重生活福祉的提高，因此也比较注重生活环境质量。
另外，东部地区政府的环境规制较其他地区更严格。因此，东部地区的技术进步
更利于减少二氧化碳排放。所以，在 2001～2003 年，一半以上的东部地区的技术
进步对脱钩指数是负向的。并且，在 2011 年以后，正向影响的地区的估计系数大
多呈下降趋势，表明政府对环保的关注度在不断加强；中部地区发展慢于东部地
区，亟须大量企业入驻来发展经济和技术，再加上较弱的环境规制和部分政府补
贴，吸引了大量东部地区高碳排放企业，因此，技术进步的减排效果要远远小于
东部地区。所以，估计系数呈现波动变化趋势，其中，山西省的估计系数最高；
西部地区亟须发展，为了能快速发展、提高经济增速，这些地区政府承接了大量
高污染企业。虽然在整体上提升了技术水平，但也增加了二氧化碳排放。中、西
部部分地区对脱钩指数的影响是正向的，但是，较于中部地区，西部地区的估计
系数整体上呈递减趋势，一方面，可能是因为西部地区改善了原来的传统技术，
提高了能源利用效率，引进了新的清洁技术；另一方面，中部地区承接的高污染
企业较多，经济发展水平较高，短时间内转变传统技术为清洁技术有点困难。

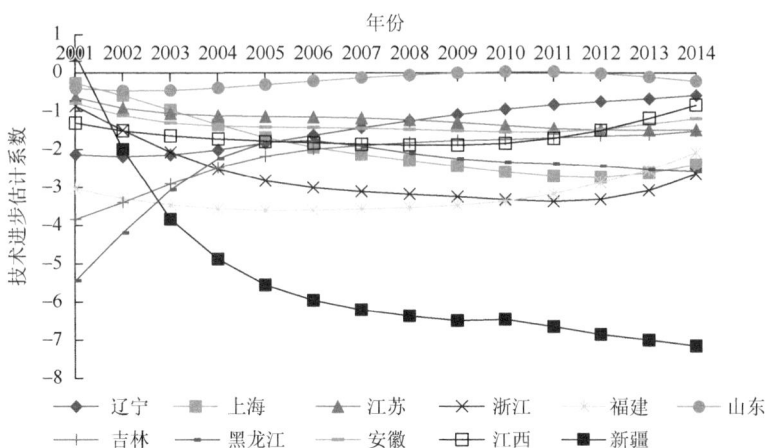

图 10-10　部分地区技术进步估计系数

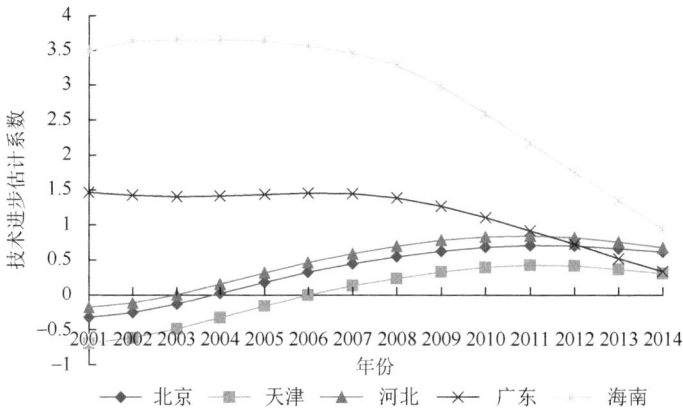

图 10-11 东部部分地区技术进步估计系数

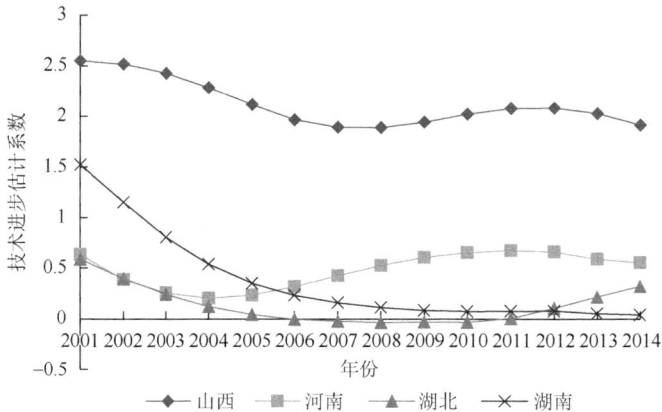

图 10-12 中部部分地区技术进步估计系数

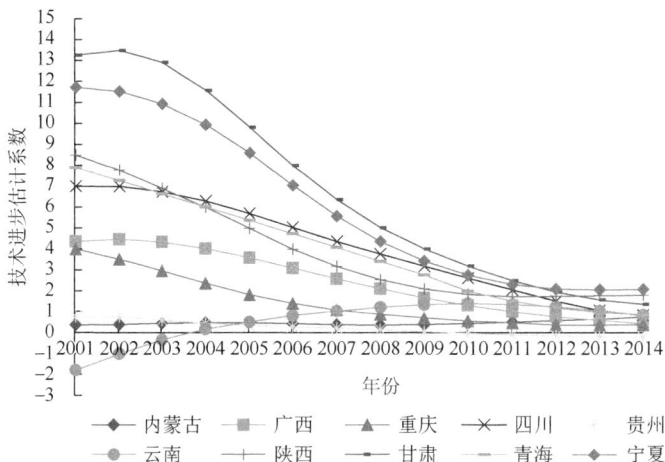

图 10-13 西部部分地区技术进步估计系数

5. 固定资产投资对碳排放与 GDP 的脱钩指数的时空变异

投资是拉动经济增长的三大马车之一，其中，固定资产投资是资本形成的主要手段，也是促进经济增长的基础保障，由此可知，固定资产投资是促进经济快速发展的关键原因之一。同时，固定资产投资也可能会增加二氧化碳的排放，原因是增加以工业为主的第二产业的固定资产投入，会增加对能源的需求，进而产生大量的碳排放。此时，脱钩指数的变化取决于固定资产投资分别对经济和碳排放促进作用的大小，即经济增长速度快于碳排放增加的速度，脱钩指数变小，反之，脱钩指数变大。由表 10-3 可知，固定资产投资对碳排放和 GDP 的脱钩指数影响为负向的，即增加固定资产投资，脱钩指数减小。但是，如图 10-14 所示，新疆的估计系数基本都是正向的，这主要是因为东部地区的高能耗、高污染的企业的引入。2014 年，新疆固定资产投资中，第二产业投资所占比重达到了 50.87%。虽然新疆固定资产投资逐年增加，但是，大部分都投资在这些企业上，导致大量的碳排放。碳排放的增长速度超过了经济的增长速度，所以，系数为正向。通过观察，估计系数在达到峰值以后有下降的趋势，这离不开政府的监管和清洁技术的引进等措施的实施。

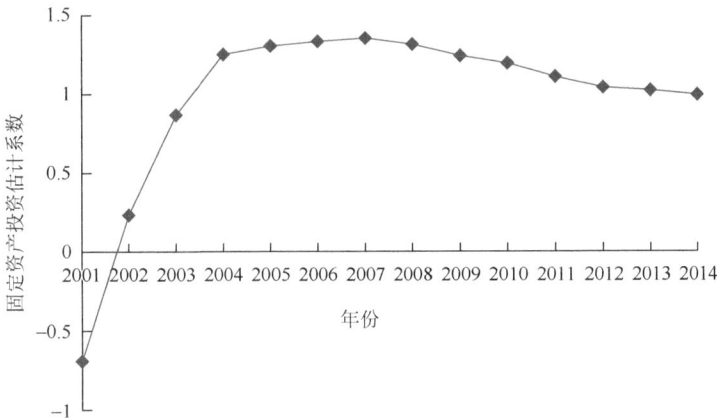

图 10-14　新疆固定资产投资的估计系数

6. 劳动力占比对碳排放与 GDP 的脱钩指数的时空变异

劳动力作为经济增长的要素之一，为经济的快速发展提供了有力支撑。同时，大量劳动力的涌入会给该地区带来食物、住房和交通需求等问题，导致大量的能源消耗，从而引起碳排放的增加。从表 10-3 可得，劳动力占比对碳排放和 GDP 的脱钩指数的影响基本为正向。这是因为，根据国情，这一阶段的中国大部分地区依然以劳动密集型和资源密集型产品为主，高新技术产品研发未得到大面积推广，导致碳排放的增长速度快于经济的增长速度。为了解决这一困境，我国不仅要对产业进行升级和转型，同时，也应该发展教育，提高劳动力质量，开发劳动力的红利。但是，如图 10-15 所示，上海和浙江的估计系数为负，说明劳动力占比提高，脱钩指数变小，这是因为上海和浙江位于东部沿海地区，经济较为发达，吸引了大量高质量的劳动力来研发高新技术产品，与此同时，人们的环保意识增强，更多地使用低碳产品，因此，经济的增长速度快于碳排放的增长速度。到后期，劳动力占比对脱钩指数的影响越来越弱且趋于稳定，可能的原因是城市的劳动力已经达到饱和，无法再继续高效地减小脱钩指数，此时，碳减排的重心应该放在技术突破上。

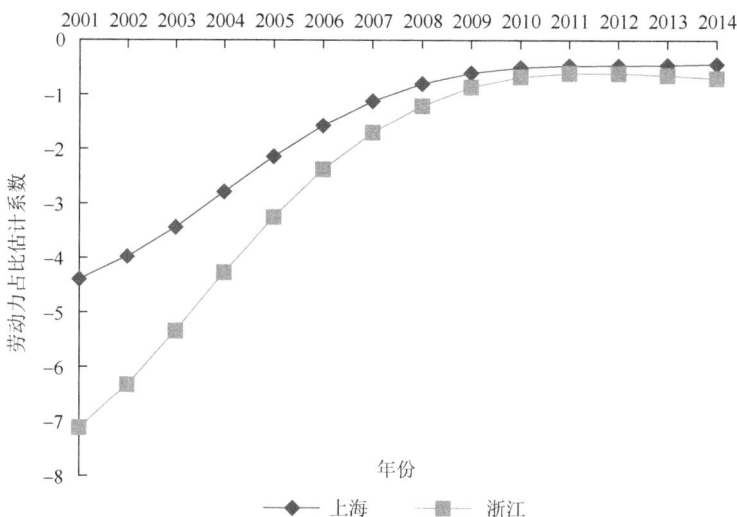

图 10-15 上海和浙江劳动力占比的估计系数

7. 城镇人口对碳排放与 GDP 脱钩指数的时空变异

城镇化程度越高，引发的能源需求越大，进而影响企业生产计划。随着城镇化和工业化的推进，物质需求包括能源需求也会增大，进而进一步促进经济和推动城镇化，这样的循环作用机制在短期内很难改变，这导致了以煤炭为主的能源结构也暂时难以改变，所以，城镇化发展会导致碳排放快速增长。由表 10-3 可知，大部分地区城镇化对碳排放和 GDP 的脱钩指数的影响为正，表明城镇人口的转移虽然加快了城镇化和工业化的进程、促进了经济的增长，但同时也带来了大量的能源消耗，导致大量的碳排放，最后，导致碳排放的增长速度快于经济的增长速度。处于西部地区的宁夏、甘肃等地区，估计系数较高，2014 年，城镇人口占比为30%～60%，处于高速增长阶段，对能源的需求较大。但是，如图 10-16 所示，上海、浙江、福建和海南的估计系数为负，表明城镇化水平的提高有利于降低脱钩指数，即经济增长的速度快于碳排放的增长速度。上海、福建和浙江的城镇化率均高于 60%，处于成熟的城镇化社会。这些地区的第三产业比较发达，所以，随着城镇化水平的进一步提高，其碳排放不会增加。相反，城镇化水平的提高会促进能源结构改善并提高能源利用效率。2014 年，虽然海南的城镇化水平达到了53.76%，没有高于 60%，但是，海南以旅游和房地产等第三产业为主，城镇化水平的提高使经济的增长速度快于碳排放的增长速度。整体来看，城镇化对碳排放的影响呈现出倒 U 形，各地区的拐点存在着差异。这与各地区的发展水平息息相关，前期，城镇化会增加碳排放，后期，由于规模效应和技术进步，碳排放会减少。

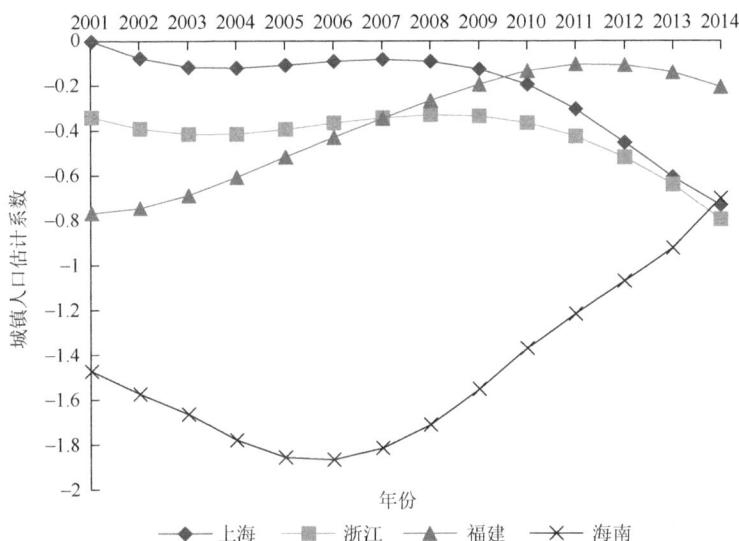

图 10-16　部分地区城镇人口的估计系数

8. 进出口贸易对碳排放与 GDP 脱钩指数的时空变异

1978 年以后，对外贸易逐渐成为拉动我国经济发展的"三驾马车"之一，为我国经济的快速发展贡献了极其重要的作用。然而，对外贸易的扩张导致能源消费不断增加，由此带来的碳排放量不断增加，2007 年以后，中国超过美国成为世界第一碳排放国家。为此,进出口贸易也被称为国内相关污染排放的"三大引擎"之一。由表 10-3 可知，大部分地区进出口贸易对碳排放和 GDP 的脱钩指数的影响为正，表明进出口额越大，脱钩指数越大，即碳排放的增长速度快于经济的增长速度。换而言之，"污染避难所"现象在大部分地区是存在的。主要是因为这些地区对外贸易是粗放型的，所生产的产品具有典型的高能耗和高碳排放的特征，因此，出口贸易中的产品具有明显的能源消费效应和"碳增排"效应。基于比较优势理论，这些地区由于技术和资本的限制，大都选择劳动力密集型和能源密集型产品的出口，显然这种出口贸易增长方式不仅不利于我国经济的长期发展，而且势必会导致我国出口贸易所带来的能源消费和碳排放的进一步增加，这样，进出口贸易就可能陷入"恶性循环"中。生产商品虽然促进了经济的发展，但同时也消费了国内大量的能源，导致的碳排放也会滞留在这些地区。所以，我国在意识到进出口贸易有力推动了这些地区的经济增长的同时，也应该注意到它所引发的一系列问题，如能源消费和碳排放增加的效应。所以，粗放型的对外贸易方式不是可持续发展道路，必须改变现有的贸易方式，调整进出口贸易结构。但是，如图 10-17 所示，北京、天津、河北、山西、河南、内蒙古、陕西和宁夏的估计系数基本都为负，说明进出口额增加会降低脱钩指数，使经济的增长速度快于碳排放的增长速度。北京和天津沿海地区，经济较为发达，科技资源较为集中，所以，进出口贸易以高新技术产品为主。河北、山西、河南、内蒙古、陕西和宁夏这些地区，大部分是中、西部地区，进出口贸易的增加能加快经济的发展，使经济的增长速度快于碳排放的增长速度。

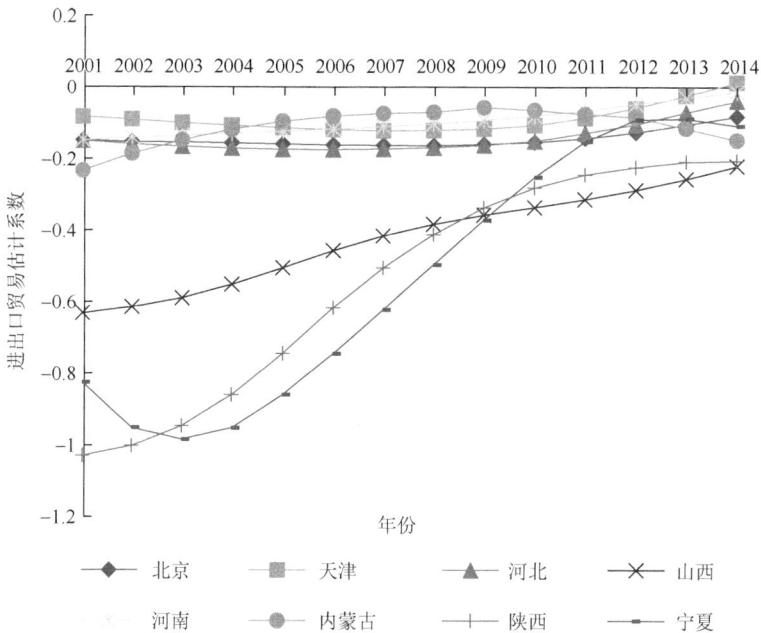

图 10-17　部分地区进出口贸易的估计系数

10.5　本 章 小 结

（1）2001～2014 年，全国总碳排放与 GDP 脱钩指数出现两种脱钩状态：弱脱钩和增长连接。2005 年，脱钩指数达到峰值，之后呈下降趋势。

（2）全国各地的碳排放与 GDP 的脱钩指数与全国总体水平不一样，2001 年，脱钩状态有四种：强脱钩、弱脱钩、增长连接和增长负脱钩。2005 年、2009 年和 2014 年，脱钩状态有三种：弱脱钩、增长连接和增长负脱钩。大部分地区的脱钩状态都朝着弱脱钩发展。

（3）新的脱钩指数正向驱动因素中，人均 GDP 是主要的贡献因素，人口总数的贡献较小。随着时间的推移，人均 GDP 的贡献先上升后下降，人口总数的贡献基本没有变化。负向驱动因素是排放系数、能源结构、能源强度和人口占比，其中，能源强度的贡献最大。

（4）大部分地区的能源结构对碳排放与 GDP 的脱钩指数的影响是正向的。但是，山东省的能源结构的系数始终为负且影响程度呈 U 形。大部分地区的能源强度对脱钩指数的影响是正向的，湖南、广东、广西等地区呈现负向关系。大部分地区的产业结构对脱钩指数的影响是正向的，但是，一些中、西部地区的产业结构估计系数是负的。大部分地区的技术进步对脱钩指数的影响是正向的，东部地区和西部地区的正向影响程度呈下降趋势，而中部地区呈波动趋势。固定资产投入对脱钩指数的影响是负向的。大部分地区的劳动力占比对脱钩指数的影响是正向的。大部分地区的城镇人口对脱钩指数的影响是正向的，但一些城镇化水平较高的东部地区的估计系数为负。大部分地区的进出口贸易对脱钩指数的影响是正向的，这就印证了"污染避难所"现象在大部分地区是存在的。

第11章 雾霾与经济增长脱钩关系

当前雾霾污染治理已取得显著成效，进一步深入治理雾霾污染的关键是促使高污染、高排放的企业转型升级或发展清洁技术。一些较为落后的地区，如中、西部地区，没有雄厚的财力和高新技术来促使企业转型或发展清洁技术，无法很好地兼顾经济发展和污染治理。那么，是否可以探究出一条经济增长与雾霾污染治理协调发展的道路呢？

Tapio 发展的脱钩指标虽然能够很好地反映经济增长与环境恶化之间的关系，但是也存在着一些不足，即通过观察可以发现，脱钩指数的变化幅度非常大，不利于长期研究（Huang et al., 2014c）。Tapio 脱钩指数在探究长期关系中存在着缺陷，它对短期政策的敏感性极强。短期内无规律的随机波动不利于研究，所以，脱钩更应该强调的是一种脱钩的趋势性，如果不具备这一属性，那么短期的偏离仅仅局限于短期研究，不利于长期研究。脱钩的过程既需要成本也需要时间，所以，短期的偏离和波动很可能是短期冲击和商业周期的影响。而对于相关的气候政策，常常需要一段比较长的时间才能发挥作用。总而言之，在一定时期内稳定和持续的脱钩倾向于考察较长的当期和基期。利用上述概念，本章发展了一个新的脱钩指数，并从理论和实际应用两方面对新脱钩指数和 Tapio 脱钩指数进行比较。

11.1 模　　型

11.1.1 脱钩模型

脱钩模型介绍见 10.2.1 节。

11.1.2 分解模型

本章基于 Kaya 恒等式，首先将雾霾分解成 6 个影响因素，具体模型如下：

$$C^t = \sum_i \frac{C_i^t}{F_i^t} \cdot \frac{F_i^t}{E_i^t} \cdot \frac{E_i^t}{\mathrm{GDP}_i^t} \cdot \frac{\mathrm{GDP}_i^t}{P_i^t} \cdot \frac{P_i^t}{P^t} \cdot P^t \qquad (11\text{-}1)$$

式中，C 代表全国雾霾总量；C_i 代表 i 地区雾霾；F_i 代表 i 地区化石能源消耗总量；

E_i 代表 i 地区能源消耗总量；GDP_i 代表 i 地区生产总值；P_i 代表 i 地区的人口总数；P 代表人口总数；t 代表第 t 期。

两种脱钩指数的分解如下：新定义的脱钩分解为

$$
\begin{aligned}
\varepsilon_{\text{new}} &= \frac{(C^t - C^0)/C^0}{(GDP^t - GDP^0)/GDP^0} \\
&= \frac{\left(\sum_i \dfrac{C_i^t}{F_i^t} \cdot \dfrac{F_i^t}{E_i^t} \cdot \dfrac{E_i^t}{GDP_i^t} \cdot \dfrac{GDP_i^t}{P_i^t} \cdot \dfrac{P_i^t}{P^t} \cdot P^t - \sum_i \dfrac{C_i^0}{F_i^0} \cdot \dfrac{F_i^0}{E_i^0} \cdot \dfrac{E_i^0}{GDP_i^0} \cdot \dfrac{GDP_i^0}{P_i^0} \cdot \dfrac{P_i^0}{P^0} \cdot P^0 \right) \Big/ C^0}{(GDP^t - GDP^0)/GDP^0} \\
&= \frac{GDP^0}{(GDP^t - GDP^0)C^0} (\Delta C(x_1) + \Delta C(x_2) + \Delta C(x_3) + \Delta C(x_4) + \Delta C(x_5) + \Delta C(x_6))
\end{aligned}
$$

$$(11\text{-}2)$$

逐年脱钩分解为

$$
\begin{aligned}
\varepsilon &= \frac{(C^t - C^{t-1})/C^{t-1}}{(GDP^t - GDP^{t-1})/GDP^{t-1}} \\
&= \frac{\left(\sum_i \dfrac{C_i^t}{F_i^t} \cdot \dfrac{F_i^t}{E_i^t} \cdot \dfrac{E_i^t}{GDP_i^t} \cdot \dfrac{GDP_i^t}{P_i^t} \cdot \dfrac{P_i^t}{P^t} \cdot P^t - \sum_i \dfrac{C_i^{t-1}}{F_i^{t-1}} \cdot \dfrac{F_i^{t-1}}{E_i^{t-1}} \cdot \dfrac{E_i^{t-1}}{GDP_i^{t-1}} \cdot \dfrac{GDP_i^{t-1}}{P_i^{t-1}} \cdot \dfrac{P_i^{t-1}}{P^{t-1}} \cdot P^{t-1} \right) \Big/ C^{t-1}}{(GDP^t - GDP^{t-1})/GDP^{t-1}} \\
&= \frac{GDP^{t-1}}{(GDP^t - GDP^{t-1})C^{t-1}} (\Delta C(x_1) + \Delta C(x_2) + \Delta C(x_3) + \Delta C(x_4) + \Delta C(x_5) + \Delta C(x_6))
\end{aligned}
$$

$$(11\text{-}3)$$

式中，$\Delta C(x_j)$ 表示由 x_j 的变化所引起的雾霾的变化量，$j = 1, 2, \cdots, 6$，x_j 分别为排放系数、化石能源占比、能源强度、人均 GDP、人口占比和人口数。$\Delta C(X_j)$（X_j 表示对应 x_j 的集合）的计算公式如下：

$$
\Delta C(X_j) = \sum_i \omega(t^*) \ln \frac{X_{ij}^t}{X_{ij}^0}
\tag{11-4}
$$

$$
\omega(t^*) = \begin{cases} \dfrac{C_i^t - C_i^0}{\ln C_i^t - \ln C_i^0}, & C_i^t \neq C_i^0 \\[3mm] C_i^0, & C_i^t = C_i^0 \end{cases}
\tag{11-5}
$$

11.1.3　GTWR 模型

GTWR 模型介绍见本书 3.1.4 节。

11.1.4 新脱钩指数和旧脱钩指数的影响因素的理论推导

运用 GTWR 模型探究各地区雾霾脱钩驱动因素的时空异质性时，各地区人口占比可以和后面的人口抵消掉，形成各地区雾霾的分解模型，具体如下所示：

$$C^t = \frac{C^t}{F^t} \cdot \frac{F^t}{E^t} \cdot \frac{E^t}{\text{GDP}^t} \cdot \frac{\text{GDP}^t}{P^t} \cdot P^t \qquad (11\text{-}6)$$

则加法分解为

$$C^t - C^0 = \Delta C = \Delta C(x_1) + \Delta C(x_2) + \Delta C(x_3) + \Delta C(x_4) + \Delta C(x_5) \qquad (11\text{-}7)$$

乘法分解为

$$C^t - C^0 = \Delta C = D(x_1)D(x_2)D(x_3)D(x_4)D(x_5) \qquad (11\text{-}8)$$

式中，x_j 分别表示排放系数、化石能源占比、能源强度、人均 GDP 和人口数，$j = 1, 2, \cdots, 5$。加法分解的求解如式（11-4）和式（11-5）所示，而在乘法分解中，$D(X_j)$ 的计算公式如下所示：

$$D(X_j) = \exp\left\{ \sum_i \frac{(C_j^t - C_j^{t-1}) / (\ln C_j^t - \ln C_j^{t-1})}{(C^t - C^{t-1}) / (\ln C^t - \ln C^{t-1})} \ln \frac{X_{ij}^t}{X_{ij}^0} \right\} \qquad (11\text{-}9)$$

上述的分解仅仅从雾霾的角度探究了影响雾霾脱钩指数的因素，本章将进一步从雾霾和经济增长两个方面深入探究影响脱钩指数的因素。

对于新定义的脱钩指数 ε_{new}，可得

$$\varepsilon_{\text{new}}^t = \frac{(C^t - C^0) / C^0}{(\text{GDP}^t - \text{GDP}^0) / \text{GDP}^0} = \frac{\Delta C}{\Delta \text{GDP}} \cdot \frac{\text{GDP}^0}{C^0} \qquad (11\text{-}10)$$

GDP^0 / C^0 为常数，为了简化模型将其去掉，所以，$\varepsilon_{\text{new}}^t$ 受 $(\Delta C, \Delta \text{GDP})$ 影响。由加法分解可知，影响 ΔC 的因素是排放系数、化石能源占比、能源强度、人均 GDP 和人口数。

根据柯布-道格拉斯生产函数模型：

$$\text{GDP} = A(t)K^\alpha L^\beta \qquad (11\text{-}11)$$

可知，GDP 的变化主要受技术进步（$A(t)$）、资本（K）、劳动力（L）的影响。而雾霾的分解中也有 GDP 的成分，故将柯布-道格拉斯生产函数代入其中，则

$$\begin{aligned} C &= \frac{C}{F} \cdot \frac{F}{E} \cdot \frac{E}{\text{GDP}} \cdot \frac{A(t)K^\alpha L^\beta}{P} \cdot P \\ &= \frac{C}{F} \cdot \frac{F}{E} \cdot \frac{E}{\text{GDP}} \cdot A(t)(K)^\alpha \left(\frac{L}{P}\right)^\beta \cdot P^\beta \end{aligned} \qquad (11\text{-}12)$$

综上所述，ε_{new} 受上述 7 个因素的影响，即排放系数、化石能源占比、能源强度、技术进步、资本、劳动力占比和人口数。由于排放系数和化石能源占比都

能反映能源结构，本章利用天然气与煤炭的比值来代替这两个变量。随着城镇化进程的加快，城镇化在雾霾排放中占据了主导地位，所以本章利用城镇人口代替总人口探究城镇化因素。随着经济的发展，中国的产业结构发生了巨大的变化，从工业化初期到工业化后期，第三产业的比重逐渐增大，这对中国雾霾的排放产生了巨大的影响，所以，考虑到这一点，本章在影响因素中加入了产业结构这一变量。模型如下所示：

$$\varepsilon_{\text{new}} = f(\text{EM,EI,ES,LP},A(t),K,\text{UP}) \tag{11-13}$$

对于逐年的脱钩指数 ε，可得

$$\varepsilon = \frac{(C^t - C^{t-1})/C^{t-1}}{(\text{GDP}^t - \text{GDP}^{t-1})/\text{GDP}^{t-1}} = \frac{\dfrac{C^t}{C^{t-1}} - 1}{\Delta\text{GDP}/\text{GDP}^{t-1}} \tag{11-14}$$

所以，ε 受 $(C^t/C^{t-1}, \Delta\text{GDP}/\text{GDP}^{t-1})$ 影响，只需探究影响上述两个变量的因素就能探究脱钩指数的影响因素。

由乘法分解可知，影响 C^t/C^{t-1} 的因素也是排放系数、化石能源占比、能源强度、产业结构、人均 GDP 和人口数。

$\Delta\text{GDP}/\text{GDP}^{t-1}$ 表示 GDP 的变化率，利用前面假设的柯布-道格拉斯生产函数，对式（11-11）两边同时微分，则可得

$$\text{dGDP} = K^\alpha L^\beta \text{d}A(t) + \alpha A(t)L^\beta \text{d}K + \beta A(t)K^\alpha \text{d}L \tag{11-15}$$

对式（11-15）两边同时除以 GDP，则可得

$$\frac{\text{dGDP}}{\text{GDP}} = \frac{\text{d}A(t)}{A(t)} + \alpha\frac{\text{d}K}{K^\alpha} + \beta\frac{\text{d}L}{L^\beta} \tag{11-16}$$

由式（11-16）可知，GDP 变化率也受 $(A(t),K,L)$ 影响，所以也建立相同的模型，具体如下：

$$\varepsilon = f(\text{EM,EI,ES,LP},A(t),K,\text{UP}) \tag{11-17}$$

总体来看，ε_{new} 与 ε 的影响因素是一致的，但推导的过程存在着差异。ε_{new} 不用微分的思想的原因是 2000 年与 2014 年的 GDP 的变化率（$(\text{GDP}^{2014}-\text{GDP}^{2000})$/$\text{GDP}^{2000}$）较大，即跨越的年份过长，用微分的思想会引起误差，所以本章没有运用微分的思想推导 ε_{new} 的影响因素。

综上所述，建立如下的模型：

$$\ln\varepsilon = \alpha + \beta_1\text{EM} + \beta_2\text{ES} + \beta_3\text{EI} + \beta_4 A(t) + \beta_5\ln K + \beta_6\text{LS} + \beta_7\ln\text{UP} \tag{11-18}$$

$$\ln\varepsilon_{\text{new}} = \alpha + \beta_1\text{EM} + \beta_2\text{ES} + \beta_3\text{EI} + \beta_4 A(t) + \beta_5\ln K + \beta_6\text{LS} + \beta_7\ln\text{UP} \tag{11-19}$$

式中，各变量的含义如表 11-1 所示。因为脱钩指数 ε 和 ε_{new} 有正值也有负值，所以直接对数化处理是不科学的。本章的做法借鉴了夏勇（2017）的做法，找出 2001～2014 年中国各省区市脱钩指数的最小值的整数形式 ε_{min} 和 $\varepsilon_{\text{new-min}}$，然后，将各年各省区市的脱钩指数分别减去 ε_{min} 和 $\varepsilon_{\text{new-min}}$，最后取对数，有 $\ln\varepsilon = \ln(\varepsilon - \varepsilon_{\text{min}})$ 和

$\ln \varepsilon_{\text{new}} = \ln(\varepsilon_{\text{new}} - \varepsilon_{\text{new-min}})$。这种处理方式仅对原有脱钩指数进行了平移，并不改变原有数据的性质。

表 11-1 模型中变量的定义

变量	含义	变量	含义
能源结构（EM）	天然气消费量/煤炭消费量	资本（K）	固定资产投资
产业结构（ES）	第三产业产值/第二产业产值	劳动力占比（LS）	劳动人口/总人口
能源强度（EI）	能源消费/GDP	城镇人口（UP）	总城镇人口
技术进步（$A(t)$）	SE-SBM 模型计算的值		

11.2 数据来源与处理

除雾霾总量以外，其余数据均来源于《中国统计年鉴》和《中国能源统计年鉴》，其中，各地区生产总值、工业总产值和固定资产投资以 2000 年为不变价进行折算。各地区资本存量计算方法为永续盘存法。PM$_{2.5}$排放量数据来源于北京大学"地表过程分析与模拟"教育部重点实验室，该数据根据 Huang 等（2014c）和 Dong 等（2019c）的方法进行核算。

在测算技术进步时，本章利用了 SE-SBM 模型，该模型由 Tone 于 2002 年提出。这种模型优于传统的 DEA 模型，因为它可以对多个有效 DMU 进行排序。因此，本章选用 DEA 方法中的 SE-SBM 模型测算 30 个省区市 2001~2014 年投入-产出的效率值作为技术进步 $A(t)$ 的值，其中，资本存量和劳动力作为投入变量，GDP作为产出变量。具体模型如下所示（其中，x 表示投入指标，y 表示产出指标）：

$$\min \delta = \frac{\dfrac{1}{m}\sum_{i=1}^{m}\dfrac{\overline{x}_i}{x_{ik}}}{\dfrac{1}{u}\sum_{r=1}^{u}\dfrac{\overline{y}_r}{y_{rk}}}$$

式中，δ 为 DMU 的效率值；m 为投入指标的个数；u 为产出指标的个数，$k=1,2,\cdots,n$，n 是决策单元的数量，即 30。

$$\text{s.t.} \quad \overline{x}_i \geqslant \sum_{j=1,j\neq k}^{n} x_{ij}\lambda_j, \quad i=1,2,\cdots,m$$

$$\overline{y}_r \leqslant \sum_{j=1,j\neq k}^{n} y_{rj}\lambda_j, \quad r=1,2,\cdots,u \qquad (11\text{-}20)$$

$$\overline{x}_i \geqslant x_{ik}, \quad \overline{y}_r \leqslant y_{rk}$$

$$\lambda, s^-, s^+, \overline{y} \geqslant 0$$

11.3　分解分析的结果与讨论

如图 11-1 所示，旧的脱钩指数的波动性大于新的脱钩指数。2002 年以前，两种脱钩指数都处于强脱钩状态，之后，新的脱钩指数一直处于弱脱钩状态，并呈减小趋势。2007 年以后，旧的脱钩指数在强脱钩与弱脱钩之间交替。这是因为金融危机爆发后，政府采取加大基础设施投入的刺激措施，直接拉动了重污染行业的快速发展，尽管维持了经济的增速，但同时也产生了大量的污染物；之后呈现强脱钩的原因是在有力的政策刺激下，企业会扩大生产，这样可能导致产量超过实际需求，以致以存货的形式保存下来。由于当期的目标被提前完成或超额完成，所以，在下一年进行生产时，企业会适当地减少生产以便消耗部分多余的存货，致使污染物排放短暂减少。这表明短期内的刺激政策所发挥的效果是有局限的。当期的刺激政策还未完全发挥作用时，政府为了应对复杂多变的市场又可能提出新的刺激措施，因此企业又会做出上述的生产计划，便出现了强脱钩与弱脱钩交替出现的局面。旧的脱钩指数对短期的政策比较敏感，而新的脱钩指数则比较迟钝，因为该指数既考虑了短期政策的作用，又考虑了长期政策的作用，所以，在两种政策的综合作用下，脱钩指数的变动较为平缓。

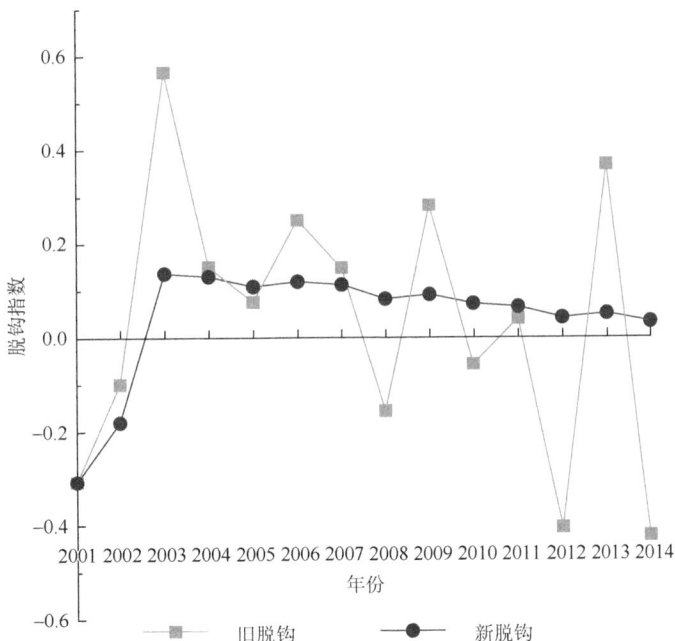

图 11-1　旧脱钩与新脱钩的情况

如图 11-2 所示，旧的脱钩指数的正向驱动因素是人均 GDP 和人口数，其中，人均 GDP 是主要的驱动力。随着时间的推移，正向驱动因素并没有明显的下降趋势。负向驱动因素是排放系数、化石能源占比、能源强度和人口占比，其中，排放系数的贡献最大，人口占比贡献最小。2006 年以后，能源强度的负向驱动作用逐渐增大。在 2013 年，能源强度的负向驱动作用达到最大。

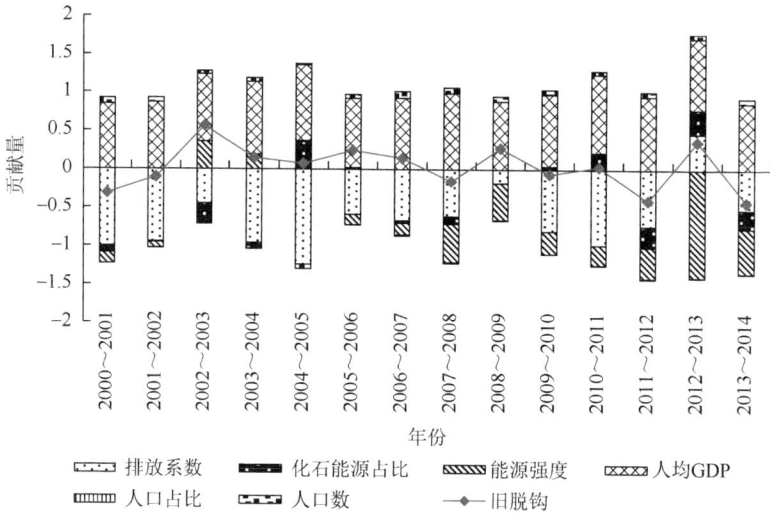

图 11-2　旧的脱钩指数中各因素贡献量

如图 11-3 所示，新的脱钩指数的正向驱动因素是人均 GDP 和人口数，其中人均 GDP 是主要的贡献因素，人口数的贡献较小。随着时间的推移，人均 GDP 的贡献整体上呈下降趋势，人口数的贡献在 2005 年以后基本没有变化。负向驱动因素是排放系数、化石能源占比、能源强度和人口占比，其中，排放系数的贡献最大，人口占比的贡献最小，2006 年以后，能源强度对脱钩的促进作用强于化石能源占比。随着时间的推移，排放系数和化石能源占比的负向驱动作用逐渐减弱，而能源强度却在逐渐加强。

旧的脱钩指数是以上一年为基期的，所以，在比较不同年份的贡献时，没有比较意义（没有统一的比较基准）。新的脱钩指数以 2000 年为基期，具有统一的比较基准，所以本章探究了各因素贡献的平均值。如图 11-4 所示，排放系数和人均 GDP 分别是主要的负向和正向驱动因素。山东的排放系数的负向贡献最大，内蒙古、河南、河北和山西的排放系数的负向贡献也较大。山西的人均 GDP 的正向贡献最大，河南、山东、内蒙古和河北等地区的人均 GDP 的正向贡献较大。山东和湖南的能源强度贡献的平均值为正，说明这两个地区是提高能源利用效率的重点省份，重庆能源强度的平均值对脱钩的负向作用最大。河北和山西等地区化石能源占比的负向贡献较大。相比于其他因素，人口占比在各地区的贡献最小。

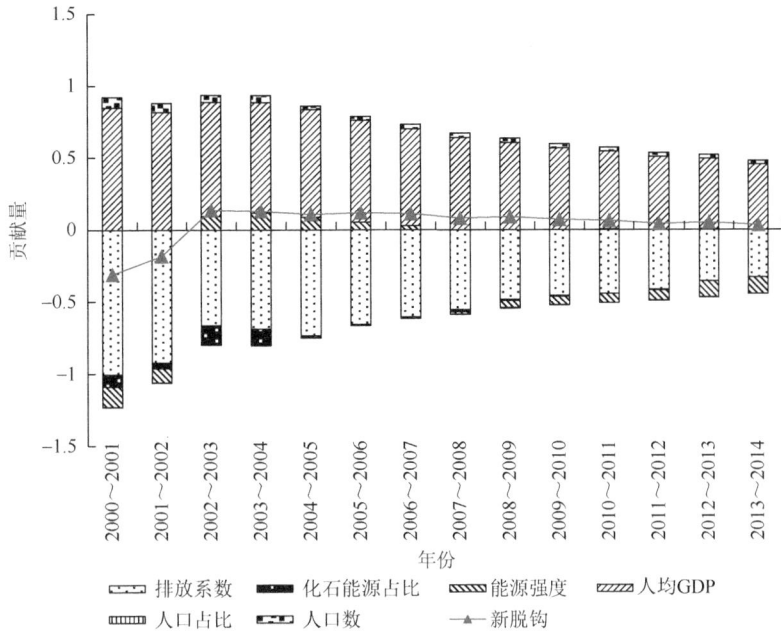

图 11-3　新的脱钩指数中各因素贡献量

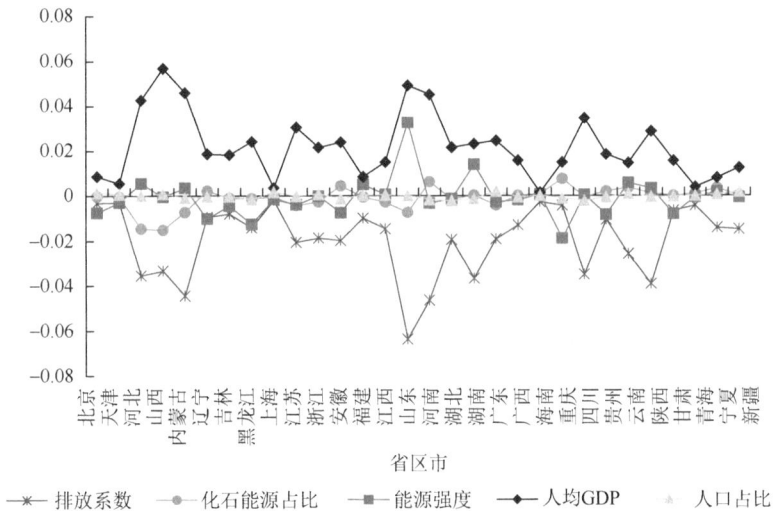

图 11-4　新的脱钩指数中，各省区市各因素贡献的平均值

　　总体而言，新的脱钩指数比旧的脱钩指数的变化幅度小。旧的脱钩指数对短期政策的敏感性强烈，而新的脱钩指数对长期政策的敏感性强烈，相比之下，新的脱钩指数更利于全面剖析长期稳定脱钩。在影响因素的分析中，新的脱钩指数

中的影响因素的变化趋势更明显，有利于政策的制定。例如，在新的脱钩指数分解中，排放系数的负向驱动力和人均 GDP 的正向驱动力在逐渐减小，而能源强度的负向驱动力在逐渐增大，这说明化石能源内部结构的调整对降低脱钩指数的影响在逐渐减弱，而提高能源利用效率反而越来越有效，但是在旧的脱钩指数分解中，驱动因素的变化规律不是很明显。在各因素平均贡献的分析中，新的脱钩指数有理论基础来进行各地区各因素的比较，以便制定更具针对性的政策建议，而旧的脱钩指数没有这一理论依据。

11.4　时空地理加权回归结果分析

11.4.1　空间相关性分析

对 2001～2014 年全国各地区雾霾脱钩指数进行空间相关性分析，运用 ArcGIS 10.2 计算每年的雾霾脱钩的 Moran's I 指数。如图 11-5 所示，雾霾脱钩 2003 年以前呈现空间负相关性，在 2003 年以后，呈现显著的空间正相关性，因此，在计量模型中加入空间影响因素是必要的。2001 年，福建和海南被周围脱钩指数低的地区包围，内蒙古被周围脱钩指数高的地区包围。2006 年，福建被周围脱钩指数高的地区包围，形成了高-高聚集地，重庆被周围脱钩指数低的地区包围，形成了低-低聚集地。2009 年，福建、浙江和上海被周围脱钩指数高的地区包围，形成了高-高聚集地，黑龙江被周围脱钩指数高的地区包围。2014 年，重庆被周围脱钩指数低的地区包围，形成了低-低聚集地。

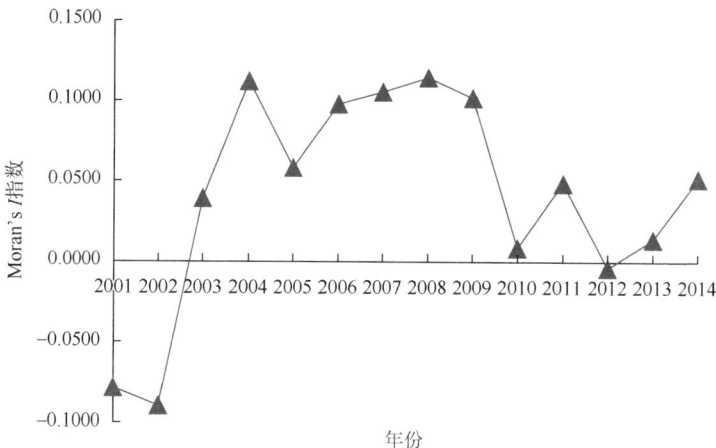

图 11-5　2001～2014 年 Moran's I 指数

11.4.2　时空地理加权回归模型结果及讨论

各地区的 GTWR 模型参数情况如表 11-2～表 11-4 所示。

表 11-2　东部地区的 GTWR 模型参数情况（最优带宽 = 0.1285）

变量	最小值	25%	50%	75%	最大值	四分位距
常数项	−1.3535	0.3015	0.5625	1.0758	8.1821	0.7743
EM	−1.3179	−0.1327	−0.0436	0.0372	0.5929	0.1699
ES	−0.3166	−0.0442	−0.0160	0.0038	0.8915	0.0480
EI	−0.3565	−0.0699	0.0024	0.0425	0.2181	0.1124
$A(t)$	−0.5874	−0.0523	0.1057	0.3762	1.1012	0.4284
$\ln K$	−0.2325	−0.0349	−0.0053	0.1328	3.2566	0.1677
LS	−13.0099	−0.1317	0.1957	0.3627	2.2896	0.4945
$\ln$UP	−3.4462	−0.0510	0.0087	0.0403	0.2244	0.0913
可调节 R^2			0.7773			

表 11-3　中部地区的 GTWR 模型参数情况（最优带宽 = 0.2197）

变量	最小值	25%	50%	75%	最大值	四分位距
常数项	−9.0762	−0.0081	0.2657	0.6669	2.0153	0.6750
EM	−44.7475	−1.7972	−1.1344	−0.4099	1.2659	1.3873
ES	−1.2754	−0.0420	−0.0011	0.0802	0.3015	0.1222
EI	−0.2368	−0.0137	0.0117	0.0255	0.0471	0.0392
$A(t)$	−3.0568	0.0819	0.2239	0.5389	0.8713	0.4570
$\ln K$	−0.0670	0.0129	0.0707	0.1631	0.5435	0.1502
LS	−24.8981	−0.0890	0.0621	0.2981	0.6285	0.3871
$\ln$UP	−0.3262	−0.1230	−0.0312	0.0072	2.8186	0.1303
可调节 R^2			0.5509			

表 11-4　西部地区的 GTWR 模型参数情况（最优带宽 = 1.9837）

变量	最小值	25%	50%	75%	最大值	四分位距
常数项	1.2224	1.2338	1.2546	1.2664	1.3021	0.0326
EM	0.0553	0.0585	0.0590	0.0597	0.0604	0.0011
ES	−0.1089	−0.1054	−0.1042	−0.1007	−0.0994	0.0047
EI	−0.0092	−0.0084	−0.0081	−0.0077	−0.0074	0.0006
$A(t)$	−0.3705	−0.3577	−0.3532	−0.3464	−0.3420	0.0113
$\ln K$	0.0717	0.0728	0.0738	0.0748	0.0776	0.0020

续表

变量	最小值	25%	50%	75%	最大值	四分位距
LS	0.2642	0.2758	0.2794	0.2908	0.2946	0.0149
lnUP	−0.1477	−0.1422	−0.1402	−0.1382	−0.1361	0.0040
可调节 R^2				0.1578		

由表 11-5 可知，东部和中部地区中，新的脱钩指数的拟合程度比其他模型要高得多，说明该模型优于其他模型。但是，在西部地区中，各模型的拟合度都不是很高，其中，新的脱钩指数的 OLS 回归结果的拟合度最高（0.255），其次是新的脱钩指数的 GTWR 回归的结果（0.1578）。综合来看，新的脱钩指数作为被解释变量的模型的拟合度远远高于旧的脱钩指数作为被解释变量的模型。

表 11-5　OLS 的 R^2 和 GTWR 的可调节的 R^2

地区	OLS（旧的脱钩指数）	OLS（新的脱钩指数）	GTWR（旧的脱钩指数）	GTWR（新的脱钩指数）
东部	0.0534	0.1488	0.0881	0.7773
中部	0.009	0.1179	−0.0441	0.5509
西部	0.0352	0.255	0.0138	0.1578

对 GTWR 结果的残差进行空间相关性检验。如表 11-6 所示，残差基本上都符合随机分布，这说明回归模型比较好，可信度较高。

表 11-6　残差空间相关性检验（新脱钩指数）

地区	2001 年	2002 年	2003 年	2004 年	2005 年	2006 年	2007 年
东部	−0.9265*	−0.1942*	−1.0792*	1.4490*	0.3313*	−1.7152	−1.1818*
中部	−0.2937*	0.2947*	0.0173*	1.1457*	−0.3310*	1.9804	0.1825*
西部	1.3620*	−0.9305*	−0.2338*	1.1512*	−0.0822*	−0.5254*	−0.4298*

地区	2008 年	2009 年	2010 年	2011 年	2012 年	2013 年	2014 年
东部	−1.7602	−1.6002*	0.4026*	0.0471*	0.5302*	−1.8417	1.8316
中部	0.5408*	−0.4647*	−0.5756*	−0.1002*	−1.1782*	−1.4095*	−0.4618*
西部	−0.4673*	0.9656*	0.9468*	−0.7993*	−1.4445*	−1.8980	−1.8331

*代表未通过 0.1 显著性水平，参考值是 1.65

虽然西部地区的 GTWR 的结果拟合程度较低，但这并不表明新的脱钩指数差，因为相比于旧的脱钩指数，拟合程度已经高了很多（以下分析都是对新的脱钩指数的分析）。

1. 能源结构对雾霾与 GDP 脱钩指数的时空变异

在东部，大部分地区的能源结构对脱钩指数的影响为负，即天然气与煤的比值增加会使脱钩指数减小，这是因为煤的占比减少会从源头上减少雾霾的排放量。但是，京津冀、江苏、上海等地区在 2006 年以前的系数为正，这主要是因为这些地区前期处于高能耗、高排放的粗放型经济增长模式。在工业化和城镇化推进的过程中，第二产业所占比重较大，导致能源消费需求增大。此时，煤炭占比的增加虽然会产生大量的二氧化碳排放，然而，经济增长的速度要快于二氧化碳排放的增长速度，最后导致煤炭占比增加、脱钩指数变小的现象。2006 年以后，随着产业结构的升级，第三产业占比逐渐增加，经济增长对煤炭能源的依赖也逐渐减少。

在中部，大部分地区能源结构的系数也为负，但是，相比于东部地区，中部地区系数的绝对值要大于东部，这说明东部地区的高污染、高排放企业的内迁给中部地区造成了严重的污染，因此，中部地区采取提高天然气占比和降低煤炭占比的措施对脱钩指数的影响要远大于东部地区，其中，吉林和黑龙江应作为重点省份。

在西部，能源结构对脱钩指数的影响为正，这主要是因为西部地区较为落后，高污染、高排放企业的迁入虽然造成了环境污染，但也促进了当地经济的发展和技术的进步。这些企业增加了对煤炭的需求，导致煤炭用量增加，虽然产生了大量的雾霾，但也促进了经济的发展，使经济的增长率快于雾霾的增长率，致使这些地区的短暂脱钩。这种方式不是绿色和可持续的生产方式，因此，政府应该制定适度的环境规制政策，激励并引导企业向绿色、低碳、节能、环保产品的投资方向倾斜。

2. 产业结构对雾霾与 GDP 脱钩指数的时空变异

在东部，大部分地区的产业结构对脱钩指数的影响为负，这说明第三产业占比增加导致对煤炭等化石能源的依赖减少，进而减少了雾霾。但是，由图 11-6 可知，京津冀地区的系数在 2007 年以后为正值，尤其是在 2007 年和 2008 年值较大。这是因为 2008 年全球金融危机的爆发，使政府必须采取一些刺激措施防止经济"硬着陆"。这些措施虽然增加了内需，但也减缓了淘汰落后产业的进程，致使大量生产活动沿用以前的生产技术，此时，即使产业结构升级也不会使疲软的经济立刻复苏，从而使雾霾的增长率大于经济的增长率，最终导致脱钩指数变大。随着经济的复苏，产业结构这种负向作用逐渐减弱。为什么系数呈现一种缓慢的下降趋势而不是骤降？主要原因是本章的脱钩指数探究的是一定期间内稳定、持续的脱钩状态，而不是短期意义上的随机波动和偏离。因此，相比之下，本章探究的新的脱钩指数更便于理解长期政策的作用。

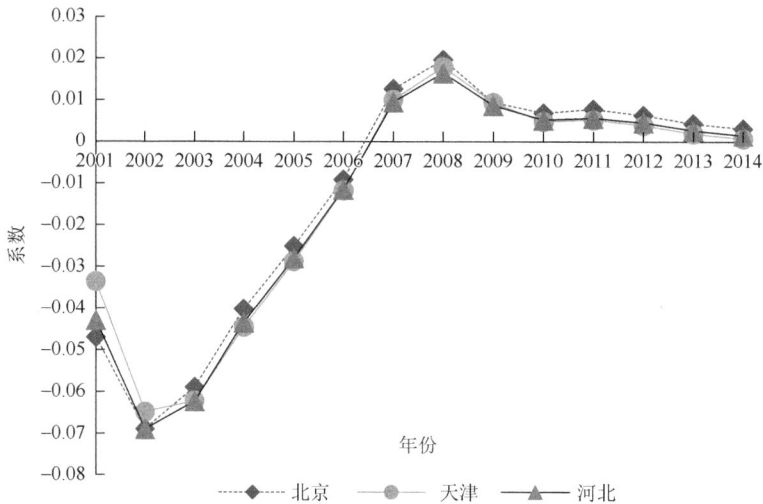

图 11-6　2001～2014 年部分地区产业结构的系数

在中部，大部分地区产业结构的系数也为负，这说明产业结构的升级能降低脱钩指数。但是，与东部地区不同，中部地区大部分省区市在 2009 年以前的系数为正，之后为负。这主要是因为在前期，中部地区的发展落后于东部，工业化水平还不是很高，此时增加第二产业占比会极大地促进经济的发展，致使经济的增长率快于雾霾的增长率，最终导致脱钩指数减小的情况；随着工业化进程进入中后期，增加第三产业的比重会减少雾霾的排放，降低脱钩指数。

在西部，产业结构对脱钩指数的影响也为负。相比于中部地区，西部地区系数的绝对值前期小于中部地区，而在 2009 年以后，西部地区所有省区市系数的绝对值大于中部地区，这是高污染、高排放企业逐渐西迁导致的。因此，优化西部地区的产业结构能够有效地降低脱钩指数。

3. 能源强度对雾霾与 GDP 脱钩指数的时空变异

在东部，京津冀、辽宁和山东的能源强度对脱钩指数的影响基本为正，这说明在这些地区提高能源利用效率有助于降低脱钩指数。但是，其他地区出现了前期为正、后期为负的情况，这是因为能源利用效率的提高导致生产成本和产品价格在下降，反而刺激了能源需求，产生了反弹效应，从而产生更多的雾霾；后期，能源利用效率的反弹效应减弱和技术的进步使能源强度的减霾效果增强。

在中部，能源强度对脱钩指数的影响基本呈现出这种现象：前期为正，后期为负。其中，吉林和黑龙江一直为负。这说明 2011 年以后大部分地区能源强度的反弹效应较强，因此，从降低雾霾脱钩指数的角度出发，提高能源利用效率的政策只能看作一项短期的政策工具。相比之下，政府应该从多个角度同时发力来减少雾霾的排放。

在西部，能源强度对脱钩指数的影响为负，说明提高能源利用效率能够降低脱钩指数，这可能是因为脱钩指数的反弹效应不明显或者不存在。

4. 技术进步对雾霾与 GDP 脱钩指数的时空变异

在东部，大部分地区的技术进步对脱钩指数的影响为正，主要原因如下。

（1）创新成果作用与企业生产实践往往会带来新技术和新产品的跨越式发展，进而导致能源回弹效应，使技术层面能效的改进所产生的节能效应和污染物减排效应被资本深化和产出增长所带来的新一轮能源消费和污染物排放所蚕食（程中华等，2019）。

（2）雾霾与碳排放同根同源，所以，类比于碳排放，技术进步对雾霾的影响可能存在以下的路径："技术进步—经济增长—雾霾"和"技术进步—雾霾"（Jaffe et al.，2002；申萌等，2012）。前者是间接效应，后者是直接效应。对于前者，技术进步是经济增长的内在动力，它通过经济增长直接影响雾霾的排放。对于后者，如果企业初始的获利技术会污染环境，那么企业的新技术研发可能依旧是污染环境的新技术，从而增加雾霾的排放；反之，就会减少雾霾的排放。但是，在 2008 年以后，上海、江苏、浙江、福建和广东的系数由正变为负，说明技术进步对雾霾的减排效果在逐渐增强。

在中部，大部分地区技术进步的系数为正，但与东部地区有所不同。中部地区系数呈现出先增大后减小的趋势，而东部地区的系数是一直减小的。其中的原因是东部的高污染、高排放企业的内迁导致技术进步，这种技术进步不但不减排反而增加排放。

在西部，技术进步对脱钩指数的影响为负，这主要是因为高污染、高排放企业的大量迁入使该地区的技术进步主要是以污染环境为代价的生产技术的提升，虽然这种技术导致了环境污染，但也加快了当地的经济发展，致使经济增长率快于雾霾的增长率。

5. 固定资产投资对雾霾与 GDP 脱钩指数的时空变异

在东部，2008 年以前，固定资产投资对脱钩指数的影响为正，2008 年以后为负。固定资产投资既是经济增长的内在动力，也会增加对能源的需求（对第二产业的投资增加），进而产生大量的雾霾。鉴于此，脱钩指数的变化取决于固定资产投资分别对经济和雾霾促进作用的大小。2008 年以前，工业占比较高，投资大部分流向了第二产业，致使雾霾排放增加。2008 年以后，产业结构逐渐改善，第三产业比重增大，致使经济增长的速率大于雾霾增长速率。

在中部，大部分地区固定资产投资对脱钩指数的影响为正，直到 2012 年以后，固定资产投资对脱钩指数的影响才转变为负，这主要是因为中部地区的工业化发展滞后于东部地区。

在西部，固定资产投资对脱钩指数的影响为正，说明西部地区的大部分投资都流向了高污染、高排放的企业，致使投资增加，使脱钩指数增大，因此，政府应该合理规范投资流向，多鼓励绿色投资。

6. 劳动力占比对雾霾与 GDP 脱钩指数的时空变异

在东部，大部分地区的劳动力占比对脱钩指数的影响为正，这是因为大量劳动力的涌入会给该地区带来食物、住房和交通需求等问题，导致大量的能源需求，从而增加雾霾的排放。但是，上海和浙江大部分年份的系数为负，这是因为上海和浙江经济比较发达，吸引了大量高质量的劳动力来研发高新技术产品，另外，发达地区人们的环保意识较强，更多地使用低污染产品（Dong et al.，2019c）。

在中部，大部分地区劳动力占比的系数也为正，但是，系数的数值大多小于东部地区，这说明劳动力占比的增霾作用在东部更强，这也是中部大量劳动力东迁的后果。

在西部，劳动力占比对脱钩指数的影响为正，说明消费需求的增多导致了更多的生产活动，而这些生产活动基本都是沿用以前的旧的、高污染的技术，所以，产生了更多的雾霾。

7. 城镇人口对雾霾与 GDP 脱钩指数的时空变异

在东部，大部分地区的城镇人口对脱钩指数的影响为正，这表明城镇人口增加推动了城镇化和工业化的进程，在促进经济增长的同时，也导致了大量的能源需求，从而产生大量的雾霾。但是，在 2006 以前，系数基本为负，这主要是因为一方面城镇化水平的提高会使能源结构得到优化和能源利用效率得到提高，从而减少雾霾的排放；另一方面，城镇化水平的提高促使经济增长的速度快于雾霾增长的速度。2006 年以后，人们增加了对汽车等代步工具的购买，致使大量雾霾的产生。

在中部，城镇人口的系数变化情况与东部地区相似，即前期为负，后期为正，但是，在 2012 年以后，中部大部分地区的系数才转变为正。这主要是因为中部地区发展落后于东部，城镇化在增加雾霾的同时，也会促进经济的增长，当经济的增长率快于雾霾的增长率时，就会出现降低脱钩指数的情况。

在西部，城镇人口对脱钩指数的影响为负，这说明提高城镇化率能够降低脱钩指数，但是，由于西部地区的发展慢于中部和东部地区，所以，依据它们的变化规律，在后期，西部地区城镇人口的系数会转变为正。

11.5　本　章　小　结

本章通过理论推导探究了新定义的脱钩指数与 EKC 之间的关系，然后，分别通过分解模型和 GTWR 模型探究了新脱钩指数和旧脱钩指数，并对其进行了比较。本章得出以下结论。

（1）2001～2014 年，旧的脱钩指数在 2007 年以后处于强脱钩与弱脱钩交替变换的状态，而新的脱钩指数在 2002 年以后处于缓慢下降状态。这说明旧的脱钩指数对短期政策比较敏感，新的脱钩指数综合考虑了短期和长期政策的联合作用。

（2）不管新的脱钩指数还是旧的脱钩指数，人均 GDP 和排放系数分别是最大的正向驱动力和负向驱动力。但是，在旧的脱钩指数中，驱动因素的贡献变动浮动大，没有明显的趋势性。然而，在新的脱钩指数中，各因素贡献的趋势性很强，人均 GDP、排放系数和化石能源占比的驱动作用在减弱，而能源强度的驱动作用在逐渐加强。

（3）在各因素平均贡献的分析中，山东省排放系数的负向贡献最大，山西省人均 GDP 的正向贡献最大，山东和湖南的能源强度的贡献为正，山西既是化石能源占比贡献最大的省份，也是产业结构贡献最大的省份。因此，要实现全国脱钩，应把重心放在山东、山西、河北等省份。

（4）在分析时空地理加权回归结果中，新的脱钩指数的拟合度远远高于旧的脱钩指数。在东部和中部，能源结构、产业结构、能源强度、技术进步和劳动力占比的系数情况相似，但也存在着差异。然而，固定资产投资和城镇人口对脱钩指数的影响存在着明显的区别。在东部，大部分地区固定资产投资的系数为负，而在中部却相反。在东部，大部分地区城镇人口对脱钩指数的影响为正，在西部和中部，除了能源结构、能源强度和技术进步的系数符号相反，西部地区的其余影响因素的系数情况与中部基本相似。

第12章 碳排放和雾霾污染协同减排研究

12.1 研 究 设 计

考虑到中国的碳排放水平呈现出明显的区域差异，第8章利用分位数回归方法识别在不同分位点各因素对碳排放的影响，同时计算各变量变化对碳排放增长的贡献，并运用基于回归方程的 Shapley 值分解框架分析了中国区域碳排放不平等的成因。基于同样的思路，第9章探究了各经济社会变量对雾霾污染的影响在不同分位点上的变化以及造成雾霾污染区域差异的原因，以提出有针对性的区域雾霾治理策略。事实上，温室气体和大气污染物的排放有同源性，减少 CO_2 和 $PM_{2.5}$ 排放在行动上是一致的，实现温室气体和大气污染物协同减排具有现实基础。协同减排包括两个层面的含义：污染物减排导致碳减排的协同、碳减排导致污染物减排的协同。针对碳排放问题，中国政府不仅做出了一系列减排承诺，而且制定了诸多具体举措，包括命令和管制手段、碳排放权交易，并且取得了一些显著的成效。因此，本章关注 CO_2 减排活动导致 $PM_{2.5}$ 排放量减少的协同效应，定量分析碳减排活动对 $PM_{2.5}$ 减排影响的研究对于政策制定者具有重要的参考价值，不仅可以激励企业完成碳减排目标，更有助于减少 $PM_{2.5}$ 排放，最终实现经济增长和环境治理的双赢发展。为了达到研究目的，本章做了如下的研究设计，首先将碳排放协同效应纳入 $PM_{2.5}$ 排放的 Kaya 恒等式中，利用 LMDI 方法对 $PM_{2.5}$ 排放量变化进行分解，然后引入代理变量，运用计量分析方法量化 CO_2 减排对 $PM_{2.5}$ 减排量的影响。

12.1.1 LMDI 分解

LMDI 分解法由 Ang 等（1998）提出，其分解不含残差项，并且允许数据包含零值，广泛运用在能源相关研究中。本章利用 LMDI 方法对中国 $PM_{2.5}$ 排放变化的影响因素进行分析。

全国 $PM_{2.5}$ 排放量可用式（12-1）表示：

$$\text{PM} = \sum_i \text{PM}_i = \sum_i \frac{\text{PM}_i}{C_i} \cdot \frac{C_i}{E_i} \cdot \frac{E_i}{\text{GDP}_i} \cdot \frac{\text{GDP}_i}{P_i} P_i = \sum_i \text{PMOC}_i \cdot \text{EM}_i \cdot \text{EI}_i \cdot \text{GPC}_i \cdot P_i$$

$$(12-1)$$

式中，PM_i 为 i 地区 $PM_{2.5}$ 排放量；C_i 为 i 地区 CO_2 排放量；E_i 为 i 地区能源消费量；GDP_i 为 i 地区的生产总值；P_i 为 i 地区人口规模；$PMOC_i$ 为 i 地区单位二氧化碳排放产生的 $PM_{2.5}$ 排放量，它表示协同减排的量化关系，也是本章的研究重点；EM_i 为 i 地区的能源排放强度；EI_i 为 i 地区的能源强度；GPC_i 为 i 地区的人均 GDP。

设定基期到 t 期的变化量为 ΔPM，利用 LMDI 对其进行分解：

$$\Delta PM = PM^t - PM^0 = \sum_i PMOC_{it} \cdot EM_{it} \cdot EI_{it} \cdot GPC_{it} \cdot P_{it}$$
$$- \sum_i PMOC_{i0} \cdot EM_{i0} \cdot EI_{i0} \cdot GPC_{i0} \cdot P_{i0} = \Delta PM_{PMOC} + \Delta PM_{EM}$$
$$+ \Delta PM_{EI} + \Delta PM_{GPC} + \Delta PM_P \qquad （12-2）$$

式中，分解的五大因素可以表示为

$$\Delta PM_{PMOC} = \sum_i \frac{PM_i^t - PM_i^0}{\ln PM_i^t - \ln PM_i^0} \ln \frac{PMOC_i^t}{PMOC_i^0} \qquad （12-3）$$

$$\Delta PM_{EM} = \sum_i \frac{PM_i^t - PM_i^0}{\ln PM_i^t - \ln PM_i^0} \ln \frac{EM_i^t}{EM_i^0} \qquad （12-4）$$

$$\Delta PM_{EI} = \sum_i \frac{PM_i^t - PM_i^0}{\ln PM_i^t - \ln PM_i^0} \ln \frac{EI_i^t}{EI_i} \qquad （12-5）$$

$$\Delta PM_{GPC} = \sum_i \frac{PM_i^t - PM_i^0}{\ln PM_i^t - \ln PM_i^0} \ln \frac{GPC_i^t}{GPC_i^0} \qquad （12-6）$$

$$\Delta PM_P = \sum_i \frac{PM_i^t - PM_i^0}{\ln PM_i^t - \ln PM_i^0} \ln \frac{P_i^t}{P_i^0} \qquad （12-7）$$

因此，基期到 t 期的 $PM_{2.5}$ 变化可分解为五种因素的贡献，ΔPM_{PMOC} 反映了协同减排效应，反映碳排放对 $PM_{2.5}$ 排放的影响；ΔPM_{EM} 为能源排放强度效应，反映能源结构变动对 $PM_{2.5}$ 排放量的影响；ΔPM_{EI} 表示能源强度变动对 $PM_{2.5}$ 排放量的影响，反映了技术因素对 $PM_{2.5}$ 排放量的影响；ΔPM_{GPC} 反映经济发展状况对 $PM_{2.5}$ 排放量的影响；ΔPM_P 表示人口效应，反映人口变动引起 $PM_{2.5}$ 的变化。

12.1.2　计量模型

基于前面的因素分解，本章在计量模型中加入表征碳排放协同效应、能源排放强度效应、能源强度效应、经济发展效应和人口效应的变量：CO_2 减排量、煤炭消费占比、技术进步、人均 GDP、人口密度；另外，为了探究可能存在的 EKC，加入人均 GDP 的二次项。最终，本章建立如下形式的双向固定效应模型（two-way fixed effects model）：

$$PMR_{it} = \beta_0 + \beta_1 CR_{it} + \beta_2 EM_{it} + \beta_3 TP_{it} + \beta_4 GPC_{it} + \beta_5 GPC_{it}^2$$
$$+ \beta_6 PD_{it} + \gamma_t + \delta_i + \varepsilon_{it} \tag{12-8}$$

式中，i 表示不同地区；t 表示时间；PMR 表示 $PM_{2.5}$ 减排量；CR、EM、TP、GPC、PD 分别作为碳排放协同效应、能源排放强度效应、能源强度效应、经济发展效应和人口效应的代理变量；CR 表示 CO_2 减排量，β_1 为 CR 的估计系数，代表协同减排效应的量化指标，是本章的重点观测指标；EM 表示能源结构，GPC 表示人均 GDP，表示各地区经济发展状况和居民收入水平，GPC^2 为 GPC 的平方项，PD 表示人口密度，TP 表示技术进步，使用技术进步作为能源强度效应的代理变量，主要有如下两点考虑：一是若直接用能源强度作为变量，式（12-8）可能存在严重的多重共线性；二是有证据表明技术进步是导致中国能源强度下降的主要因素（Garbaccio et al.，1999）；因此，用技术进步表征能源效率提升对 $PM_{2.5}$ 减排的影响。δ_i 为不随时间变化的地区非观测效应，用来控制省域间持续存在的差异，如消费习惯、自然资源禀赋差异、环境规制。模型中控制了时间固定效应，γ_t 为时间非观测效应，考虑到样本观测量的限制，若引入时间虚拟变量会损失自由度，自由度大幅度下降对主要解释变量的显著性有较大影响；因此，为了节省参数，本章引入时间趋势项，用来控制随时间变化的因素带来的影响，如能源和环境相关政策、能源价格变化。ε_{it} 为与时间和地区都无关的随机扰动项。

12.2 变量描述和数据来源

本章需要用到连续年份的碳排放和 $PM_{2.5}$ 排放量数据，限于 $PM_{2.5}$ 排放量数据的可得性，本章的数据样本截止年份为 2014 年。由于目前尚没有官方公布的省际碳排放量数据，本章根据历年《中国能源统计年鉴》中煤炭、石油、天然气三种能源数据计算 1998~2014 年中国 30 个省区市（未包含香港、澳门、台湾和西藏地区）的 CO_2 排放量，碳排放系数和标准煤折算系数参考 IPCC（2006）、徐国泉等（2006）、Hu 和 Huang（2008）的研究。$PM_{2.5}$ 排放量数据来源于北京大学"地表过程分析与模拟"教育部重点实验室，该数据根据 Huang 等（2014c）的方法进行核算，$PM_{2.5}$ 排放主要来源于燃料燃烧与工业污染排放。图 12-1~图 12-3 依次展示了全国 $PM_{2.5}$ 变化分解结果、分地区 $PM_{2.5}$ 变化分解结果、各省区市 $PM_{2.5}$ 变化分解结果，总体来看，雾霾污染集中在经济发达和人口密集的华北地区，另外，东部地区的 $PM_{2.5}$ 排放量相对中、西部地区较大。在 LMDI 分解中，能源相关数据来源于《中国能源统计年鉴》，人口和 GDP 数据来自《中国统计年鉴》，为了消除价格因素的影响，本章通过平减指数将 GDP 换算成 2000 年不变价。

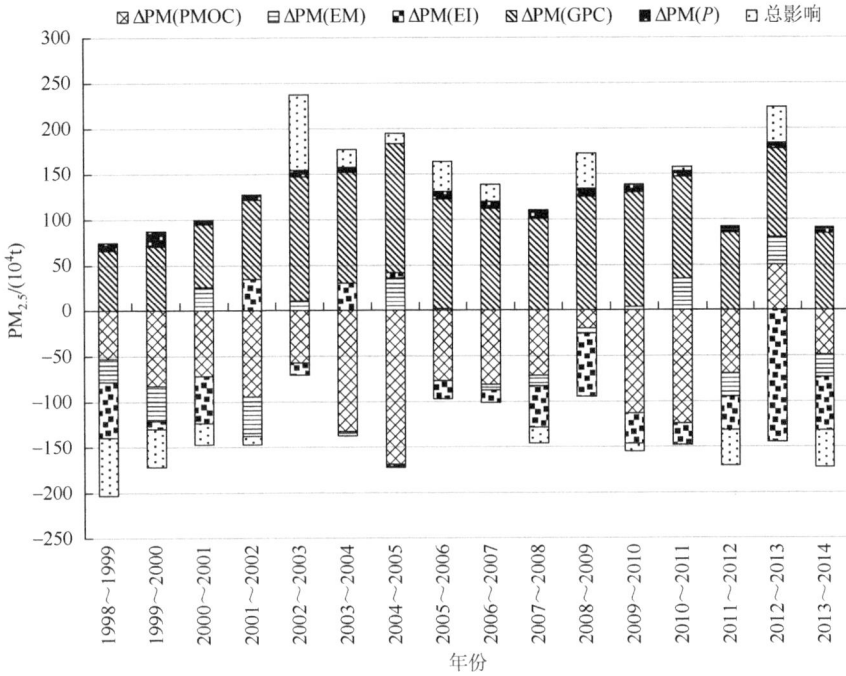

图 12-1 全国 PM$_{2.5}$变化分解结果

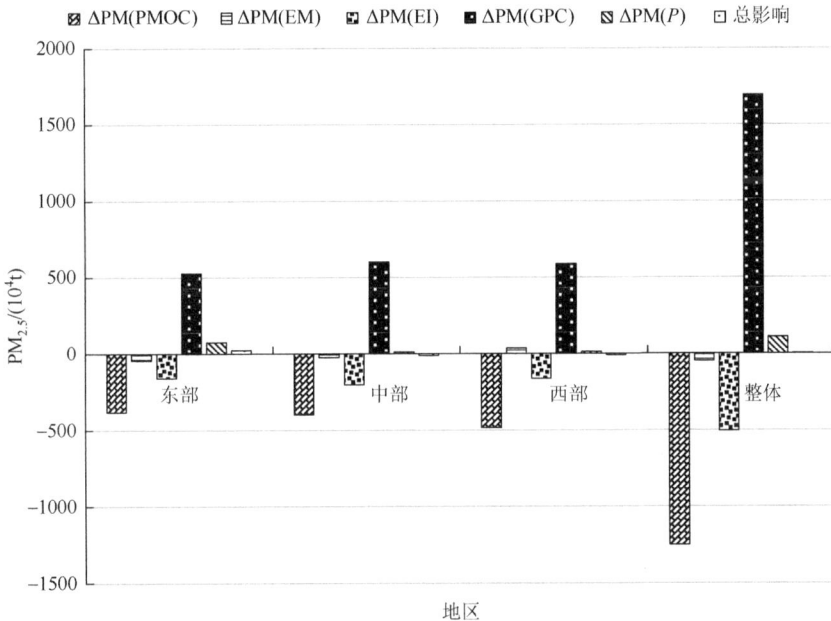

图 12-2 分地区 PM$_{2.5}$变化分解结果

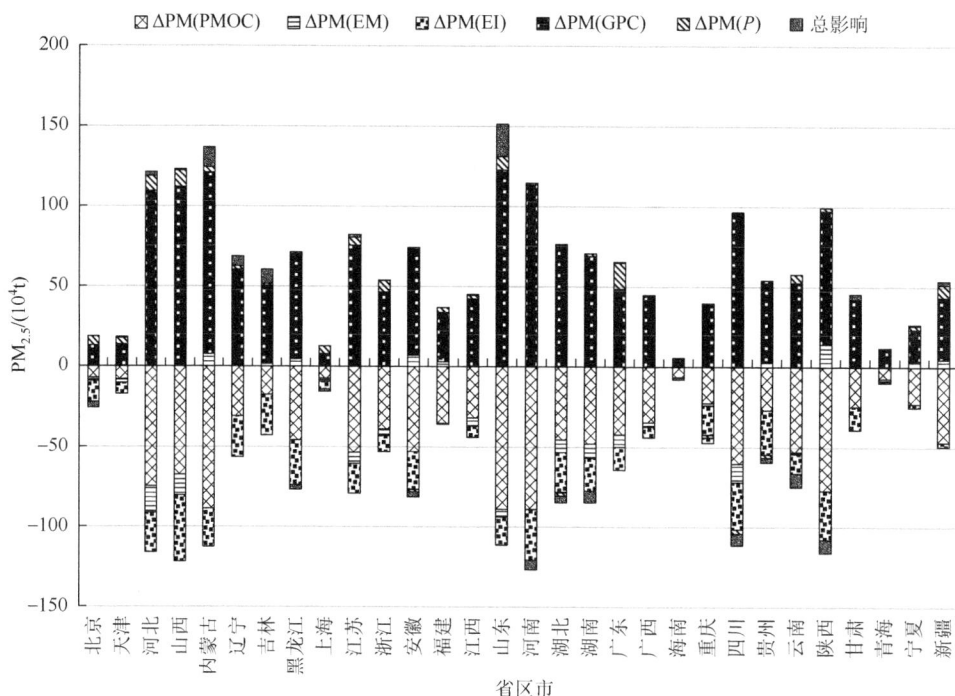

图 12-3　各省区市 $PM_{2.5}$ 变化分解结果

在计量分析部分，本章使用的数据为中国 30 个省区市 1999～2014 年的面板数据，变量说明如表 12-1 所示。被解释变量为 $PM_{2.5}$ 减排量，用 CO_2 减排量、煤炭消费占比、技术进步、人均 GDP、人口密度分别表征碳排放协同效应、能源排放强度效应、能源强度效应、经济发展效应以及人口效应。特别地，由于本章使用各变量的原始数据进行研究，需要进行变量单位调整以避免估计系数中离群值的出现导致结果难以解释。关于被解释变量——$PM_{2.5}$ 减排量，本章借鉴傅京燕和原宗琳（2017）的关于电力行业 SO_2 减排的研究，将第 i 地区在第 t 年的 $PM_{2.5}$ 减排量 PM_{it} 定义为

$$PMR_{it} = PM_{i,t-1} - PM_{it} \tag{12-9}$$

表 12-1　变量定义和数据来源

变量	定义	衡量单位	数据来源
PMR	$PM_{2.5}$ 减排量	$10^3 t$	Huang 等（2014b）
CR	CO_2 减排量	$10^4 t$	《中国能源统计年鉴》、IPCC（2006）、徐国泉等（2006）、Hu 和 Huang（2008）
EM	煤炭消费占比	%	《中国能源统计年鉴》

续表

变量	定义	衡量单位	数据来源
TP	专利授权数	万件	《中国统计年鉴》
GPC	人均 GDP	千元（2000 年不变价）	《中国统计年鉴》
PD	总人口与总面积的比值	人/km²	《中国城市统计年鉴》

对于核心解释变量——CO_2 减排量，其计算过程如下：

$$C_{it} = \sum_j E_{itj} \cdot \mu_j \tag{12-10}$$

$$CR_{it} = C_{i,t-1} - C_{it} \tag{12-11}$$

式中，C_{it} 为第 i 个地区第 t 年的 CO_2 排放量；E_{itj} 表示第 i 个地区第 t 年第 j 种能源的消费量（换算成标准煤）；μ_j 表示相应的碳排放系数，煤炭合计包含原煤、洗精煤、型煤、焦炭等，油品合计包含原油、汽油、煤油、柴油等；CR_{it} 为第 i 个地区在第 t 年的 CO_2 减排量。

12.3　LMDI 分解结果与讨论

12.3.1　全国分解结果

利用加法模型分解 1998～2014 年我国 $PM_{2.5}$ 排放量变化的影响因素，分解结果如图 12-1 所示，图中总变化量为基于前一年的 $PM_{2.5}$ 增长量，其余数值为各因素对 $PM_{2.5}$ 排放量变化做出的贡献。从图 12-1 可以看出，我国 $PM_{2.5}$ 排放增加主要受经济发展的影响，1998～2014 年经济发展因素引起的 $PM_{2.5}$ 排放年均增长幅度为 1.0367×10^6t；相对地，我国 $PM_{2.5}$ 排放降低主要受碳排放协同效应的影响，碳排放协同效应有巨大的 $PM_{2.5}$ 减排潜力，1998～2014 年碳排放协同效应引起的 $PM_{2.5}$ 排放年均下降幅度为 7.587×10^5t，这说明降低单位 CO_2 排放产生的 $PM_{2.5}$ 排放量是 $PM_{2.5}$ 减排的有效途径，应该大力发掘 CO_2 和 $PM_{2.5}$ 的协同减排潜力。能源强度效应在 2001～2002 年、2003～2005 年为正，在其他年份区间均为负，总体来看，能源强度变化导致了 $PM_{2.5}$ 排放下降，其年均贡献值为 -3.178×10^5t，说明能源利用效率的提升能够显著降低 $PM_{2.5}$ 排放量。1998～2014 年能源排放强度效应引起的 $PM_{2.5}$ 变化量有正有负，其年均贡献值仅为 -2.63×10^4t，说明能源排放强度对 $PM_{2.5}$ 排放产生微弱的负向影响，这是由于我国资源禀赋呈现"富煤、缺油、少气"的特点，导致我国能源结构调整空间有限，但其减排潜力不容忽视。人口效应引起的 $PM_{2.5}$ 变化大多为正，仅在 2004～2005 年为负，其年均贡献值为

$6.83×10^4t$，说明人口规模扩大将促进 $PM_{2.5}$ 排放增加，由于人口规模扩大势必带动一系列生产活动，增加能源需求，从而增加对环境的压力，导致 $PM_{2.5}$ 排放的增加。

总体来看，经济发展效应、能源强度效应、碳排放协同效应作用显著，而人口效应与能源排放强度效应的影响微弱。1998～2014 年，能源排放强度的影响有正有负，经济发展与人口因素对 $PM_{2.5}$ 排放量变化的作用为正，碳排放协同效应与能源强度效应有利于降低 $PM_{2.5}$ 排放，其中，碳排放协同效应是 $PM_{2.5}$ 排放降低的最主要因素，因此，降低单位二氧化碳雾霾排放，促进 CO_2 和 $PM_{2.5}$ 协同减排是降低 $PM_{2.5}$ 排放的最有效途径。

12.3.2　地区分解结果

考虑产业发展和区域邻近情况，本章借鉴 Xie 等（2018）的研究，将中国30 个省区市划分为东、中、西部三大经济地区①，探究 $PM_{2.5}$ 变化的地区差异。图 12-2 呈现了 1998～2014 年的分地区分解结果，图中总变化量为 2014 年相对1998 年的 $PM_{2.5}$ 排放增长量，从总排放量变化来看，1998～2014 年，三个地区的 $PM_{2.5}$ 排放量变化不大。从图 12-2 可以看出，对于东、中、西部地区，经济发展效应仍然是 $PM_{2.5}$ 排放增加的最主要因素，碳排放协同效应和能源强度效应仍然是导致 $PM_{2.5}$ 排放下降的主要原因。人口效应变动促进了 $PM_{2.5}$ 排放增加，但东、中、西部的人口效应存在显著差异，东部的人口效应贡献达到 $7.772×10^5t$，远高于中部的 $1.092×10^5t$ 和西部的 $1.195×10^5t$，作为中国经济最为发达的地区，东部地区人口规模呈爆发式增长，人口效应对环境的压力显著大于中、西部地区；在西部地区，能源排放强度变动导致了 $PM_{2.5}$ 排放的增加，而在中部和东部地区，能源排放强度效应对 $PM_{2.5}$ 排放变化呈现负向影响，这说明中、东部地区能源结构呈现低碳化趋势，通过能源结构优化在一定程度上降低了 $PM_{2.5}$ 排放，而西部地区的能源结构未得到有效改善。对于全国总体而言，能源排放强度效应对 $PM_{2.5}$ 排放产生微弱的负向影响，其他因素对 $PM_{2.5}$ 排放的影响与各地区结果相一致。

总体而言，各个因素对 $PM_{2.5}$ 排放变化的贡献值在各地区间存在显著差异，碳排放协同效应和能源强度效应是促进 $PM_{2.5}$ 排放降低的因素，经济发展效应和人口效应是 $PM_{2.5}$ 排放增加的原因；在西部地区能源排放强度效应导致了 $PM_{2.5}$ 排放增加，说明西部地区的能源结构亟待改善。

---

① 东部地区包括北京、上海、天津、福建、河北、辽宁、江苏、山东、海南、浙江、广东；中部地区包括河南、山西、湖北、吉林、黑龙江、安徽、湖南、江西；西部地区包括内蒙古、四川、重庆、新疆、陕西、甘肃、贵州、云南、广西、青海、宁夏。

12.3.3　省际分解结果

图 12-3 展示了我国 30 个省区市 $PM_{2.5}$ 排放变化的分解结果,图中总变化量为各省区市 2014 年相对 1998 年的 $PM_{2.5}$ 排放增长量。各个省区市 1998～2014 年 $PM_{2.5}$ 排放的变化存在较大差异,河北、内蒙古、山东等 16 个地区的 $PM_{2.5}$ 排放有所增加,其中,山东省增加最多,达到 $2.006 \times 10^5 t$,其他地区的 $PM_{2.5}$ 排放有所下降,下降最多的是云南省,达到 $8.55 \times 10^4 t$。

所有地区碳排放协同效应的贡献均为负值,并且碳排放协同效应是最主要的负向影响因素,说明实施碳减排政策有效促进了 $PM_{2.5}$ 的协同控制,但是这种效应在各地区间存在较大的差异,贡献值的绝对值排前五的地区依次是河南、山东、内蒙古、陕西、河北,绝对值最大和最小的地区分别是河南($8.889 \times 10^5 t$)和海南($6.34 \times 10^4 t$),说明各地区的协同减排潜力存在巨大的差异,这是我国巨大的区域发展差异造成的。

仅福建省的能源强度效应为正值,但其贡献值较低,仅为 $1.57 \times 10^4 t$,说明福建省能源强度增加导致了 $PM_{2.5}$ 排放略微上升。其他地区的能源强度效应是促进 $PM_{2.5}$ 排放量降低的因素,说明这些地区在降低能源强度、提高能源利用效率方面取得了显著的成效。各地区的能源强度效应存在显著差异,绝对值最大和最小的地区分别为山西($-4.109 \times 10^5 t$)和海南($1.7 \times 10^3 t$),作为传统的产煤大省,山西省的经济发展长期依赖煤炭消耗,造成了严重的资源环境问题;山西省的能源强度从 2007 年的 4.11tce/万元下降到 2014 年的 2.36tce/万元,山西省通过提升能源利用效率、发展低能耗产业显著降低了单位 GDP 能耗,从而有效促进了 $PM_{2.5}$ 排放的降低。

各地区的经济发展效应均为正值,说明经济增长是促进 $PM_{2.5}$ 排放增加的主要推动力,并且在各地区间存在巨大差异,经济发展效应最大和最小的地区分别是山东($1.2293 \times 10^6 t$)和海南($4.81 \times 10^4 t$);这说明各地区以牺牲环境和公共健康为代价发展经济,还处于粗放式经济发展模式阶段。对于处在经济转型关键期的中国,促进 CO_2 排放与 $PM_{2.5}$ 的协同治理是一条重要的政策出路。

相比较而言,能源排放强度效应对 $PM_{2.5}$ 排放的影响较小,各地区的能源排放强度效应也存在一定的差异,河北、山西、四川等 20 个地区为负值,其累计效应达到 $-1.0135 \times 10^6 t$,说明这些地区低碳化的能源结构变动有效促进了 $PM_{2.5}$ 排放的降低。剩下的 10 个地区均为正值,主要是因为这些地区长期依赖传统的化石能源消耗,还未能有效改善其能源结构。

大部分地区的人口效应为正值,相对地,仅安徽、湖北、重庆、四川、贵州呈现出微弱的负效应,主要原因是,在考虑人口流动的情况下,这些地区是劳动力输出大省，人口效应变动对 $PM_{2.5}$ 排放产生负向影响。

　　总体来看，对各地区而言，经济发展是造成 $PM_{2.5}$ 排放增加的最主要因素，碳排放协同效应是促进 $PM_{2.5}$ 排放降低的最主要因素，加强碳排放协同效应是降低 $PM_{2.5}$ 排放的最有效途径，此外，通过降低能源强度、提高能源利用效率实现 $PM_{2.5}$ 减排的重要性也不容忽视。人口效应仅在个别地区呈现负向影响，在大部分地区的影响作用较微弱。在大多数地区，能源排放强度效应的贡献为负值；虽然能源排放强度效应对 $PM_{2.5}$ 排放量的影响较小，但其潜力较大；对大部分地区而言，能源结构仍然具备很大的优化空间，降低煤炭消耗、提高低碳能源利用率，可以有效减少 $PM_{2.5}$ 排放。

12.4　计量模型结果与讨论

12.4.1　面板单位根检验和协整检验

　　LMDI 分解分别从国家总体、三大经济地区和省际层面研究了 1998～2014 年碳排放协同效应、能源排放强度效应、能源强度效应、经济发展效应、人口效应对 $PM_{2.5}$ 排放变化的贡献。除了需要参考各因素对 $PM_{2.5}$ 排放的贡献外，政策制定者还需要理解各因素通过何种渠道对 $PM_{2.5}$ 排放产生影响，以便制定有针对性的节能减排对策。本章基于 LMDI 分解结果，利用 CO_2 和 $PM_{2.5}$ 历史排放数据，运用计量分析方法研究 1999～2014 年 CO_2 减排量、能源结构、技术进步、人均 GDP、人口密度等各分解因素的代理变量对 $PM_{2.5}$ 减排量的影响，更重要的是，量化 CO_2 减排活动对 $PM_{2.5}$ 产生的协同减排效应。通常来说，大部分经济变量是非平稳的序列，为了避免出现"伪回归"，在进行回归分析前，需要检验数据是否存在单位根。面板单位根检验需要考虑横截面的异质性，面板单位根检验包括两大类，第一类假设各截面具有相同的单位根，如 LLC（Levin-Lin-Chu）检验、Breitung 检验和 Hadri 检验；第二类假设各截面具有不同的单位根，如 IPS（Im-Pesaran-Shin）检验、Fisher-ADF 检验和 Fisher-PP 检验。本章采用较常用的 LLC、Fisher-ADF 和 Fisher-PP 检验对各变量进行单位根检验，在检验中缓解了可能存在的截面相关，面板单位根检验的结果如表 12-2 所示，结果表明部分变量的水平项是非平稳的，所有变量的一阶差分均显著拒绝包含单位根的原假设，综合所有检验结果，判定各变量为一阶平稳序列，即服从 I（1）。接下来，需要对变量进行协整检验，Kao 协整检验得到的 ADF 统计量为–11.7147，在 1%显著性水平上拒绝 PMR 与各自变量不存在协整关系的原假设。另外，考虑到解释变量间可能存在多重共线性，从而对估计结果产生偏差，本章使用 VIF 统计量检验模型中是否存在多重共线性，检验结果表明各变量的 VIF 值均不超过 2，因此，模型中不存在多重共线性问题。

表 12-2　面板单位根检验

变量	序列	Fisher-ADF 检验		Fisher-PP 检验		LLC 检验	
		常数项	趋势项和常数项	常数项	趋势项和常数项	常数项	趋势项和常数项
水平量	PMR	−2.7503	1.0468	38.1443***	35.4452***	−8.3050***	−8.8124***
	CR	4.7708***	3.1674***	18.8407***	15.3854***	−7.1415***	−10.1597***
	EM	1.7657**	4.9579***	2.7139***	9.4018***	−2.3376***	−5.0459***
	TP	−2.2016	5.2633***	−4.8685	−3.9649	4.9814	−3.8802***
	GPC	1.3177*	11.1270***	−3.8037	1.6822**	1.1666	−4.6839***
	PD	−0.2808	11.9281***	23.2684***	34.7018***	−7.2329***	−7.5807***
一阶差分	PMR	2.3603***	2.2548**	122.9618***	135.2901***	−22.1514***	−30.4643***
	CR	1.8191**	10.4396***	83.5477***	91.8090***	−20.7025***	−23.1599***
	EM	3.6326***	16.5003***	70.7638***	69.7636***	−12.2646***	−24.0260***
	TP	8.9224***	36.4778***	6.3209***	5.2060***	−2.8647***	−2.4822***
	GPC	5.1944***	9.5448***	25.9438***	28.0357***	−8.5161***	−13.7832***
	PD	6.8390***	12.1078***	111.8903***	103.4200***	−11.3041***	−25.6590***

***、**、*分别表示 1%、5%、10%显著性水平

注：滞后阶数根据 AIC 定阶准则来确定

12.4.2　回归结果与讨论

本章建立了考虑时间固定效应和省份固定效应的双向固定效应模型，并采用三种方法对模型进行估计，包括固定效应估计（fixed effects estimator，FE）、可行广义最小二乘法（FGLS，仅考虑组内自相关）、全面 FGLS（CFGLS，同时考虑组内自相关、组间异方差和组间同期相关），其中全面 FGLS 的估计结果更有效。表 12-3 呈现了各种估计方法得到的回归结果，各模型均证明了协同减排效应的存在。模型（1）～（4）报告了三种方法得到的估计结果，模型（5）～（7）包含了 CR 的交互项，采用 CFGLS 方法进行估计。模型（4）相对于模型（2）～（3）估计系数的显著性有明显提升，由于 CFGLS 估计有效性较高，并且能够很好地解决自相关和异方差问题，所以接下来主要以模型（4）的结果对协同减排效应进行定量分析。

表 12-3　计量模型估计结果

变量	模型（1）	模型（2）	模型（3）	模型（4）	模型（5）	模型（6）	模型（7）
	FE	FE	FGLS	CFGLS	CFGLS	CFGLS	CFGLS
CR	0.0037***	0.0037***	0.0037***	0.0033***	0.0033***	0.0005	0.0036***
	(0.0008)	(0.0008)	(0.0013)	(0.0003)	(0.0003)	(0.0010)	(0.0004)
EM	−0.1041	−0.1806	−0.1834	−0.1776**	−0.1363***	−0.2631***	−0.1703**
	(0.1325)	(0.1517)	(0.1870)	(0.0776)	(0.0504)	(0.0748)	(0.0767)

续表

变量	模型（1）	模型（2）	模型（3）	模型（4）	模型（5）	模型（6）	模型（7）
	FE	FE	FGLS	CFGLS	CFGLS	CFGLS	CFGLS
TP	0.4956# (0.3050)	0.5825** (0.2705)	0.5855 (0.6121)	0.7554** (0.3165)	0.2594 (0.4591)	1.1234** (0.5317)	−0.3772 (0.3827)
GPC	0.5019# (0.3031)	1.8877** (0.8126)	1.8891* (0.9790)	1.9101*** (0.5837)	1.1802** (0.5937)	1.7302** (0.7338)	2.8683*** (0.8009)
GPC^2		−0.0175* (0.0086)	−0.0175* (0.0095)	−0.0142* (0.0086)	−0.0128 (0.0094)	−0.0202* (0.0108)	−0.0275*** (0.0106)
Eastern×CR					−0.0014*** (0.0005)		
Central×CR					0.0018*** (0.0005)		
EM×CR						0.0000** (0.0000)	
TP×CR							−0.0002*** (0.0001)
PD	0.0308 (0.0257)	0.0464 (0.0358)	0.0459* (0.0235)	0.0429** (0.0218)	0.0281 (0.0489)	0.0932*** (0.0294)	0.0345 (0.0414)
T	−1.2702** (0.5865)	−2.3399*** (0.8423)	−2.3431** (1.0271)	−2.2184*** (0.4940)	−1.6082*** (0.5975)	−1.9235*** (0.5980)	−3.0931*** (0.7164)
常数项	1.2946 (13.6704)	−6.9258 (16.3388)	−50.4177* (27.8036)	8.0823 (24.1401)	14.1354 (23.9543)	10.3895 (24.3771)	5.9582 (23.7614)
观测量	480	480	480	480	480	480	480
省份固定效应	存在	存在	存在	存在	存在	存在	存在
时间固定效应	存在	存在	存在	存在	存在	存在	存在

***、**、*、#分别表示1%、5%、10%、15%显著性水平

注：括号内为稳健标准误差；Eastern 和 Central 为地区虚拟变量

结果显示核心解释变量 CR 的系数为 0.0033，并且通过了 1% 的显著性水平检验，表明 CO_2 的减排活动会显著影响 $PM_{2.5}$ 的减排量，CO_2 减排量每增加 $1×10^4$t 会导致 $PM_{2.5}$ 减排量增加 3.3t，证实了 CO_2 和 $PM_{2.5}$ 协同减排的可能性。中国在碳减排方面制定了很多具体的政策，并向国际社会做出了一些碳减排承诺，定量分析碳减排活动对 $PM_{2.5}$ 减排的影响对于政策制定者具有重要的参考价值。

在控制变量中，能源结构的系数在 5% 的水平上显著为负，说明煤炭消费占比对 $PM_{2.5}$ 减排量产生负向影响，煤炭含有大量的氮硫元素，煤炭的燃烧会产生雾霾的重要成分：二氧化硫和氮氧化物。技术进步的系数在 5% 的显著性水平上显著为正，技术进步会提高能源利用效率，另外，新发电技术的替代，使硫、氮、碳的减排潜力巨大。人口密度的系数显著为正，因为人口聚集可以发挥能源的集约

利用，提高能源的利用效率，有利于促进 $PM_{2.5}$ 排放降低。对比模型（2）～（4）的结果，人均 GDP 的系数显著为正，其二次项系数显著为负，表明人均 GDP 与 $PM_{2.5}$ 减排量存在非线性的倒 U 形关系，在经济发展初期，经济增长促使 $PM_{2.5}$ 减排量增加，随着经济发展到一定水平后，$PM_{2.5}$ 减排潜力变小，减排量随之下降。

本章将表 12-3 得到的协同减排量化系数 0.0033 乘以 CO_2 历史减排量得到 $PM_{2.5}$ 的协同减排量，并对其取观测期（1999～2014 年）均值。由于在观测期内各地区的 CO_2 排放量均有所增加（或者说 CO_2 历史减排量年均值为负值），本章将各地区 $PM_{2.5}$ 协同减排量的绝对值 $|\beta_1 \cdot \Delta CR|$ 定义为 $PM_{2.5}$ 潜在协同减排量。图 12-4 展现了各地区在观测期内 $PM_{2.5}$ 潜在协同减排量，由于在计量分析部分做了变量量纲调整（表 12-1），图 12-4 中减排量的单位为 10^3t。可以看出，不同地区的潜在协同减排量存在巨大差异，特别地，内蒙古和山东由于 CO_2 排放增加间接导致 $PM_{2.5}$ 排放增加 1.3×10^4t 以上，海南、北京、青海的潜在协同减排量相对较小。将各地区 $PM_{2.5}$ 的协同减排量与历史减排量年均值进行对比，浙江省 $PM_{2.5}$ 有高于历史值 28 倍的潜在协同减排空间，广东省有高于历史值 22 倍的潜在协同减排空间，山西省有高于历史值 19 倍的潜在协同减排空间，相对来说，其他地区潜在协同减排空间相对较小。

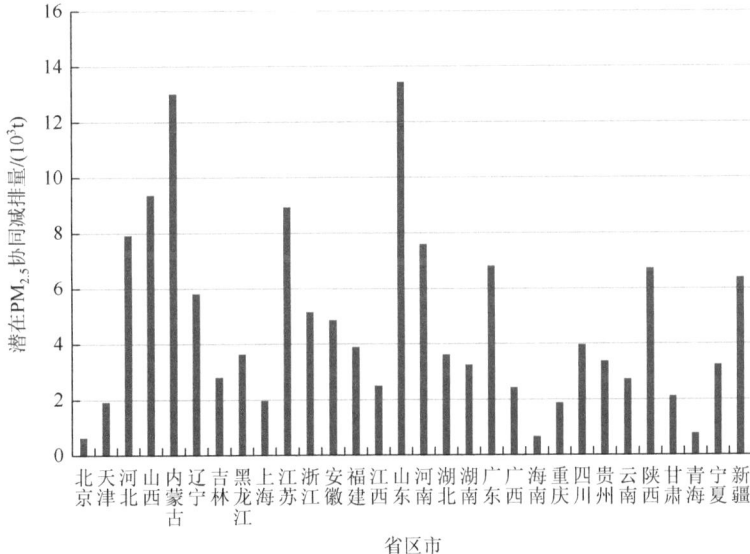

图 12-4 潜在 $PM_{2.5}$ 协同减排量

为了研究在东、中、西部地区，CO_2 对 $PM_{2.5}$ 的协同减排效应是否存在差异，本章在模型（5）中添加了地区虚拟变量和 CR 的交互项，结果表明，中部地区的协同减排效应明显大于西部和东部地区。根据模型（4）的估计结果推测，东部地区已经跨过经济发展与 $PM_{2.5}$ 减排量倒 U 形曲线的拐点,在经济发达的东部地区, $PM_{2.5}$ 对 CO_2 引发的协同减排弹性没有中部地区和西部地区敏感,对于部分发达地区,污染物排放已成为稳定地方经济发展的刚性需要,并且在一定程度上抵消了碳减排活动产生的影响。模型(6)和(7)通过添加能源结构 EM、技术进步 TP 和 CO_2 减排量 CR 的交互项来研究协同减排的变动机制。对比模型(4)和模型(6),控制能源结构与 CO_2 减排量的交互影响后,CR 的系数明显下降,并且不再显著,能源结构的负向影响有所增加,交互项系数趋近于零。虽然能源结构对 $PM_{2.5}$ 减排有直接影响,通过改善能源结构影响 CO_2 排放进而促进 $PM_{2.5}$ 协同减排效果并不理想。因此,要发挥协同减排效应,除了降低煤炭消费比例外,在 CO_2 减排活动中关键要提高能源加工转换和利用效率,促进化石能源特别是煤炭的清洁利用,提升生产过程的清洁度,从而加强 $PM_{2.5}$ 协同减排效应。对比模型(4)和模型(7),控制技术进步与 CO_2 减排量的交互影响后,CR 的系数略微上升,技术进步转而不利于 $PM_{2.5}$ 排放降低,其系数不再显著,交互项系数显著为负,说明技术进步会弱化协同减排效应。目前,控制 CO_2 排放主要依靠节能措施,尚无可行的 CO_2 减排末端控制技术,如碳捕集与封存(carbon dioxide capture and storage,CCS)由于耗电量较高,可能增加电量消耗从而导致更多的污染物排放,需要在减少温室气体和当地空气污染物之间进行权衡(Yang et al.,2013)。虽然技术进步(能源利用效率提高)可以在一定程度上缓解 CO_2 排放,但需要注意的是,随着能源利用效率的提升,能源服务的边际成本下降,可能产生能源资源的回弹效应(Gillingham et al.,2016;Greening et al.,2000),导致更多的能源消耗,此时总体能源利用效率提升可能不利于 $PM_{2.5}$ 减排。

12.4.3　稳健性检验

内生性问题有三种来源:测量偏误、遗漏变量、互为因果关系,内生性可能会导致模型估计不稳健。为了避免可能存在的内生性问题导致模型估计结果出现偏误,本章假设核心解释变量 CR 为内生变量,选择 CR 的一阶滞后项作为外生工具变量控制内生性问题,并对模型进行 GMM,以检验模型估计结果的稳健性。由于二阶段最小二乘法(two stage least square,2SLS)与 GMM 的估计结果完全相同,所以不报告 2SLS 的估计结果,2SLS 第一阶段估计结果表明 CR 一阶滞后项对当期 CR 有很好的解释力(回归系数为 0.2854,p 值为 0.000)。表 12-4 中的内生性检验结果表明,即使在 15%显著性水平上仍无法拒绝 CR 为外生变量的原假设,所以可认为 CR 为外生解释变量,CR 与扰动项不相关。由于内生变量和工具变量个数相等,在恰好识别的情况下,过度识别检验失效,只能定性分析工具变量的外生性,中国政府做出了诸多碳减排承诺,包括 2030 年实现碳排放达峰,

2060 年实现碳中和，在碳减排目标既定的条件下，企业会根据历史减排情况来决定未来的减排手段，因此，本章认为前期的碳减排量会影响当期的碳减排量，进而通过当期的碳减排量影响 $PM_{2.5}$ 减排量，而当期的 $PM_{2.5}$ 减排量对前一期的碳减排量则没有影响，所以本章选取 CR 的一阶滞后项作为外生工具变量。弱工具变量检验报告了两种统计量，Cragg-Donald 检验需要满足球形扰动项假设，而 Kleibergen-Paap 检验放宽了这一假设。对于模型（9），Cragg-Donald 检验统计量和 Kleibergen-Paap 检验统计量远大于 10%偏误下的临界值 16.38，在模型（10）中，Cragg-Donald 检验统计量和 Kleibergen-Paap 检验统计量远大于 10%偏误下的临界值 16.38，弱工具变量检验可以拒绝"弱工具变量"的原假设，所以认为工具变量与解释变量 CR 的相关性较强，表明用 CR 的一阶滞后项作为工具变量不存在弱工具变量问题。

表 12-4　稳健性检验结果

变量	模型（8）LSDV	模型（9）GMM	模型（10）GMM
CR	0.0037^{***} (0.0008)	0.0071^{***} (0.0025)	0.0072^{**} (0.0028)
EM	−0.1806 (0.1566)		−0.0826 (0.1997)
TP	0.5825^{**} (0.2792)		0.2297 (0.6493)
GPC	1.8877^{**} (0.8388)		2.0830^{*} (1.1616)
GPC^2	-0.0175^{*} (0.0088)		-0.0217^{**} (0.0103)
PD	0.0464 (0.0369)		0.0559 (0.0427)
T	-2.3399^{**} (0.8694)	0.0526 (0.3139)	$-2.0407^{\#}$ (1.2782)
观测量	480	450	450
省份固定效应	存在	存在	存在
时间固定效应	存在	存在	存在
不可识别检验（Kleibergen-Paap 统计量）		28.416^{***}	23.790^{***}
弱工具变量检验（Cragg-Donald/Kleibergen-Paap 统计量）		49.497/27.610	36.862/23.185
内生性检验		2.070	1.919
Hansen's J 统计量		恰好识别	恰好识别

***、**、*、#分别表示 1%、5%、10%、15%显著性水平

注：括号内为稳健标准误差

表 12-4 报告了 GMM 的估计结果,虚拟变量最小二乘法(least squares dummy variable,LSDV)的估计结果可作为对照。在所有模型中,核心变量 CR 的系数均显著为正,支持了 CO_2 协同减排效应的存在,控制变量的系数符号均与表 12-3 的结果保持一致。总体来说,进一步支持了前面的结论。CR 的一阶滞后项为方程外的工具变量,在不存在内生性问题的情况下,LSDV 比工具变量估计更有效,从表 12-4 中的结果可以看出,模型(9)和模型(10)的 GMM 得到的标准误差相对 LSDV 较高,核心解释变量 CR 的系数明显提高,但显著性稍弱。

12.5　本章小结

面对现存的空气污染问题和温室气体减排的国内外压力,实现温室气体与空气污染的"协同控制"是中国环境治理的重要政策选择。本章关于 CO_2 和 $PM_{2.5}$ 的协同减排研究可以为政策制定者提供量化基础,并为温室气体和大气污染协同治理提供参考。本章首先通过 LMDI 分解将 $PM_{2.5}$ 排放的变化分解为碳排放协同效应、能源排放强度效应、能源强度效应、经济发展效应、人口效应,分别从全国、地区、省际层面分析各分解因素对 $PM_{2.5}$ 排放的影响。基于 LMDI 分解结果,本章在实证模型中加入碳排放协同效应、能源排放强度效应、能源强度效应、经济发展效应和人口效应的代理变量:CO_2 减排量、煤炭消费占比、技术进步、人均 GDP 及其平方、人口密度。利用计量分析方法,对导致 $PM_{2.5}$ 排放减少的主要因素即协同减排效应进行量化分析,进一步探究 CO_2 减排活动所产生的 $PM_{2.5}$ 的协同减排效应。

第 13 章　脱钩的敏感度分析和技术效应
与非技术效应

随着经济的快速发展，过量的化石能源消耗造成了大量温室气体的排放，进而造成全球气温升高、两极冰川融化等问题。海平面上升使一些国家陷入了恐慌，环境问题也逐渐成为世界各国关注的焦点。20 世纪 50 年代后，随着工业化步伐的不断推进，人类利用自然和改造自然的能力增强，同时广度也逐渐增加。虽然经济得到了蓬勃的发展，但破坏环境的行为也引来了的环境问题。前期，环境问题具有区域性，主要集中在城市，因为城市的发展速度远远快于农村。随着经济的快速发展及全球化的演变，需求不断增加，市场不断扩大，贸易往来也日益活跃，由此，环境问题演变成全球性问题，具有跨区域性。雾霾污染、酸雨、全球变暖等环境问题给各国都带来不同程度的损失，已逐渐成为世界各国关注的焦点（Dong et al.，2020）。

工业规模的扩大和重工业的过度发展导致工业部门的化石能源消耗增加，成为 $PM_{2.5}$ 污染的主要来源。2013 年 1 月，中国北方长时间遭受雾霾的影响，$PM_{2.5}$ 的峰值超过 $800\mu g/m^3$，并且 32 次高于世界卫生组织的基准值（Zhou et al.，2015）。2018 年，北京、天津、河北 $PM_{2.5}$ 年均浓度分别为 $51\mu g/m^3$、$52\mu g/m^3$ 和 $56\mu g/m^3$，虽然比 2017 年改善了不少，但仍高于全国平均浓度（$39\mu g/m^3$）。对于像北京、上海这样的大都市，雾霾的影响程度已远远超过了经济效益损失（马丽梅和张晓，2014）。因此，如何打赢蓝天保卫战是目前中国亟待解决的现实问题。

环境恶化和经济增长之间的因果关系可以通过多种方法来探索，如简单回归、多元协整等线性回归方法（Climent and Paedo，2007）。但是，在现存的所有方法中，脱钩方法是研究经济对能源的依赖或与温室气体（大气污染物）关系的最好技术（Dong et al.，2016b）。早在 1989 年，脱钩的概念就被提出。2002 年，OECD 将这一概念发展成一个指标，用以探究经济增长与环境变化之间的关系。2005 年，Tapio 利用弹性的概念发展了一个新的脱钩指标，并将脱钩状态分成 8 种类型，分别是强脱钩、弱脱钩、增长连接、增长负脱钩、强负脱钩、弱负脱钩、衰退连接和衰退脱钩。由于该脱钩指数有效地避免了因基期选择不同而造成结果不同的情况，所以，该指标被学者广泛地应用于经济增长与环境恶化关系的研究（Wang et al.，2019a；Wang and Jiang，2019；Cohen et al.，2019；Chen et al.，2018；Yang et al.，2018c；Wang et al.，2018b；Wu et al.，2018b）。基于脱钩指数，一些学者将分解分析融入进去，以便探究其影响因素（Meng et al.，2018；Zhao et al.，2016；Wang et al.，2017a）。在对脱钩指数的分解分析中，Wang 等（2017a）探究了影响脱钩状态的因素，发现人均 GDP 和人口数抑制了脱钩，而能源强度加速了脱钩过程的实现。与上述分解分析不同，Wang 等（2017a）和 Dong 等（2019d）研究了影响脱钩状态变化的因素，深入探索了内在机制（Wang et al.，2017a；Dong et al.，2019d）。Wang 和 Feng（2019）将 Shephard 距离函数嵌入 Kaya 恒等式中，深层次探究了影响脱钩指数的潜在因素和技术效率。因为脱钩指数的弹性性质，一些学者证明了 EKC 的拐点就是绝对脱钩和相对脱钩的分界点（夏勇和钟茂初，2016；Song et al.，2019）。利用这个性质，他们将一维脱钩扩展到二维脱钩，以便更好地理解脱钩状态。在对脱钩进行分解时，大多数研究仅仅停留在探究其贡献量或贡献率方面，得出的结论基本都是以贡献量大的因素为减排重点，但是，能源结构这种因素贡献量较小，却能从根源上减少排放量，所以有必要对现有的研究进行扩展，即进一步探究脱钩指数变动对各因素的敏感度。关于技术效应与非技术效应的探究是对传统脱钩研究的扩展，以此来研究脱钩中各因素的变化规律及影响程度。传统的脱钩研究主要集中于总量的分解，以便找出影响脱钩的主要因素，却忽略了污染物与各因素之间的深层次关系。如果说某一因素是影响污染物脱钩的关键因素，那么这一因素与污染物之间是否实现了脱钩？假如没有，技术效应和非技术效应的作用分别是多大？在技术效应和非技术效应中，关键作用点又是什么？这些问题非常值得探究。本章还探究了碳排放脱钩和雾霾脱钩对影响因素做出反应的协同度。由于各地区存在显著的差异，变量间的关系也会发生明显的变化，考虑到时空变异性，本章继续探究各地区的协同趋势中的偏离程度，以便制定更具针对性的政策建议。

13.1 模 型

13.1.1 分解模型

分解模型如下：

$$V = \sum_i \frac{V_i}{F_i} \cdot \frac{F_i}{E_i} \cdot \frac{E_i}{\mathrm{GDP}_i} \cdot \frac{\mathrm{GDP}_i}{P_i} \cdot \frac{P_i}{P} \cdot P \qquad (13\text{-}1)$$

式中，V 代表全国雾霾（二氧化碳排放总量）；V_i 代表 i 地区的雾霾排放总量（二氧化碳排放总量）；F_i 代表 i 地区化石能源消耗总量；E_i 代表 i 地区的能源消耗总量；GDP_i 代表 i 地区生产总值；P_i 代表 i 地区的人口总数；P 代表人口总数。

$$\Delta V = \sum_j V(X_j) \tag{13-2}$$

式中，$V(X_j)$ 代表相邻两个时期第 j 个因素对雾霾的贡献量。

$$
\begin{aligned}
\varepsilon &= \frac{(V^t - V^{t-1})/V^{t-1}}{(\mathrm{GDP}^t - \mathrm{GDP}^{t-1})/\mathrm{GDP}^{t-1}} \\
&= \frac{\left(\sum_i \dfrac{V_i^t}{F_i^t} \cdot \dfrac{F_i^t}{E_i^t} \cdot \dfrac{E_i^t}{\mathrm{GDP}_i^t} \cdot \dfrac{\mathrm{GDP}_i^t}{P_i^t} \cdot \dfrac{P_i^t}{P^t} \cdot P^t - \sum_i \dfrac{V_i^{t-1}}{F_i^{t-1}} \cdot \dfrac{F_i^{t-1}}{E_i^{t-1}} \cdot \dfrac{E_i^{t-1}}{\mathrm{GDP}_i^{t-1}} \cdot \dfrac{\mathrm{GDP}_i^{t-1}}{P_i^{t-1}} \cdot \dfrac{P_i^{t-1}}{P^{t-1}} \cdot P^{t-1} \right) \Big/ V^{t-1}}{(\mathrm{GDP}^t - \mathrm{GDP}^{t-1})/\mathrm{GDP}^{t-1}} \\
&= \frac{\left(\sum_j \sum_i V(X_{ij}) \right) \Big/ V^{t-1}}{(\mathrm{GDP}^t - \mathrm{GDP}^{t-1})/\mathrm{GDP}^{t-1}} = \sum_j \frac{\left(\sum_i V(X_{ij}) \right) \Big/ V^{t-1}}{(\mathrm{GDP}^t - \mathrm{GDP}^{t-1})/\mathrm{GDP}^{t-1}} \\
&= \sum_j \varepsilon(X_j)
\end{aligned}
$$

$$\tag{13-3}$$

$\varepsilon(X_j)$ 代表 j 因素对雾霾（二氧化碳总量）与 GDP 脱钩指数的贡献量。

式（13-3）中，各部分的贡献量的计算公式如下：

$$\Delta V(X_j) = \sum_i \omega(t^*) \ln \frac{X_{ij}^t}{X_{ij}^0} \tag{13-4}$$

$$\omega(t^*) = \begin{cases} \dfrac{V^t - V^0}{\ln V^t - \ln V^0}, & V^t \neq V^0 \\ V^0, & V^t = V^0 \end{cases} \tag{13-5}$$

13.1.2　GTWR 模型

GTWR 模型介绍见本书 3.1.4 节。

13.1.3　敏感度分析

为了对脱钩贡献量或贡献率分析进行有益的补充，使脱钩分解实证研究更加全面，同时，为了把握促进脱钩的着力点，提高节能减排的成效，本章引入弹性系数概念。脱钩的弹性系数是指一定时期内脱钩的变动对各影响因素的敏感程度，或者一定时期内单一因素变动 1% 所引起的脱钩指数变动的程度。假定 X 为自变量，Y 为因变量，则脱钩弹性系数（EL）计算公式如下：

$$EL = \pm \frac{(Y_t - Y_0)/Y_0}{(X_t - X_0)/X_0} = \pm \frac{\Delta Y/Y_0}{\Delta X/X_0} = \pm \frac{\Delta Y}{\Delta X} \frac{X_0}{Y_0} \qquad (13\text{-}6)$$

式中，"±"表示因素变动对脱钩指数变动的方向，"＋"表明因素变动对脱钩具有抑制作用，"－"表明因素变动对脱钩具有促进作用，为了便于分析比较，本章对弹性系数进行了绝对值化处理。

由于脱钩本来就是两个变量的变化率的比值，而变量的变化只能影响工业二氧化硫或碳排放的变化，所以必须要对脱钩指数的敏感度分析模型进行数理推导，具体推导过程如下：

$$\varepsilon_t - \varepsilon_{t-1} = \frac{(V^t - V^{t-1})/V^{t-1}}{(GDP^t - GDP^{t-1})/GDP^{t-1}} - \frac{(V^{t-1} - V^{t-2})/V^{t-2}}{(GDP^{t-1} - GDP^{t-2})/GDP^{t-2}} \qquad (13\text{-}7)$$

$$\Delta V = V(X_1) + V(X_2) + V(X_3) + V(X_4) + V(X_5) + V(X_6) = \sum_j V(X_j) \qquad (13\text{-}8)$$

令

$$(GDP^t - GDP^{t-1})/GDP^{t-1} = \Delta G^{t-1}, \quad (GDP^{t-1} - GDP^{t-2})/GDP^{t-2} = \Delta G^{t-2}$$

$$\varepsilon_t - \varepsilon_{t-1} = \frac{\sum_j V^t(X_j)}{\Delta G^{t-1} \cdot V^{t-1}} - \frac{\sum_j V^{t-1}(X_j)}{\Delta G^{t-2} \cdot V^{t-2}} = \sum_j \left(\frac{V^t(X_j)}{\Delta G^{t-1} \cdot V^{t-1}} - \frac{V^{t-1}(X_j)}{\Delta G^{t-2} \cdot V^{t-2}} \right) \qquad (13\text{-}9)$$

$$\Delta\varepsilon(X_j) = \frac{V^t(X_j)}{\Delta G^{t-1} \cdot V^{t-1}} - \frac{V^{t-1}(X_j)}{\Delta G^{t-2} \cdot V^{t-2}} \qquad (13\text{-}10)$$

国家层面：

$$EL = \frac{\Delta\varepsilon(X_j)/\varepsilon_{t-1}}{\Delta X_j / X_j^{t-1}} \qquad (13\text{-}11)$$

地区层面：

$$V(X_j) = \sum_i V(X_{ij}) \qquad (13\text{-}12)$$

$$\varepsilon_t - \varepsilon_{t-1} = \sum_j \sum_i \left(\frac{V^t(X_{ij})}{\Delta G^{t-1} \cdot V^{t-1}} - \frac{V^{t-1}(X_{ij})}{\Delta G^{t-2} \cdot V^{t-2}} \right) \qquad (13\text{-}13)$$

$$\Delta\varepsilon(X_j) = \sum_i \frac{V^t(X_{ij})}{\Delta G^{t-1} \cdot V^{t-1}} - \frac{V^{t-1}(X_{ij})}{\Delta G^{t-2} \cdot V^{t-2}} \qquad (13\text{-}14)$$

$$EL = \frac{\Delta\varepsilon(X_{ij})/\varepsilon_{t-1}}{\Delta X_{ij} / X_{ij}^{t-1}} \qquad (13\text{-}15)$$

式（13-7）～式（13-15）推导了整体层面和部分层面的计算公式，它们分别代表国家和地区对影响因素的敏感度。

13.1.4 技术效应与非技术效应

根据式（13-1）可得，雾霾（二氧化碳）与各因素的脱钩情况的公式如下所示，V_i 表示 i 地区的雾霾（二氧化碳），VF 为排放系数，FE 为能源结构，EI 为能源强度，GP 为人均 GDP，PP 为人口占比，P 为人口数。

$$D_{V,\text{VF}} = \frac{\Delta V / V^0}{\Delta \text{VF} / \text{VF}^0} \tag{13-16}$$

$$D_{V,\text{FE}} = \frac{\Delta V / V^0}{\Delta \text{FE} / \text{FE}^0} \tag{13-17}$$

$$D_{V,\text{EI}} = \frac{\Delta V / V^0}{\Delta \text{EI} / \text{EI}^0} \tag{13-18}$$

$$D_{V,\text{GP}} = \frac{\Delta V / V^0}{\Delta \text{GP} / \text{GP}^0} \tag{13-19}$$

$$D_{V,P} = \frac{\Delta V / V^0}{\Delta P / P^0} \tag{13-20}$$

雾霾（二氧化碳）与各因素脱钩的技术效应和非技术效应的公式如下：

$$
\begin{aligned}
D_{V,\text{VF}} &= \frac{\Delta V / V^0}{\Delta \text{VF} / \text{VF}^0} = \frac{(\Delta V_{\text{VF}} + \Delta V_{\text{FE}} + \Delta V_{\text{EI}} + \Delta V_{\text{GP}} + \Delta V_{\text{PP}} + \Delta V_P) / V^0}{\Delta \text{VF} / \text{VF}^0} \\
&= \underbrace{\frac{(\Delta V_{\text{VF}} + \Delta V_{\text{FE}} + \Delta V_{\text{EI}}) / V^0}{\Delta \text{VF} / \text{VF}^0}}_{\text{技术效应}} + \underbrace{\frac{(\Delta V_{\text{GP}} + \Delta V_{\text{PP}} + \Delta V_P) / V^0}{\Delta \text{VF} / \text{VF}^0}}_{\text{非技术效应}}
\end{aligned} \tag{13-21}
$$

$$
\begin{aligned}
D_{V,\text{FE}} &= \frac{\Delta V / V^0}{\Delta \text{FE} / \text{FE}^0} = \frac{(\Delta V_{\text{VF}} + \Delta V_{\text{FE}} + \Delta V_{\text{EI}} + \Delta V_{\text{GP}} + \Delta V_{\text{PP}} + \Delta V_P) / V^0}{\Delta \text{FE} / \text{FE}^0} \\
&= \underbrace{\frac{(\Delta V_{\text{VF}} + \Delta V_{\text{FE}} + \Delta V_{\text{EI}}) / V^0}{\Delta \text{FE} / \text{FE}^0}}_{\text{技术效应}} + \underbrace{\frac{(\Delta V_{\text{GP}} + \Delta V_{\text{PP}} + \Delta V_P) / V^0}{\Delta \text{FE} / \text{FE}^0}}_{\text{非技术效应}}
\end{aligned} \tag{13-22}
$$

$$
\begin{aligned}
D_{V,\text{EI}} &= \frac{\Delta V / V^0}{\Delta \text{EI} / \text{EI}^0} = \frac{(\Delta V_{\text{VF}} + \Delta V_{\text{FE}} + \Delta V_{\text{EI}} + \Delta V_{\text{GP}} + \Delta V_{\text{PP}} + \Delta V_P) / V^0}{\Delta \text{EI} / \text{EI}^0} \\
&= \underbrace{\frac{(\Delta V_{\text{VF}} + \Delta V_{\text{FE}} + \Delta V_{\text{EI}}) / V^0}{\Delta \text{EI} / \text{EI}^0}}_{\text{技术效应}} + \underbrace{\frac{(\Delta V_{\text{GP}} + \Delta V_{\text{PP}} + \Delta V_P) / V^0}{\Delta \text{EI} / \text{EI}^0}}_{\text{非技术效应}}
\end{aligned} \tag{13-23}
$$

$$
\begin{aligned}
D_{V,\text{GP}} &= \frac{\Delta V / V^0}{\Delta \text{GP} / \text{GP}^0} = \frac{(\Delta V_{\text{VF}} + \Delta V_{\text{FE}} + \Delta V_{\text{EI}} + \Delta V_{\text{GP}} + \Delta V_{\text{PP}} + \Delta V_P) / V^0}{\Delta \text{GP} / \text{GP}^0} \\
&= \underbrace{\frac{(\Delta V_{\text{VF}} + \Delta V_{\text{FE}} + \Delta V_{\text{EI}}) / V^0}{\Delta \text{GP} / \text{GP}^0}}_{\text{技术效应}} + \underbrace{\frac{(\Delta V_{\text{GP}} + \Delta V_{\text{PP}} + \Delta V_P) / V^0}{\Delta \text{GP} / \text{GP}^0}}_{\text{非技术效应}}
\end{aligned} \tag{13-24}
$$

$$D_{V,P} = \frac{\Delta V / V^0}{\Delta P / P^0} = \frac{(\Delta V_{\mathrm{VF}} + \Delta V_{\mathrm{FE}} + \Delta V_{\mathrm{EI}} + \Delta V_{\mathrm{GP}} + \Delta V_{\mathrm{PP}} + \Delta V_P) / V^0}{\Delta P / P^0}$$

$$= \underbrace{\frac{(\Delta V_{\mathrm{VF}} + \Delta V_{\mathrm{FE}} + \Delta V_{\mathrm{EI}}) / V^0}{\Delta P / P^0}}_{\text{技术效应}} + \underbrace{\frac{(\Delta V_{\mathrm{GP}} + \Delta V_{\mathrm{PP}} + \Delta V_P) / V^0}{\Delta P / P^0}}_{\text{非技术效应}} \qquad （13-25）$$

13.2　数　　据

本章数据均来源于《中国统计年鉴》和《中国能源统计年鉴》，其中，各地区生产总值以 2000 年为不变价进行折算。在计算碳排放时，本章选取《中国能源统计年鉴》中的煤合计、油合计和天然气来测算能源消耗所产生的碳排放量。公式如下：

$$C = \sum_i \alpha_i \cdot F_i \qquad （13-26）$$

式中，α_i 为第 i 种能源的碳排放系数；F_i 为第 i 种能源消耗量，其中，各类能源的碳排放系数参考了胡初枝等（2008）和 IPCC（2006）的研究。

PM$_{2.5}$ 排放量数据来源于北京大学"地表过程分析与模拟"教育部重点实验室，该数据根据 Huang 等（2014c）的方法进行核算。

在时空地理加权回归模型中，各变量的含义如表 13-1 所示。

表 13-1　变量的含义

变量类型	变量	含义
被解释变量	能源强度对碳排放脱钩指数影响	碳排放脱钩中能源强度的贡献量
	人均 GDP 对碳排放脱钩指数影响	碳排放脱钩中人均 GDP 的贡献量
	人口占比对碳排放脱钩指数影响	碳排放脱钩中人口占比的贡献量
解释变量	能源强度对雾霾脱钩指数影响（EI）	雾霾脱钩中能源强度的贡献量
	人均 GDP 对雾霾脱钩指数影响（PCG）	雾霾脱钩中人均 GDP 的贡献量
	人口占比对雾霾脱钩指数影响（P）	雾霾脱钩中人口占比的贡献量

13.3　结果与讨论

13.3.1　反应协同程度探究

由图 13-1 可知，三种因素对两种脱钩指数的贡献存在趋同性，说明控制其中的一个因素对于两种脱钩指数均有效。由图 13-1 可知，浙江、安徽、福建、江西、河南、湖北、海南、重庆、四川、甘肃、青海、宁夏、新疆协同性最好，并且如图 13-2 所示，江西、广西、海南、云南、陕西、甘肃、青海协同性最好。如图 13-3 所示，陕西、甘肃、青海、黑龙江、江西协同性最好。

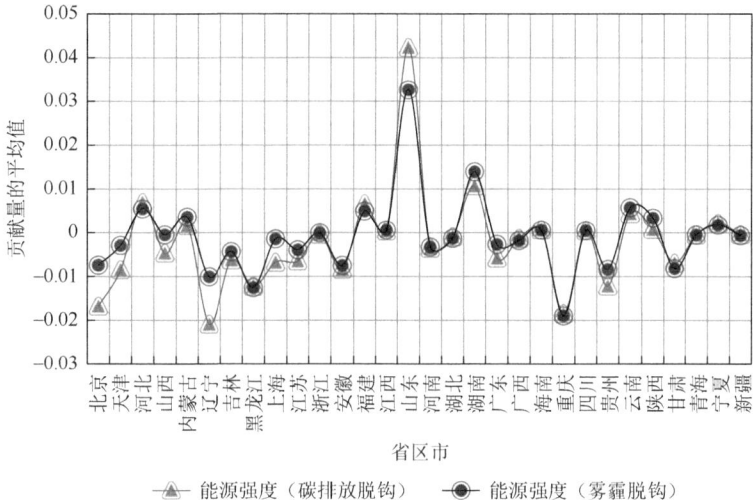

图 13-1　能源强度对两种脱钩指数的贡献量的平均值

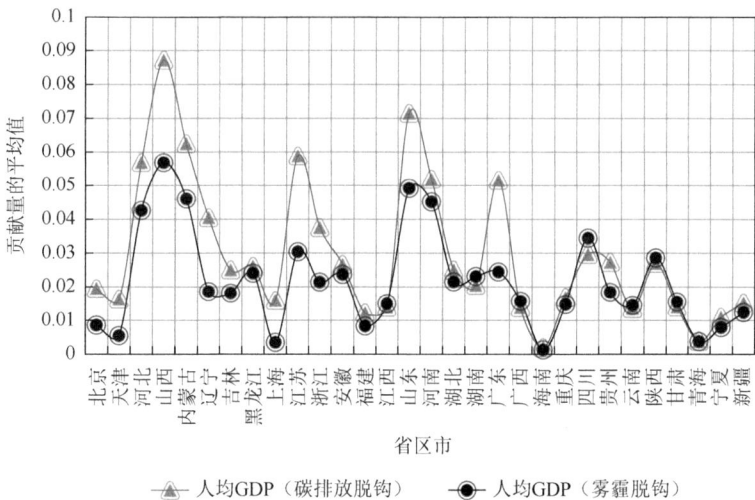

图 13-2　人均 GDP 对两种脱钩指数的贡献量的平均值

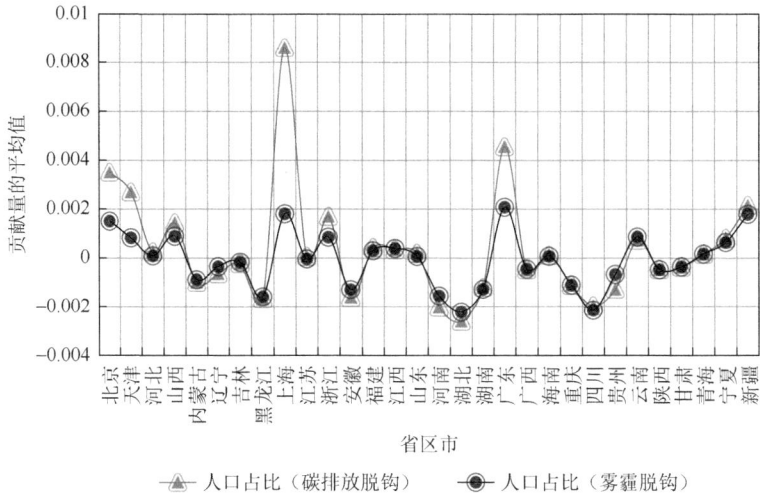

图 13-3　人口占比对两种脱钩指数的贡献量的平均值

由表 13-2～表 13-4 可知，碳排放脱钩和雾霾脱钩在能源强度这个因素的刺激下，变动的协调程度最高，达到了 97.87%。人均 GDP 对两种脱钩指数的刺激，反应的协调度也较高，达到了 94.46%。人口占比刺激时，两种脱钩指数的反应为 94.20%。综合来看，能源强度的刺激效果最理想，也就是说，能源强度对两种脱钩指数的影响极为相似，因此，在制定政策建议时，可以从能源强度的角度出发，这样可以达到事半功倍的效果。

表 13-2　GTWR 参数 EI 情况（最优带宽 = 0.1150）

变量	最小值	25%	50%	75%	最大值	四分位距
常量	−0.0074	−0.0015	−0.0008	−0.0002	0.0017	0.0013
EI	0.7716	1.0406	1.2743	1.5189	2.0938	0.4783
R^2			0.9787			

表 13-3　GTWR 参数 PCG 情况（最优带宽 = 0.1150）

变量	最小值	25%	50%	75%	最大值	四分位距
常量	−0.0185	−0.0007	0.0037	0.0085	0.0194	0.0092
PCG	0.0679	0.9762	1.2686	1.4304	2.2012	0.4541
R^2			0.9446			

表 13-4　GTWR 参数 P 情况（最优带宽 = 0.1150）

变量	最小值	25%	50%	75%	最大值	四分位距
常量	−0.0003	0.0001	0.0003	0.0005	0.0019	0.0005
P	0.2142	1.1440	1.5833	2.0498	3.5633	0.9058
R^2			0.9420			

　　在本章中，模型中的残差被定义为协同趋势中的偏离程度。如图 13-4 所示，偏离程度不断变小，最后稳定在 −0.0025～0.0025。其中，陕西省在 2001 年偏离程度最大，达到了 −0.0174，偏离了 1%。山西、陕西、辽宁、广东等地区的偏离程度在前期变化比较大，而山东的偏离程度在 2005 年达到最大。综合来看，各地区偏离程度的平均值比较中，新疆、宁夏和青海的偏离程度较小，其中，新疆最小。

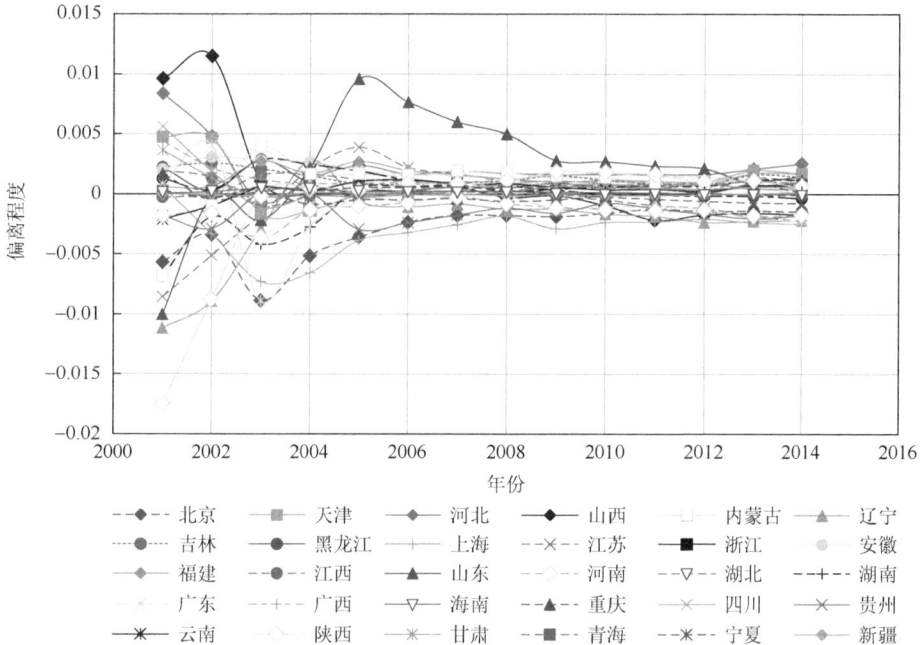

图 13-4　EI 作为解释变量的偏离程度

　　如图 13-5 所示，各地区的偏离程度并没有明显的减小趋势，其中，上海和内蒙古的波动性较大，上海最高达到了 0.0129，偏离了 2.51%，内蒙古最大的偏离为 −0.0145，偏离了 1.72%。综合来看，各地区偏离程度的平均值比较中，重庆和青海的偏离程度较小，重庆最小。

　　如图 13-6 所示，不同于前两种模式，在人口占比的刺激下，各地区的偏离程度呈现出"小—大—小"趋势。2004 年以前，绝大多数地区都稳定在 −0.001～0.001。

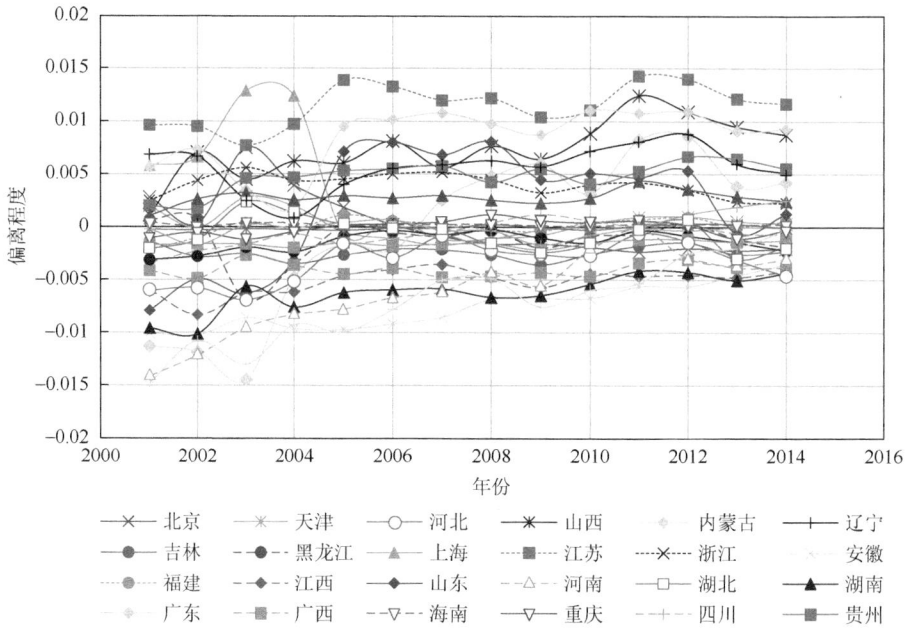

图 13-5 PCG 作为解释变量的偏离程度

图中有些省份变化过小而没有列出

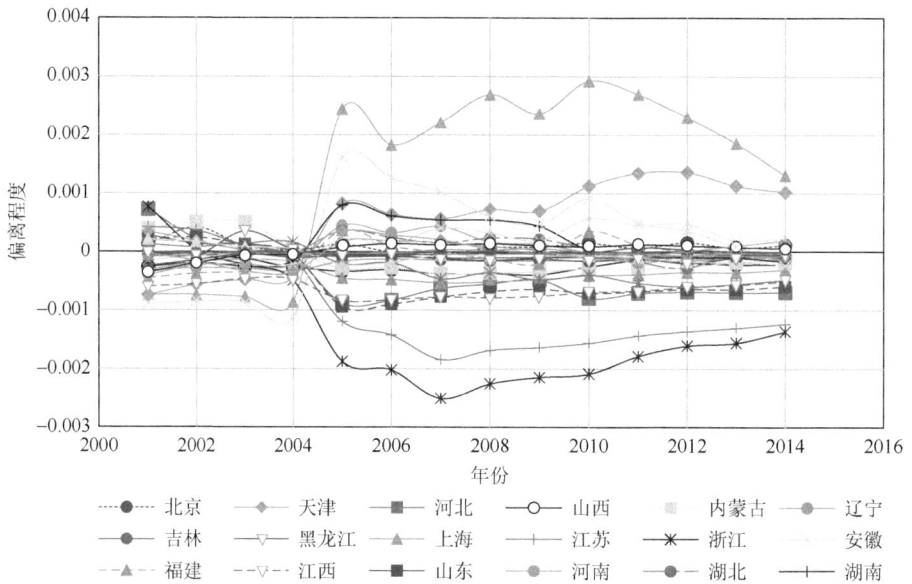

图 13-6 *P* 作为解释变量的偏离程度

图中有些省份变化过小而没有列出

2007~2010 年，变化幅度最大。综合来看，各地区偏离程度的平均值比较中，新疆和青海的偏离程度较小，青海最小。

13.3.2　敏感性分析结果分析

在敏感度的计算过程中，出现了异常值，为了便于长期分析，将其剔除。从图 13-7 可知，碳排放脱钩对各因素的敏感度排名为：能源结构＞能源强度＞排放系数＞人口规模＞人均 GDP。这说明贡献量大的因素敏感度不一定会大，能源结构的改善对降低碳排放脱钩具有很大的潜力，所以，相比于能源强度，能源结构的改善对降低碳排放脱钩指数更有效。雾霾脱钩指数对各因素的敏感度排名为：排放系数＞能源结构＞能源强度＞人口规模＞人均 GDP。与碳排放脱钩分析中不同，排放系数大于能源结构；相同点是能源结构的改善是降低脱钩指数的有效措施。综上所述，碳排放脱钩和雾霾脱钩对各因素敏感度的整体排名为：排放系数（$PM_{2.5}$）＞能源结构（$PM_{2.5}$）＞能源强度（$PM_{2.5}$）＞人口规模（$PM_{2.5}$）＞人均 GDP（$PM_{2.5}$）＞能源结构（CO_2）＞能源强度（CO_2）＞排放系数（CO_2）＞人口规模（CO_2）＞人均 GDP（CO_2）。

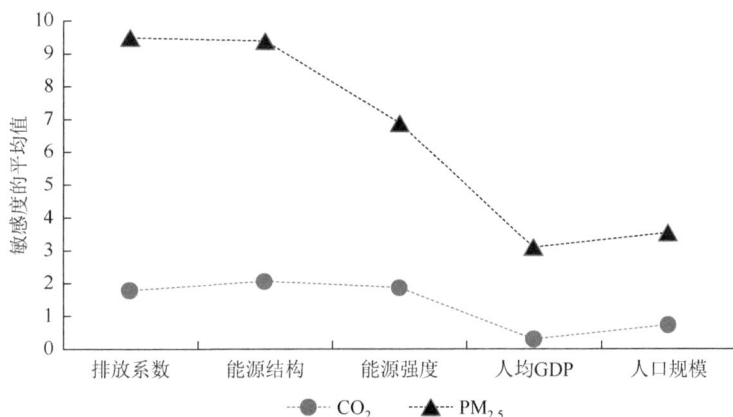

图 13-7　碳排放脱钩和雾霾脱钩对各因素敏感度的平均值

如图 13-8 所示，内蒙古、山西、黑龙江、浙江、山东、广东等地区排放系数的敏感度较大，其中黑龙江最大。山西、山东、河南等地区能源结构的敏感度较大，其中山西是最大的。在能源强度的敏感性中，山东、河北等地区系数较大。人均 GDP 的敏感度最小，基本都小于 0.5，其中山西系数最大。山西、河南、四川等地区人口占比的敏感度较大，大部分地区的敏感度都小于 1。综上所述，碳排放脱钩对各地区各因素敏感度的峰值主要集中于河北、山西、山东、黑龙江和广东等地区，其中河北、山西和山东是重点地区。对于河北，敏感度的排名为：能源强度>人口占比>能源结构>排放系数>人均GDP。对于山东，敏感度的排名为：能源强度>人口占比>能源结构>排放系数>人均GDP。对于山西，敏感度的排名为：能源结构>人口占比>排放系数>能源强度>人均GDP，因此，对这三个地区，政府应采取不同的政策导向，以便更高效地实现碳排放脱钩目标。

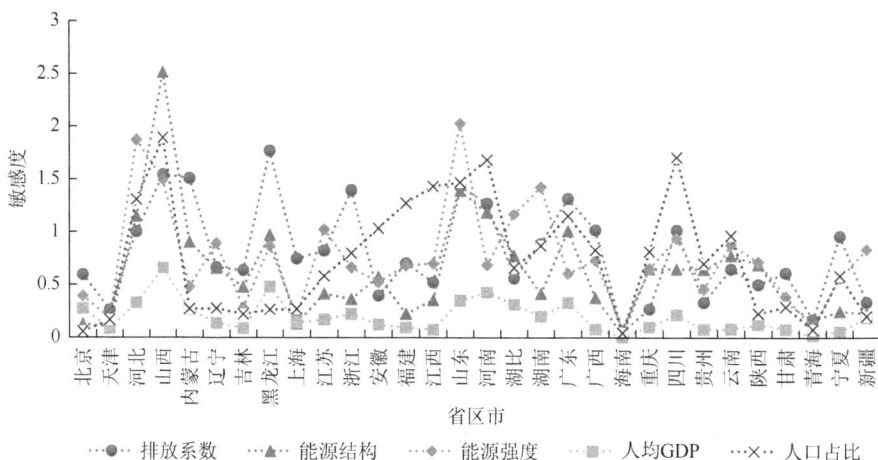

图13-8　雾霾脱钩对各地区各因素敏感度的平均值

如图13-9所示，河北、安徽、河南、四川等地区的排放系数的敏感度较大，其中四川和河南最大。河北、山东、广东、辽宁等地区的能源结构敏感度较大，

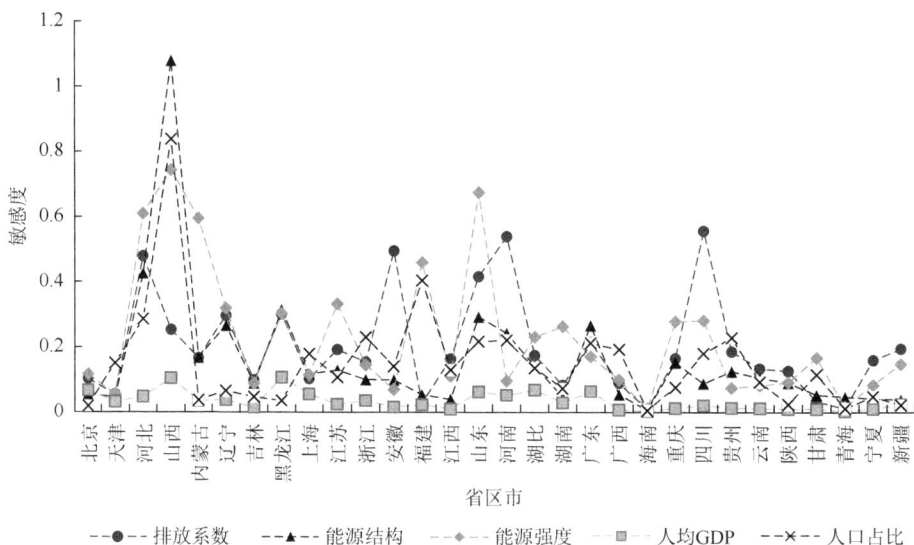

图13-9　碳排放脱钩对各地区各因素敏感度的平均值

其中河北最大。在能源强度敏感度中，山西、河北、内蒙古、山东等地区系数较大，其中山西是最大的。人均 GDP 的敏感度一直都比较小，黑龙江是敏感度最大的地区。山西等地区人口占比的敏感度较大。综上所述，碳排放脱钩对各地区各因素敏感度的峰值主要集中于山西、河北、山东等地区，其中山西是重点地区。山东省的敏感度排名为：能源强度＞排放系数＞能源结构＞人口占比＞人均 GDP。山西省的敏感度排名为：能源结构＞人口占比＞能源强度＞排放系数＞人均 GDP。河北省的敏感度排名为：能源强度＞排放系数＞能源结构＞人口占比＞人均 GDP。因此，要想实现碳排放脱钩，应重点集中于山西省能源结构的改善和能源利用效率的提高。

综上所述，碳排放脱钩和雾霾脱钩的敏感度分析中，山东、河北和山西既是降低碳排放脱钩的重点地区，也是降低雾霾脱钩的重点地区，所以，降低全国脱钩指数的突破点在于这三个省份。对于山西省，改善能源结构是降低两种脱钩指数最有效的措施。对于山东省和河北省，降低能源强度是降低两种脱钩指数最有效的措施。

13.3.3　技术效应与非技术效应

根据 13.1.4 节中的计算公式，排放系数、能源结构、能源强度、人均 GDP、人口数与雾霾脱钩的技术效应与非技术效应如图 13-10 所示。技术效应轻微地低于非技术效应。技术效应与非技术效应的作用方向总是对立的，且呈对称分布。排放系数、能源结构与雾霾脱钩的技术效应是正的，非技术效应为负，这说明非技术效应促进了雾霾与排放系数、能源结构的脱钩，但技术效应也抑制了脱钩。作为技术因素中的能源强度，技术效应为负，非技术效应为正，与技术因素中的

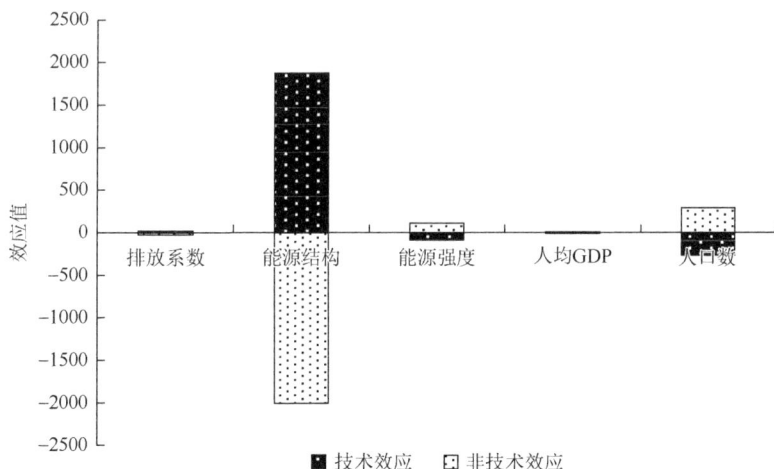

图 13-10　雾霾脱钩中技术效应与非技术效应

其他因素正好相反。人均 GDP 和人口作为非技术因素，其与雾霾脱钩中的技术效应为负，非技术效应为正，说明技术效应促进了雾霾与人均 GDP、人口的脱钩，非技术效应抑制了脱钩。

如图 13-11～图 13-15 所示，脱钩中的技术效应与非技术效应有相反的作用，并且它们的变化方向也是相反的。排放系数、能源结构与雾霾的脱钩中，技术效应的贡献基本为正，非技术效应的贡献基本为负。能源强度与雾霾脱钩中的技术

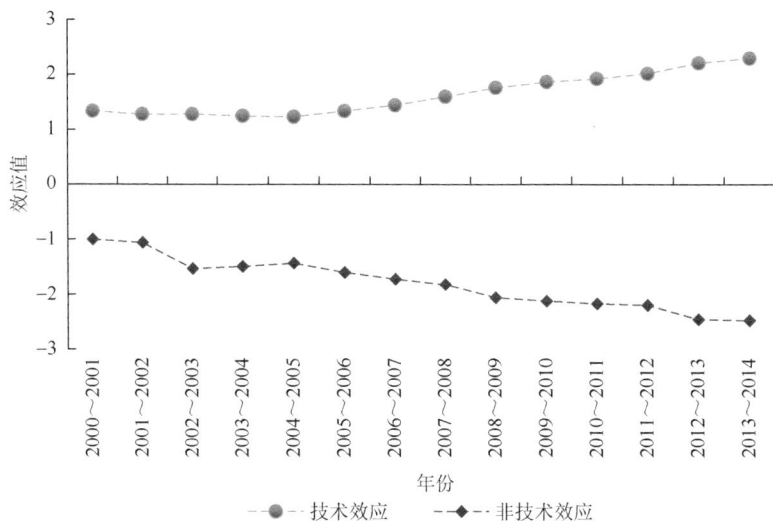

图 13-11　雾霾与排放系数脱钩

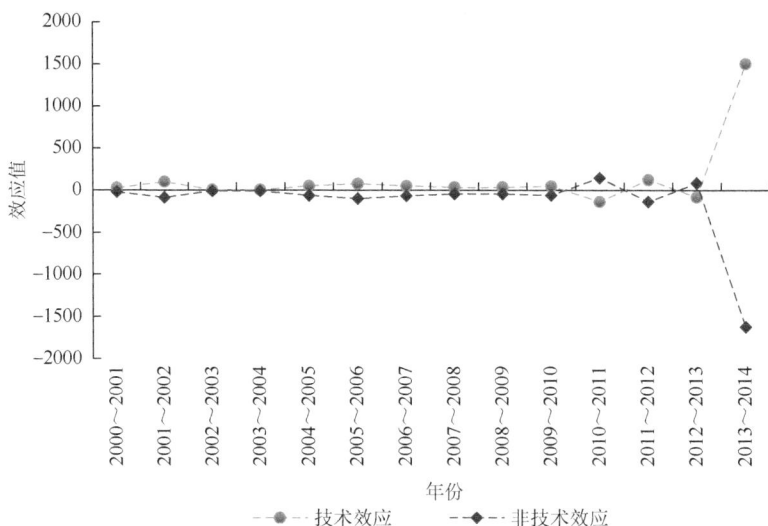

图 13-12　雾霾与能源结构脱钩

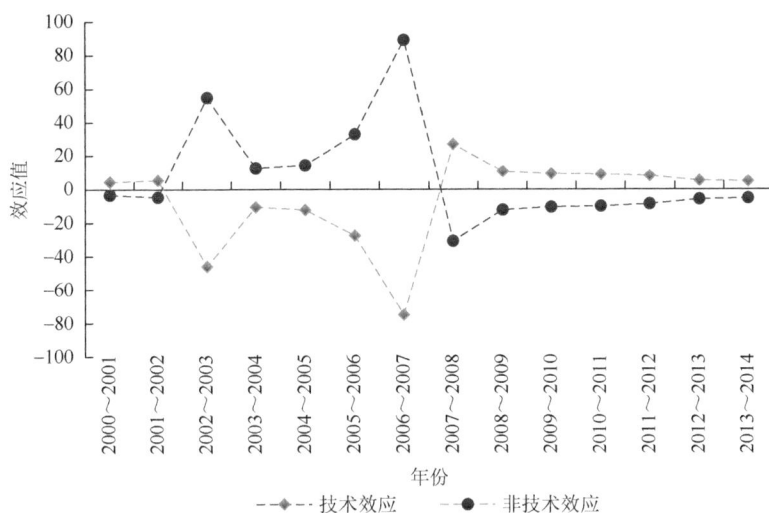

图 13-13　雾霾与能源强度脱钩

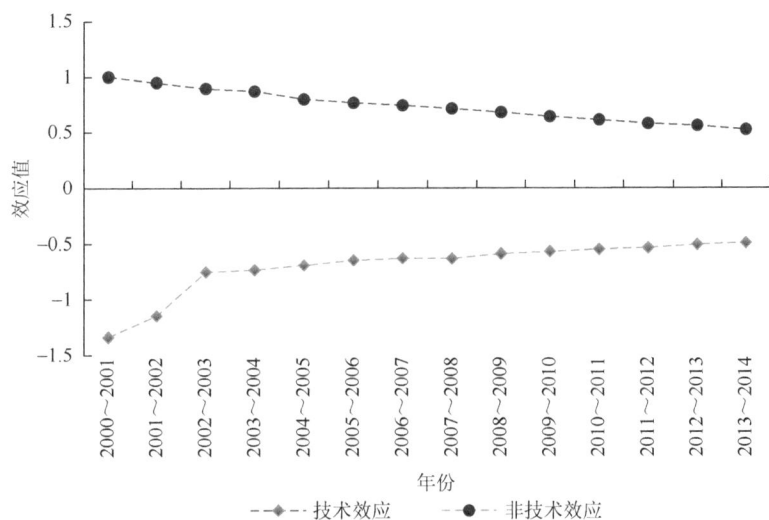

图 13-14　雾霾与人均 GDP 脱钩

效应在 2002～2008 年间为负，其余都为正，非技术效应则相反。人均 GDP、人口与雾霾脱钩中的技术效应的贡献总是负的，而非技术效应总是正的。能源结构、能源强度、人口与雾霾脱钩中的技术效应和非技术效应的贡献呈现对称性。

根据 13.1.4 节中的计算公式，排放系数、能源结构、能源强度、人均 GDP、人口与碳排放脱钩的技术效应与非技术效应如图 13-16 所示。技术效应明显低于非技术效应。技术效应与非技术效应的作用方向基本是对立的。然而，能源强度与碳排放脱钩的技术效应的方向均为正向，且非技术效应的贡献远远大于技术效

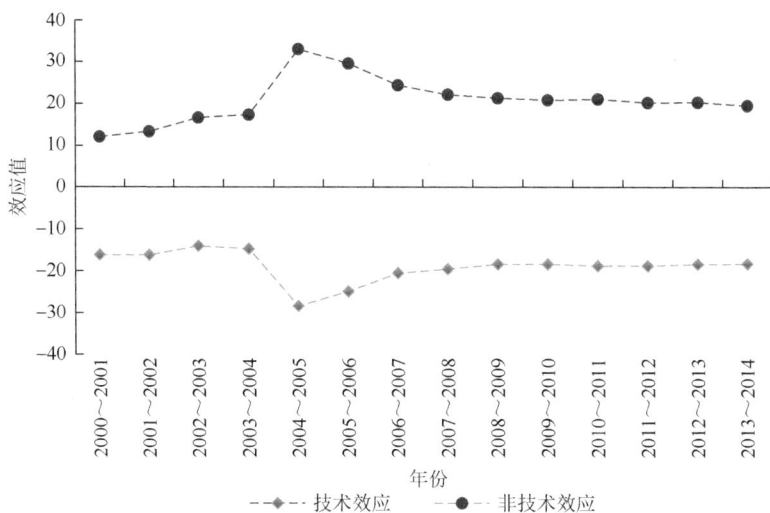

图 13-15　雾霾与人口脱钩

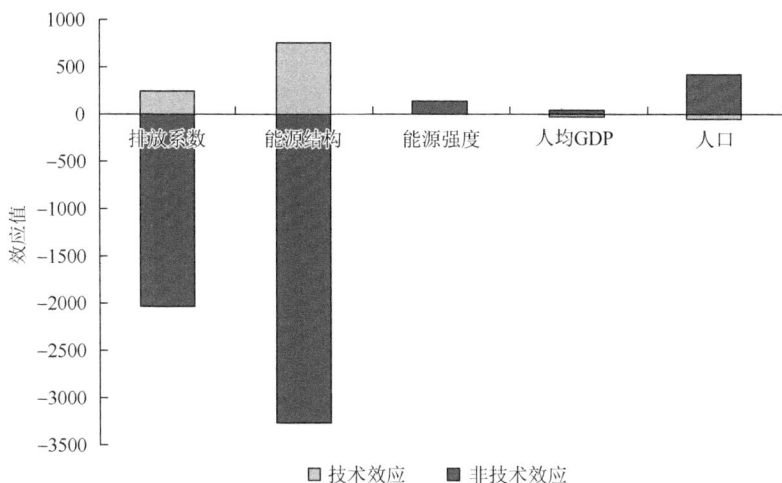

图 13-16　碳排放脱钩中技术效应与非技术效应

应的贡献。排放系数、能源结构与碳排放脱钩的技术效应是正的，非技术效应是负的，这说明非技术效应促进了碳排放与排放系数、能源结构的脱钩，但技术效应也抑制了脱钩。人均 GDP 和人口作为非技术因素，其与碳排放脱钩中的技术效应为负，非技术效应为正，说明技术效应促进了碳排放与人均 GDP、人口的脱钩，非技术效应抑制了脱钩，且非技术效应的贡献大于技术效应的贡献。

如图 13-17～图 13-21 所示，脱钩中的技术效应与非技术效应在大部分年份具有相反的作用，并且它们的变化方向也是相反的。排放系数、能源结构与碳排放

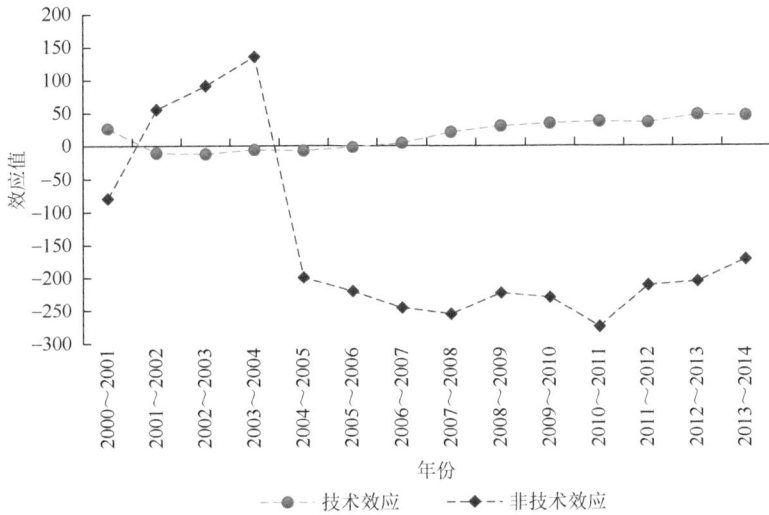

图 13-17　碳排放与排放系数脱钩

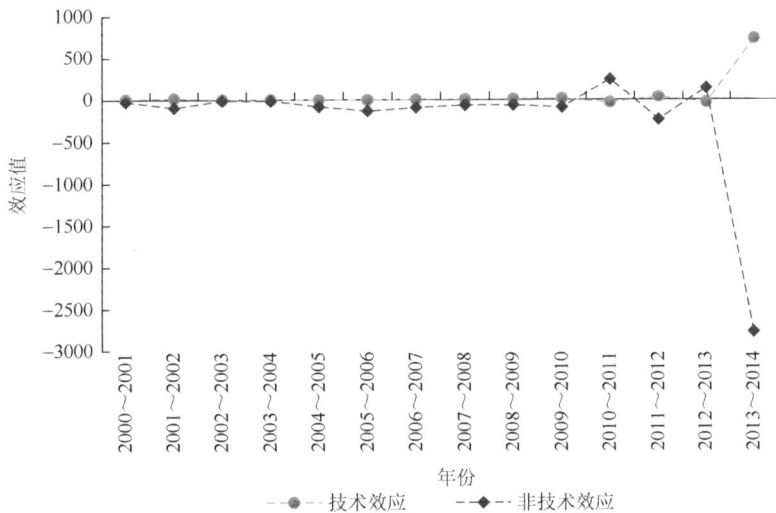

图 13-18　碳排放与能源结构脱钩

的脱钩中，技术效应的贡献大部分年份为正，非技术效应的贡献大部分年份为负。排放系数与碳排放脱钩中的技术效应的贡献在 2002~2006 年间为负，其余为正，然而，非技术效应在 2002~2005 年间为正，其余为负。能源结构与碳排放脱钩中的技术效应与非技术效应的贡献在 2005~2006 年间均为负，其余均为相反的。能源强度与碳排放脱钩中的技术效应的贡献在大部分年份为正。人均 GDP、人口与

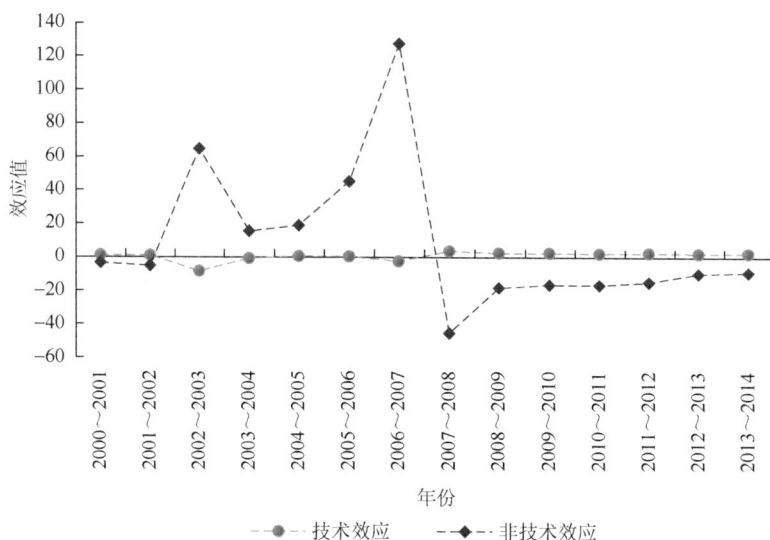

图 13-19　碳排放与能源强度脱钩

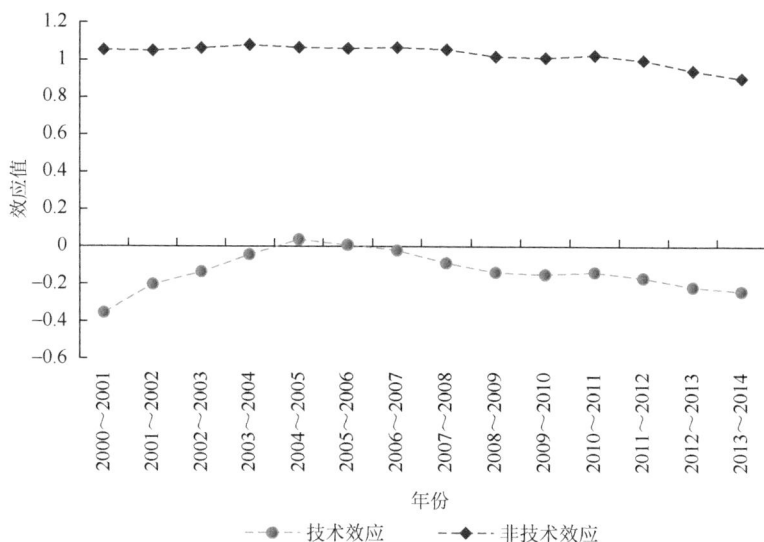

图 13-20　碳排放与人均 GDP 脱钩

碳排放脱钩中的技术效应的贡献大部分年份是负的，而非技术效应总是正的。
2005～2006 年间，人均 GDP、人口与碳排放脱钩的技术效应与非技术效应均为正
向的。总而言之，各因素与碳排放脱钩的非技术效应的贡献大于技术效应的贡献，
因而，图形并未呈现出明显的对称性。

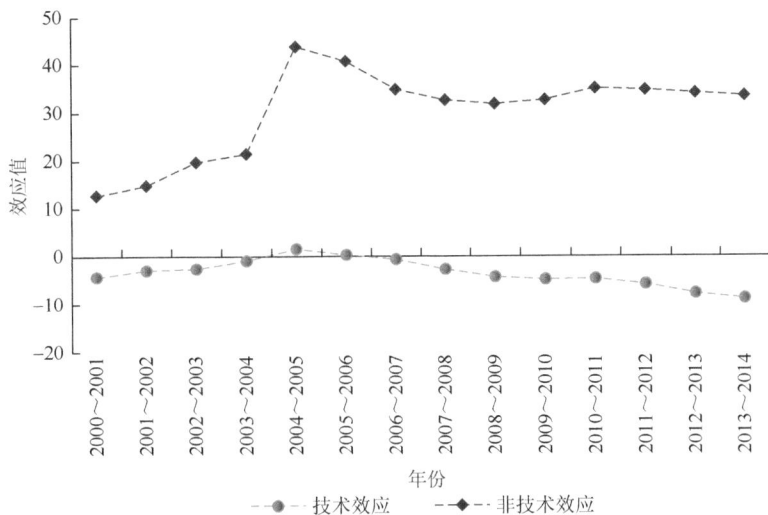

图 13-21　碳排放与人口脱钩

13.4　本　章　小　结

（1）本章在两种脱钩指数的分解分析中，发现能源强度、人均 GDP 和人口占比贡献量的变化趋势一致，这说明了协同脱钩的存在。通过反应协同性探究可知，能源强度的刺激最有效，偏差最低。同时，新疆、重庆和青海应作为重点地区。

（2）2001～2014 年，两种脱钩指数对各因素的敏感度存在差异，碳排放脱钩中，能源结构的敏感度最大，而在雾霾脱钩中，排放系数的敏感度最大。但是也有共同之处，能源结构的改善对于降低两种脱钩指数都是非常有效的。在雾霾脱钩敏感度分析中，河北、山西和山东应作为重点省份，从不同的角度实现雾霾脱钩。在碳排放脱钩分析中，要实现碳排放脱钩，应重点集中于山西能源结构的改善和能源利用效率的提高。

（3）在雾霾脱钩中，技术效应与非技术效应呈对称分布，排放系数、能源结构与碳排放脱钩的技术效应是正的，非技术效应为负的，人均 GDP 和人口作为非技术因素，其与雾霾脱钩中的技术效应为负，非技术效应为正。在碳排放脱钩中，技术效应明显低于非技术效应，各因素与碳排放脱钩的非技术效应的贡献大于技术效应的贡献。

第14章 雾霾、碳排放协同脱钩效应研究

面对气候变化等环境问题，中国亟须肩负起大国的责任，努力控制温室气体和大气污染物的排放。但是，当前中国正处于城镇化和工业化快速发展阶段，为了达到既定的减排目标，就必须要改变以化石能源为基础的经济增长方式。然而，经济结构的调整比较缓慢，不可能在短期内达到最大化减排。因此，有必要对温室气体与经济增长和大气污染物与经济增长之间的关系进行探究。

温室气体和污染气体产生的根源一致，都是来自化石能源的燃烧，那么是否存在措施能够既减少碳排放又减少污染物排放呢？前面几章分别讨论了雾霾脱钩和碳排放脱钩的影响因素，那么雾霾脱钩与碳排放脱钩之间是否会存在协同效应呢？通过第13章的研究，可知对于山西省，改善能源结构是降低两种脱钩指数最有效的措施。对于山东和河北，降低能源强度是降低两种脱钩指数最有效的措施。那么是否可以探寻其协同关系，以便更高效地降低脱钩指数？带着这些疑问，本章继续对问题进行探究，以便为制定更高效的政策提供参考。

14.1 协同脱钩分解模型

协同脱钩分解模型推导如下：

$$\Delta C = \frac{C^t}{V^t} \cdot \frac{V^t}{\text{GDP}^t} \cdot \text{GDP}^t - \frac{C^{t-1}}{V^{t-1}} \cdot \frac{V^{t-1}}{\text{GDP}^{t-1}} \cdot \text{GDP}^{t-1}$$

$$= \frac{C^t}{V^t} \cdot \frac{V^t}{\text{GDP}^t} \cdot \text{GDP}^t - \frac{C^{t-1}}{V^{t-1}} \cdot \frac{V^t}{\text{GDP}^t} \cdot \text{GDP}^t + \frac{C^{t-1}}{V^{t-1}} \cdot \frac{V^t}{\text{GDP}^t} \cdot \text{GDP}^t - \frac{C^{t-1}}{V^{t-1}} \cdot \frac{V^{t-1}}{\text{GDP}^{t-1}} \cdot \text{GDP}^t$$

$$+ \frac{C^{t-1}}{V^{t-1}} \cdot \frac{V^{t-1}}{\text{GDP}^{t-1}} \cdot \text{GDP}^t - \frac{C^{t-1}}{V^{t-1}} \cdot \frac{V^{t-1}}{\text{GDP}^{t-1}} \cdot \text{GDP}^{t-1}$$

$$= \left(\frac{C^t}{V^t} - \frac{C^{t-1}}{V^{t-1}} \right) \cdot \frac{V^t}{\text{GDP}^t} \cdot \text{GDP}^t + \left(\frac{V^t}{\text{GDP}^t} - \frac{V^{t-1}}{\text{GDP}^{t-1}} \right) \cdot \frac{C^{t-1}}{V^{t-1}} \cdot \text{GDP}^t$$

$$+ (\text{GDP}^t - \text{GDP}^{t-1}) \cdot \frac{C^{t-1}}{V^{t-1}} \cdot \frac{V^{t-1}}{\text{GDP}^{t-1}}$$

$$(14\text{-}1)$$

式中，C 代表碳排放；V 代表雾霾；GDP 代表国内生产总值。

设 $x_1 = C/V$，$x_2 = V/\text{GDP}$，$x_3 = \text{GDP}$，则

$$\Delta C = \Delta x_1 x_2^t x_3^t + \Delta x_2 x_1^{t-1} x_3^t + \Delta x_3 x_1^{t-1} x_2^{t-1} \qquad (14\text{-}2)$$

由此可得

$$\frac{\Delta C / C^0}{\Delta \text{GDP} / \text{GDP}^0} = \frac{(\Delta x_1 x_2^t x_3^t + \Delta x_2 x_1^{t-1} x_3^t + \Delta x_3 x_1^{t-1} x_2^{t-1}) / C^0}{\Delta \text{GDP} / \text{GDP}^0}$$

$$= \frac{\Delta x_1 x_2^t x_3^t / C^0}{\Delta \text{GDP} / \text{GDP}^0} + \frac{\Delta x_2 x_1^{t-1} x_3^t / C^0}{\Delta \text{GDP} / \text{GDP}^0} + \frac{\Delta x_3 x_1^{t-1} x_2^{t-1} / C^0}{\Delta \text{GDP} / \text{GDP}^0} \quad （14\text{-}3）$$

式中，$\dfrac{\Delta x_1 x_2^t x_3^t / C^0}{\Delta \text{GDP} / \text{GDP}^0}$ 为协同脱钩贡献量；$\dfrac{\Delta x_2 x_1^{t-1} x_3^t / C^0}{\Delta \text{GDP} / \text{GDP}^0}$ 为能源强度贡献量；

$\dfrac{\Delta x_3 x_1^{t-1} x_2^{t-1} / C^0}{\Delta \text{GDP} / \text{GDP}^0}$ 为经济增长贡献量。

本章主要是为了探究协同脱钩贡献量，因此，在分解过程中，仅对协同脱钩贡献量进行探究，其他两种因素的贡献不在探究范围内。

其中

$$\frac{C}{V} = \frac{C}{[D_C^t(K,L,E,Y,C,V)D_C^{t+1}(K,L,E,Y,C,V)]^{1/2}} \cdot \frac{[D_V^t(K,L,E,Y,C,V)D_V^{t+1}(K,L,E,Y,C,V)]^{1/2}}{V}$$

$$\cdot D_C^t(K,L,E,Y,C,V) \left[\frac{D_C^{t+1}(K,L,E,Y,C,V)}{D_C^t(K,L,E,Y,C,V)} \right]^{1/2}$$

$$\cdot \frac{1}{D_V^t(K,L,E,Y,C,V)} \left[\frac{D_V^t(K,L,E,Y,C,V)}{D_V^{t+1}(K,L,E,Y,C,V)} \right]^{1/2}$$

$$（14\text{-}4）$$

因此

$$\Delta \frac{C}{V} = \sum_k \Delta \varphi(Z_i) \quad （14\text{-}5）$$

$Z_k, k = 1, 2, \cdots, 5$，分别表示潜在协同程度、碳排放技术进步、碳排放技术效率、雾霾技术进步和雾霾技术效率。因此，协同脱钩被分解成 3 个变量的贡献。

式（14-5）中，各因素的贡献量可由下式求得

$$\Delta \varphi(Z_k) = \omega(t^*) \ln \frac{Z_k^t}{Z_k^0} \quad （14\text{-}6）$$

$$\omega(t^*) = \begin{cases} \dfrac{Z^t - Z^0}{\ln Z^t - \ln Z^0}, & Z^t \neq Z^0 \\ Z^0, & Z^t = Z^0 \end{cases} \quad （14\text{-}7）$$

具体如下：

$$\frac{\Delta C / C^0}{\Delta GDP / GDP^0} = \frac{\Delta x_1 x_2^t x_3^t / C^0}{\Delta GDP / GDP^0} + \frac{\Delta x_2 x_1^{t-1} x_3^t / C^0}{\Delta GDP / GDP^0} + \frac{\Delta x_3 x_1^{t-1} x_2^{t-1} / C^0}{\Delta GDP / GDP^0}$$

$$= \underbrace{\frac{(\Delta\varphi(Z_1) + \Delta\varphi(Z_2) + \Delta\varphi(Z_3) + \Delta\varphi(Z_4) + \Delta\varphi(Z_5)) x_2^t x_3^t / C^0}{\Delta GDP / GDP^0}}_{\text{协同脱钩}}$$

$$+ \frac{\Delta x_2 x_1^{t-1} x_3^t / C^0}{\Delta GDP / GDP^0} + \frac{\Delta x_3 x_1^{t-1} x_2^{t-1} / C^0}{\Delta GDP / GDP^0}$$

（14-8）

14.2　数　　据

本章数据均来源于《中国统计年鉴》和《中国能源统计年鉴》，其中，各地区生产总值以 2000 年为不变价进行折算。本章对雾霾脱钩与碳排放脱钩之间的协同关系的探究中，各变量的含义如表 14-1 所示。

表 14-1　变量的含义（一）

变量类型	变量	含义
被解释变量	雾霾与 GDP 脱钩指数（ε_{new}）	雾霾的变化率与 GDP 的变化率的比值
控制变量	能源结构（EM）	煤炭消耗/总能源消耗
	能源强度（EI）	能源消耗/GDP
	技术进步（$A(t)$）	用 SE-SBM 模型求解得出的值
	人均 GDP（PGDP）	GDP/人口
	人口因素（P）	城镇人口总数
核心解释变量	碳排放脱钩努力（CDE）	计算如式（14-11）所示

本章对雾霾脱钩与各影响因素脱钩努力之间的协同关系进行探讨，各变量的含义如表 14-2 所示。

表 14-2　变量的含义（二）

变量类型	变量	含义
被解释变量	雾霾与 GDP 脱钩指数（ε_{new}）	雾霾的变化率与 GDP 的变化率的比值
控制变量	能源结构（EM）	煤炭消耗/总能源消耗
	能源强度（EI）	能源消耗/GDP
	技术进步（$A(t)$）	用 SE-SBM 模型求解得出的值
	人均 GDP（PGDP）	GDP/人口
	人口因素（P）	城镇人口总数

续表

变量类型	变量	含义
核心解释变量	碳排放系数脱钩努力（CPDE） 能源结构脱钩努力（CNDE） 能源强度脱钩努力（CQDE） 人口脱钩努力（CRDE）	计算如式（14-11）所示

14.3　碳排放脱钩努力

为了得出各省的碳排放脱钩努力，本章对上述的分解进行了简化，以便基于每个省的分解式来得出脱钩努力，具体模型如下：

$$V = \frac{V}{F} \cdot \frac{F}{E} \cdot \frac{E}{\text{GDP}} \cdot \frac{\text{GDP}}{P} \cdot P \tag{14-9}$$

式中，变量含义均与上文相同。

在碳排放总量中剔除经济增长因素导致的增加量，可以进一步评价脱钩努力程度，即在保持经济增长的前提下，其他因素都是能够直接或者间接使碳排放下降的努力措施，具体表现为改善能源结构、提高能源利用效率和控制人口等减排措施的实施效果。具体模型如下所示。

碳排放减排量的公式为

$$\Delta F = \Delta V - \Delta V(X_4) = \Delta V(X_1) + \Delta V(X_2) + \Delta V(X_3) + \Delta V(X_5) \tag{14-10}$$

式中，X_1、X_2、X_3、X_4、X_5 分别表示排放系数、能源结构、能源强度、经济增长和人口。

碳排放脱钩努力程度的公式为

$$D = -\frac{\Delta F / V^0}{\Delta \text{GDP} / \text{GDP}} = -\frac{\Delta V(X_1) / V^0}{\Delta \text{GDP} / \text{GDP}} - \frac{\Delta V(X_2) / V^0}{\Delta \text{GDP} / \text{GDP}} - \frac{\Delta V(X_3) / V^0}{\Delta \text{GDP} / \text{GDP}} - \frac{\Delta V(X_5) / V^0}{\Delta \text{GDP} / \text{GDP}}$$
$$= D_{X_1} + D_{X_2} + D_{X_3} + D_{X_5}$$

$$\tag{14-11}$$

式中，ΔF 表示剔除经济增长因素后碳排放的变化量；D 为剔除经济增长效应后的脱钩努力指标；D_{X_1}、D_{X_2}、D_{X_3}、D_{X_5} 分别表示排放系数、能源结构、能源强度和人口的变化对脱钩的努力程度。$D \leqslant 0$ 为"无脱钩努力"；$0 < D < 1$ 为"弱脱钩努力"；$D \geqslant 1$ 为"强脱钩努力"。

图 14-1 显示了剔除经济增长效应后的脱钩努力程度。2000～2014 年，大部分地区都做出了脱钩努力，没有地区做出强脱钩努力，都是弱脱钩努力。根据平均

值，重庆的碳排放脱钩努力最大，其次是黑龙江、北京、辽宁。宁夏的值最小，说明宁夏在减少碳排放方面做出的努力最小。在东部地区中，海南的值最小，山东和福建的值也比较小。东部地区的发展固然重要，但是，也应该肩负起碳减排的重任，尤其是身为能源消耗和二氧化碳排放的大省——山东。从各脱钩努力指标来看，能源强度的贡献在大部分地区中起到关键的作用，这也是重庆碳排放脱钩努力最主要的原因。福建、山东、湖北、湖南等地区能源强度的贡献反向，直接导致了无脱钩努力。能源结构的贡献在海南、重庆、云南、宁夏、山西等地区较为明显，其中，山西的正向作用最大。人口因素的负向贡献在上海最为突出，这主要是因为上海经济发达，吸引了大量的外来务工人员。人口因素在大部分地区没有做出脱钩努力。然而，重庆的人口因素正向贡献最大，说明重庆在控制人口方面取得了一定的效果。排放系数的贡献在大部分地区不是很大，除了宁夏、云南等。

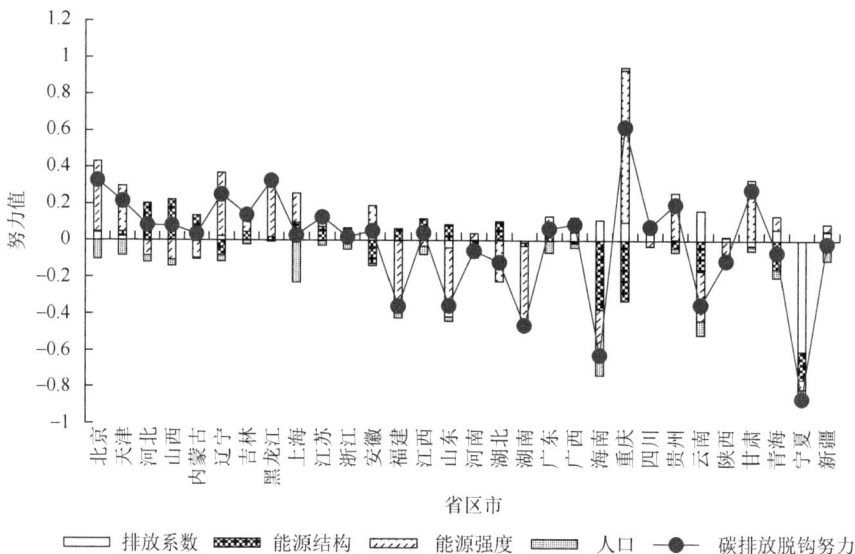

图 14-1　碳排放脱钩努力及各因素努力

14.4　协同脱钩分解的结果与讨论

由图 14-2 可知，全国协同脱钩贡献量为负值，说明协同脱钩的存在。2001～2003 年，协同脱钩的负向驱动作用增强，2003～2004 年，又出现短暂的减弱，2004～2006 年，其负向驱动作用又增大，2006 年以后，其逐渐减弱。在各项因素中，负向驱动因素主要有碳排放技术效率、碳排放技术进步和雾霾技术进步，正向驱动因素是潜在之比（即潜在碳排放与潜在雾霾之比）。雾霾技术效率的驱动方向呈现出

"负（2001）—正（2002）—负（2003）—正（2004～2011）—负（2012～2014）"的
趋势。2001 年，雾霾技术进步是主要的负向驱动力。2002～2003 年，碳排放技术
进步成为主要的负向驱动力，其次是雾霾技术进步和碳排放技术效率。2004～
2010 年，碳排放技术效率和碳排放技术进步成为主要的负向驱动力，其中碳排放技
术进步占了绝大部分，在 2006 年尤为突出。2011～2014 年，雾霾技术效率和碳排
放技术进步成为主要的负向驱动力，碳排放技术进步仍占据了绝大部分比例。大
多数年份，潜在之比是主要的正向驱动力，在 2006 年尤为突出。

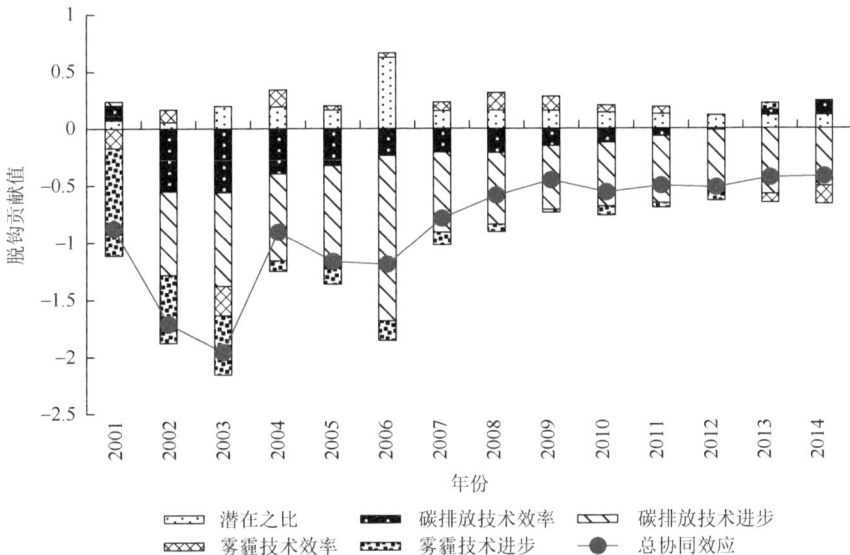

图 14-2　各因素协同脱钩情况

　　2008 年以后，各地区的协同脱钩区域平稳，基本处于–0.06～0。2008 年以前，
协同脱钩变化幅度较大。其中，2006 年，各地区协同脱钩绝对值最大，山西省最
大（–0.3657）。

　　各地区潜在之比的贡献基本为正，但是，北京从 2002 年以后贡献都为负。上
海、江西、山东、河南、湖北和湖南在 2002 年以前的贡献为负，之后，基本为
正。2007 年，各地区的贡献起伏变化较大，2007 年以后，各地区基本趋于稳定。
2014 年，北京和甘肃的贡献为负，其中北京的贡献的绝对值远远大于甘肃；在正
向贡献中，河北省的值最大，为 0.0202。就各地区贡献的平均值而言，仅北京的
潜在之比发挥着负向作用，其余皆为正向作用，其中河北省的正向贡献最大
（0.0202），所以，在制定措施时，河北省可作为重点省份。

　　2003 年以后，各地区的贡献基本趋于稳定。辽宁、上海、福建、广东和云南
大部分年份的贡献为 0，其中，广东和上海的碳排放技术效率都为 0，说明碳排放

技术效率的作用没有。2000~2014 年，大部分地区的贡献基本为负，说明碳排放技术效率的贡献促进了碳排放脱钩。2014 年，安徽省的负向驱动作用最大（-0.0146）。就各地贡献的平均值而言，大部分地区的贡献均为负的，辽宁、福建、山东、湖南、海南、云南、陕西和宁夏的贡献都为正，其中山东的正向贡献最大，因此，山东应作为重点省份。在负向贡献的地区中，山西省的负向驱动作用最大。

各地碳排放技术进步的贡献基本为负，且大部分地区的贡献值非常平稳。2006 年，山西的负向贡献最大（-0.3018）。2014 年，山西的负向贡献仍是最大的（-0.0829）。就各地贡献的平均值而言，北京的碳排放技术进步发挥着正向驱动作用，其余都发挥着负向驱动作用，其中，山西省的负向驱动作用最大。

2004 年以后，各地的贡献基本趋于稳定。天津、辽宁、福建、广东和云南大部分年份的贡献为 0，说明该因素没有做出贡献，其中，上海和广东全部为 0。2002 年，江苏省的正向贡献最大（0.1312），2001 年，山西的负向贡献最大（-0.0915）。就各地贡献的平均值而言，近一半的地区的贡献为正，其中，安徽的正向贡献最大（0.0267）。在负向贡献中，山东省贡献的绝对值最大（0.0234）。

东部地区贡献值的变化幅度大于中、西部地区，这可能是高污染、高排放企业的西迁造成的。2001 年，山西省的负向驱动作用最大（-0.1483）。2002 年以后，西部地区的贡献基本为正。2014 年，大部分地区的贡献为正，其中，山西省的正向贡献最大（0.0488），在负向贡献的地区中，内蒙古的负向驱动作用最大（-0.0247）。就各地区贡献的平均值而言，西部地区的贡献基本为正，安徽省的正向驱动最大（0.0161），东部大部分地区的贡献基本为负，这可能是由于东部高污染企业的内迁，其中，江苏省的负向驱动作用最大（-0.0420）。

14.5　协同脱钩关系探究

14.5.1　格兰杰非因果检验结果

通过表 14-3 和表 14-4 可知，检验结果都拒绝了原假设，证明雾霾脱钩和碳排放脱钩努力互为双向因果关系。

表 14-3　雾霾脱钩→碳排放脱钩努力

类型	p 值
最优滞后阶数（AIC）：2	
W-bar = 38.9343	
Z-bar = 101.1488	0
Z-bar tilde = 46.2737	0

表 14-4　碳排放脱钩努力→雾霾脱钩

类型	p 值
最优滞后阶数（AIC）：2	
X-bar = 22.389 6	
Z-bar = 55.839 2	0
Z-bar tilde = 25.086 5	0

14.5.2　雾霾脱钩与碳排放脱钩之间的协同脱钩回归结果

GTWR 回归结果见表 14-5。根据表 14-6 可知，GTWR 的拟合度远远高于 GWR 和 TWR，AIC 值也是最小的。整体而言，这说明了 GTWR 模型比其他两个模型要好。

表 14-5　GTWR 参数情况（最优带宽 = 0.1173）

变量	最小值	25%	50%	75%	最大值	四分位距
常数项	−7.9398	−1.5982	−0.8042	−0.3440	13.7027	1.2542
煤炭占比	−7.0072	0.0086	0.0906	0.4694	2.0220	0.4608
能源强度	−0.5718	−0.0290	−0.0033	0.0401	1.2916	0.0691
技术进步	−1.9921	−0.1180	0.0198	0.3123	2.1068	0.4303
人均 GDP	−1.1428	0.0213	0.0632	0.1414	0.7548	0.1201
人口	−0.3499	−0.0461	0.0191	0.0392	0.4099	0.0854
碳排放脱钩努力	−1.4732	−0.3556	−0.1779	−0.0549	0.3755	0.3006
可调节 R^2			0.5804			

表 14-6　回归结果比较

模型	AIC	R^2
TWR	−92.6116	0.2638
GWR	−106.4200	0.2510
GTWR	−186.7940	0.5804

对 GTWR 结果的残差进行空间相关性检验。如表 14-7 所示，残差基本上都符合随机分布，这说明回归模型比较好，可信度较高。

表 14-7 残差空间相关性检验

表 14-7 残差空间相关性检验

年份	2001	2002	2003	2004	2005	2006	2007
Z值	8.9358	0.8196*	0.7906*	0.8289*	−0.2743*	−0.5240*	−0.1795*
年份	2008	2009	2010	2011	2012	2013	2014
Z值	−0.8140*	0.8851*	1.2245*	0.3691*	0.6044*	1.1322*	−0.3213*

*代表未通过 0.1 显著性水平，参考值是 1.65

由图 14-3 和图 14-4 可知，碳排放脱钩努力对雾霾脱钩指数的影响为负，说明协同效应的存在。协同系数主要集中于–0.177 86。随着时间的变化，协同效果有增大的趋势，但在 2010 年以后，趋于平缓且数值集中。

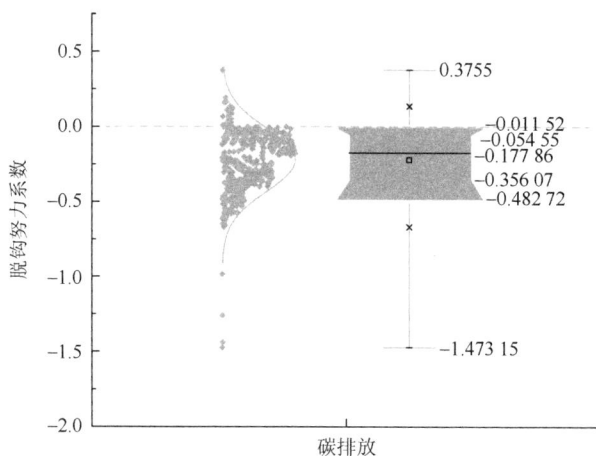

图 14-3 碳排放脱钩努力的系数

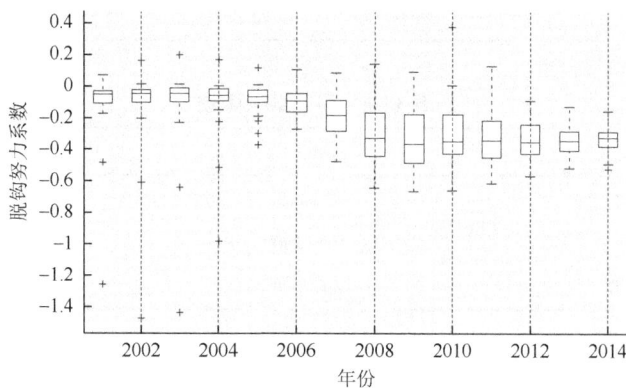

图 14-4 2001～2014 年，碳排放脱钩努力的系数

2001～2014 年，各地区系数的变化存在明显的差异，所以本章将对其系数变化进行分类。

（1）碳排放脱钩努力对雾霾脱钩影响的时空变异。由表 14-5 和图 14-3、图 14-4 可知，碳排放脱钩努力对脱钩指数的影响为负，说明碳排放脱钩与雾霾脱钩之间确实存在协同脱钩现象，即碳排放脱钩努力的增大会引起雾霾脱钩指数减小，这是因为在一定程度上两种气体具有同根同源性，都主要来源于化石能源燃烧、工业、交通等人类活动。根据各省区市的系数变化趋势，本章将其分为 7 类，第一类地区的协同效应在 2001～2009 年逐渐增强，2009～2014 年逐渐减弱。第一类包含了东、中和西部部分地区，其中大部分是东部地区。浙江、上海、福建和江苏的协同程度的平均值较大，均大于 0.3，其中浙江应作为重点地区。第二类地区的协同效应在 2001～2005 年间逐渐减弱，且在 2005～2009 年间出现了正值，说明碳排放脱钩努力不仅不会降低雾霾脱钩指数，反而会加剧环境污染。2010 年以后，协同效应逐渐增大。第二类全部是西部地区，其中宁夏协同效应的平均值最大，但是明显低于第一类地区，这可能是第一类地区是能源消耗较多的地区，所以，减排政策的制定会更有效。第三类地区的协同效应在 2001～2014 年间呈下降趋势，说明碳排放脱钩努力对雾霾脱钩的协同效应逐渐增强。2006 年以前，云南的协同效应比四川强，2006～2010 年，四川的协同效应大于云南的协同效应，2010 年以后，云南的协同效应又大于四川的协同效应。2014 年，第三类地区的协同效应大于第二类地区。第四类地区的协同效应前期均在减弱，峰值都出现在 2006 年之前，之后，协同效应逐渐增强。但海南和新疆也存在一些差异，2012 年以后海南的协同效应趋于平缓，然而新疆一直在增强，并且还有可能继续增强。其中，海南仍作为重点省份。第五类地区的协同效应变化趋势形似波浪，作为老工业基地的黑龙江变化幅度远远大于吉林。2008 年同时出现了一个短暂的波谷，基本所有板块在 2008 年前后，协同系数达到最小，这主要是因为 2008 年金融危机以及此后的全球经济危机的爆发，使政府必须采取一些刺激措施防止经济“硬着陆”。这些措施虽然增加了内需，但也减缓了淘汰落后产业，致使大量生产活动沿用以前的生产技术，从而导致碳排放脱钩努力较小。2014 年，黑龙江的协同效应在全国来看是最强的，因此，黑龙江应该作为重点省份来充分发挥协同效应。第六类地区的协同效应在 2005 年以前基本没有太大幅度的变化，在 2012 年以后，基本趋于平缓，且没有增大的倾向。2014 年，贵州的协同效应最强，且没有减弱的趋势。第七类地区的协同效应类似 V 形，2001～2005 年间，变化幅度很小，2011～2014 年间，变化幅度也很小。2008 年，协同效应最强（−0.5970）。

（2）能源结构对雾霾脱钩影响的时空变异。大部分地区能源结构对雾霾脱钩的影响为正。但 2007 年以前，部分地区的能源结构系数会出现负值，这是因为煤炭的投入促进了经济快速发展，再加上外部条件较好，整体经济的发展处于上升阶段，致使工业二氧化硫的变化率小于经济增长的变化率（2007 年以前，GDP 增长率一直都高于 8%）。

（3）能源强度对雾霾脱钩影响的时空变异。大部分地区的能源强度减小会导致雾霾脱钩指数增大。这是因为能源利用效率的提高导致生产成本和产品价格下降，反而刺激了能源需求，产生了反弹效应，从而产生更多的二氧化硫排放。2009 年以后，基本所有的地区都有这样的现象出现，因此，从降低雾霾脱钩指数的角度出发，提高能源利用效率政策只能看作一项短期的政策工具。整体而言，东部地区反弹现象出现的时期早于中部，而且影响效应要大于中部大部分地区。

（4）技术进步对雾霾脱钩影响的时空变异。技术进步对雾霾脱钩的影响存在动态变化：负（2001～2003 年）—正（2004～2007 年）—负（2007～2014 年）。2004～2007 年，技术进步对脱钩指数的影响为正的原因是：①技术进步是经济持续增长的内在动力，它通过带动经济增长间接影响能源需求和雾霾的排放；②技术进步本身可以直接影响雾霾，因为技术进步存在一定的路径依赖，如果企业初始的获利技术是污染环境的技术，那么企业新技术研发可能依旧是污染环境的新技术，就会增加雾霾的排放。

（5）人均 GDP 对雾霾脱钩影响的时空变异。大部分地区的人均 GDP 对脱钩指数的影响为正，说明经济的发展加剧了能源的消耗，促使更多雾霾的产生。但是，人均 GDP 对雾霾脱钩指数的正向影响逐渐减弱，说明中国的经济结构逐渐转型，第二产业占比逐渐减小，第三产业占比逐渐增大。

（6）人口对雾霾脱钩影响的时空变异。大部分地区人口对脱钩指数的影响基本为正，人口的增长导致了对能源的刚性需求，由此会引起大量的生产活动，进而产生大量的雾霾。

14.5.3　雾霾脱钩与各因素脱钩努力之间的回归结果

表 14-8 展示了 GTWR 的回归结果。

表 14-8　GTWR 参数情况（最优带宽 = 0.1138）

变量	最小值	25%	50%	75%	最大值	四分位距
常数项	−3.3182	−1.3465	−0.8667	−0.3565	0.1874	0.9900
煤炭占比	−0.3186	0.0169	0.1484	0.2632	0.6261	0.2463
能源强度	−0.1203	−0.0231	−0.0104	−0.0031	0.1617	0.0200

续表

变量	最小值	25%	50%	75%	最大值	四分位距
技术进步	−0.5358	−0.0617	−0.0114	0.1974	0.4488	0.2591
人均 GDP	−0.0052	0.0371	0.0671	0.1002	0.3142	0.0630
人口	−0.1754	0.0017	0.0098	0.0209	0.0761	0.0191
排放系数脱钩努力	−1.9968	−1.3055	−0.6847	−0.0735	0.5533	1.2320
能源结构脱钩努力	−0.4530	−0.1728	−0.1012	0.0073	0.3031	0.1801
能源强度脱钩努力	−0.4079	−0.3412	−0.2555	−0.0474	−0.0034	0.2937
人口脱钩努力	−1.4785	−0.7286	−0.3167	−0.1317	1.1140	0.5969
可调节 R^2			0.3861			

根据表 14-9 可知，GTWR 的拟合度远远高于 GWR 和 TWR，AIC 值也是最小的。整体而言，这说明了 GTWR 模型比其他两个模型要好。

表 14-9　回归结果比较

模型	AIC	R^2
TWR	−77.0984	0.1398
GWR	−62.0986	0.0855
GTWR	−100.191	0.3861

对 GTWR 结果的残差进行空间相关性检验。如表 14-10 所示，残差基本上都符合随机分布，这说明回归模型比较好，可信度较高。

表 14-10　残差空间相关性检验

年份	2001	2002	2003	2004	2005	2006	2007
Z 值	11.4612	0.8098[*]	−0.8350[*]	2.5450	3.9820	2.2394	1.8516

年份	2008	2009	2010	2011	2012	2013	2014
Z 值	1.0700[*]	1.1149[*]	0.4400[*]	0.8208[*]	0.1908[*]	0.4334[*]	1.0477[*]

*代表未通过 0.1 显著性水平，参考值是 1.65

本章已经证实了协同程度的存在，基于此，本章对各减排因素进行了进一步的探究，以便制定更高效的协同减排策略。由图 14-5～图 14-8 和表 14-8 可知，排放系数脱钩努力的协同系数最大，说明改善化石能源内部占比的协同效果大于其他措施。

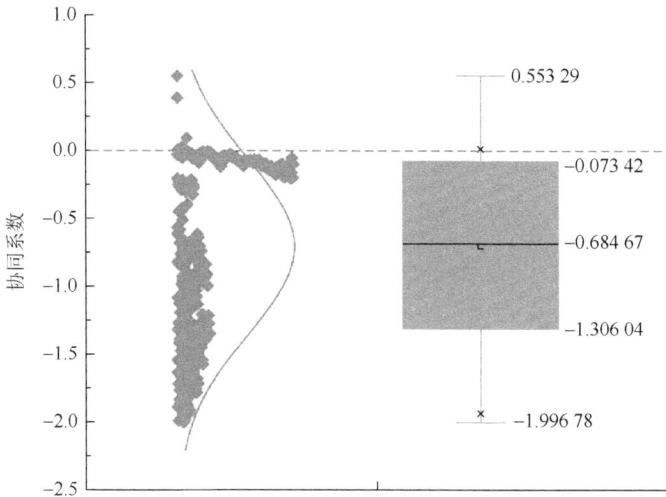

图 14-5　排放系数脱钩努力

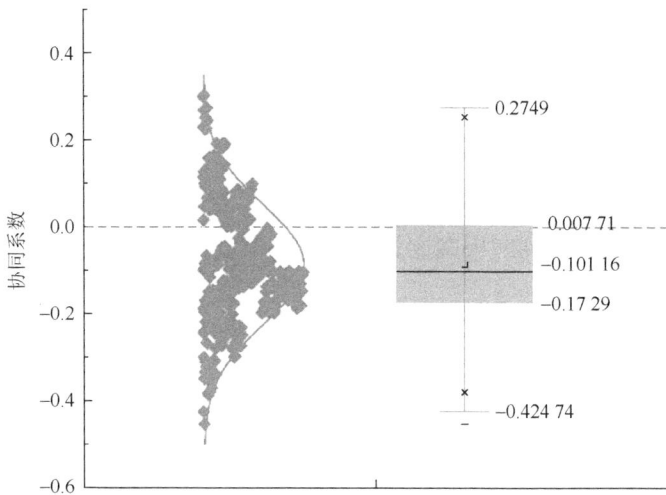

图 14-6　能源结构脱钩努力

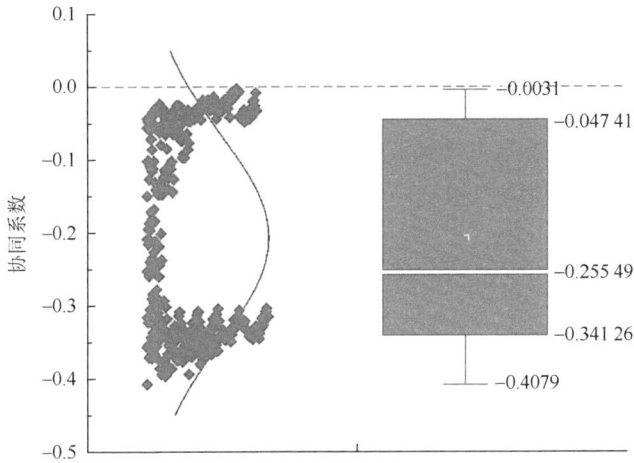

图 14-7　能源强度脱钩努力

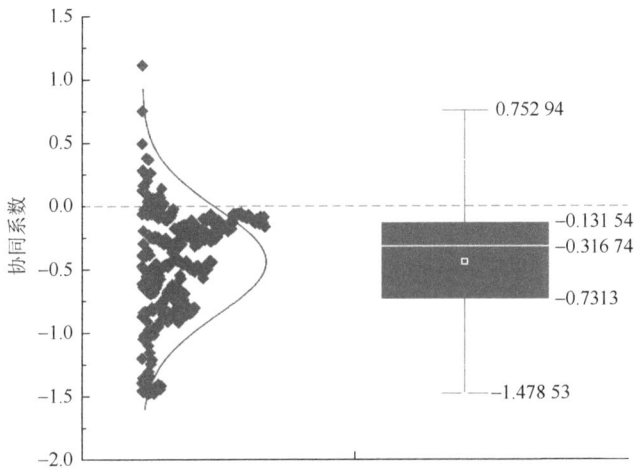

图 14-8　人口脱钩努力

　　由图 14-9～图 14-12 可知，排放系数脱钩努力的系数在 2007 年以前数据较为集中，2007～2011 年间，系数较为分散，2012 年以后，又趋于集中。协同效应整体呈现出先缓慢增强，在 2011 年达到最大后，又开始减弱的趋势。能源结构脱钩努力的系数在 2005 年最为集中，2014 年最为分散。协同效应整体经历了"减弱—增强—减弱—增强—减弱"过程。能源强度脱钩努力的系数在 2001～2005 年和 2011～2014 年较为集中。协同效应整体呈现出先缓慢减弱，然后快速增强，最后趋于稳定的趋势。2008 年以后，人口脱钩努力的系数较为集中，协同效应整体呈现了先减弱，然后增强，再减弱，最后趋于平稳的趋势。排放系数的协同效果最明显。短期内人口的协同效应大于能源强度，但从长远来看，能源强度的协同效应大于人口。能源结构的协同效应前期是存在的，后期不存在，反而加重了雾霾的排放，这说明近年来国家在改善能源结构方面的政策并没有达到双赢的局面，即实现碳排放与经济的脱钩建立在增大雾霾与经济增长的脱钩之上。所以，在制定政策方面，必须充分考虑温室气体和污染物之间的关系，即是替代品还是互补品，以此为基础，建立合适的政策。

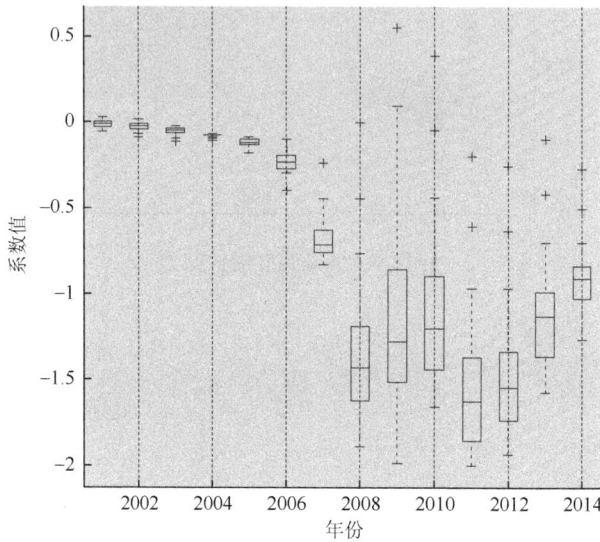

图 14-9　排放系数脱钩努力

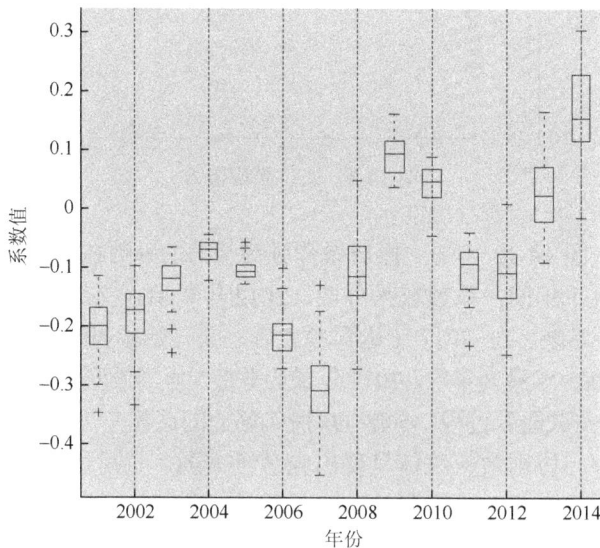

图 14-10　能源结构脱钩努力

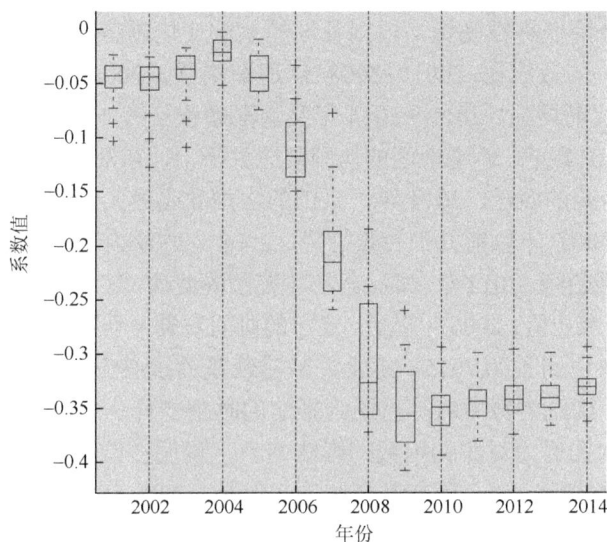

图 14-11　能源强度脱钩努力

2001～2014 年，各地脱钩努力的系数变化存在明显的差异，所以本章将对其系数变化进行分类。

（1）排放系数脱钩努力对雾霾脱钩影响的时空变异。由表 14-8 可知，排放系数脱钩努力对脱钩指数的影响为负，说明在排放系数方面做出努力不仅会降低碳

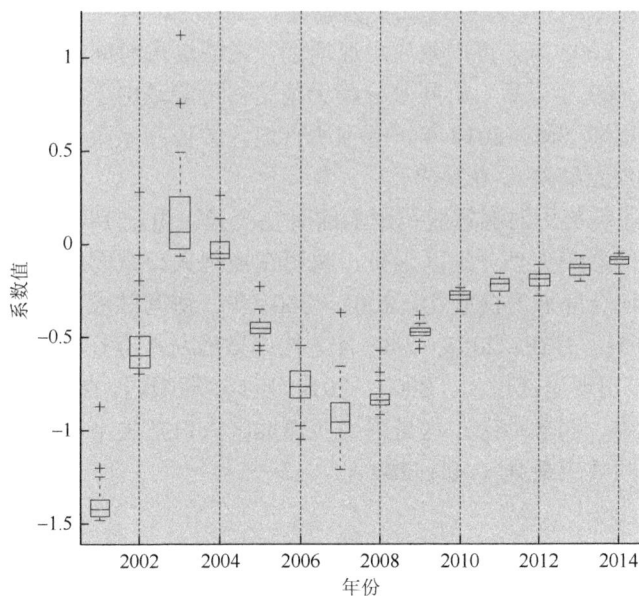

图 14-12　人口脱钩努力

排放脱钩，还会降低雾霾脱钩。根据各地的系数变化趋势，本章将其分为两类。第一类地区的协同效应在 2001～2008 年逐渐增强，2008～2009 年逐渐减弱，2009～2011 年逐渐增强，2011～2014 年又逐渐增强。第一类包含了东、中和西部 27 个省区市。2014 年，西部地区的协同效应大于中、东部地区，这可能是由于高能耗、高污染企业的西迁。2014 年，新疆的协同效应最大为–1.3428。第二类地区的协同效应在 2007 年以前处于加强趋势，2008～2009 年处于减弱阶段，2009～2011 年处于加强趋势，2012 年以后，经历小范围的波动。辽宁与黑龙江和吉林不同，协同系数没有出现正值。2006 年以后，辽宁的协同效果大于黑龙江和吉林，2014 年，辽宁的协同系数达到了–0.7015。综上，减排政策的重心应该落在西部地区。

（2）能源结构脱钩努力对雾霾脱钩影响的时空变异。由表 14-8 可知，大部分地区能源结构脱钩努力对脱钩指数的影响为负，说明在能源结构方面做出努力不仅会降低碳排放脱钩，还会降低雾霾脱钩。但是，2009 年以前，协同效应一直存在。2001～2004 年，协同效应一直在减弱，2004～2007 年间，协同效应一直在增强，且在 2007 年达到最大，2007～2009 年，一直减弱。2009～2014 年，系数的变化呈 U 形，且仅在 2011～2012 年间，协同效应存在。2014 年，除了黑龙江，其他地区均不存在协同效应，其中系数最大的是新疆（0.3031）。2009 年以后，关于改善能源结构方面的政策作用不是很明显，甚至对雾霾脱钩产生了反作用。

（3）能源强度脱钩努力对雾霾脱钩影响的时空变异。由表 14-8 可知，能源强度脱钩努力对脱钩指数的影响全部为负，说明在改善能源利用效率方面做出努力不仅会降低碳排放脱钩，还会降低雾霾脱钩。2001～2004 年，协同效应出现短暂的减弱。2004～2008 年，协同效应迅速增强，说明这段时间的政策非常利于协同效应的增强。2009 年以后，协同效应趋于稳定，可能是由于达到了协同效应的极限和工业占比逐渐下降。2014 年，基本所有地区的协同系数都是–0.3 左右，其中福建省的协同效应最强（–0.3463）。

（4）人口脱钩努力对雾霾脱钩影响的时空变异。由表 14-8 可知，人口脱钩努力对脱钩指数的影响大部分地区为负，说明在控制人口方面做出努力不仅会降低碳排放脱钩，还会降低雾霾脱钩。2001～2003 年，协同效应出现短暂的减弱，且 2003 年协同效应不存在。2003～2007 年，协同效应从不存在到存在，然后逐渐增强，在 2007 年出现局部最大。2007～2014 年，逐渐减弱。2014 年，西部地区的协同效应大于中、西部地区，这是因为西部地区人口都去中、东部工作生活，其中，新疆的协同效应最强（–0.1628）。

14.6　本章小结

（1）2001～2014 年，大部分地区都做出了脱钩努力，没有地区做出强脱钩努力，都是弱脱钩努力。从各脱钩努力指标来看，能源强度的贡献在大部分地区起到关键的作用。

（2）在协同脱钩分解中，碳排放技术进步是主要的负向驱动因素，大多数年份，潜在之比是主要的正向驱动因素。河北省的潜在之比的正向贡献最大，所以，河北省应作为重点省份。山东碳排放技术效率的正向贡献最大，山西碳排放技术效率的负向驱动作用最大。北京碳排放技术进步发挥着正向驱动作用，山西碳排放技术进步的负向驱动作用最大。山东雾霾技术效率的负向驱动作用最大。安徽雾霾技术进步的正向驱动作用最大，江苏雾霾技术进步的负向驱动作用最大。

（3）碳排放脱钩努力对雾霾脱钩的影响为负，说明协同效应的存在，且 2010 年以后，数值趋于平缓。各省域的影响系数存在不同的变化趋势，鉴于此，各省的协同脱钩效应被分成七大板块，各板块都有不同的特点。大部分地区能源结构对雾霾脱钩指数的影响为正。大部分地区的能源强度减小会引起雾霾脱钩指数增大，这证实了反弹效应的存在。技术进步对脱钩指数的影响存在着动态变化：负—正—负。大部分地区的人均 GDP 对脱钩指数的影响为负。人口对脱钩指数的影响基本为正。

（4）排放系数的协同系数最大。短期内人口的协同效应大于能源强度，但从长远来看，能源强度的协同效应大于人口。能源结构的协同效应仅存在于前期。排放系数脱钩努力的系数变化存在着差异，故将其分为两类。能源结构脱钩努力、能源强度脱钩努力和人口脱钩努力的系数各自变化趋势一致。

第 15 章　结论与展望

15.1　研　究　结　论

（1）在国家层面，本书从 7 个部门探究碳强度的影响因素，将其分解成 11 个影响因素，并用 LMDI 分解各部分的贡献量。然后，探究了碳强度变化对各因素的敏感程度。在地区层面，将分解的影响因素，用 GTWR 模型探究各地区影响因素的时空异质性，得出了以下结论。

①在国家层面，能源结构的正向贡献量最大，生产部门能源强度是前期主要的负向驱动因素，后期主要依靠碳排放系数和经济结构的联合作用。

②在敏感度分析中，碳强度对各影响因素的敏感程度存在动态变化，敏感程度由最初的"工业能源强度＞工业产值占比＞工业电力碳排放系数＞工业电力能源占比＞工业煤炭能源占比"转变为"工业产值占比＞工业能源强度＞工业电力碳排放系数＞工业电力能源占比＞工业煤炭能源占比"。

③在地区层面，基于 GTWR 模型，各影响因素呈现出时空异质性，若想实现区域差异化碳强度降低，需要充分考虑空间异质性。

（2）将 Shephard 距离函数引入 LMDI 分解中，构建了 2003～2015 年中国 23 个行业的碳排放分解模型，考察了碳排放的 10 个驱动因素的影响，得出以下结论。

①潜在 GDP 是造成碳排放增加的重要因素，潜在能源强度和碳排放技术进步对于碳排放发挥明显的抑制作用。

②整体来看，能源技术进步和 GDP 产出的技术进步都表现为：前期抑制碳排放的增加，后期促进碳排放的增加。

③以煤炭为主的能源结构在长期很难改变，致使能源结构对碳排放的抑制作用比较微弱和潜在能源碳强度因素促使碳排放增加的现状。

（3）从系统的角度构建联立方程组模型，考察经济规模、产业结构、能源结构和能源利用效率变量自身或其内在扰动因素对碳排放的动态作用机理。研究表明：经济的快速发展伴随着大量碳排放，在低碳经济前提下调整能源结构和产业结构是减少碳排放的主要路径，立足于效率层面，能源利用效率的提高也能有效降低碳排放。基于构建的联立方程模型，通过对系统内外生变量的合理预测，分析未来我国碳排放的发展趋势，经过模拟分析发现：到 2030 年，经济增速为 5.5%的情景下，我国碳排放能够达到峰值，为 $1.12×10^{10}$t。最后，通过对碳排放发展趋势的模拟，提出我国节能减排的政策建议，为我国在 2030 年实现碳达峰目标提供参考。

（4）选用 1999～2011 年哥伦比亚大学的社会经济数据和应用中心监测的全球 $PM_{2.5}$ 浓度的卫星影像栅格数据，利用时空地理加权模型测度了中国 29 个省区市雾霾污染变化的时空局域特征。考虑经济增长、能源强度、能源结构、能源价格、对外开放水平等 11 个因素，分别对东、中、西部地区的面板数据进行了空间计量分析。实证结果表明：①经济发展和产业升级是减霾的主要驱动力量；②能源强度、能源结构的优化能够有效缓解区域雾霾污染；③现阶段，受多方面因素影响，能源价格和对外开放对雾霾污染的调控作用不明显；④交通运输和建筑施工是严重污染空气质量的两大行业，必须加强管控；⑤分析环境规制、废气治理水平和生态建设的回归系数的符号正负及其变化趋势可知，虽然环境规制、废气治理水平和生态建设目前对区域雾霾污染表现出不同的环境效应，但对未来减霾的作用巨大。

构建了中国治理雾霾污染的环境规制效率评价体系，利用 SE-SBM 模型计算了 2003～2015 年中国 30 个省区市的环境规制效率值，结合 Theil 指数、Moran's I 指数和 GTWR 模型，测度了我国雾霾治理的环境规制效率的影响因素及驱动机制，得出如下结论：①样本期内，中国各省区市的环境规制效率大多呈向好态势，平均效率值在 0.5 左右波动，仅极少部分地区的环境规制效率有所下降；②总的来说，东部的环境规制效率在全国处于领先地位，西部次之，中部的环境规制效率最低；区域间治霾的环境规制效率差异有所降低；③经济水平、产业升级和对外开放对环境规制效率的提高有促进作用，能源结构、劳动力素质与环境规制效率呈负相关关系，科技投入水平在三大区域内的正负效应有异。

（5）基于偏离-份额法测算中国各省域 2008～2016 年间 20 个工业制造业转移规模，采用熵权法分别测算污染与非污染产业转移状况，以省会城市 PM_{10} 浓度衡量各省份的雾霾污染程度，并在控制经济与气象条件下考虑雾霾污染的空间滞后效应，运用一系列空间面板模型测算产业转移对雾霾污染的影响。结果表明：随着产业转移升级进程的推进，中国已步入经济发展水平与雾霾污染的脱钩阶段，产业转移能有效缓解转出地的雾霾污染程度，但是会对承接地的雾霾污染产生显著的促增效应，相较于非污染产业，承接污染产业更会大幅恶化当地的空气质量；而作为主要促降因素的环境规制并没有起到应有的效果，无法显著缓解地区雾霾污染程度。因此，应在全国范围内取缔落后产能与重污染产业，避免转移至欠发达地区，而产业承接地也应综合考虑产业转移效应，并且环境规制实施因素无法显著缓解雾霾污染程度，走"先污染，后治理"的路需要付出更多的经济代价。

（6）在碳排放研究方面，分位数回归结果显示，在不同分位点，城镇化、产业结构、对外开放、经济增长、能源强度对人均碳排放的弹性系数有显著差异，这表明，在不同地区（不同的碳排放水平下），各个变量对人均碳排放有不同的影响。城镇化、产业结构、能源强度、经济发展对人均碳排放有正向影响，对外开放有利于降低人均碳排放。进一步地，计算研究期间内各变量变化对人均碳排放增长的贡献，结果表明经济增长对人均碳排放增长的贡献最大。通过 Shapley 值分解定量分析各因素对碳排放不平等的贡献，分解结果表明，经济发展是造成地区间碳排放不平等的最重要原因，能源强度和地区因素也是重要的影响因素。经济发展、能源强度、地区因素的贡献率之和在 90% 以上，相对地，对外开放、城镇化、产业结构的贡献率很小，其中，对外开放对碳排放不平等的贡献率由负转正，在一定程度上缩小了碳排放不平等。根据实证结果并结合各个地区的碳排放和经济发展状况，本书将 30 个省区市划分为四个类型，并提出了对应的低碳经济发展路径。

（7）在雾霾污染研究方面，分位数回归结果显示，经济发展有利于缓解雾霾污染，人口聚集导致雾霾污染加剧；随着分位点的上升，工业化对雾霾污染的正向影响呈现下降趋势；随着分位点的上升，外商直接投资对雾霾污染的影响由正向转为负向，能源强度对雾霾污染的影响由负向转为正向；另外，结果表明环境规制对雾霾治理的效应失效。通过 Shapley 值分解定量分析各因素对雾霾污染区域差异的贡献，分解结果表明人口密度的差异是造成雾霾污染区域差异最重要的原因，工业化水平和地区因素也是重要的影响因素，能源强度的贡献也不容忽视，而外商直接投资和环境规制的贡献相对较低；特别地，经济发展的贡献率为负，是缩小雾霾污染区域差异的因素。

（8）基于两个层面，本书研究了 2000～2014 年碳排放与 GDP 脱钩指数的变化及成因。在国家层面，将碳排放与 GDP 的脱钩分解成三部分：碳排放与化石能源的脱钩、化石能源与总能源消耗的脱钩和总能源消耗与 GDP 的脱钩。在地区层面，本书将脱钩指数分解成 8 个影响因素，并用 GTWR 模型探究各地区影响因素的时空异质性，主要结论如下。

①在国家层面，碳排放与 GDP 的脱钩出现了两种状态：弱脱钩和增长连接。

②在国家层面，碳排放与化石能源的脱钩效应在碳排放与 GDP 脱钩指数的变化中起到重要的负向驱动作用；总能源消耗与 GDP 的脱钩效应在碳排放与 GDP 的脱钩指数变化中起到重要的正向驱动作用；化石能源与总能源消耗的脱钩效应的正向驱动作用较小。

③在地区层面，大多数年份的碳排放与 GDP 的脱钩出现了三种状态，即弱脱钩、增长连接和增长负脱钩。

④在地区层面，基于 GTWR 模型，各影响因素呈现时空异质性，例如，在大部分地区，技术进步对碳排放和 GDP 的脱钩指数的影响是正的，而在少部分

地区表现为负向影响，并且技术进步对各地区的影响随时间的变化也呈现出不同的趋势。

（9）本书发展了一个新的脱钩指数，并对新的脱钩指数与 EKC 之间的关系进行数理推导，得出了二者的内在联系。然后，从分解分析的角度对两种脱钩指数进行了比较。最后，通过对影响因素的理论推导，运用时空地理加权回归对两种脱钩指数进行了比较，所得结论如下。

①旧的脱钩指数对短期政策的敏感性强于新的脱钩指数，新的脱钩指数更利于综合分析中国的脱钩趋势。

②在新的脱钩指数和旧的脱钩指数的分解中，人均 GDP 和排放系数分别是雾霾最大的正向驱动力和负向驱动力，但是，在新的脱钩指数分解中，各因素贡献的趋势性更明显。

③在时空地理加权回归结果的分析中，新的脱钩指数的拟合程度远远高于旧的脱钩指数。在对新的脱钩指数的影响因素的分析中，各因素呈现出明显的时空异质性。

（10）首先利用 LMDI 分解方法探究了碳排放脱钩和雾霾脱钩的影响因素，紧接着，利用时空地理加权回归模型探究了反应的协同性和偏离程度。然后引入脱钩的弹性系数分析了各影响因素的敏感度。最后探究了两种脱钩中的技术效应和非技术效应，以此来研究在两种脱钩中，各因素的变化规律及影响程度。基于研究结果，得出以下结论。

①在碳排放脱钩中，能源强度是主要的负向因素，而在雾霾脱钩中，排放系数是主要的负向因素。人均 GDP 是两种脱钩的主要贡献因素。

②通过两种脱钩指数的反应协同性发现，能源强度的刺激最有效，偏离程度最小，新疆、重庆和青海应作为重点地区。

③在碳排放脱钩分析中，能源结构的敏感度最大，要实现碳排放脱钩，应重点集中于山西能源结构的改善和能源利用效率的提高；在雾霾脱钩敏感度分析中，排放系数的敏感度最大，河北、山西和山东应作为重点省份。能源结构的改善对于降低两种脱钩指数非常有效。

④雾霾脱钩中的技术效应与非技术效应呈对称分布。碳排放脱钩中的技术效应和非技术效应呈现出相反的变化趋势，但并没有呈现出明显的对称分布。

（11）首先基于分解模型推导出协同脱钩效应，然后利用 PDA 继续探究其影响因素。最后，利用面板数据，基于 GTWR 模型，分析碳排放脱钩与雾霾脱钩之间协同关系变化的时空变异。还继续探究了各碳减排因素的脱钩与雾霾脱钩之间的协同关系，主要结论如下。

①在协同脱钩分解中，2001～2014 年，碳排放技术进步是主要的负向驱动因素，潜在碳排放与潜在雾霾之比是主要的正向驱动因素。山西碳排放技术进步的

负向驱动作用最大，山东潜在之比的正向贡献最大。

②碳排放脱钩努力对雾霾脱钩的影响为负，说明协同效应的存在，且在后期，协同效应的数值趋于平缓。

③排放系数的协同系数最大。短期内人口的协同效应大于能源强度，但从长远来看，能源强度的协同效应大于人口。

15.2　政　策　建　议

15.2.1　区域碳减排政策建议

（1）研究表明，经济增长是人均碳排放增长的主要原因，随着人们的收入增多和生活水平的提高，能耗水平也相应提高，因此应增强人们的节能意识。随着中国经济进入"新常态"，对于经济发展相对落后的中、西部地区，如新疆、山西、宁夏，必须转变传统的粗放式增长方式。促进区域经济协调发展对实现低碳经济发展有重要意义，更公平的收入分配制度可能会对中国减少二氧化碳排放产生积极影响。

（2）城镇化不是造成碳排放差异的主要原因，但城镇化对碳排放有显著的正向影响。预计中国城镇化水平在2050年将达到77.3%（UN，2012）。2013年中国提出新型城镇化的概念，新型城镇化旨在促进经济、生态和环境的协调发展。因此，在今后的城镇化发展过程中，要发挥城镇化在集约利用资源上的优势，例如，大量使用节能建筑材料，大力促进公共交通的发展，促进绿色出行，提高建筑家居能效标准。此外，土地城镇化作为城镇化的载体，其作用也不容忽视，长期以来，中国人口城镇化滞后于土地城镇化（Dong et al.，2018d），地方政府为了追求土地财政收入盲目地进行土地开发扩张，无视资源和环境的负荷，因此，城市规划者应避免激进的土地扩张，合理地进行城市土地管理。

（3）对外开放有利于降低人均碳排放，加大对外开放程度，要发挥外商直接投资技术溢出效应，引进国外先进的低碳节能技术，同时要适当提高环境规制，限制高能耗外资；对于中、西部地区，对外开放度相对较低，缺乏优厚的外资条件，制定相关政策吸引更多的贸易和外商直接投资流入显得尤为重要。

（4）经济结构转型是中国经济可持续发展的必然之选，是节能降耗的有效举措。进入工业化中后期，第三产业应逐步成为国民经济发展的主要驱动力，因此，要大力促进服务业、高新技术产业等低能耗行业发展，降低第二产业比重，促进产业优化升级，提高第二产业能源效率。

（5）在进行政策制定时，区域持续存在的差异是不可忽视的因素；高碳排放区域，如新疆、山西、宁夏、陕西、青海，能源资源相对丰富，能源利用效率低，要着力优化能源结构，促进产业结构转型，使能源资源利用效率最大化。对于安徽、河北、湖北、湖南、河南等省份，经济发展仍较为落后，人均碳排放水平较低，对于这些省份，经济发展是主要任务，在保持低碳排放水平情况下促进经济发展面临诸多挑战。

（6）能源强度是仅次于经济发展影响人均碳排放的第二大重要因素，提高能源利用效率对实现碳减排有重要的意义。有必要促进技术规模的增长，尤其应提高技术集约化水平和产业资本密集程度，同时鼓励企业研发低碳节能技术。

15.2.2　区域雾霾治理政策建议

（1）随着城镇化进程的发展，农村人口向城市转移，城市人口居住较为集中，人口聚集会加重雾霾污染，在今后的城镇化发展过程中，促进紧凑型城市建设，要发挥城镇化在集约利用资源上的优势，大力促进公共交通的发展，提倡低碳生活方式，促进绿色出行。

（2）促进区域经济协调发展，重点支持中、西部经济落后地区，这不仅有利于促进收入公平，更有利于降低雾霾污染程度。随着人们收入的增加和生活质量的提高，要提高个人环保意识。优化官员政绩考核体系，除了以 GDP 为代表的经济增长指标，还应重点考虑一系列环境指标，正确处理经济发展与环境保护之间的关系，实现经济效益和环境效益共赢。

（3）促进经济结构转型不仅是中国经济持续发展的必然之选，也是节能减排的有效举措。随着工业化的进程，应加快产业结构转型，降低工业特别是重工业占比，促进第三产业发展，提高产业资本密集程度和技术集约化水平，从而有效减轻雾霾污染。另外，在东部地区向中、西部地区的产业转移的过程中，防止高污染产业转移过程中的"污染泄漏"。

（4）外商直接投资对雾霾污染的影响具有明显的异质性，对于中、西部地区，对外开放度不高，缺乏优厚的外资条件，制定相关政策吸引更多的贸易和外商直接投资流入显得尤为重要，但同时要适当提高环境规制，限制高污染外商直接投资进入，要发挥外商直接投资技术溢出效应，提高企业技术水平。

（5）要提高能源效率，政府应该在财政上大力支持企业进行节能降耗和污染物减排技术研发，推广高效节能产品，完善节能标准体系。继续实施能耗总量和强度的双重控制，特别对于雾霾污染程度较低的西部地区，有必要加强能源价格的市场化改革，抑制能效提升可能带来的"回弹效应"。

（6）有必要调整和加强环境规制，倒逼企业采取积极的节能减排措施，研发节能环保技术，发挥政策工具在治理雾霾中的重要作用。具体来说，利用多种规制手段，如经济性规制、行政规制和社会规制，较为常用的政策工具包括环境税、资源税、排污权交易。更重要的是，针对雾霾污染，提高行政环境规制强度，制定量化的雾霾控制目标，做好空气质量监测，建立预警机制，当雾霾浓度超过警戒线时，积极采取应对措施，对未达到排放标准的单位强制关停整顿。还应统一违法惩处标准，实行区域联防联控，加强区域联合执法，抑制"搭便车"行为。

（7）在治霾政策制定时，区域持续存在的差异是不可忽视的因素；因此，治霾政策不能"一刀切"，应该根据各个地区的具体情况，因地制宜地制定和完善相关环境政策。同时要考虑到各影响因素对雾霾污染影响的异质性，西部地区重点提高外商直接投资准入门槛、提高能源利用效率，同时抑制"回弹效应"。东部地区，重点是完善环境规制，倒逼污染企业积极采取节能减排措施，进行清洁生产技术研发；加强紧凑型城市建设，缓解高密度人口导致的环境压力。

15.2.3　温室气体和雾霾污染协同减排政策建议

（1）不论从全国、地区还是省际层面分析，碳排放协同效应均是 $PM_{2.5}$ 排放降低的主要原因，因此，要大力促进碳排放协同效应对 $PM_{2.5}$ 减排的作用，协调碳减排措施和空气污染控制政策，实施系统综合控制，降低减排政策成本。

（2）经济发展仍然是雾霾污染的最主要因素，经济发展与 $PM_{2.5}$ 减排量呈现倒 U 形关系，在经济发展的过程中要合理调整环境规制强度，在地方政绩考核指标体系中适度调整环境指标的权重，协调经济发展与环境保护的关系。

（3）考虑到我国"富煤、贫油、少气"的资源禀赋，相对其他因素，能源结构对 $PM_{2.5}$ 减排的影响较小。但大部分省份可以通过改善能源结构，减少煤炭使用，促进 $PM_{2.5}$ 减排，其减排潜力不容忽视；更重要的是，要促进能源的清洁利用，例如，发展洁净煤技术、新能源发电技术。

（4）技术进步有利于促进 $PM_{2.5}$ 减排，但技术进步通过作用 CO_2 减排可能导致 $PM_{2.5}$ 排放增加从而达到"协同增排"的效果，因此，要有区别地发展污染减排技术和低碳节能技术，加强污染减排技术的研发投入，采用更直接的空气污染末端治理措施，实现末端 $PM_{2.5}$ 减排。

（5）紧凑型城市的发展有利于发挥能源的集约利用，减少能源浪费现象，提高供暖效率，有利于缓解空气污染。

15.3　本书可能的贡献

（1）本书在以下方面对碳排放相关研究进行扩展，第一，忽略地区差异会导致估计偏误，本书基于扩展的 STIRPAT 模型，利用分位数回归检验在不同碳排放水平下各驱动因素对人均碳排放影响的动态变化。第二，基于 Xie 等（2018）的方法，本书定量研究各变量变化对人均碳排放增长的贡献，包括经济增长、能源强度、产业结构、城镇化和对外开放。第三，基于面板校正标准误差估计结果，本书利用基于回归方程的 Shapley 值分解方法分解出各因素对中国省际人均碳排放不平等（由三种不平等指数衡量）的贡献，对造成碳排放不平等的因素进行定量分析。从政策制定的角度来看，高碳排放省份人均碳排放的有效降低和区域差距的缩小对于降低中国的整体碳排放具有重要的现实意义。

（2）本书在以下方面对雾霾污染相关研究进行扩展，第一，本书首次利用不平等指数对雾霾污染区域差异程度进行测度，采用的衡量工具有基尼系数、泰尔指数和对数离差均值。第二，基于扩展的 STIRPAT 模型，本书利用分位数回归方法研究各社会经济变量对雾霾污染的影响，分位数回归可以解释各变量对雾霾污染的影响随分位点的变化，从而在既定雾霾水平下理解和减少区域差异，重点降低高污染地区的雾霾浓度。第三，鲜有学者研究雾霾污染区域差异的形成机理，为了研究雾霾污染区域差异的成因，本书利用基于回归方程的 Shapley 值分解方法获得各因素对雾霾污染区域差异（由三种不平等指数衡量）的贡献，从而找出造成雾霾污染区域差异的主要因素。本书采用的分析方法不仅能识别各因素对雾霾污染影响的区域差异，更重要的是，定量分解出各因素对中国省际雾霾污染不平等的贡献，而这是现有研究未涉及的（Du et al., 2018; Zhou et al., 2019）。

（3）本书根据现有研究的不足，对协同减排相关研究做如下方面的扩展。

①本书首先解决了 $PM_{2.5}$ 历史排放量数据不可得的问题，将碳排放协同效应纳入 $PM_{2.5}$ 排放的 Kaya 恒等式中，利用 LMDI 方法将 $PM_{2.5}$ 排放量变化分解为碳排放协同效应、能源排放强度效应、能源强度效应、经济发展效应和人口效应。

②基于 LMDI 分解结果，利用计量分析方法定量分析碳减排活动对 $PM_{2.5}$ 减排量的影响，并考察能源结构和技术进步对协同减排效应可能产生的影响。

③本书采用多种计量技术对静态面板数据模型进行估计，包括固定效应估计、一般 FGLS、全面 FGLS，在此基础上，利用 GMM 对模型进行内生稳健性检验，模型结果均证明了 CO_2 和 $PM_{2.5}$ 协同减排的存在性。

④除了协同减排效应，本书还考虑了能源结构、技术进步、人均 GDP、人口密度等社会经济变量，对 $PM_{2.5}$ 减排量的影响因素进行全面的经验识别；特别地，引入人均 GDP 的二次项，考虑经济发展与 $PM_{2.5}$ 减排量之间可能存在的 EKC 关系。

⑤考虑不同地区间的潜在差异，本书将中国 30 个省区市划分为西部、中部和东部三大经济区域，比较分析全国、各区域及各省份 $PM_{2.5}$ 排放变化的内在机制，以及省际间潜在协同减排效应的差异。

（4）新脱钩指标的引入。Tapio 提出的脱钩指数在某些方面能体现出环境与经济之间的关系，但是，其变化幅度过大及变化趋势性不明显致使学者很难判断下一时期的变化。而且，在对其进行回归分析时，很难得到拟合优度较高的模型，这让人很难信服。因此，本书提出了一个新的脱钩指标，先从理论方面进行探究，即研究其与 EKC 之间是否也存在旧脱钩指数与 EKC 之间的相似关系。紧接着，利用新定义的脱钩指数，从分解和计量两个角度探究其理论推导出的影响因素。相比于旧的脱钩指标，新的脱钩指标在一些方面更具有优势，如明显的变化趋势更有利于预测、影响因素贡献的变化更明显、在模型中的拟合度更高等。新的脱钩指标更利于综合考虑多方因素的影响，为制定高效、合理的政策建议提供参考。

（5）新变量的引入。目前，很多研究在寻找雾霾或碳排放影响因素时，很少会考虑保持经济增长。但事实上，保持经济增长是我国发展的目标之一，仅仅以牺牲经济增长为代价的减排行为不是可持续的协调发展路径。那么，可否在探究影响因素时，将经济增长产生的污染直接剔除，仅研究其他减排因素效果的最大化？在探究协同脱钩过程中，本书尝试将碳排放中的减排因素剥离出来，然后探究碳排放脱钩努力与雾霾脱钩之间的关系。这种做法的意图是探究如何在不影响经济发展的前提下实现碳排放与雾霾的协同脱钩。紧接着，本书利用新的变量继续探究了何种因素的变化引起的协同脱钩效果最好。这为我国制定高效的节能减排政策提供了参考。

（6）脱钩研究的补充。目前，关于脱钩的大部分研究停留在脱钩状态和影响因素上，对其中的深层次关系探究并不是很深入，并且影响因素的贡献强度排名差不多，也就导致了大量重复研究。那么，贡献力度大的因素是不是降低脱钩最有效的发力点呢？经济增长贡献很大，那么是不是政策导向就是降低经济增速呢？这些问题都指引着我们现存研究的方向及不足。所以，本书利用弹性的概念，对脱钩的敏感度分析模型进行了推导，并将其应用于雾霾脱钩和碳排放脱钩的研究中，补充了脱钩分析的研究，以便更深层次地理解脱钩及其影响因素。关于技术效应与非技术效应的探究是对传统脱钩研究的扩展，以此来研究脱钩中各因素的变化规律及影响程度。传统的脱钩研究主要集中于总量的分解，以便找出影响脱钩的主要因素，然而，却忽略了污染物与各因素之间的深层次关系。如果说某一因素是影响污染物脱钩的关键因素，那么这一因素与污染物之间是否实现了脱钩，假如没有，技术效应和非技术效应的作用分别是多大？在技术效应和非技术效应中，关键作用点又是什么？在此基础上，本书分别分析了雾霾脱钩和碳排放脱钩中的技术效应与非技术效应。

（7）各地区的碳排放、雾霾与经济增长存在空间效应，有不少文章研究各地区碳排放脱钩变量的空间溢出效应，但是，鲜有文章探究其空间异质性，大量研究表明同一变量在不同地区的影响程度存在着很大的差异，因此，本书考虑到变量的时空异质性，通过 GTWR 模型探明各解释变量的影响力。然后，根据各影响因素的系数变化，本书进一步将我国分成不同的板块，这样更利于因地制宜地实施相应的政策。

15.4　研究不足与展望

在本书的写作过程中，作者力求在各个环节做到求实创新、科学严谨，保证研究的准确性、科学性和可靠性。然而，由于知识水平有限及受各种客观因素的影响，如数据的可获得性，本书难免存在一些不足之处，本书的不足之处主要体现在以下方面。

（1）从数据层面来看，本书采用 ArcGIS 软件将栅格数据解析为中国省域年均 $PM_{2.5}$ 浓度数据，而在未来的研究中尽可能多用城市层面的微观数据。

（2）从研究方法层面来看，本书的研究利用计量分析方法和分解分析方法从宏观角度对碳减排策略、雾霾污染治理策略和协同减排效应进行研究。在未来的研究中，对于政策作用机制，可以采用博弈论进行机制设计和行为分析；在实证研究部分，以微观经济理论为基础进行实证分析；在环境政策分析中，采用较为复杂的模型，如长期能源替代规划系统（long-range energy alternatives planning system，LEAP）模型、局部均衡商业贸易政策分析系统（commercial policy analysis system，COMPAS）模型、动态随机一般均衡（dynamic stochastic general equilibrium，DSGE）模型、可计算一般均衡（computable general equilibrium，CGE）模型等。

（3）从研究内容层面来看，本书研究的是碳排放和污染的协同治理，而协同效应不仅局限于碳排放和雾霾污染。因此，在未来的工作中，可以从其他维度进行考察，将研究扩展到碳排放与其他空气污染物、不同空气污染物间的协同治理。另外，不同区域间环境问题的协同治理也是未来的研究方向。

（4）在定义新脱钩指数中，本书并未对其基期的选择做过多的解释和论述，基期的选择不同在一定程度上会影响结果的呈现，但在研究变化趋势时，这种基期的选择并不会有影响。

（5）在敏感性分析中，会存在少量的极端值，这是统计数据本身的原因，本书为了考虑整体趋势，将其剔除。虽然这种处理方式会剔掉一些数据，但这些数据是异常值，对长期研究并无用，反而会影响整体结果。

（6）在新的脱钩指数研究中，对其基期选择的可行性和科学性可以进一步探究。因此，在未来的研究中，可以继续从理论和实践两个方面进行论证。

（7）对于协同关系的研究中，本书仅从分解分析和计量模型两个方面探究。未来的研究可以充分考虑雾霾与二氧化碳之间的互补关系或替代关系，从分解分析和多目标规划或者多目标规划和计量模型方面进一步进行探究。

（8）本书协同关系的论证仅局限于宏观数据，未来的研究可以从微观层面进一步探究其中存在的关系，这种关系可能更复杂，涉及行为方面。

参 考 文 献

程叶青，王哲野，叶信岳，等. 2014. 中国能源消费碳排放强度及其影响因素的空间计量（英文）[J]. Journal of Geographical Sciences，24（4）：631-650.

程中华，刘军，李廉水. 2019. 产业结构调整与技术进步对雾霾减排的影响效应研究[J]. 中国软科学，337（1）：146-154.

揣小伟，黄贤金，王婉晶，等. 2012. 中国能源消费碳排放的空间计量分析（英文）[J]. Journal of Geographical Sciences，22（4）：630-642.

东童童，李欣，刘乃全. 2015. 空间视角下工业集聚对雾霾污染的影响——理论与经验研究[J]. 经济管理，37（9）：29-41.

董锋，杨庆亮，龙如银，等. 2015. 中国碳排放分解与动态模拟[J]. 中国人口·资源与环境，25（4）：1-8.

董梅，徐璋勇，李存芳. 2018. 中国生产部门碳强度波动的驱动因素分析[J]. 财经理论研究，（1）：1-11.

豆建民，沈艳兵. 2014. 产业转移对中国中部地区的环境影响研究[J]. 中国人口·资源与环境，24（11）：96-102.

傅京燕，原宗琳. 2017. 中国电力行业协同减排的效应评价与扩张机制分析[J]. 中国工业经济，（2）：43-59.

高静. 2012. 中国 SO_2 与 CO_2 排放路径与环境治理研究——基于 30 个省市环境库兹涅茨曲线面板数据分析[J]. 现代财经-天津财经大学学报，32（8）：120-129.

郭俊华，刘奕玮. 2014. 我国城市雾霾天气治理的产业结构调整[J]. 西北大学学报（哲学社会科学版），44（2）：85-89.

郭平，陈权宝. 2014. 我国区域能源价格和碳排放强度异质动态关系研究[J]. 科技管理研究，34（9）：220-226.

何枫，马栋栋，祝丽云. 2016. 中国雾霾污染的环境库兹涅茨曲线研究——基于 2001～2012 年中国 30 个省市面板数据的分析[J]. 软科学，30（4）：37-40.

何凌云，林祥燕. 2011. 能源价格变动对我国碳排放的影响机理及效应研究[J]. 软科学，25（11）：94-98.

胡初枝，黄贤金，钟太洋，等. 2008. 中国碳排放特征及其动态演进分析[J]. 中国人口·资源与环境，18（3）：38-42.

黄寿峰. 2016. 环境规制、影子经济与雾霾污染——动态半参数分析[J]. 经济学动态，（11）：33-44.

冷艳丽，杜思正. 2015. 产业结构、城市化与雾霾污染[J]. 中国科技论坛，（9）：49-55.

李根生，韩民春. 2015. 财政分权、空间外溢与中国城市雾霾污染：机理与证据[J]. 当代财经，（6）：26-34.

李婧，谭清美，白俊红.2010. 中国区域创新生产的空间计量分析——基于静态与动态空间面板模型的实证研究[J]. 管理世界，（7）：43-55，65.

李鹏.2015. 产业结构调整与环境污染之间存在倒 U 型曲线关系吗？[J]. 经济问题探索，（12）：56-67.

李胜兰，初善冰，申晨.2014. 地方政府竞争、环境规制与区域生态效率[J]. 世界经济，37（4）：88-110.

李艳梅，张雷，程晓凌.2010. 中国碳排放变化的因素分解与减排途径分析[J]. 资源科学，32（2）：218-222.

李忠奎.2014. 交通节能：降低单位 GDP 的运输强度是关键[N]. 中国交通报，2014-07-11（005）.

李子豪.2015. 外商直接投资对中国碳排放的门槛效应研究[J]. 资源科学，37（1）：163-174.

梁文艳，孙德智，黄珊.2010. 编制城市交通道路环境空气质量监测技术规范的探讨[J].环境科学研究，23（5）：581-586.

林玲.2013. 北京制造业节能减排潜力研究[D]. 北京：北京工业大学.

刘伯龙，袁晓玲，张占军.2015. 城镇化推进对雾霾污染的影响——基于中国省级动态面板数据的经验分析[J]. 城市发展研究，22（9）：23-27，80.

刘晨跃，徐盈之.2017. 环境规制如何影响雾霾污染治理？——基于中介效应的实证研究[J]. 中国地质大学学报：社会科学版，17（6）：41-53.

刘华军，裴延峰.2017. 我国雾霾污染的环境库兹涅茨曲线检验[J]. 统计研究，34（3）：45-54.

刘华军，裴延峰. 2018. 经济发展与中国城市雾霾污染——基于空间关联网络情形下的考察[J]. 城市与环境研究，17（3）：15-41.

刘友金，曾小明，刘京星.2015. 污染产业转移、区域环境损害与管控政策设计[J]. 经济地理，35（6）：87-95.

龙小宁，朱艳丽，蔡伟贤，等.2014. 基于空间计量模型的中国县级政府间税收竞争的实证分析[J]. 经济研究，49（8）：41-53.

罗国亮，王明明.2015. 京津冀协同发展中农村能源清洁利用问题[J]. 中国能源，37（7）：43-44.

罗会军，范如国，罗明.2015. 中国能源效率的测度及演化分析[J]. 数量经济技术经济研究，32（5）：54-71.

马丽梅，张晓.2014. 中国雾霾污染的空间效应及经济、能源结构影响[J]. 中国工业经济，（4）：19-31.

邵帅，李欣，曹建华，等.2016. 中国雾霾污染治理的经济政策选择——基于空间溢出效应的视角[J]. 经济研究，51（9）：73-88.

申萌，李凯杰，曲如晓.2012. 技术进步、经济增长与二氧化碳排放：理论和经验研究[J]. 世界经济，35（7）：83-100.

师博，沈坤荣.2008. 市场分割下的中国全要素能源效率：基于超效率 DEA 方法的经验分析[J]. 世界经济，（9）：49-59.

孙攀，吴玉鸣，鲍曙明，等.2019. 经济增长与雾霾污染治理：空间环境库兹涅茨曲线检验[J]. 南方经济，（12）：100-117.

孙睿.2014. Tapio 脱钩指数测算方法的改进及其应用[J]. 技术经济与管理研究，（8）：7-11.

田宜水.2016.2015 年中国农村能源发展现状与展望[J]. 中国能源，38（7）：25-29.

田友春.2016. 中国分行业资本存量估算：1990～2014 年[J]. 数量经济技术经济研究，33（6）：

3-21，76.

万广华，陆铭，陈钊. 2005. 全球化与地区间收入差距——来自中国的证据[J]. 中国社会科学，（3）：17-26，205.

王锋，吴丽华，杨超. 2010. 中国经济发展中碳排放增长的驱动因素研究[J]. 经济研究，45（2）：123-136.

王家庭，王璇. 2010. 我国城市化与环境污染的关系研究——基于 28 个省市面板数据的实证分析[J]. 城市问题，（11）：9-15.

王星. 2015. 雾霾与经济发展——基于脱钩与 EKC 理论的实证分析[J]. 兰州学刊，（12）：157-164.

魏巍贤，马喜立. 2015. 能源结构调整与雾霾治理的最优政策选择[J]. 中国人口·资源与环境，25（7）：6-14.

吴人韦. 2000. 支持城市生态建设：城市绿地系统规划专题研究[J]. 城市规划，24（4）：31-33，64.

夏勇，钟茂初. 2016. 经济发展与环境污染脱钩理论及 EKC 假说的关系——兼论中国地级城市的脱钩划分[J]. 中国人口·资源与环境，26（10）：8-16.

夏勇. 2017. 脱钩与追赶：中国城市绿色发展路径研究[J]. 财经研究，43（9）：123-133.

肖宏伟，易丹辉. 2014. 基于时空地理加权回归模型的中国碳排放驱动因素实证研究[J]. 统计与信息论坛，29（2）：83-89.

肖莺，李兰，杜良敏，等. 2015. 湖北省近年 11 次典型霾过程的气象要素和大气环流特征分析[J]. 长江流域资源与环境，24（S1）：191-196.

谢申祥，王孝松，黄保亮. 2012. 经济增长、外商直接投资方式与我的二氧化硫排放——基于 2003～2009 年省际面板数据的分析[J]. 世界经济研究，（4）：64-70，89.

徐国泉，刘则渊，姜照华. 2006. 中国碳排放的因素分解模型及实证分析：1995-2004[J]. 中国人口·资源与环境，16（6）：158-161.

杨丽，孙之淳. 2015. 基于熵值法的西部新型城镇化发展水平测评[J]. 经济问题，（3）：115-119.

杨冕，王银. 2017. 长江经济带 $PM_{2.5}$ 时空特征及影响因素研究[J]. 中国人口·资源与环境，27（1）：91-100.

杨亚平，周泳宏. 2013. 成本上升、产业转移与结构升级——基于全国大中城市的实证研究[J]. 中国工业经济，（7）：147-159.

查冬兰，周德群. 2007. 地区能源效率与二氧化碳排放的差异性——基于 Kaya 因素分解[J]. 系统工程，25（11）：65-71.

张成，陆旸，郭路，等. 2011. 环境规制强度和生产技术进步[J]. 经济研究，46（2）：113-124.

张明，李曼. 2017. 经济增长和环境规制对雾霾的区际影响差异[J]. 中国人口·资源与环境，27（9）：23-34.

张松林，张昆. 2007. 全局空间自相关 Moran 指数和 G 系数对比研究[J]. 中山大学学报（自然科学版），46（4）：93-97.

赵立祥，赵蓉. 2019. 经济增长、能源强度与大气污染的关系研究[J]. 软科学，33（6）：60-66，78.

中国能源发展战略与政策研究课题组. 2004. 中国能源发展战略与政策研究[M]. 北京：经济科学出版社.

周杰琦，梁文光，张莹，等. 2019. 外商直接投资、环境规制与雾霾污染——理论分析与来自中国的经验[J]. 北京理工大学学报（社会科学版），21（1）：37-49.

周景坤. 2017. 从城市发展水平与年均降雨量的关系探究我国雾霾污染问题研究——基于 2013 年 73 个主要城市截面数据的分析[J]. 干旱区资源与环境，31（8）：94-100.

朱勤，彭希哲，陆志明，等. 2009. 中国能源消费碳排放变化的因素分解及实证分析[J]. 资源科学，31（12）：2072-2079.

Aldy J E. 2006. Per capita carbon dioxide emissions: Convergence or divergence?[J]. Environmental & Resource Economics，33（4）：533-555.

Aldy J E. 2007. Divergence in state-level per capita carbon dioxide emissions[J]. Land Economics，83（3）：353-369.

Allan G，Lecca P，Mcgregor P，et al. 2014. The economic and environmental impact of a carbon tax for Scotland: A computable general equilibrium analysis[J]. Ecological Economics，100（1）：40-50.

Andersson F N G，Karpestam P. 2013. CO_2 emissions and economic activity: Short-and long-run economic determinants of scale，energy intensity and carbon intensity[J]. Energy Policy，61：1285-1294.

Ang B W，Liu F L，Chew E P. 2003. Perfect decomposition techniques in energy and environmental analysis[J]. Energy Policy，31（14）：1561-1566.

Ang B W，Liu N. 2007. Handling zero values in the logarithmic mean divisia index decomposition approach[J]. Energy Policy，35（1）：238-246.

Ang B W，Zhang F Q，Choi K H. 1998. Factorizing changes in energy and environmental indicators through decomposition[J]. Energy，23（6）：489-495.

Ang B W. 2004. Decomposition analysis for policymaking in energy: Which is the preferred method? [J]. Energy Policy，32（9）：1131-1139.

Ang B W. 2005. The LMDI approach to decomposition analysis: A practical guide[J]. Energy Policy，33（7）：867-871.

Anselin L. 1995. Local indicator of spatial association-lisa[J]. Geographical Analysis，27（2）：93-115.

Austin E，Coull B A，Zanobetti A，et al. 2013. A framework to spatially cluster air pollution monitoring sites in us based on the $PM_{2.5}$ composition[J]. Environment International，59（3）：244-254.

Berman E，Bui L T M. 2001. Environmental regulation and productivity: Evidence from oil refineries[J]. Review of Economics and Statistics，83（3）：498-510.

Besley T，Case A. 1995. Incumbent behavior: Vote-seeking, tax-setting, and yardstick competition[J]. American Economic Review，85（1）：25-45.

Bordignon M，Cerniglia F，Revelli F. 2003. In search of yardstick competition: A spatial analysis of Italian municipality property tax setting[J]. Journal of Urban Economics，54（2）：199-217.

Braniš M. 2008. Long term trends in concentration of major pollutants（SO_2，CO，NO，NO_2，O_3，and PM_{10}）in Prague - Czech republic（analysis of data between 1992 and 2005）[J]. Water Air & Soil Pollution Focus，8（1）：49-60.

British Petroleum. 2018. BP Statistical Review of World Energy [M]. London: British Petroleum.

Brueckner J K，Saavedra L A. 2001. Do local governments engage in strategic property—Tax competition? [J]. National Tax Journal，54（2）：203-229.

Buettner T. 2001. Local business taxation and competition for capital: The choice of the tax rate[J]. Regional Science & Urban Economics，31（2/3）：215-245.

Burnett J W, Madariaga J. 2016. The convergence of U.S. state-level energy intensity[J]. Energy Economics, 62: 357-370.

Büttner T. 1999. Determinants of tax rates in local capital income taxation: A theoretical model and evidence from Germany[J]. FinanzArchiv, 56 (3/4): 363-388.

Case A. 1993. Interstate tax competition after TRA86[J]. Journal of Policy Analysis & Management, 12 (1): 136-148.

Chang C P, Dong M, Sui B, et al. 2019. Driving forces of global carbon emissions: From time-and spatial-dynamic perspectives[J]. Economic Modelling, 77 (C): 70-80.

Chen D S, Liu X X, Lang J C, et al. 2017a. Estimating the contribution of regional transport to PM$_{2.5}$ air pollution in a rural area on the north China plain[J]. Science of The Total Environment, 583: 280-291.

Chen J D, Wang P, Cui L B, et al. 2018. Decomposition and decoupling analysis of CO$_2$ emissions in OECD[J]. Applied Energy, 231: 937-950.

Chen J, Cheng S, Song M. 2017b. Decomposing inequality in energy-related CO$_2$ emissions by source and source increment: The roles of production and residential consumption[J]. Energy Policy, 107: 698-710.

Chenery H, Robinson S, Syrquin M. 1986. Industrialization and Growth: A Comparative Study[M]. Oxford: Oxford University Press.

Cheng J H, Dai S, Ye X Y. 2016a. Spatiotemporal heterogeneity of industrial pollution in China[J]. China Economic Review, 40: 179-191.

Cheng Y, Ren J L, Chen Y B, et al. 2016b. Spatial evolution and driving mechanism of China's environmental regulation efficiency[J]. Geographical Research, 35 (1): 123-136.

Cheng Z, Li L, Liu J. 2017. Identifying the spatial effects and driving factors of urban PM$_{2.5}$, pollution in China[J]. Ecological Indicators, 82 (11): 61-75.

Chisellini D, Ji X, Liu G Y, et al. 2018. Evaluating the transition towards cleaner production in the construction and demolition sector of China: A review[J].Journal of Cleaner Production, 195: 418-434.

Christoforou C S, Salmon L G, Hannigan M P, et al. 2000. Trends in fine particle concentration and chemical composition in southern California[J]. Journal of the Air & Waste Management Association, 50 (1): 43-53.

Chuai X W, Huang X J, Wang W J, et al. 2012. Spatial econometric analysis of carbon emissions from energy consumption in China[J]. Journal of Geographical Sciences, 22 (4): 630-642.

Climent F, Paedo A. 2007. Decoupling factors on the energy-output linkage: The Spanish case[J]. Energy Policy, 35 (1): 522-528.

Cohen G, Jalles J, Loungani P, et al. 2019. Decoupling of emissions and GDP: Evidence from aggregate and provincial Chinese data[J]. Energy Economics, 77: 105-118.

Davis L W. 2008. The effect of driving restrictions on air quality in Mexico city[J]. Journal of Political Economy, 116 (1): 38-81.

Deng J L. 1989. Introduction to grey system theory[J]. The Journal of Grey System, 1 (1): 1-24.

Dhakal S. 2009. Urban energy use and carbon emissions from cities in China and policy implications[J]. Energy Policy，37（11）：4208-4219.

Dietz T，Rosa E A. 1997. Effects of population and affluence on CO_2 emissions[J]. Proceedings of the National Academy of Sciences of the United States of America，94（1）：175-179.

Ding T，Ning Y D，Zhang Y. 2018. The contribution of China's bilateral trade to global carbon emissions in the context of globalization[J]. Structural Change and Economic Dynamics，46：78-88.

Dong B，Zhang M，Mu H，et al. 2016b. Study on decoupling analysis between energy consumption and economic growth in Liaoning province[J]. Energy Policy，97（1）：414-420.

Dong F，Bian Z F，Yu B L，et al. 2018a. Can land urbanization help to achieve CO_2 intensity reduction target or hinder it? Evidence from China[J]. Resources，Conservation and Recycling，134：206-215.

Dong F，Dai Y，Zhang S，et al. 2019a. Can a carbon emission trading scheme generate the Porter effect? Evidence from pilot areas in China[J]. Science of the Total Environment，653：565-577.

Dong F，Li J，Li K，et al. 2020. Causal chain of haze decoupling efforts and its action mechanism：Evidence from 30 provinces in China[J]. Journal of Cleaner Production，245：118889.

Dong F，Li J，Wang Y，et al. 2019b. Drivers of the decoupling indicator between the economic growth and energy-related CO_2 in China：A revisit from the perspectives of decomposition and spatiotemporal heterogeneity[J]. Science of the Total Environment，685：631-658.

Dong F，Li X，Long R，et al. 2013a. Regional carbon emission performance in China according to a stochastic frontier model[J]. Renewable & Sustainable Energy Reviews，28（8）：525-530.

Dong F，Long R，Bian Z，et al. 2017. Applying a Ruggiero three-stage super-efficiency DEA model to gauge regional carbon emission efficiency：Evidence from China[J]. Nat Hazards，87（3）：1453-1468.

Dong F，Long R，Chen H，et al. 2013b. Factors affecting regional per-capita carbon emissions in China based on an LMDI factor decomposition model[J]. PLoS One，8（12）：e80888.

Dong F，Long R，Li Z，et al. 2016a. Analysis of carbon emission intensity，urbanization and energy mix：Evidence from China[J]. Nat Hazards，82（2）：1375-1391.

Dong F，Long R，Yu B，et al. 2018b. How can China allocate CO_2，reduction targets at the provincial level considering both equity and efficiency? Evidence from its Copenhagen accord pledge[J]. Resources Conservation & Recycling，130：31-43.

Dong F，Yu B，Hadachin T，et al. 2018c. Drivers of carbon emission intensity change in China[J]. Resources Conservation and Recycling，129：187-201.

Dong F，Yu B，Hua Y，et al. 2018d. A comparative analysis of residential energy consumption in Urban and Rural China：Determinants and regional disparities[J]. International Journal of Environmental Research and Public Health，15（11）：2507-2525.

Dong F，Yu B，Pan Y. 2019c. Examining the synergistic effect of CO_2 emissions on $PM_{2.5}$ emissions reduction：Evidence from China[J]. Journal of Cleaner Production，223：759-771.

Dong F，Zhang S，Long R，et al. 2019d. Determinants of haze pollution：An analysis from the perspective of spatiotemporal heterogeneity[J]. Journal of Cleaner Production，222：768-783.

Du G，Liu S，Lei N，et al. 2018. A test of environmental Kuznets curve for haze pollution in China：Evidence from the penal data of 27 capital cities[J]. Journal of Cleaner Production，205：821-827.

Duro J A，Alcántara V，Padilla E. 2010. International inequality in energy intensity levels and the role of production composition and energy efficiency: An analysis of OECD countries[J]. Ecological Economics，69（12）：2468-2474.

Duro J A，Padilla E. 2006. International inequalities in per capita CO_2 emissions: A decomposition methodology by Kaya factors[J]. Energy Economics，28（2）：170-187.

Eeftens M，Beelen R，de Hoogh K，et al. 2012. Development of land use regression models for $PM_{2.5}$，$PM_{2.5}$ absorbance，PM_{10} and PM_{coarse} in 20 European study areas: Results of the ESCAPE project[J]. Environmental Science & Technology，46（20）：11195-11205.

Elzen M D，Fekete H，Höhne N，et al. 2016. Greenhouse gas emissions from current and enhanced policies of China until 2030: Can emissions peak before 2030? [J]. Energy Policy，89：224-236.

Englert N. 2004. Fine particles and human health—A review of epidemiological studies[J]. Toxicology Letters，149（1/3）：235-242.

Ezcurra R. 2007a. Distribution dynamics of energy intensities: A cross-country analysis[J]. Energy Policy，35（10）：5254-5259.

Ezcurra R. 2007b. Is there cross-country convergence in carbon dioxide emissions? [J]. Energy Policy，35（2）：1363-1372.

Fan J，Li S，Fan C，et al. 2016. The impact of $PM_{2.5}$ on asthma emergency department visits: A systematic review and meta-analysis[J]. Environmental Science and Pollution Research，23（1）：843-850.

Farrell M J. 1957. The measurement of productive efficiency[J]. Journal of the Royal Statistical Society，120（3）：253-290.

Feng K，Siu Y L，Guan D，et al. 2012. Analyzing drivers of regional carbon dioxide emissions for China: A structural decomposition analysis[J]. Journal of Industrial Ecology，16（4）：600-611.

Fields G S，Yoo G. 2000. Falling labor income inequality in Korea's economics growth: Patterns and underlying causes[J]. Review of Income and Wealth，46（2）：139-159.

Filippini M，Hunt L C，2015. Measurement of energy efficiency based on economic foundations[J]. Energy Economics，52（Suppl 1）：S5-S16.

Fotheringham A S，Brunsdon C，Charlton M. 2002. Geographically Weighted Regression: The Analysis of Spatially Varying Relationships[M]. Hoboken: Wiley.

Fotheringham A S，Charlton M E，Brunsdon C. 1998. Geographically weighted regression: A natural evolution of the expansion method for spatial data analysis[J]. Environment & Planning A，30（11）：1905-1927.

Fu L X，Hao J M，He D Q，et al. 2001. Assessment of vehicular pollution in China[J]. Journal of the Air & Waste Management Association，51（5）：658-668.

Gao J，Tian H，Cheng K，et al. 2015. The variation of chemical characteristics of $PM_{2.5}$ and PM_{10} and formation causes during two haze pollution events in urban Beijing，China[J]. Atmospheric Environment，107：1-8.

Gao L，Tian Y，Zhang C，et al. 2014. Local and long-range transport influences on $PM_{2.5}$ at a cities-cluster in northern China，during summer 2008[J]. Particuology，13（2）：66-72.

Garbaccio R F，Ho M S，Jorgenson D W. 1999. Why has the energy-output ratio fallen in China? [J].

The Energy Journal, 20 (3): 63-91.

Gillingham K, Rapson D, Wagner G. 2016. The rebound effect and energy efficiency policy[J]. Review of Environmental Economics and Policy, 10 (1): 68-88.

González P F, Landajo M, Presno M J. 2014. Tracking european union CO_2, emissions through LMDI (logarithmic-mean divisia index) decomposition[J]. Energy, 73 (14): 741-750.

Greening L A, Davis W B, Schipper L. 1998. Decomposition of aggregate carbon intensity for the manufacturing sector: Comparison of declining trends from 10 OECD countries for the period 1971-1991[J]. Energy Economics, 20 (1): 43-65.

Greening L A, Greene D L, Difiglio C. 2000. Energy efficiency and consumption-the rebound effect-a survey[J]. Energy Policy, 28 (6/7): 389-401.

Groosman B, Muller N Z, O'Neill-Toy E. 2011. The ancillary benefits from climate policy in the United States[J]. Environmental and Resource Economics, 50 (4): 585-603.

Grossman G, Krueger A. 1991. Environmental impacts of a north American free trade agreement[R]. NBER Working Paper Series, 3914.

Guan D, Su X, Zhang Q, et al. 2014. The socioeconomic drivers of China's primary $PM_{2.5}$ emissions[J]. Environmental Research Letters, 9 (2): 024010.

Guo R, Zhao Y, Shi Y, et al. 2017. Low carbon development and local sustainability from a carbon balance perspective[J]. Resources, Conservation & Recycling, 122: 270-279.

Guo W B, Chen Y. 2018. Assessing the efficiency of China's environmental regulation on carbon emissions based on Tapio decoupling models and GMM models[J]. Energy Reports, 4: 713-723.

Guo W. 2016. Research on China's regional environmental efficiency based on perspectives of spatial economics and environmental regulation[D]. Nanjing: Nanjing University of Aeronautics and Astronautics.

Haines A, Mcmichael A J, Smith K R, et al. 2009. Public health benefits of strategies to reduce greenhouse-gas emissions: Overview and implications for policy makers[J]. The Lancet, 374 (9707): 2104-2114.

Hamilton C, Turton H. 2002. Determinants of emissions growth in OECD countries[J]. Energy Policy, 30 (1): 63-71.

Han L Y, Xu X K, Han L. 2015a. Applying quantile regression and Shapley decomposition to analyzing the determinants of household embedded carbon emissions: Evidence from urban China[J]. Journal of Cleaner Production, 103: 219-230.

Han L, Zhou W, Li W. 2015b. Increasing impact of urban fine particles (PM2.5) on areas surrounding Chinese cities[J]. Scientific Reports, 5 (1): 12467.

Hao Y, Deng Y X, Lu Z N, et al. 2018. Is environmental regulation effective in China? Evidence from city-level panel data[J]. Journal of Cleaner Production, 188: 966-976.

Hao Y, Liu Y M. 2016. The influential factors of urban $PM_{2.5}$, concentrations in China: A spatial econometric analysis[J]. Journal of Cleaner Production, 112: 1443-1453.

Hasanbeigi A, Lobscheid A, Lu H, et al. 2013. Quantifying the co-benefits of energy-efficiency policies: A case study of the cement industry in Shandong Province, China[J]. Science of the Total Environment, 458-460: 624-636.

He J K. 2014. An analysis of China's CO_2 emission peaking target and pathways[J]. Advances in Climate Change Research（气候变化研究进展（英文版）），5（4）：155-161.

He K，Lei Y，Pan X，et al. 2010. Co-benefits from energy policies in China[J]. Energy，35（11）：4265-4272.

He K，Yang F，Ma Y，et al. 2001. The characteristics of $PM_{2.5}$ in Beijing，China[J]. Atmospheric Environment，35（29）：4959-4970.

Heyndels B，Vuchelen J. 1998. Tax mimicking among belgian municipalities[J]. National Tax Journal，51（1）：89-101.

Hoekstra R，van den Bergh J C J M. 2003. Comparing structural decomposition analysis and index[J]. Energy Economics，25（1）：39-64.

Holtedahl P，Joutz F L. 2004. Residential electricity demand in Taiwan[J]. Energy Economics，26（2）：201-224.

Hu C，Huang X. 2008. Characteristics of carbon emission in China and analysis on its cause[J]. China Population Resources & Environment，18（3）：38-42.

Huang B，Wu B，Barry M. 2010. Geographically and temporally weighted regression for modeling spatio-temporal variation in house prices[J]. International Journal of Geographical Information Science，24（3）：383-401.

Huang B，Zhang L，Wu B. 2009. Spatiotemporal analysis of rural-urban land conversion[J]. International Journal of Geographical Information Science，23（3）：379-398.

Huang C，Chen C H，Li L，et al. 2011. Emission inventory of anthropogenic air pollutants and VOC species in the Yangtze River Delta region，China[J]. Atmospheric Chemistry and Physics，11（1）：4105-4120.

Huang J B，Du D，Tao Q Z. 2017. An analysis of technological factors and energy intensity in China[J]. Energy Policy，109：1-9.

Huang K，Zhuang G，Wang Q，et al. 2014a. Extreme haze pollution in Beijing during January 2013：chemical characteristics，formation mechanism and role of fog processing[J]. Atmospheric Chemistry and Physics，14（6）：7517-7556.

Huang R J，Zhang Y，Bozzetti C，et al. 2014b. High secondary aerosol contribution to particulate pollution during haze events in China[J]. Nature，514（7521）：218-222.

Huang Y，Shen H，Chen H，et al. 2014c. Quantification of global primary emissions of $PM_{2.5}$，PM_{10}，and TSP from combustion and industrial process sources[J]. Environmental Science & Technology，48（23）：13834-13843.

Hueglin C，Gehrig R，Baltensperger U，et al. 2005. Chemical characterisation of $PM_{2.5}$，PM_{10} and coarse particles at urban，near-city and rural sites in Switzerland[J]. Atmospheric Environment，39（4）：637-651.

IPCC. 2006. 2006 IPCC guidelines for national greenhouse gas inventories：Volume II [EB/OL]. [2013-05-10]. http://www. docin. com/p-649997298.html.

IPCC. 2014. Greenhouse gas inventory：IPCC guidelines for national greenhouse gas inventories[R]. United Kingdom Meteorological Office，Bracknell.

Jackson R B，Canadell J G，Le Quéré C，et al. 2016. Reaching peak emissions[J]. Nature Climate

Change，6（1）：7-10.

Jaffe A B，Newell R G，Stavins R N. 2002. Environmental policy and technological change[J]. Environmental & Resource Economics，22（1-2）：41-70.

Ji X，Yao Y，Long X. 2018. What causes $PM_{2.5}$ pollution？Cross-economy empirical analysis from socioeconomic perspective[J]. Energy Policy，119（1）：458-472.

Jiang J，Ye B，Xie D，et al. 2017. Provincial-level carbon emission drivers and emission reduction strategies in China：Combining multi-layer LMDI decomposition with hierarchical clustering[J]. Journal of Cleaner Production，169：178-190.

Jim C Y，Chen W Y. 2009. Ecosystem services and valuation of urban forests in China[J]. Cities，26（4）：187-194.

Jin Q，Fang X，Wen B，et al. 2017. Spatio-temporal variations of $PM_{2.5}$ emission in China from 2005 to 2014[J]. Chemosphere，183：429-436.

Jin Y，Chen Z，Lu M. 2006. Industry agglomeration in China：Economic geography，new economic geography and policy[J]. Economic Research Journal，4：79-89.

Karimu A，Brännlund R，Lundgren T，et al. 2017. Energy intensity and convergence in Swedish industry：A combined econometric and decomposition analysis[J]. Energy Economics，62：347-356.

Kaya Y. 1990. Impact of carbon dioxide emission control on GNP growth：Interpretation of proposed scenarios[R]. Paper Presented to the IPCC Energy and Industry Subgroup，Response Strategies Working Group.

Keene A，Deller S C. 2015. Evidence of the environmental Kuznets' curve among us counties and the impact of social capital[J]. International Regional Science Review，38（4）：358-387.

Keller W，Levinson A. 2002. Pollution abatement costs and foreign direct investment inflows to U.S. States[J]. Review of Economics & Statistics，84（4）：691-703.

Kesidou E，Demirel P.2012. On the drivers of eco-innovations：Empirical evidence from the UK[J]. Research Policy，41（5）：862-870.

Kim K，Kim Y. 2012. International comparison of industrial CO_2 emission trends and the energy efficiency paradox utilizing production-based decomposition[J]. Energy Economics，34（5）：1724-1741.

Kim Y，Worrell E. 2002. International comparison of CO_2 emission trends in the iron and steel industry[J]. Energy Policy，30（10）：827-838.

Koenker R，Bassett G. 1978. Regression quantile[J]. Econometrica，46（1）：33-50.

Koenker R. 2004. Quantile regression for longitudinal data[J]. Journal of Multivariate Analysis，91（1）：74-89.

Könea A，Bükeb T. 2019. Factor analysis of projected carbon dioxide emissions according to the IPCC based sustainable emission scenario in Turkey[J]. Renewable Energy，133：914-918.

Ladd H F. 1992. Mimicking of local tax burden among neighboring counties[J]. Public Finance Quarterly，20（4）：450-467.

Lesage J P，Pace R K. 2009. Introduction to Spatial Econometrics[M]. Florida：CRC Press.

Lesage J P. 2004. A family of geographically weighted regression models[J]. Advance in Spatial

Science： 241-264.

Li G， Masui T. 2019. Assessing the impacts of China's environmental tax using a dynamic computable general equilibrium model[J]. Journal of Cleaner Production， 208： 316-324.

Li H， Fang K N， Yang W， et al. 2013a. Regional environmental efficiency evaluation in China： Analysis based on the Super-SBM model with undesirable outputs[J]. Mathematical and Computer Modelling， 58 （5/6）： 1018-1031.

Li H， Mu H， Zhang M， et al. 2012. Analysis of regional difference on impact factors of China's energy-Related CO_2 emissions[J]. Energy， 39 （1）： 319-326.

Li H， Zhang J X， Wang C， et al. 2018a. An evaluation of the impact of environmental regulation on the efficiency of technology innovation using the combined dea model： A case study of Xi'an， China[J]. Sustainable Cities and Society， 42： 355-369.

Li J， Huang X， Kwan M， et al. 2018b. Effect of urbanization on carbon dioxide emissions efficiency in the Yangtze River Delta， China[J]. Journal of Cleaner Production， 188： 38-48.

Li K， Lin B. 2015. Impacts of urbanization and industrialization on energy consumption/CO_2 emissions： Does the level of development matter? [J]. Renewable and Sustainable Energy Reviews， 52： 1107-1122.

Li X G， Yang J， Liu X J. 2013b. Analysis of Beijing's environmental efficiency and related factors using a DEA model that considers undesirable outputs[J]. Mathematical and Computer Modelling， 58 （5/6）： 956-960.

Li Y， Zhao R， Liu T， et al. 2015. Does urbanization lead to more direct and indirect household carbon dioxide emissions? Evidence from China during 1996-2012[J]. Journal of Cleaner Production， 102： 103-114.

Liang F H. 2009. Does foreign direct investment harm the host country's environment? Evidence from China[D]. Berkeley： Haas School of Business.

Liddle B. 2010. Revisiting world energy intensity convergence for regional differences[J]. Applied Energy， 87 （10）： 3218-3225.

Lima F， Nunes M L， Cunha J， et al. 2016. A cross-country assessment of energy-related CO_2 emissions： An extended Kaya index decomposition approach[J]. Energy， 115： 1361-1374.

Lin G， Fu J， Jiang D， et al. 2013. Spatio-temporal variation of $PM_{2.5}$ concentrations and their relationship with geographic and socioeconomic factors in China[J]. International Journal of Environmental Research and Public Health， 11 （1）： 173-186.

Liu F T， Yu M， Gong P. 2017. Aging， urbazation， and energy intensity based on cross-national panel data[J]. Procedia Computer Science， 122： 214-220.

Liu L-C， Fan Y， Wu G， et al. 2007. Using LMDI method to analyze the change of China's industrial CO_2 emissions from final fuel use： An empirical analysis[J]. Energy Policy， 35（11）： 5892-5900.

Liu Y， Xiao H， Zikhali P， et al. 2014. Carbon emissions in China： A spatial econometric analysis at the regional level[J]. Sustainability， 6 （9）： 6005-6023.

Lu D， Xu J， Yang D， et al. 2017. Spatio-temporal variation and influence factors of $PM_{2.5}$ concentrations in China from 1998 to 2014[J]. Atmospheric Pollution Research， 8 （6）： 1151-1159.

Lyu W，Li Y，Guan D，et al. 2016. Driving forces of Chinese primary air pollution emissions：An index decomposition analysis[J]. Journal of Cleaner Production，133：136-144.

Ma X，Wang C，Dong B，et al. 2019. Carbon emissions from energy consumption in China：Its measurement and driving factors[J]. Science of Total Environment，648（1）：1411-1420.

Ma Y R，Ji Q，Fan Y. 2016. Spatial linkage analysis of the impact of regional economic activities on $PM_{2.5}$ pollution in China[J]. Journal of Cleaner Production，139：1157-1167.

Ma Z，Xue B，Geng Y，et al. 2013. Co-benefits analysis on climate change and environmental effects of wind-power：A case study from Xinjiang，China[J]. Renewable Energy，57：35-42.

Mahony T O. 2013. Decomposition of Ireland's carbon emissions from 1990 to 2010：An extended Kaya identity[J]. Energy Policy，59：573-581.

Mao Z L，Sun J H. 2011. Application of Grey-Markov model in forecasting fire accidents[J]. Procedia Engineering，11（11）：314-318.

Mátyás L，Sevestre P. 2008. The Econometrics of Panel Data：Fundamentals and Recent Developments in Theory and Practice[M]. Berlin：Springer-Verlag.

Meng M，Fu Y，Wang X. 2018. Decoupling，decomposition and forecasting analysis of China's fossil energy consumption from industrial output[J]. Journal of Cleaner Production，177：752-759.

Merbitz H，Fritz S，Schneider C. 2012. Mobile measurements and regression modeling of the spatial particulate matter variability in an urban area[J]. Science of the Total Environment，438（3）：389-403.

Miao L. 2017. Examining the impact factors of urban residential energy consumption and CO_2 emissions in China - Evidence from city-level data[J]. Ecological Indicators，73：29-37.

Mielnik O，Goldemberg J. 2000. Converging to a common pattern of energy use in developing and industrialized countries[J]. Energy Policy，28（8）：503-508.

Mol A P，Carter N. 2006. China's environmental governance in transition[J]. Environmental Politics，15（2）：149-170.

Morduch J，Sicular T. 2002. Rethinking inequality decomposition，with evidence from rural China[J]. The Economic Journal，112（476）：93-106.

NDRC. 2016. Overview of the 13th five year plan for national economic and social development[R]. Beijing：NDRC.

Nemet G F，Holloway T，Meier P. 2010. Implications of incorporating air-quality co-benefits into climate change policymaking [J]. Environmental Research Letters，5（1）：014007.

Niu S，Liu Y，Ding Y，et al. 2016. China's energy systems transformation and emissions peak[J]. Renewable & Sustainable Energy Reviews，58：782-795.

OECD. 2002. Indicators to measure decoupling of environmental pressure from economic growth[J]. http://www.olis.oecd.org/olis/2002doc.nsf/LinkTo/sg-sd.

Ouyang X，Shao Q L，Zhu X，et al. 2019. Environmental regulation，economic growth and air pollution：Panel threshold analysis for OECD countries[J]. Science of The Total Environment，657：234-241.

Padilla E，Serrano A. 2006. Inequality in CO_2 emissions across countries and its relationship with income inequality：A distributive approach[J]. Energy Policy，34：1762-1772.

Palan N. 2010. Measurement of specialization - the choice of indices[R]. FIW Working Paper.

Pan X F, Ai B W, Li C Y, et al. 2017. Dynamic relationship among environmental regulation, technological innovation and energy efficiency based on large scale provincial panel data in China[J]. Technological Forecasting and Social Change, 144 (C): 428-435.

Pasurka Jr C A. 2006. Decomposing electric power plant emissions within a joint production framework[J]. Energy Economics, 28: 26-43.

Peng Y, Shi C. 2011. Determinants of carbon emissions growth in China: A structural decomposition analysis[J]. Energy Procedia, 5: 169-175.

Poon J P H, Casas I, He C. 2006. The impact of energy, transport, and trade on air pollution in China[J]. Eurasian Geography & Economics, 47 (5): 568-584.

Poumanyvong P, Kaneko S. 2010. Does urbanization lead to less energy use and lower CO_2 emissions? A cross-country analysis[J]. Ecological Economics, 70 (2): 434-444.

Powell D. 2016. Quantile regression with nonadditive fixed effects[J]. Quantile Treatment Effects, 63 (5): 1-17.

Powell D. 2020. Quantile treatment effects in the presence of covariates[J]. Review of Economics and Statistics, 102 (5): 994-1005.

Querol X, Alastuey A, Ruiz C R, et al. 2004. Speciation and origin of PM_{10} and $PM_{2.5}$ in selected European cities[J]. Atmospheric Environment, 38 (38): 6547-6555.

Ren S G, Li X L, Yuan B L, et al. 2018. The effects of three types of environmental regulation on eco-efficiency: A cross-region analysis in China[J]. Journal of Cleaner Production, 173: 245-255.

Ren S, Yin H, Chen X . 2014. Using LMDI to analyze the decoupling of carbon dioxide emissions by China's manufacturing industry[J]. Environmental Development, 9 (1): 61-75.

Revelli F. 2001. Spatial patterns in local taxation: Tax mimicking or error mimicking? [J]. Applied Economics, 33 (9): 1101-1107.

Romero-Avila D. 2008. Convergence in carbon dioxide emissions among industrial countries revisited[J]. Energy Economics, 30 (5): 2265-2282.

Ruuska A, Häkkinen T. 2014. Material efficiency of building construction[J]. Buildings, 4 (3): 266-294.

Saltari E, Travaglini G. 2011. The effects of environmental policies on the abatement investment decisions of a green firm[J] . Resource & Energy Economics, 33 (3): 666-685.

Sancho F. 2010. Double dividend effectiveness of energy tax policies and the elasticity of substitution: A CGE appraisal[J]. Energy Policy, 38 (6): 2927-2933.

Schou P. 2002. When environmental policy is superfluous: Growth and polluting resources[J]. Scandinavian Journal of Economics, 104 (4): 605-620.

Shafiei S, Salim R A. 2014. Non-renewable and renewable energy consumption and CO_2 emissions in OECD countries: A comparative analysis[J]. Energy Policy, 66: 547-556.

Shahbaz M, Chaudhary A, Ozturk I. 2017. Does urbanization cause increasing energy demand in Pakistan? Empirical evidence from STIRPAT model[J]. Energy, 122: 83-93.

Shahbaz M, Salah Uddin G, Ur Rehman I, et al. 2014. Industrialization, electricity consumption and CO_2 emissions in Bangladesh[J]. Renewable and Sustainable Energy Reviews, 31: 575-586.

Shao S，Yang L，Yu M，et al. 2011. Estimation，characteristics，and determinants of energy-related industrial CO_2 emissions in Shanghai（China），1994—2009[J]. Energy Policy，39（10）: 6476-6494.

Sharma S S. 2011. Determinants of carbon dioxide emissions: Empirical evidence from 69 countries[J]. Applied Energy，88（1）: 376-382.

Shen N，Liao H L，Deng R M，et al. 2019.Different types of environmental regulations and the heterogeneous influence on the environmental total factor productivity: Empirical analysis of China's industry[J]. Journal of Cleaner Production，211: 171-184.

Shi Q，Chen J，Shen L. 2017. Driving factors of the changes in the carbon emissions in the Chinese construction industry[J]. Journal of Cleaner Production，166: 615-627.

Shorrocks A F. 1982. Inequality decomposition by factor components[J]. Econometrica，50（1）: 193-211.

Shorrocks A F. 2013. Decomposition procedures for distributional analysis: A unified framework based on the Shapley value[J]. The Journal of Economic Inequality，11（1）: 99-126.

Shrestha R M，Pradhan S. 2010. Co-benefits of CO_2 emission reduction in a developing country[J]. Energy Policy，38（5）: 2586-2597.

Song F，Zheng X Y. 2012. What drives the change in China's energy intensity: Combining decomposition analysis and econometric analysis at the provincial level[J]. Energy Policy，51: 445-453.

Song M L，Guan Y Y. 2014. The environmental efficiency of Wanjiang demonstration area: A Bayesian estimation approach[J]. Ecological Indicators，36（1）: 59-67.

Song M L，Zhang L L，An Q X，et al. 2013. Statistical analysis and combination forecasting of environmental efficiency and its influential factors since China entered the WTO: 2002-2010-2012[J]. Journal of Cleaner Production，42: 42-51.

Song Y，Wang X，Maher B A，et al. 2016. The spatial-temporal characteristics and health impacts of ambient fine particulate matter in China[J]. Journal of Cleaner Production，112（2）: 1312-1318.

Song Y，Zhang M，Zhou M. 2019. Study on the decoupling relationship between CO_2 emissions and economic development based on two-dimensional decoupling theory: A case between China and the United States[J]. Ecological Indicators，102: 230-236.

Strazicich M C，List J A. 2003. Are CO_2 emission levels converging among industrial countries[J]. Environmental and Resource Economics，24（3）: 263-271.

Tai A P K，Mickley L J，Jacob D J. 2010. Correlations between fine particulate matter（$PM_{2.5}$）and meteorological variables in the United States: Implications for the sensitivity of $PM_{2.5}$ to climate change[J]. Atmospheric Environment，44（32）: 3976-3984.

Tang D C，Tang J X，Xiao Z，et al. 2017. Environmental regulation efficiency and total factor productivity—Effect analysis based on Chinese data from 2003 to 2013[J]. Ecological Indicators，73: 312-318.

Tapio P. 2005. Towards a theory of decoupling: Degrees of decoupling in the EU and the case of road traffic in Finland between 1970 and 2001[J]. Transport Policy，12（2）: 137-151.

Tavakoli A. 2018. A journey among top ten emitter country，decomposition of "Kaya identity" [J]. Sustainable Cities & Society，38：254-264.

Teixidó-Figueras J，Duro J A. 2015. The building blocks of international ecological footprint inequality：A regression-based decomposition[J]. Ecological Economics，118（1）：30-39.

Testa F，Iraldo F，Frey M. 2011. The effect of environmental regulation on firms' competitive performance：The case of the building & construction sector in some EU regions[J]. Journal of Environmental Management，92（9）：2136-2144.

Timmermans R，Kranenburg R，Manders A，et al. 2017. Source apportionment of $PM_{2.5}$ across china using LOTOS-EUROS[J]. Atmospheric Environment，164：370-386.

Tone K. 2002. A slacks-based measure of super-efficiency in data envelopment analysis[J]. European Journal of Operational Research，143（1）：32-41.

UN. 2012. World Urbanization Prospects：The 2011 Revision [M]. New York：United Nations.

van Donkelaar A，Martin R V，Brauer M，et al. 2016. Global Estimates of Fine Particulate Matter using a Combined Geophysical-Statistical Method with Information from Satellites，Models，and Monitors[J]. Environmental Science & Technology，50（7）：3762-3772.

van Donkelaar A，Martin R V，Brauer M，et al. 2018. Global Annual $PM_{2.5}$ Grids from MODIS，MISR and SeaWiFS Aerosol Optical Depth（AOD）with GWR，1998-2016[R]. Palisades：NASA Socioeconomic Data and Applications Center.

Vennemo H，Aunan K，He J W，et al. 2009. Benefits and costs to China of three different climate treaties[J]. Resource and Energy Economics，31（3）：139-160.

Von W. 1989. Erdpolitik：Okologische Realpolitik an der Schwelle zum Jahrhun-dert der Umwelt[J]. Yearbook of International Environmental Law，295：397-398.

Wagner F，Amann M. 2009. Analysis of the proposals for GHG reductions in 2020 made by UNFCCC Annex I Parties-Implications of the economic crisis[EB/OL]. [2019-12-01]. http://gains.iiasa.ac.at.

Wan G H，Zhou Z Y. 2005. Income inequality in rural China：Regression-based decomposition using household data[J]. Review of Development Economics，9（1）：107-120.

Wan G H. 2002. Regression-based inequality decomposition：Pitfalls and a solution procedure[EB/OL]. [2002-11-30]. https://ideas.repec.org/p/unu/wpaper/dp2002-101.html.

Wan G H. 2004. Accounting for income inequality in rural China：A regression-based approach[J]. Journal of Comparative Economics，32（2）：348-363.

Wang B，Lu J，Chen R. 2010. An empirical study on technical efficiency of China's thermal power generation and its determinants under environmental constraint[J]. Economic Review.

Wang C，Chen J，Zou J. 2005. Decomposition of energy-related CO_2 emission in China：1957-2000[J]. Energy，30（1）：73-83.

Wang C，Wang F，Zhang H，et al. 2014a. Carbon emissions decomposition and environmental mitigation policy recommendations for sustainable development in shandong province[J]. Sustainability，6（11）：8164-8179.

Wang D T，Chen W Y. 2014. Foreign direct investment，institutional development，and environmental externalities：Evidence from China[J]. Journal of Environmental Management，135（4）：81-90.

Wang H J，Chen H P，Liu J P. 2015. Arctic sea ice decline intensified haze pollution in eastern

China[J]. Atmospheric and Oceanic Science Letters，8：1-9.

Wang H J，Chen H P. 2016. Understanding the recent trend of haze pollution in eastern China：Roles of climate change[J]. Atmospheric Chemistry and Physics，16：4205-4211.

Wang H S，Wang Y X，Wang H K. 2014b. Mitigating greenhouse gas emission from China's cities：Case study of Suzhou[J]. Energy Policy，68：482-489.

Wang H，Ang B W，Zhou P. 2018a. Decomposing aggregate CO_2 emission changes with heterogeneity：An extended production-theoretical approach[J]. The Energy Journal，39（1）：59-79.

Wang H，Bi J，Zhang R，et al. 2012b. The carbon emissions of Chinese cities[J]. Atmospheric Chemistry and Physics，12（3）：7985-8007.

Wang H，Dwyer-Lindgren L，Lofgren K T，et al. 2012a. Age-specific and sex-specific mortality in 187 countries，1970-2010：A systematic analysis for the Global Burden of Disease Study 2010[J]. The Lancet，380（9859）：2071-2094.

Wang H，Zhou P. 2018. Multi-country comparisons of CO_2 emission intensity：The production-theoretical decomposition analysis approach[J]. Energy Economics，74：310-320.

Wang J，Zhao T，Wang Y. 2016. How to achieve the 2020 and 2030 emissions targets of China：Ecidence from high，mid and low energy-consumption industrial sub-sectors[J]. Atmospheric Environment，145：280-292.

Wang L，Xu J，Yang J，et al. 2012c. Understanding haze pollution over the southern Hebei area of China using the CMAQ model[J]. Atmospheric Environment，56：69-79.

Wang L，Zhang N，Liu Z，et al. 2014c. The influence of climate factors，meteorological conditions，and boundary-layer structure on severe haze pollution in the Beijing-Tianjin-Hebei region during January 2013[J]. Advances in Meteorology，（1）：1-14.

Wang M，Feng C. 2019. Decoupling economic growth from carbon dioxide emissions in China's metal industrial sectors：A technological and efficiency perspective[J]. Science of Total Environment，691：1173-1181.

Wang Q，Jiang R. 2019. Is China's economic growth decoupled from carbon emissions？[J]. Journal of Cleaner Production，225：1194-1208.

Wang Q，Zhao M，Li R，et al. 2018b. Decomposition and decoupling analysis of carbon emissions from economic growth：A comparative study of China and the United States[J]. Journal of Cleaner Production，197（1）：178-184.

Wang Q，Zhao M，Li R. 2019a. Decoupling sectoral economic output from carbon emissions on city level：A comparative study of Beijing and Shanghai，China[J]. Journal of Cleaner Production，209：126-133.

Wang S，Zhou C，Wang Z，et al. 2017a. The characteristics and drivers of fine particulate matter（$PM_{2.5}$）distribution in China[J]. Journal of Cleaner Production，142（4）：1800-1809.

Wang W，Li M，Zhang M. 2017b. Study on the changes of the decoupling indicator between energy-related CO_2 emission and GDP in China[J]. Energy，128：11-18.

Wang Y，Zhao T. 2018. Impacts of urbanization-related factors on CO_2 emissions：Evidence from China's three regions with varied urbanization levels[J]. Atmospheric Pollution Research，9（1）：15-26.

Wang Z X, Zhang J J, Pan L, et al. 2014d. Estimate of China's energy carbon emissions peak and analysis on electric power carbon emissions[J]. Advances in Climate Change Research（气候变化研究进展（英文版）），5（4）：181-188.

Wang Z, Cui C, Peng S. 2019b. How do urbanization and consumption patterns affect carbon emissions in China? A decomposition analysis[J]. Journal of Cleaner Production, 211: 1201-1208.

Wang Z, Fang C. 2016. Spatial-temporal characteristics and determinants of $PM_{2.5}$ in the Bohai Rim Urban Agglomeration[J]. Chemosphere, 148: 148-162.

Westerlund J, Basher S A. 2008. Testing for convergence in carbon dioxide emissions using a century of panel data[J]. Environmental and Resource Economics, 40（1）：109-120.

Wheeler D. 2001. Racing to the bottom? Foreign investment and air pollution in developing countries[J]. Policy Research Working Paper, 10（3）：225-245.

White T J. 2007. Sharing resources: The global distribution of the ecological footprint[J]. Ecological Economics, 64（2）：402-410.

Wu C B, Huang G H, Xin B G, et al. 2018b. Scenario analysis of carbon emissions' anti-driving effect on Qingdao's energy structure adjustment with an optimization model, Part I : Carbon emissions peak value prediction[J]. Journal of Cleaner Production, 172: 466-474.

Wu J, Yin P Z, Sun J S, et al. 2016a. Evaluating the environmental efficiency of a two-stage system with undesired outputs by a DEA approach: An interest preference perspective[J]. European Journal of Operational Research, 254（3）：1047-1062.

Wu J, Zhang P, Yi H, et al. 2016b. What causes haze pollution? An empirical study of $PM_{2.5}$ concentrations in Chinese cities[J]. Sustainability, 8（2）：132.

Wu L, Kaneko S, Matsuoka S. 2005. Driving forces behind the stagnancy of China's energy-related CO_2 emissions from 1996 to 1999: The relative importance of structural change, intensity change and scale change[J]. Energy Policy, 33（3）：319-335.

Wu L, Liu S, Liu D, et al. 2015. Modelling and forecasting CO_2 emissions in the BRICS（Brazil, Russia, India, China, and South Africa）countries using a novel multi-variable grey model[J]. Energy, 79（1）：489-495.

Wu Y, Chau K, Lu W, et al. 2018a. Decoupling relationship between economic output and carbon emission in the Chinese construction industry[J]. Environmental Impact Assessment Review, 71: 60-69.

Xie H, Zhai Q, Wang W, et al. 2018. Does intensive land use promote a reduction in carbon emissions? Evidence from the Chinese industrial sector[J]. Resources, Conservation and Recycling, 137: 167-176.

Xie R H, Yuan Y J, Huang J J. 2017. Different types of environmental regulations and heterogeneous influence on "green" productivity: Evidence from China[J]. Ecological Economics, 132（1）：104-112.

Xu B, Lin B. 2015. How industrialization and urbanization process impacts on CO_2 emissions in China: Evidence from nonparametric additive regression models[J]. Energy Economics, 48（1）：188-202.

Xu B，Lin B. 2016. Regional differences of pollution emissions in China：Contributing factors and mitigation strategies[J]. Journal of Cleaner Production，112：1454-1463.

Xu B，Luo L，Lin B. 2016b. A dynamic analysis of air pollution emissions in China：Evidence from nonparametric additive regression models[J]. Ecological Indicators，63：346-358.

Xu H，Zhang W. 2016. The causal relationship between carbon emissions and land urbanization quality：A panel data analysis for Chinese provinces[J]. Journal of Cleaner Production，137：241-248.

Xu J，Zhang M，Zhou M，et al. 2017. An empirical study on the dynamic effect of regional industrial carbon transfer in China[J]. Ecological Indicators，73：1-10.

Xu Q，Dong Y X，Yang R. 2018. Urbanization impact on carbon emissions in the Pearl River Delta region：Kuznets curve relationships[J]. Journal of Cleaner Production，180：514-523.

Xu Q，Yang R，Dong Y X，et al. 2016a. The influence of rapid urbanization and land use changes on terrestrial carbon sources/sinks in Guangzhou，China[J]. Ecological Indicators，70（1）：304-316.

Xu R，Lin B. 2017. Why are there large regional differences in CO_2 emissions？Evidence from China's manufacturing industry[J]. Journal of Cleaner Production，140：1330-1343.

Xu S C，He Z X，Long R Y，et al. 2016c. Factors that influence carbon emissions due to energy consumption based on different stages and sectors in China[J]. Journal of Cleaner Production，115：139-148.

Xu S C，He Z X，Long R Y. 2014. Factors that influence carbon emissions due to energy consumption in China：Decomposition analysis using LMDI[J]. Applied Energy，127：182-193.

Xu X K，Han L Y，Lv X F. 2016d. Household carbon inequality in urban China，its sources and determinants[J]. Ecological Economics，128：77-86.

Xu X Y，Ang B W. 2013. Index decomposition analysis applied to CO_2 emission studies[J]. Ecological Economics，93：313-329.

Xu Y，Masui T. 2009. Local air pollutant emission reduction and ancillary carbon benefits of SO control policies：Application of AIM/CGE model to China[J]. European Journal of Operational Research，198（1）：315-325.

Xue B，Ma Z，Geng Y，et al. 2015. A life cycle co-benefits assessment of wind power in China[J]. Renewable and Sustainable Energy Reviews，41：338-346.

Yan H J. 2015. Provincial energy intensity in China：The role of urbanization[J]. Energy Policy，86：635-650.

Yang J，Wang J，Zhang Z Y. 2012. Inter-provincial discrepancy and abatement target achievement in carbon emissions：A study on carbon Lorenz curve[J]. Acta Scientiae Circumstantiae，32（8）：2016-2023.

Yang L，Ouyang H，Fang K N，et al. 2015. Evaluation of regional environmental efficiencies in China based on super-efficiency-DEA[J]. Ecological Indicators，51：13-19.

Yang L，Xia H，Zhang X，et al. 2018a. What matters for carbon emissions in regional sectors？A China study of extended STIRPAT model[J]. Journal of Cleaner Production，180：595-602.

Yang L，Yang Y，Zhang X，et al. 2018b. Whether China's industrial sectors make efforts to reduce

CO$_2$ emissions from production?-A decomposed decoupling analysis[J]. Energy，160：796-809.

Yang S，Cao D，Lo K. 2018c. Analyzing and optimizing the impact of economic restructuring on Shanghai's carbon emissions using STIRPAT and NSGA-II[J]. Sustainable Cities & Society，40：44-53.

Yang S，Chen B，Wakeel M，et al. 2017. PM$_{2.5}$ footprint of household energy consumption[J]. Applied Energy，227：375-383.

Yang X，Teng F，Wang G. 2013. Incorporating environmental co-benefits into climate policies：A regional study of the cement industry in China[J]. Applied Energy，112：1446-1453.

Yin J H，Zheng M Z，Chen J. 2015. The effects of environmental regulation and technical progress on CO$_2$ Kuznets curve：An evidence from China[J]. Energy Policy，77：97-108.

Yin X，Huang Z，Zheng J，et al. 2017. Source contributions to PM$_{2.5}$ in Guangdong province，China by numerical modeling：Results and implications[J]. Atmospheric Research，186：63-71.

York R，Rosa E A，Dietz T. 2002. Bridging environmental science with environmental policy：Plasticity of population，affluence，and technology[J]. Social Science Quarterly，83（1）：18-34.

York R，Rosa E A，Dietz T. 2003. STIRPAT，IPAT and ImPACT：Analytic tools for unpacking the driving forces of environmental impacts[J]. Ecological Economics，46（3）：351-365.

You D M，Zhang Y，Yuan B L. 2019.Environmental regulation and firm eco-innovation：Evidence of moderating effects of fiscal decentralization and political competition from listed Chinese industrial companies[J]. Journal of Cleaner Production，207：1072-1083.

Yu C，Shi L，Wang Y T，et al.2016. The eco-efficiency of pulp and paper industry in China：An assessment based on slacks-based measure and Malmquist-Luenberger index[J]. Journal of Cleaner Production，127：511-521.

Yuan B L，Ren S G，Chen X H. 2017. Can environmental regulation promote the coordinated development of economy and environment in China's manufacturing industry？—A panel data analysis of 28 sub-sectors[J]. Journal of Cleaner Production，149：11-24.

Zhang C，Lin Y. 2012. Panel estimation for urbanization，energy consumption and CO$_2$ emissions：A regional analysis in China[J]. Energy Policy，49：488-498.

Zhang C，Nian J. 2013. Panel estimation for transport sector CO$_2$ emissions and its affecting factors：A regional analysis in China[J]. Energy Policy，63：918-926.

Zhang H Y，Lahr M L. 2014. China's energy consumption change from 1987 to 2007：A multi-regional structural decomposition analysis[J]. Energy Policy，67：682-693.

Zhang J X，Li H，Xia B，et al. 2018. Impact of environment regulation on the efficiency of regional construction industry：A 3-stage Data Envelopment Analysis（DEA）[J]. Journal of Cleaner Production，200：770-780.

Zhang L，Yu J，Sovacool B K，et al. 2017. Measuring energy security performance within China：Toward an inter-provincial prospective[J]. Energy，125：825-836.

Zhang M，Mu H，Ning Y. 2009. Accounting for energy-related CO$_2$ emission in China，1991-2006[J]. Energy Policy，37（3）：767-773.

Zhang N，Wang B，Liu Z. 2016. Carbon emissions dynamics，efficiency gains，and technological innovation in China's industrial sectors[J]. Energy，99：10-19.

Zhang W，Xu H. 2017. Effects of land urbanization and land finance on carbon emissions：A panel data analysis for Chinese provinces[J]. Land Use Policy，63：493-500.

Zhang X P，Zhang J，Tan Q L. 2013. Decomposing the change of CO_2 emissions：A joint production theoretical approach[J]. Energy Policy，58（5）：329-336.

Zhang X，Karplus V J，Qi T，et al. 2014. Carbon emissions in China：How far can new efforts bend the curve？[J]. Energy Economics，54：388-395.

Zhao C，Tie X，Lin Y. 2006a. A possible positive feedback of reduction of precipitation and increase in aerosols over eastern central China[J]. Geophysical Research Letters，33（11）：11814-1-11814-4.

Zhao M，Tan L，Zhang W，et al. 2010. Decomposing the influencing factors of industrial carbon emissions in Shanghai using the LMDI method[J]. Energy，35（6）：2505-2510.

Zhao P，Feng Y，Zhu T，et al. 2006b. Characterizations of resuspended dust in six cities of north China[J]. Atmospheric Environment，40（30）：5807-5814.

Zhao X R，Zhang X，Shao S. 2016. Decoupling CO_2 emissions and industrial growth in China over 1993-2013：The role of investment[J]. Energy Economics，60：275-292.

Zheng D，Shi M J. 2017. Multiple environmental policies and pollution haven hypothesis：Evidence from China's polluting industries[J]. Journal of Cleaner Production，141：295-304.

Zhou M G，He G J，Fan M Y，et al. 2015. Smog episodes，fine particulate pollution and mortality in China[J]. Environmental Research，136：396-404.

Zhou P，Ang B W. 2008. Decomposition of aggregate CO_2 emissions：A production theoretical approach[J]. Energy Economics，30（3）：1054-1067.

Zhou Q L，Wang C X，Fang S J. 2019. Application of geographically weighted regression（GWR）in the analysis of the cause of haze pollution in China[J]. Atmospheric Pollution Research，10（3）：835-846.

Zhou X，Zhang M，Zhou M H，et al. 2017. A comparative study on decoupling relationship and influence factors between China's regional economic development and industrial energy-related carbon emissions[J]. Journal of Cleaner Production，142：783-800.

Zhu H M，You W H，Zeng Z F. 2012. Urbanization and CO_2 emissions：A semi-parametric panel data analysis[J]. Economics Letters，117（3）：848-850.

Ziemele J，Gravelsins A，Blumberga D. 2015. Decomposition analysis of district heating system based on complemented Kaya identity[J]. Energy Procedia，75：1229-1234.

附录 作者近期发表的与本书密切相关的论文

董锋，李扬帆，潘玉灵，等. 2021. 全球发展、雾霾和健康期望寿命的模型数据分析[J]. 系统工程，39（1）：31-42.

Dong F，Gao Y J，Li Y F，et al. 2022. Exploring volatility of carbon price in European Union due to COVID-19 pandemic[J]. Environmental Science and Pollution Research，29（6）：8269-8280.

Dong F，Hu M Y，Gao Y J，et al. 2022. How does digital economy affect carbon emissions? Evidence from global 60 countries[J]. Science of the Total Environment，852：158401.

Dong F，Li J Y，Huang J H，et al. 2023. A reverse distribution between synergistic effect and economic development：An analysis from industrial SO_2 decoupling and CO_2 decoupling[J]. Environmental Impact Assessment Review，99：107037.

Dong F，Li J Y，Li K，et al. 2020. Causal chain of haze decoupling efforts and its action mechanism：Evidence from 30 provinces in China[J]. Journal of Cleaner Production，245：118889.

Dong F，Li J Y，Li Z C，et al. 2023. Exploring synergistic decoupling of haze pollution and carbon emissions in emerging economies：Fresh evidence from China[J]. Environment，Development and Sustainability：1-38.

Dong F，Li J Y，Zhang X Y，et al. 2021. Decoupling relationship between haze pollution and economic growth：A new decoupling index[J]. Ecological Indicators，129：107859.

Dong F，Li Y F，Gao Y J，et al. 2022. Energy transition and carbon neutrality：Exploring the non-linear impact of renewable energy development on carbon emission efficiency in developed countries[J]. Resources，Conservation and Recycling，177：106002.

Dong F，Li Y F，Qin C，et al. 2022. Information infrastructure and greenhouse gas emission performance in urban China：A difference-in-differences analysis[J]. Journal of Environmental Management，316：115252.

Dong F，Yu B L，Pan Y L，et al. 2020. What contributes to the regional inequality of haze pollution in China? Evidence from quantile regression and Shapley value decomposition[J]. Environmental Science and Pollution Research，27（14）：17093-17108.

Dong F，Zhang S N，Li Y F，et al. 2020. Examining environmental regulation efficiency of haze control and driving mechanism：Evidence from China[J]. Environmental Science and Pollution Research，27（23）：29171-29190.

Dong F，Zhang X J，Liu Y J，et al. 2021. Economic policy choice of governing haze pollution：Evidence from global 74 countries[J]. Environmental Science and Pollution Research，28（8）：9430-9447.

Dong F，Zhang X Y. 2023. Consumption-side carbon emissions and carbon unequal exchange：A perspective of domestic value chain fragmentation[J]. Environmental Impact Assessment

Review，98：106958.

Dong F，Zhu J，Li Y F，et al. 2022. How green technology innovation affects carbon emission efficiency：Evidence from developed countries proposing carbon neutrality targets[J]. Environmental Science and Pollution Research，29（24）：35780-35799.

Liu Y J，Dong F. 2021. Exploring the effect of urban traffic development on $PM_{2.5}$ pollution in emerging economies：Fresh evidence from China[J]. Environmental Science and Pollution Research，28（40）：57260-57274.

Liu Y J，Dong F. 2021. Haze pollution and corruption：A perspective of mediating and moderating roles[J]. Journal of Cleaner Production，279：123550.

Liu Y J，Dong F. 2021. Using geographically temporally weighted regression to assess the contribution of corruption governance to global $PM_{2.5}$[J]. Environmental Science and Pollution Research，28（11）：13536-13551.

Pan Y L，Dong F. 2021. How to optimize provincial $PM_{2.5}$ reduction targets and paths for emerging industrialized countries? Fresh evidence from China[J]. Environmental Science and Pollution Research，28：69221-69241.

Pan Y L，Dong F. 2023. Factor substitution and development path of the new energy market in the BRICS countries under carbon neutrality：Inspirations from developed European countries[J]. Applied Energy，331：120442.

Pan Y L，Dong F. 2023. Green finance policy coupling effect of fossil energy use rights trading and renewable energy certificates trading on low carbon economy：Taking China as an example[J]. Economic Analysis and Policy，77：658-679.

Sun J J，Dong F. 2022. Decomposition of carbon emission reduction efficiency and potential for clean energy power：Evidence from 58 countries[J]. Journal of Cleaner Production，363：132312.

Sun J J，Dong F. 2023. Optimal reduction and equilibrium carbon allowance price for the thermal power industry under China's peak carbon emissions target[J]. Financial Innovation，9（1）：12.

Zhang X Y，Dong F. 2022. Determinants and regional contributions of industrial CO_2 emissions inequality：A consumption-based perspective[J]. Sustainable Energy Technologies and Assessments，52：102270.

致　　谢

在本书即将付梓之际，我总结自己这几年的工作，还是取得了一些成果，每年过年自己又老了一岁的时候，如果过去的一年取得了一些进步，会感觉时光没有虚度，以此作为标准，那自己这几年的小小进步还算对得起头上每年都会增多的白发。

本书涉及的科研项目有我所主持的国家社会科学基金重大项目、国家自然科学基金面上项目以及中国博士后科学基金特别资助、中国博士后科学基金面上资助等。在这些项目的支持下，我在近三年以第一/通讯作者共发表了 50 余篇论文，其中主要是 SCI/SSCI 检索论文，还有数篇发表于国家自然科学基金委员会管理科学重要期刊，这些论文中 10 余篇入选 ESI 环境科学与生态学、工程学和社科总论热点论文或高被引论文，还有论文获评中科院一区期刊最高被引论文奖，我本人也入选爱思唯尔应用经济学学科中国高被引学者和斯坦福大学全球前 2%顶尖科学家。这份荣誉既是对我本人的鼓励，也是一种鞭策，因为我深知与入选的其他全国著名学者相比，还有很大的差距，我能做的唯有努力、努力、再努力！当然这也是对我和我的团队这几年工作的一种肯定。

在本书写作的过程中，我的本科恩师乔均教授在百忙之中对本书的篇章结构、政策建议甚至模型构建都进行了无微不至的指导和帮助，本书的顺利出版也倾注着乔老师的心血。在我这几年的成长过程中，恩师像对待自己的孩子一样对我进行了无微不至的关怀和帮助，在此对恩师真挚地道一声谢谢！另外，本书的其他合作者包括我所指导的研究生刘亚婕、余博林、李靖云、高新起、张胜男等承担了很多数据搜集、模型构建、结果分析等具体工作，研究生秦畅承担了书稿的几次校对工作。其他研究生虽然没有承担具体的篇章撰写工作，但是大都参与了相关章节撰写内容的修改讨论，提出了很多宝贵的修改意见。

在相关审稿专家和编辑老师的帮助下，本书的一些相关内容发表于 *Resources, Conservation and Recycling*（中科院一区 Top 期刊）、*Journal of Cleaner Production*（中科院一区 Top 期刊）、*Ecological indicators* 等权威期刊，并在相关国内外学术会议上进行了宣讲，相关学者提出了很多中肯的意见，很多论文成为 ESI 相关领域的热点论文或高被引论文，同时根据本书研究成果撰写的多项决策咨询报告获得省部级领导批示或省部级单位采纳，在此对相关专家和同行一并表示感谢。

　　科研特别是软科学的研究是需要花费大量时间的，最近几年虽然有一定转变，但是陪家人的时间还是少了一些，希望自己在后面的研究中能够平衡好生活和科研的关系，这很重要。

董　锋

2023 年 2 月于中国矿业大学南湖校区

彩　　图

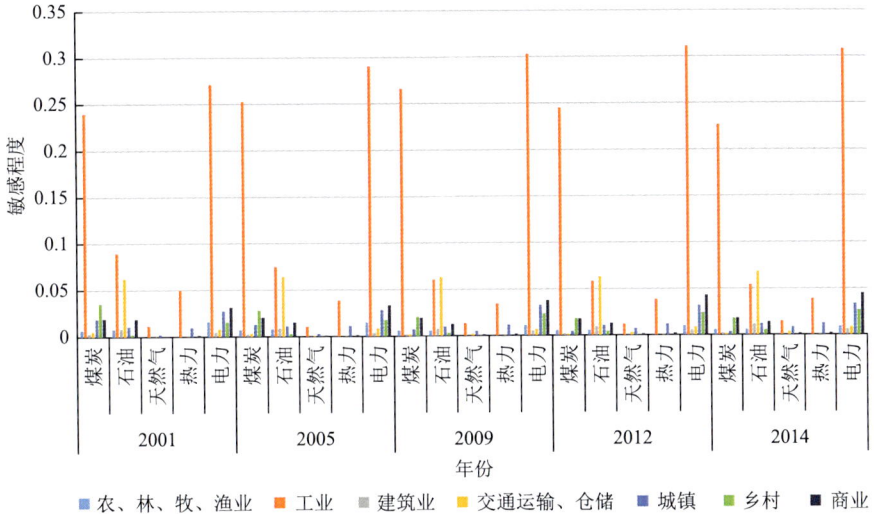

图 3-3　碳强度变化对各部门各能源占比的敏感程度

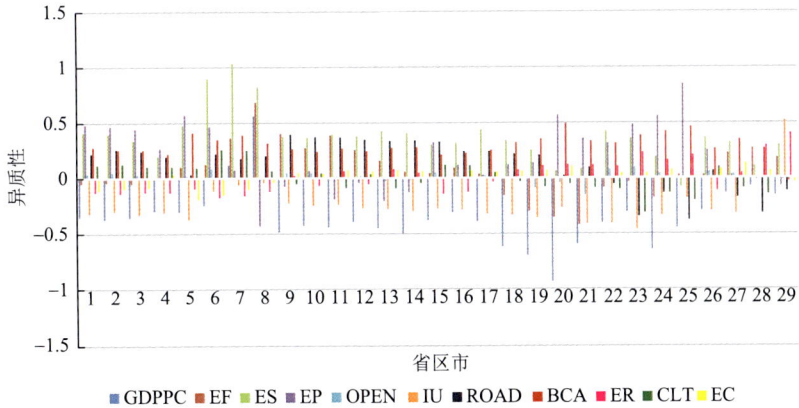

图 6-1　空间维度上各因素的异质性

1：北京；2：天津；3：河北；4：山西；5：内蒙古；6：辽宁；7：吉林；8：黑龙江；9：上海；10：江苏；11：浙江；12：安徽；13：福建；14：江西；15：山东；16：河南；17：湖北；18：湖南；19：广东；20：广西；21：海南；22：重庆；23：四川；24：贵州；25：云南；26：陕西；27：甘肃；28：青海；29：新疆

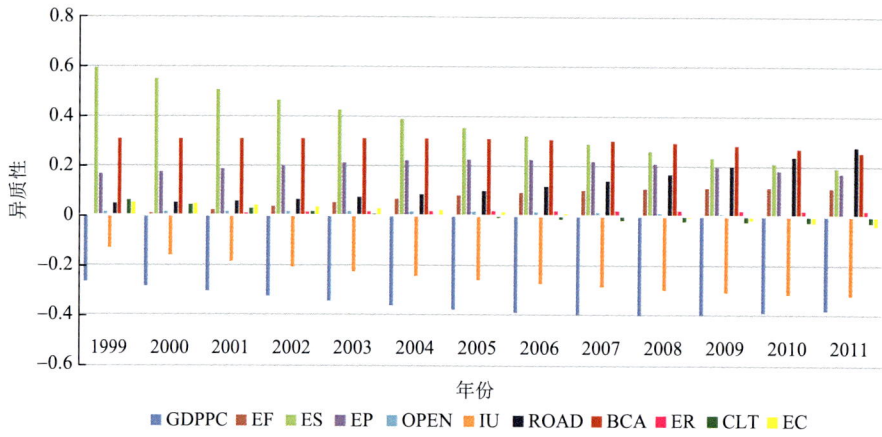

图 6-2 时间维度上各因素的异质性